"十二五"普通高等教育本科规划教材

材料结构与性能

陈玉清　陈云霞　主编

化学工业出版社

·北京·

本课程论述了材料物理性能的基本概念、材料结构与性能的关系及应用。主要涉及的内容有材料的弹性形变、塑性形变、材料的结构与高温蠕变和超塑性形变的关系；脆性断裂的机理、陶瓷材料的增韧、纳米材料的力学强度与结构；热膨胀的机理、低膨胀及其零膨胀材料的结构设计、高热传导及低热传导材料的结构特征、材料的结构与抗热震性的关系；电导的基本物理量、载流子对电导的影响、半导体的能带结构、锂离子电导材料的结构与性能；介电材料的极化机制、介电损耗和电击穿、铁电与压电材料结构与性能的关系；物质产生磁性的原因、磁学性能的基本物理量、典型磁性材料的结构与性能、磁性材料的基本物理效应；传统陶瓷的光学性能、颜料的结构与产生颜色的机理、非线性光学材料的结构与性能、有望制造出隐身衣的负折射材料简介；超疏水材料的结构与性能等。本课程内容广泛，深入浅出，可以作为高等学校材料学科相关专业的教材或者参考书，对从事材料及相关领域的科研人员也具有一定的参考价值。

图书在版编目（CIP）数据

材料结构与性能/陈玉清，陈云霞主编. —北京：化学工业出版社，2014.1（2023.3 重印）

"十二五"普通高等教育本科规划教材

ISBN 978-7-122-18890-8

Ⅰ.①材…　Ⅱ.①陈…②陈…　Ⅲ.①工程材料-结构性能-高等学校-教材　Ⅳ.①TB303

中国版本图书馆 CIP 数据核字（2013）第 261687 号

责任编辑：杨　菁　　　　　　　　　　文字编辑：林　丹
责任校对：蒋　宇　　　　　　　　　　装帧设计：张　辉

出版发行：化学工业出版社（北京市东城区青年湖南街 13 号　邮政编码 100011）
印　　装：北京印刷集团有限责任公司
787mm×1092mm　1/16　印张 16½　字数 404 千字　2023 年 3 月北京第 1 版第 7 次印刷

购书咨询：010-64518888　　　　　　售后服务：010-64518899
网　　址：http://www.cip.com.cn
凡购买本书，如有缺损质量问题，本社销售中心负责调换。

定　　价：68.00 元　　　　　　　　　　　　　　　　　版权所有　违者必究

前　　言

　　材料的不同性能决定了材料不同的应用领域，材料性能的优劣决定了材料在同一领域应用的效能，高性能材料应用于高新技术领域，低性能材料只能适用于低端市场。开发合成新材料一定是该材料具有新的特异性能或者高性能，因此，提高材料性能及开发新性能始终是材料领域不变的研究主题。为了提高材料性能就必须了解决定材料性能的关键因素是什么，幸运的是，经过几十年的研究，人们已经认识到材料的结构决定材料的性能，各类专业期刊已经有这方面大量的成果发表。对于材料专业的本科教学来说，也就有可能开设材料结构与性能课程来满足当前材料专业的教学需要。

　　该课程的首要问题是结构的概念，经过多年的教学实践，把材料结构分为微观结构和显微结构在概念上比较清晰。材料微观结构指的是晶体结构及电子结构，并包含质点之间的相互作用，一般不涉及原子内部的基本粒子。微观结构与物理性能的关系是材料科学研究的对象，例如理论结合强度、热膨胀、比热容等。显微结构是指显微镜下观察到的材料结构，包括了光学显微镜和电子显微镜，用于研究晶粒大小、形态及分布；气孔大小、数量、形状及分布；第二相的数量、晶界等。显微结构与材料性能指标的关系是材料技术研究的对象，例如断裂强度、膨胀系数等。特殊情况下用 TEM 等观察晶体结构，这一点并不会引起基本概念的混淆。实践中结构材料常常涉及显微结构与性能指标间的相互关系，电磁光等功能材料除了涉及显微结构外还常常涉及晶体结构及原子的电子结构。

　　第二个问题就是材料性能，不同教材上都会提到本征性能和非本征性能，但缺少明确的说明，造成学生学习及以后工作中的概念模糊。本征性能是由微观结构决定的，是材料常数，例如理论结合强度；非本征性能是由显微结构决定的，不是材料常数，是改善提高的性能指标，例如格里菲斯断裂强度，常常受到各种工艺条件的影响，导致材料强度高低不同。这时我们说材料结构决定材料性能，指的是可以调整、设计的显微结构。因此，如何调整组成和工艺条件，得到设计的显微结构是获得高性能的基本手段，但并不能改变材料的本征性能（例如理论结合强度）。可以说显微结构设计产生高性能，着重点是工程技术意义；微观结构设计产生新性能，着重点是性能的物理意义。典型案例见 C_{60} 系列化合物。

　　第三个问题是材料性能的研究方法，一种是宏观经验法，在大量材料性能实验数据的基础上，经过对数据的分析处理，整理为经验方程，来表示它们之间的函数关系。现在这种经验法更多地采用了从显微结构上去设计，探讨结构与性能之间的关系，这种方法涉及的是非本征性能；二是从机理着手，即从晶格点阵的基本关系出发，按照性能的有关规律，建立物理模型，用数学方法求解，得到有关理论方程式，这种方法得到的是本征性能。通过以上两种方法的相互验证促进了材料科学与工程技术的发展。

　　目前国内材料结构与性能教材还很少，教材内容都与编写者的专业背景相关，尽管国内的材料类专业提倡厚基础、宽专业，都有向一级学科发展的趋势，但是要为学生寻找一本包含三大材料共性的基础教材，并在课程体系中不与其他教材内容重复，确实是一件非常困难的事，到目前为止尚没有这样的教材。本教材的编写也不例外，是建立在无机材料的课程体系中，以陶瓷材料的结构与物理性能为基础，适当拓展了金属材料和高分子材料的内容，让无机材料专业的学生可以粗略地了解金属和高分子材料的特性，系统的金属和高分子材料结构与性能的知识必须参考相应的专业教材。

　　本书第 1 章由景德镇陶瓷学院胡飞编写，陈玉清作了部分修改补充；第 2 章、第 4 章、第 8 章的 8.1 和 8.2 由齐鲁工业大学陈玉清编写；第 3 章和第 7 章由景德镇陶瓷学院陈云霞编写；第 5 章由齐鲁工业大学张川江编写，赵金博补充修改；第 6 章由齐鲁工业大学张艳飞编写，陈玉清修改补充；第 8 章 8.3 由齐鲁工业大学刘钦泽编写。全书由陈玉清统稿。本教材为了自身的系统性，部分节次直接采用了前人编写的教材内容，编者在此向各位允许使用的前辈表示敬意与感谢。特别感谢国防科技大学的张长瑞教授、四川大学的黄维刚教授，他们无私地提供了部分材料的显微结构原照片。

　　书中结构与性能关系的讨论，或许带有编著者的观点，由于学识和经验所限，书中的错误和疏漏在所难免，敬请读者批评斧正。

编　者

2013.12.20

目　　录

第1章 材料的结构与受力形变

当应力和温度改变时，材料单元体在宏观上会改变形状和体积，称为形变或者变形。若仅形状发生了改变，称为变形；若体积（和形状）发生改变，例如球体受到各向同性的压力，体积缩小但仍为球体，称为形变。通常情况下不加区分，习惯上无机材料使用形变，金属材料使用变形一词。当温度和应力恢复原状时，材料单元体的形变消失，称为弹性形变。例如材料在外加拉力作用下产生伸长，外力增大时伸长量增加，外力除去后伸长量消失，即为弹性形变。在弹性形变的情况下，若保持外力不变，弹性形变量随着时间的延长而增加，称为滞弹性；若保持弹性形变量不变，材料内部的应力随着时间的延长而减小，称为应力弛豫。

如果外加拉力超过弹性极限，外力除去后伸长部分仅部分消失，残留部分称为塑性形变。塑性形变随外力增加而增加，直至发生断裂。若保持外力不变，塑性变形量将随时间延长而增加，称为应变蠕变。若升高温度，材料在外力作用下不能恢复的形变量是原长度的几十倍甚至上百倍以上时，称为超塑性。恒载荷、高温条件下的塑性形变即材料的高温蠕变。

材料宏观的形变，一定是内部结构发生了改变。因此探讨材料微观结构的变化对于理解形变机理、改善材料的脆性以及对材料的制造、加工和应用都有着重要的实际意义。本章将阐述与形变有关的基本概念并从结构上去解释形变的机制。

1.1 应力与应变

1.1.1 应力

决定材料形变行为的不是总的作用力，而是单位面积所承受的作用力。在力学分析中，通常使用应力和应变的概念代替作用力和位移。应力定义为材料单位面积上的附加内力，其值等于单位面积上所受的外力。

$$\sigma = \frac{F}{A} \tag{1.1}$$

式中，F 为外力；σ 为应力；A 为受力面积。在国际单位制中，应力的单位为 Pa，即 N/m^2。如果材料受力前的初始面积为 A_0，则 $\sigma_0 = F/A_0$ 为名义应力，也称工程应力。如果材料受力后某一时刻的面积为 A，则 $\sigma_t = F/A$ 称为真实应力。对于脆性材料，如无机材料，由于常温下形变量很小，两者差别不大，习惯上多使用名义应力。

围绕材料内部一点 P 取一体积单元，体积元的六个面均垂直于坐标轴 x、y、z。在这六个面上的作用应力可分解为法向应力 σ_{xx}、σ_{yy}、σ_{zz} 和剪切应力 τ_{xy}、τ_{xz}、τ_{yz} 等，如图 1.1 所示。每个

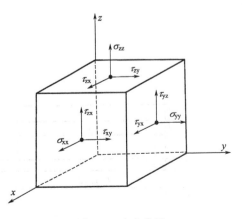

图 1.1 应力分量

面上有一个法向应力 σ 和两个剪应力 τ。应力分量 σ，τ 的下标第一个字母表示应力作用面的法线方向，第二个字母表示应力作用的方向。法向应力若为拉应力则规定为正；若为压应力则规定为负。剪应力分量的正负规定如下：如果体积元任一面上的法向应力与坐标轴的正方向相同，则该面上的剪应力指向坐标轴的正方向者为正；如果该面上的法向应力指向坐标轴的负方向，则剪应力指向坐标轴的正方向者为负。根据上述规定，图 1.1 表示的所有应力分量都是正的。

根据平衡条件，体积元上相对的两个平行平面上的法向应力应该是大小相等、正负号一样。作用在体积元上任一平面上的两个剪应力应相互垂直。根据剪应力互等定理，$\tau_{xy} = \tau_{yz}$，其余类推。故一点的应力状态由六个应力分量决定，即 σ_{xx}、σ_{yy}、σ_{zz}、τ_{xy}、τ_{xz}、τ_{yz}。

法向应力导致材料的伸长或缩短，剪应力引起材料的剪切畸变。

1.1.2　应变

如果材料是理想刚体，宏观上物体也就不会发生形变。实际材料为非刚体，在受力之下材料将发生相对伸长。如图 1.2 所示，一根长度为 l_0 的杆，在单向拉应力作用下被拉长到 l_1，则应变定义为：

$$\varepsilon = \frac{l_1 - l_0}{l_0} = \frac{\Delta l}{l_0} \tag{1.2}$$

ε 为名义形变，又称为工程应变。

如果式(1.2)中分母不是原来的长度 l_0，而是随拉伸而变化的真实长度 l，称为真实应变，定义为：

$$\varepsilon_L = \int_{l_0}^{l} \frac{\mathrm{d}l}{l} = \ln \frac{l}{l_0} \tag{1.3}$$

工程应变与真实应变之间的关系为：

$$\varepsilon = e^{\varepsilon_L} - 1 \tag{1.4}$$

ε 和 ε_L 为正应变，通常为了方便起见都用名义应变。

材料在受到平行于截面的大小相等、方向相反的一对剪切应力作用时，产生的相对形变称为剪切应变。剪切应变定义为物体内部一体积元上的两个面元（或特征面上的两个线元）之间夹角的变化。

如图 1.3，考察 z 面上的剪切应变。形变未发生时线元 OA 及 OB 之间的夹角 $\angle AOB$，形变后为 $\angle A'OB'$，则 x、y 间的剪切应变定义为

$$\gamma_{xy} = \alpha + \beta \tag{1.5}$$

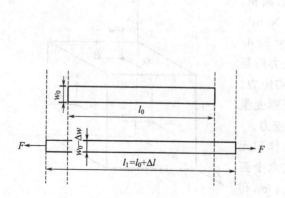

图 1.2　长棒体拉伸形变示意

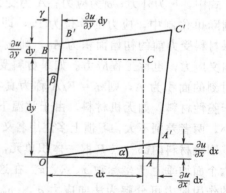

图 1.3　z 面上的剪切应力和剪切应变

研究物体中一点（如 O 点）的应变状态，也和研究应力一样，在物体内围绕该点取出一体积元 $dxdydz$，如图 1.3 所示。

如果该物体发生形变，O 点沿 x、y、z 方向的位移分量为 u、v、w，那么 x 轴上 O 点邻近的一点 A，由于 O 点有位移 u，A 点位移随 x 的增加而增加，A 点位移将是 $u+\frac{\partial u}{\partial x}dx$，则 OA 的长度增加了 $\frac{\partial u}{\partial x}dx$。因此，在 O 点处沿 x 方向的正应变（单位伸长）是 $\frac{\partial u}{\partial x}dx/dx=\frac{\partial u}{\partial x}=\varepsilon_{xx}$。同理 $\varepsilon_{yy}=\frac{\partial v}{\partial y}$，$\varepsilon_{zz}=\frac{\partial w}{\partial z}$。

现在考察线段 OA 及 OB 之间的夹角变化，A 点沿 y 方向的位移为 $v+\frac{\partial v}{\partial x}dx$，$B$ 点沿 x 方向的位移为 $u+\frac{\partial u}{\partial y}dy$。由于这些位移，线段 OA 的新方向 OA' 与其原来的方向之间的畸变夹角为 $\left(v+\frac{\partial v}{\partial x}dx-v\right)\frac{1}{dx}=\frac{\partial v}{\partial x}$。同理，$OB$ 与 OB' 之间的畸变夹角为 $\frac{\partial u}{\partial y}$。由此可见，线段 OA 与 OB 之间原来的直角 $\angle AOB$ 减少了 $\frac{\partial u}{\partial y}+\frac{\partial v}{\partial x}$。因此，平面 xz 与 yz 之间的剪应变为

$$\left.\begin{array}{l} \gamma_{xy}=\dfrac{\partial u}{\partial y}+\dfrac{\partial v}{\partial x} \\[2mm] \gamma_{yz}=\dfrac{\partial v}{\partial z}+\dfrac{\partial w}{\partial y} \\[2mm] \gamma_{zx}=\dfrac{\partial w}{\partial x}+\dfrac{\partial u}{\partial z} \end{array}\right\} \tag{1.6}$$

和一点的应力状态可由六个应力分量来决定一样，一点的应力状态也由与应力分量对应的六个应变分量来决定：即三个剪应变分量 γ_{xy}、γ_{yz}、γ_{zx} 及正应变分量 ε_{xx}、ε_{yy}、ε_{zz}。对于法向应力分量及单位伸长应变分量也可以省去一个下标，写成 σ_x、σ_y、σ_z 及 ε_x、ε_y、ε_z。有了应力、应变分量就可定量地研究物体的受力形变。

1.1.3 应力-应变曲线

脆性材料的应力-应变的行为特点是应变与应力呈线性关系，直至断裂只发生弹性形变，在最高载荷点处断裂，断口附近无缩颈。大多数玻璃、陶瓷、岩石、淬火状态的高碳钢和普通灰铸铁等均具有此类应力-应变曲线。

图 1.4 是典型的金属塑性材料的应力-应变曲线，包括弹性形变、塑性形变和断裂三个阶段。图 1.4 中 σ_p 为比例极限，应力超过 σ_p 时，应力-应变关系偏离线性；σ_e 为弹性极限，是材料卸载后不产生残留形变的最高应力值，应力超过弹性极限以后，材料便开始产生塑性变形。工程上规定产生一定残余塑性变形值时的应力作为规定弹性极限。一般规定的塑性变形量为 0.005%、0.01%、0.05%，分别以 $\sigma_{0.005}$、$\sigma_{0.01}$、$\sigma_{0.05}$ 表示。可以看出，规定弹性极限

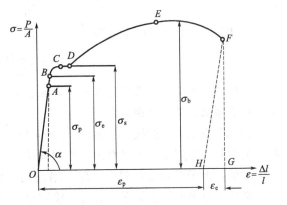

图 1.4 低碳钢的受力伸长曲线

并不是材料对最大弹性变形的抗力，而是对微量塑性变形抗力的指标。

σ_s 为屈服应力，通常以产生 0.2% 残留应变的应力为屈服应力。金属材料在拉伸时产生的屈服现象是开始产生宏观塑性变形的一种标志，表现在试验过程中，外力不增加（保持恒定）试样仍能继续伸长，或外力增加到一定数值时突然下降，随后，在外力不增加或上下波动的情况下，试样继续伸长变形，就是屈服现象。

σ_b 为抗拉强度，是最大的拉应力，对应于应力-应变曲线的最高点。根据应力应变曲线可以判断材料呈宏观脆性还是塑性、塑性的大小、对弹性形变和塑性形变的抗力等。

1.2　材料的结构与弹性形变

1.2.1　弹性形变的微观机制

在外力作用下，固体材料产生形变，外力去除后，形变消失而恢复原状，称为弹性形变。对于金属、陶瓷或结晶态的高分子聚合物，在弹性变形范围内，应力和应变具有单值线性关系，且弹性变形量都较小（小于 1%）。对于橡胶类高聚物，在弹性形变范围内，应力和应变之间不呈线性关系，弹性形变量较大。

材料产生弹性形变的本质，是构成材料的质点在平衡位置附近产生微小位移。金属、陶瓷类材料弹性形变的微观过程可用双原子模型解释。在平衡状态下，相邻质点间存在两种相互抗衡的作用力——吸引力和排斥力，引力是由正离子和自由电子间的库仑引力产生的，是长程力，即在比原子间距大得多的距离处仍然起作用，并占优势，引力尽量使原子靠近。斥力是由正离子和正离子、电子和电子间库仑斥力产生的，是一种短程力，即只有当原子间距离接近原子间距时才起作用，它力图使两原子分开。可见，两种力的大小是随原子间距离而变化的。

当受到外力作用时，原子间相互作用的势能 U 可以表示为：

$$U(r) = -\frac{A}{r^n} + \frac{B}{r^m} \tag{1.7}$$

式中，A、B、m、n 是取决于材料成分和结构的常数；r 为原子间的距离。

式（1.7）右端第一项表征的是势能相吸的部分；第二部分是势能相斥的部分。研究表明，$n < m$，意义在于斥力对距离的变化更为敏感。原子间作用力 $F(r)$ 可以写为：

$$F(r) = -\frac{dU(r)}{dr} = -\frac{nA}{r^{n+1}} + \frac{mB}{r^{m+1}} \tag{1.8}$$

当 $F(r) = 0$，原子间平衡距离为：

$$r_0 = \left(\frac{mB}{nA}\right)^{1/(m-n)} \tag{1.9}$$

式（1.9）表明，当无外力作用时，原子间距离为 $r = r_0$，此时引力和斥力平衡，合力为零，势能最低，处于平衡状态。

图 1.5 为引力（曲线 2）、斥力（曲线 1）、合力 F（曲线 3）及势能 $U(r)$ 随两原子间距离变化曲线。由图 1.5 可以看出，当物体受压应力作用时，原子间距离缩短 $r < r_0$，宏观上产生收缩；由于斥力是短程力，斥力增加的速度比引力快，所以斥力大于引力，合力为斥力，破坏了原来的平衡状态，引起势能增加，因此是一种不稳定状态。去掉外力后，在斥力作用下原子又自动回到 $r = r_0$ 位置，即形变回复。这就是在压力作用下弹性形变的机制。

当物体受到拉力作用时，原子间距离增大，$r > r_0$。由于斥力是短程力，斥力的减小比引力快，所以引力大于斥力，合力为引力，破坏了原来的平衡状态，势能也增加；去掉外力后，在引力作用下原子又回到原来 $r = r_0$ 的平衡位置，这就是拉力作用下弹性变形的机制。

综上所述，物体宏观上的弹性变形，在微观上是原子间距离产生可逆变化的结果。

1.2.2　弹性形变的宏观规律

无论变形量大小和应力与应变是否呈线性关系，凡弹性形变都是可逆形变。因此，材料产生弹性变形的本质，金属、陶瓷类材料是处于晶格结点的离子在力的作用下，在其平衡位置附近产生的微小位移。而橡胶类材料则是呈卷曲的分子链在力的作用下通过链段的运动沿受力方向产生的伸展。小变形量条件下应力与应变的关系已由实验建立，就是下面要介绍的虎克定律。

设想一长方体，各棱边平行于坐标轴，在垂直于 x 轴的两个面上受有均匀分布的正应力 σ_x，如图 1.6 所示。

实验证明，对于各向同性体，这些正应力不会引起长方体的角度改变。长方体在 x 轴向的相对伸长可表示为：

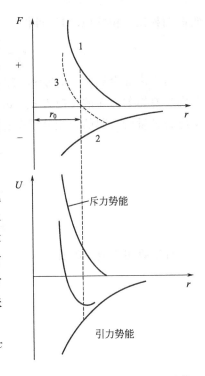

图 1.5　双原子的势能 $U(r)$ 及其相互作用力 $F(r)$

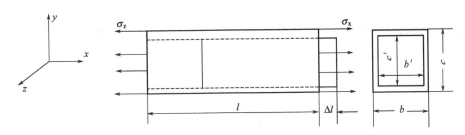

图 1.6　长方体受力形变示意

$$\varepsilon_x = \frac{\sigma_x}{E} \tag{1.10}$$

式中，$\varepsilon_x = \dfrac{\Delta L}{L}$；$E$ 为弹性模量，对各向同性体为一常数。

这就是虎克定律。它说明应力与应变之间为线性关系。

当长方体伸长时，侧向要发生横向收缩，如图 1.6 所示。σ_x 单独作用时，在 y、z 方向的收缩为

$$\varepsilon_y = \frac{c' - c}{c} = -\frac{\Delta c}{c}$$

$$\varepsilon_z = \frac{b' - b}{b} = -\frac{\Delta b}{b}$$

$$\mu = \left| \frac{\varepsilon_y}{\varepsilon_x} \right| = \left| \frac{\varepsilon_z}{\varepsilon_x} \right| \tag{1.11}$$

叫做泊松比，由式(1.11) 可得

$$\varepsilon_y = -\mu\varepsilon_x = -\mu\frac{\sigma_x}{E}, \quad \varepsilon_z = -\mu\frac{\sigma_x}{E} \tag{1.12}$$

对于多数金属 $\mu=0.25\sim0.35$，大多数无机材料 $\mu=0.2\sim0.25$。如果上述长方体各方面分别受有均匀分布的正应力 σ_x、σ_y、σ_z，则在各方向的总应变可以将三个应力分量中的第一个应力分量所引起的应变分量叠加而求得，此时虎克定律表示为：

$$\left.\begin{aligned}
\varepsilon_x &= \frac{1}{E}[\sigma_x - \mu(\sigma_y + \sigma_z)] \\
\varepsilon_y &= \frac{1}{E}[\sigma_y - \mu(\sigma_x + \sigma_z)] \\
\varepsilon_z &= \frac{1}{E}[\sigma_z - \mu(\sigma_x + \sigma_y)]
\end{aligned}\right\} \tag{1.13}$$

对于剪切应变，则有

$$\left.\begin{aligned}
\gamma_{xy} &= \frac{\tau_{xy}}{G} \\
\gamma_{yz} &= \frac{\tau_{yz}}{G} \\
\gamma_{zx} &= \frac{\tau_{zx}}{G}
\end{aligned}\right\} \tag{1.14}$$

式中，G 为剪切模量或刚性模量。

G、E、μ 之间有下列关系

$$G = \frac{E}{2(1+\mu)} \tag{1.15}$$

在各向同等的压力（等静压）P 作用下，$\sigma_x = \sigma_y = \sigma_z = -P$，则由式(1.13) 得

$$\varepsilon = \varepsilon_x = \varepsilon_y = \varepsilon_z = \frac{1}{E}[-P - \mu(-2P)] = \frac{P}{E}(2\mu-1) \tag{1.16}$$

相应的体积变化为：

$$\frac{\Delta V}{V} = (1+\varepsilon)(1+\varepsilon)(1+\varepsilon) - 1$$

将上式展开，略去 ε 的二次项以上的微量，得

$$\frac{\Delta V}{V} \approx 3\varepsilon = \frac{3P}{E}(2\mu-1) \tag{1.17}$$

定义各向同等的压力 P 除以体积变化为材料的体积模量 K：

$$K = \frac{-P}{\Delta V/V} = \frac{-E}{3(2\mu-1)} = \frac{E}{3(1-2\mu)} \tag{1.18}$$

上述各种结果是假定材料为各向同性体而提出的。大多数陶瓷材料虽然微观上各个晶粒具有方向性，但晶粒数量很大，且随机排列，故宏观上可以当做各向同性体处理。

1.2.3 弹性模量

弹性模量 E 是一个重要的材料常数，在工程中表征材料对弹性形变的抗力，即材料的刚度，其值越大，则在相同应力下产生的弹性形变就越小。正如熔点、硬度是材料内部原子间结合强度的一个指标一样，弹性模量 E 也是原子间结合强度的一个标志。从图 1.7 中原子间的结合力曲线可以看出，弹性模量 E 实际上和原子间结合力曲线上任一受力点的曲线

斜率有关。

在不受外力的情况下，$\tan\alpha$ 就反映了弹性模量 E 的大小。原子间结合力强，如图 1.7 中曲线 2，α_2 和 $\tan\alpha_2$ 都较大，E_2 也就大；原子间结合力弱，如图 1.7 中曲线 1，α_1 和 $\tan\alpha_1$ 较小，E_1 也就小。共价键、离子键结合的无机材料，结合力强，原子间距离小，E 都较大。分子键结合力弱的高分子材料，弹性模量 E 较小。由图 1.7 还可看出，改变原子间距离将影响弹性模量。例如压应力使原子间距离变小，曲线上该受力点的斜率增大，因而 E 将增大；张应力使原子间距离增加，因而 E 下降。像陶瓷这样的

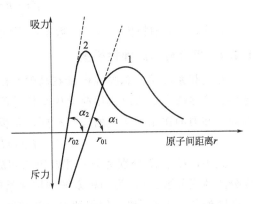

图 1.7　原子间结合力曲线示意

脆性材料，在较小的张应力下就会断裂，原子间距不可能有大的变化；温度升高，因热膨胀，原子间距变大，E 降低。

单晶材料的弹性模量在不同的结晶学方向上呈各向异性，沿原子排列最紧密的晶向上弹性模量较大。如 MgO 晶体在室温下沿 [111] 晶向 $E=348\text{GPa}$，而沿 [100] 晶向则 $E=248\text{GPa}$。随机取向的多晶体（如陶瓷）的弹性模量在宏观上表现为各向同性。非晶态材料（如玻璃）的弹性模量也是各向同性的。当多晶材料存在织构时，弹性模量表现出各向异性。几种材料在常温下的弹性模量见表 1.1。

表 1.1　几种材料在常温下的弹性模量　　　　　　　　单位：MPa

材料名称	弹性模量 E	材料名称	弹性模量 E
低碳钢	2.0×10^5	尖晶石	2.4×10^5
低合金钢	$(2.0\sim2.2)\times10^5$	石英玻璃	0.73×10^5
奥氏体不锈钢	$(1.9\sim2.0)\times10^5$	氧化镁	2.1×10^5
铜合金	$(1.0\sim1.3)\times10^5$	氧化锆	1.9×10^5
铝合金	$(0.60\sim0.75)\times10^5$	尼龙	$(0.25\sim0.32)\times10^5$
钛合金	$(0.96\sim1.16)\times10^5$	聚乙烯	$(1.8\sim4.3)\times10^3$
金刚石	10.39×10^5	聚氯乙烯	$(0.1\sim2.8)\times10^3$
碳化硅	4.14×10^5	皮革	$(1.2\sim4.0)\times10^2$
三氧化二铝	3.8×10^5	橡胶	$(0.2\sim7.8)\times10$

温度变化 1℃时弹性模量的相对变化称为在该温度下的弹性模量温度系数。如果以 β_E、β_G 分别表示弯曲振动和扭转振动时的弹性模量温度系数，则

$$\beta_E=\frac{1}{E}\frac{\Delta E}{\Delta T} \tag{1.19}$$

$$\beta_G=\frac{1}{G}\frac{\Delta G}{\Delta T} \tag{1.20}$$

式中，E、G 分别为弹性模量和切变模量；β_E、β_G 单位为℃$^{-1}$或 K^{-1}。一般材料 $\beta_E\approx10^{-4}$ 数量级。

同一材料的 β_E 和 β_G 间的关系为

$$\beta_G = \beta_E - \frac{1}{(1+\mu)}\frac{\mathrm{d}\mu}{\mathrm{d}T} \tag{1.21}$$

式中，μ 为泊松比。可见一般情况下同一材料的 β_G 并不等于 β_E。

1.2.4 复合材料的弹性模量

在两相系统中，总弹性模量在高弹性模量成分与低弹性模量成分的数值之间。精确的计算要有许多假定，所以都用简化模型估计两相系统的弹性模量。例如假定两相系统的泊松比相同，在力的作用下两相的应变相同，则根据力的平衡条件，可得到式(1.22)：

$$E_U = E_1 V_1 + E_2 V_2 \tag{1.22}$$

式中，E_1、E_2 分别为第一相及第二相成分的弹性模量；V_1、V_2 分别为第一相及第二相成分的体积分数；E_U 为两相系统弹性模量的最高值，也叫上限模量。式(1.22)用来近似估算金属陶瓷、玻璃纤维、增强塑料以及在玻璃质基体中含有晶体的半透明材料的弹性模量。

如假定两相的应力相同，则可得两相系统弹性模量的最低值 E_L，该值也叫下限模量。

$$\frac{1}{E_L} = \frac{V_2}{E_2} + \frac{V_1}{E_1} \tag{1.23}$$

陶瓷材料的弹性模量与物相组成、晶粒大小、气孔率等有关，但相对来说，弹性模量对显微结构较不敏感。陶瓷材料中常常含有气孔，气孔可看成是一个弹性模量为零的相，气孔的影响与其形状有关，对于分布于连续基体中的闭口气孔，可用以下经验公式计算材料的弹性模量：

$$E = E_0(1 - 1.9P + 0.9P^2) \tag{1.24}$$

式中，E_0 为材料无气孔时的弹性模量；P 为气孔率。可见，随着气孔率的增大，材料的弹性模量下降。当气孔率达 50% 时式(1.24)仍可用。如果气孔变成连续相，则其影响将比式(1.24)计算的还要大。

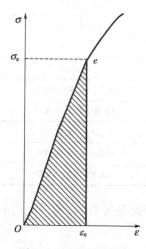

图 1.8 弹性比功示意

1.2.5 弹性比功

弹性比功又称为弹性比能或应变能，用 a_e 表示，是材料在弹性变形过程中吸收变形功的能力，一般可用材料弹性变形达到弹性极限时单位体积的弹性变形功表示。人们通常说的材料弹性好坏，实际上就是指材料弹性比功的大小。材料拉伸时弹性比功可用图 1.8 所示的应力-应变曲线下影线的面积表示：

$$a_e = \frac{1}{2}\sigma_e \varepsilon_e = \frac{\sigma_e^2}{2E} \tag{1.25}$$

式中，ε_e 为弹性极限对应的弹性应变。几种材料的弹性模量、弹性极限、弹性比功如表 1.2 所列。材料的弹性模量与其密度的比值称为比模数或比刚度，在结构材料中陶瓷的比模数一般都比金属材料的大，在选择空间飞行器材料时常用到比模数的概念。

表 1.2 几种材料的 E、σ_e、a_e 值

材　料	E/MPa	σ_e/MPa	a_e/MPa
中碳钢	2.1×10^5	310	0.288
弹簧钢	2.1×10^5	960	2.217
硬铝	7.24×10^4	125	0.108

续表

材　料	E/MPa	σ_e/MPa	a_e/MPa
铜	1.1×10^5	27.5	0.0034
铍青铜	1.2×10^5	588	1.44
橡胶	0.2～0.78	2	2.0

1.2.6 滞弹性及弛豫性能

滞弹性是指材料在快速加载或卸载后，随时间的延长而产生的附加弹性形变。对于理想的弹性固体，作用应力会立即引起弹性应变，一旦应力消除，应变也随之立刻消除，但对于实际固体这种弹性应变的产生与消除需要有限时间。例如，对一个金属棒，骤然加上一个一定大小的拉应力 σ_0，试棒将立即产生一个应变 ε_0，ε_0 称为瞬时应变，它只是试棒应当产生的总应变中的一部分，还有一部分应变 ε_1 则是在受力以后的一定时间内逐渐地产生，ε_1 称为补充应变。同样，当去除应力后应变也并不立即消失，而是先消失一部分，另一部分逐渐地消失，这种现象叫弹性后效，即滞弹性，亦称应变弛豫 [图 1.9(a)]。同样的道理，若突然加载后保持应变不变，则应力就要从瞬时值 σ_0 松弛到一个平衡值 σ_∞，称为恒应变下的应力弛豫 [图 1.9(b)]。滞弹性在金属和高分子材料中比较明显，与材料成分、组织及实验条件有关。材料的滞弹性对仪器仪表和精密机械中的重要传感元件的测量精度有很大影响。

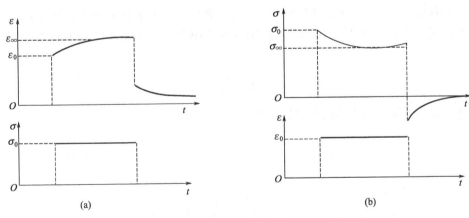

图 1.9 应变弛豫 (a) 和应力弛豫 (b) 过程示意

通常以标准线性固体的应力应变方程来描述实际固体的滞弹性行为，具有以下形式：

$$\sigma+\tau_\varepsilon\dot{\sigma}=M_R(\varepsilon+\tau_\sigma\dot{\varepsilon}) \tag{1.26}$$

式中，M_R 为弛豫模量；τ_ε 为在恒应变下应力弛豫到接近平衡值的时间，称为应力弛豫时间；τ_σ 为在恒应力下应变弛豫到接近平衡值的时间，称为应变弛豫时间；σ，ε 分别为应力和应变；$\dot{\sigma}$ 为应力对时间的变化率；$\dot{\varepsilon}$ 为应变对时间的变化率。显然，式(1.26)告诉我们：实际弹性体，在弹性范围内，由于其内部存在原子扩散、位错运动、各种畴及其运动等耗散能量因素，使得应变不仅与应力有关，而且还与时间有关。材料的这种滞弹性有很多表现形式，这取决于材料所受应力大小以及作用的频率。在大应力（在 10MPa 以上）和低频条件下，即静态应用条件下，滞弹性表现为弹性后效、弹性滞后、弹性模量随时间延长而降低以及应力松弛四方面；在小应力（1MPa 以下）和高频应力条件下，即动态应用时，滞弹性表现为应力循环中外界能量的损耗，有内耗、振幅对数衰减等。

在转变温度附近的玻璃以及高温下许多含有玻璃相的材料，弹性模量不再是和时间无关的参数，而是随时间的增加而降低。这是由于高温下，应力的作用使一些原子从一个位置移动到另一位置。在这种情况下，形变是滞弹性或黏弹性的。这种形变绝大部分在应力除去后或施加相反方向的应力时，可以恢复，但不是瞬时恢复，是逐渐恢复。

滞弹性的弹性模量可以表示为时间的函数，当加恒定应力 σ_0 时，其应变随时间而增加。此时蠕变弹性模量 E_c 将随时间而减小。

$$E_c(t) = \frac{\sigma_0}{\varepsilon(t)} \tag{1.27}$$

如果施加恒定应变 ε_0，则应力将随时间而减小，此时弛豫弹性模量 E_r 将随时间而降低。

$$E_r(t) = \frac{\sigma(t)}{\varepsilon_0} \tag{1.28}$$

1.2.7 弹性模量与某些物理参量关系

材料的弹性是键合强度的主要标志。因此凡是影响键合强度的因素均能影响材料的弹性模量。

（1）弹性模量与原子半径的关系　克斯特尔在早期工作中指出，常温下弹性模量是元素原子序数的周期函数，见图 1.10。从元素周期表第三周期元素中可以看出，钠、镁、铝及硅的弹性模量随原子序数一起增大，这与价电子的增加及原子半径的减小有关。在同一族的元素中，例如铍、镁、钙、锶及钡随原子序数的增加，原子半径的增大，原子间结合力减小，弹性模量减小。可以认为弹性模量 E 随着原子间距离 a 的减小，近似地按下列关系式增大：

$$E = \frac{K}{a^m} \tag{1.29}$$

式中，K，m 为与原子结构有关的常数。

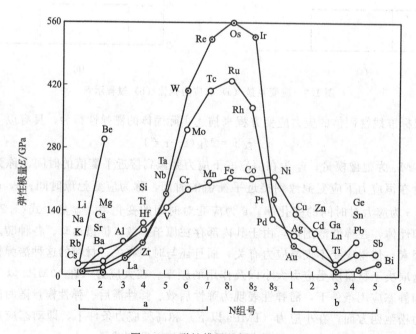

图 1.10　弹性模量的周期变化

这一规律不能推广到过渡族金属中。在同一过渡族金属中，如锇、钌、铁或铱、铑、钴的弹性模量同原子半径一起增大。过渡族金属的弹性模量比较高，其原因可认为同原子的 d 壳层电子所引起的较大原子间结合力有关。带有 5～7 个 d 壳层电子的元素，如锇、钌、铁、钼、钴等具有高的弹性模量值。

（2）弹性模量与熔点的关系　已经指出，弹性模量是取决于原子间结合力大小的物理量。原子间结合力强，则需要较高的温度才能使原子产生一定程度的热振动，以破坏原子间结合力导致熔化，表现为熔点高。弹性模量与熔点的关系满足波蒂维经验公式：

$$E = \frac{KT_{\mathrm{m}}^{a}}{\nu^{b}} \tag{1.30}$$

式中，T_{m} 为熔点；ν 为比容；K，a，b 为常数。

一般 $a \approx 1$，$b \approx 2$。由式（1.30）可以看出，材料的熔点愈高，弹性模量愈大。

（3）弹性模量与线膨胀系数的关系　由材料的膨胀性能可知，所有纯金属由绝对零度到熔点的全部体膨胀量是 6%。所以线膨胀系数 α_1 与熔点有关，即熔点越低，线膨胀系数越大。而熔点越低弹性模量越小。所以弹性模量 E 值越大，线膨胀系数 α_1 越小。

（4）温度的影响　一般说来，随着温度的升高，原子振动加剧，体积膨胀，原子间距增大，原子间相互作用力减弱，使材料的弹性模量随温度升高近似呈直线降低。对于多数金属与合金，当温度从 0K 升高到熔点时，其弹性模量下降 2～5 倍。

当温度高于 $0.52T_{\mathrm{m}}$ 时，弹性模量和温度之间不再是直线关系，而呈指数关系，即

$$\frac{\Delta E}{E} \propto \exp\left(-\frac{Q}{RT}\right) \tag{1.31}$$

式中，Q 为模量效应的激活能，与空位生成能相近。

高分子聚合物由玻璃态转变为橡胶态，由橡胶态向黏流态的转变，其弹性模量也相应发生很大变化，如图 1.11 所示。此外，橡胶的弹性模量随温度的升高略有增加，这一点与其他材料不同。其原因是温度升高时，高分子链的分子运动加剧，力图恢复到卷曲的平衡状态的能力增强。

（5）相变的影响　材料内部的相变都会对弹性模量产生比较明显的影响，其中有些转变的影响在比较宽的温度范围内发生，而另一些转变则在比较窄的范围内引起模量的突变，这是由于原子在晶体学上的重构或磁的重构所造成的。图 1.12 表示了

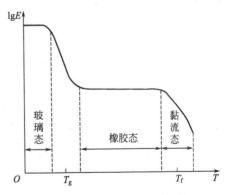

图 1.11　聚合物的 $E\text{-}T$ 曲线

Fe、Co、Ni 的多晶型转变对弹性模量的影响。例如，当铁加热到 910℃ 时发生 α-γ 转变，点阵密度增大造成模量的突然增大，冷却时在 900℃ 发生 α-γ 的逆相变使模量降低。钴也有类似的情况，当温度升高到 480℃ 时从六方晶系的 α-Co 转变为立方晶系 α-Co，弹性模量增大；温度降低时同样在 400℃ 左右观察到模量的跳跃。这种逆转变的温差显然是由于过冷所致。镍的弹性模量大小以及随温度的变化对于退火态和磁饱和态有不同的数值。当加热到 190～200℃ 时退火镍的模量降低到最低值，进一步升高温度时，出现增大直至 360℃，在这之后镍的模量重新开始下降。可以看出在 360℃ 时，退火镍的正弹性模量和室温时几乎有相同的数值。磁饱和镍的模量大小随温度升高单调降低，在居里点附近可以发现模量曲线有轻微的弯曲。

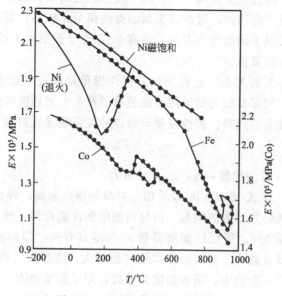

图 1.12　相变对弹性模量的影响

（6）固溶体的弹性模量　在固态完全互溶的情况下，某些二元固溶体的弹性模量随原子浓度呈线性或近似线性的变化；这类连续固溶体有 Cu-Ni、Cu-Au、Ag-Cu 等。如组成合金中含有过渡族金属组元，则合金的弹性模量值同组元成分不呈直线变化，而是曲线（见图 1.13）。这主要同过渡族元素的原子结构有关（3d、4f 电子壳层未填满）。

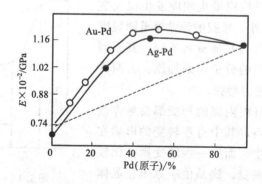

图 1.13　Ag-Pd 及 Au-Pa 合金成分对弹性模量的影响

就有限固溶体而言，溶质对合金弹性模量的影响可能有如下几个方面。

① 由于溶质原子的加入造成点阵畸变，使合金弹性模量降低。

② 溶质原子可能阻碍位错线的弯曲和运动，削弱点阵畸变对弹性模量的影响。

③ 当溶质和溶剂原子间结合力比溶剂原子间结合力大时，会使合金的弹性模量增加，反之会降低弹性模量。

例如，在铜基和银基中加入元素周期表中与其相邻的元素（铜中加入砷、硅、锌；银中加入镉、锡、铟），由图 1.14 可以看出，弹性模量随溶质含量的增加呈直线减小。溶质的价数越高，弹性模量减小越多，而且这种减小与溶质原子浓度 c 和价数差平方 z^2 的乘积呈直线关系，即 $\dfrac{dE}{dc} \propto cz^2$。溶剂与溶质的原子半径差 ΔR 也有影响，理论证明，溶剂与溶质原子半径差愈大，合金弹性模量下降也愈大，即 $\dfrac{dE}{dc} \propto \Delta R$。

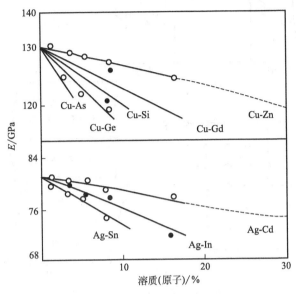

图 1.14　铜、银合金中溶质含量对弹性模量的影响

1.3　材料的结构与塑性形变

在外力作用下，材料产生形变但不开裂，外力移去后不能恢复的形变称为塑性形变。材料经受此种形变而不被破坏的能力叫延展性。从微观上看，塑性形变是质点产生永久性位移，在外力移去后质点不能恢复原位。常用伸长率和断面收缩率来表示，材料的伸长率或断面收缩率数值越大，其塑性越好。塑性在材料加工和使用中都很有用，是一种重要的力学性能。无机材料的致命弱点就是在常温时大都缺乏塑性，使得材料的应用大大受到限制。含 CeO_2 的四方 ZrO_2 多晶瓷在应力超过一定值后，表现出很大的塑性形变，因为这种形变是由四方 ZrO_2 相变为单斜 ZrO_2 引起的，所以称为相变塑性。塑性形变的微观结构变化可以用晶格滑移与位错运动来阐述。

1.3.1　晶格滑移与孪晶

晶体受力时，晶体的一部分相对另一部分发生平移滑动，叫做滑移。滑移是在剪应力作用下在一定滑移系统上进行的。晶体形变后，表面出现一些条纹，在显微镜下可以看到这些条纹组成一些滑移带，如图 1.15(a) 所示。图 1.15(b) 为滑移现象的微观示意。

通常，滑移面是原子最密排的晶面，而滑移方向是原子最密排的方向，因为在这一方向上两个平衡原子位置之间的距离最短，因此在该方向滑移所需能量为最小。如果原子键作用力的方向性很强（如共价键、离子键），原子的运动在能量上是不利的。滑移面和滑移方向的组合称为滑移系。滑移系越多，塑性就越好，但滑移系的数目不是决定塑性的唯一因素。例如，面心立方结构（fcc）金属（如 Cu、Al 等）的滑移系的数目虽然比体心立方结构（bcc）金属（如 α-Fe）的少，但因前者晶格阻力小，位错容易运动，因此其塑性优于后者。

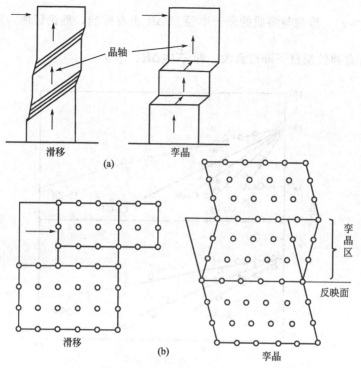

图 1.15　晶体滑移和孪晶示意

实验观察到，滑移面受温度、金属成分和预先塑性变形程度等因素的影响，而滑移方向则比较稳定。例如，温度升高时，bcc 金属可能沿 {112} 及 {123} 滑移，这是由于高指数晶面上的位错源容易被激活；而轴比（c 与 a 的比值）为 1.587 的钛（hcp 密排六方结构）中含有氧和氮等杂质时，若氧含量为 0.1%，则 (1010) 为滑移面；当氧含量为 0.01% 时，滑移面又改变为 (0001)。由于 hcp 金属只有 3 个滑移系，所以其塑性较差，并且这类金属的塑性变形程度与外加应力的方向有很大关系。

孪生也是材料在剪应力作用下的一种塑性变形方式。fcc、bcc 和 hcp 三种金属材料都能以孪生方式产生塑性形变。fcc 金属只有在很低的温度下才能产生孪生变形；bcc 金属，如 α-Fe 及其合金，在冲击载荷或低温下也常发生孪生变形；hcp 金属及其合金滑移系少，并且在 c 轴方向没有滑移矢量，因而更易产生孪生变形。孪生本身提供的变形量很小，如 Cd 孪生变形量只有 7.4% 的变形度，而滑移变形度可达 300%。孪生变形可以调整滑移面的方向，使新的滑移系开动，间接对塑性变形有贡献。孪生变形也是沿特定晶面和特定晶向进行的。

拉伸或压缩都会在滑移面上产生剪应力。现以截面为 A 的圆柱单晶受拉为例（如图 1.16 所示），在拉力 F 作用下，在滑移面上沿滑移方向发生滑移。由图 1.16 可知，滑移面上 F 方向上的应力：

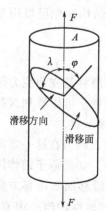

图 1.16　临界剪切应
力的确定

$$\sigma = \frac{I}{A/\cos\varphi} = \frac{F\cos\varphi}{A} \tag{1.32}$$

此应力在滑移方向上的剪切应力为：

$$\tau = \frac{F\cos\varphi}{A}\cos\lambda \tag{1.33}$$

可见，不同的滑移面或不同的滑移方向，剪切应力不一样。同一滑移面上不同滑移方向，剪应力也不一样。当 $\tau \geqslant \tau_0$（临界剪应力）时发生滑移。由于滑移面的法线 N 总是和滑移方向垂直。当 φ 与 λ 处于同一平面时，λ 最小，即 $\lambda + \varphi = 90°$，所以 $\cos\lambda\cos\varphi$ 的最大值为 0.5。可见，在外力 F 作用下，在与 N、F 处于同一平面内的滑移方向上，剪应力达最大值，其他方向剪应力均较小。

如果晶体只有一个滑移系统，则产生滑移的机会就很小，滑移系统多的话，对其中一个滑移系统来说，可能 $\cos\lambda\cos\varphi$ 较小，但对另一个系统来说，$\cos\lambda\cos\varphi$ 可能就较大，达到临界剪应力的机会就较多。金属易于滑移而产生塑性形变，就是因为金属滑移系统很多，如体心立方金属（铁、铜等）滑移系统有 48 种之多，而无机材料的离子键或共价键具有明显的方向性。同号离子相遇，斥力极大，只有个别滑移系统才能满足几何条件与静电作用条件。晶体结构愈复杂，满足这种条件就愈困难。因此，只有为数不多的无机材料晶体在室温下具有延性。这些晶体都属于一种称为 NaCl 型结构的最简单的离子晶体结构，如 $AgCl$、MgO、KCl、KBr、LiF 等。Al_2O_3 属刚玉型晶体结构，比较复杂，因而室温下不能产生滑移。

至于多晶陶瓷，其晶粒在空间随机分布，不同方向的晶粒，其滑移面上的剪应力差别很大。即使个别晶粒已达临界剪应力而发生滑移，也会受到周围晶粒的制约，使滑移受到阻碍而终止。所以多晶材料更不容易产生滑移。

1.3.2　滑移机制

晶体中已滑移的部分和未滑移部分的分界线是以位错作为表征的。但这种分界并不是有一个鲜明的界线，实际上是一过渡区域，这个过渡区域称为位错的宽度，如图 1.17 所示。位错之所以有一定宽度，是两种能量平衡的结果。从界面能来看，位错宽度越窄界面能越小，但弹性畸变能很高。反之，位错宽度增加，将集中的弹性畸变能分摊到较宽区域内的各个原子面上，使每个原子列偏离其平衡位置较小，这样，单位体积内的弹性畸变能减少了。位错宽度是影响位错是否容易运动的重要参数。位错宽度越大，位错就越易运动。

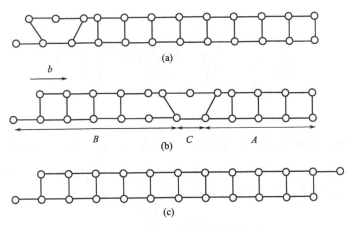

图 1.17　滑移时存在一位错宽度

1.3.3　塑性形变的位错运动理论

为使宏观形变得以发生，就需要使位错开始运动。如果不存在位错，就必须产生一些位错；如果存在的位错被杂质钉住，就必须释放一些出来。一旦这些起始位错运动起来，它们就会加速并引起增值和宏观屈服现象。塑性形变的特征不仅与形成位错所需的能量或使位错开始运动所需的能量有关，还与位错保持一定运动速度所需的力有关。两者中的任一个都能成为塑性变形的约束，已发现对纤维状无位错的晶须需要很大的应力来产生塑性形变；但是一旦起始滑移，就可在较低的应力水平下继续下去。

（1）位错运动的激活能　理想晶体内部的原子处于周期性势场中，在原子排列有缺陷的地方一般势能较高，使周期势场发生畸变。位错是一种缺陷，也会引起周期势场畸变，如图1.18所示，在位错处出现了空位势能，相邻原子C_2迁移到空位上需要克服的势垒h'比h小，克服势垒h'所需的能量可由热能或外力做功来提供，在外力作用下，滑移面上就有分剪应力τ，此时势能曲线变得不对称，原子C_2迁移到空位上需要克服的势垒为$H(\tau)$，且$H(\tau)<h'$，即外力的作用使h'降低，原子C_2迁移到空位更加容易，也就是刃型位错线向右移动更加容易，τ的作用提供了克服势垒所需的能量。$H(\tau)$为位错运动的激活能，与剪切应力τ有关，τ大，$H(\tau)$小；τ小，$H(\tau)$大。当$\tau=0$时，$H(\tau)$最大，且$H(\tau)=h'$。

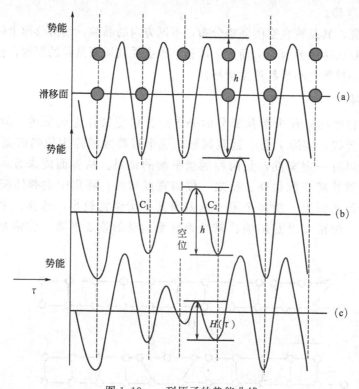

图1.18　一列原子的势能曲线

(a) 完整晶体的势能曲线；(b) 有位错时晶体的势能曲线；(c) 加剪应力τ后的势能曲线

（2）位错运动的速度　一个原子具有激活能的概率或原子脱离平衡位置的概率与玻耳兹曼因子成正比，因此位错运动的速率与玻耳兹曼因子成正比：

$$v=\nu_0\exp\left[-\frac{H(\tau)}{kT}\right] \tag{1.34}$$

式中，ν_0是与原子热振动固有频率有关的常数；k为玻耳兹曼常数。

当$\tau=0$，在$T=300\text{K}$，则$kT=0.026\text{eV}$，金属材料h'为$0.1\sim0.2\text{eV}$，而具有方向性的离子键、共价键的无机材料h'为1eV数量级，h'远大于kT，因此无机材料位错难以运动。如果有外应力的作用，因为$h>h'>H(\tau)$，所以位错只能在滑移面上运动，只有滑移面上的

分剪应力才能使 $H(\tau)$ 降低。无机材料中的滑移系只有有限的几个，达到临界剪应力的机会就少，位错运动也难于实现。对于多晶体，在晶粒中的位错运动遇到晶界就会塞积下来，形不成宏观滑移，更难产生塑性形变。如果温度升高，位错运动速度加快，对于一些在常温下不发生塑性形变的材料，在高温下也具有一定塑性。例如，Al_2O_3 在高温下具有一定的塑性形变，见图 1.19。氧化铝的塑性形变特征特别有意义，因为氧化铝是一种广泛使用的材料，而且这种非立方晶系，强烈的各向异性晶体可能在形状上代表一种极端的情况。这种形变特征直接和晶体结构有关。单晶在 900℃ 以上由于在 （0001）$[11\bar{2}0]$ 系统上的基面滑移下，可在一些非基面系统上产生滑移；这些非基面滑移也能在较低温度，在很高的应力下发生。但即使在 1700℃，产生非基面滑移的应力也是产生基面滑移的 10 倍。氧化铝在 900℃ 以上的形变特征可概括为强烈的温度依赖关系；大的应变速率依赖关系；在恒定应变速率测试中有确定的屈服点。图 1.19 中的上、下屈服应力都是温度敏感而且随温度增加而表现出近似按指数下降的规律。实际上，由于无机材料位错运动难以实现，当滑移面上的分剪应力尚未使位错一足够速度运动时，此应力可能已超过微裂纹扩展所需的临界应力，最终导致材料的脆断。

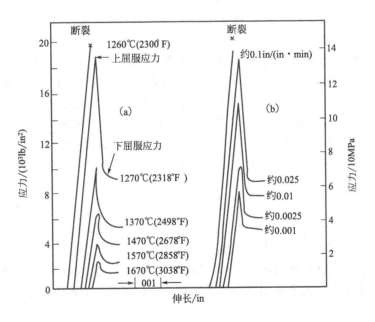

图 1.19　单晶氧化铝的形变行为

（a）温度的影响；（b）应变速率的影响

（3）形变速率　由于塑性形变是位错运动的结果，因此宏观上的形变速率和位错运动有关。图 1.20 的简化模型表示了这种关系。设 $L\times L$ 平面上有 n 个位错，位错密度为 $D=n/L^2$，在时间 t 内，一边的边界位错通过晶体到达另一边界，这时有 n 个位错移出晶体，位错运动平均速度为 $v=L/t$，在时间 t 内，长度为 L 的试件形变量为 ΔL，应变为 $\Delta L/L=\varepsilon$，则应变速率：

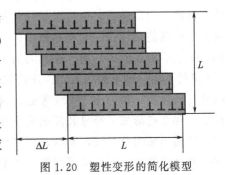

图 1.20　塑性变形的简化模型

$$\dot{\epsilon} = \frac{d\epsilon}{dt} \tag{1.35}$$

考虑位错在运动过程的增值，移出晶体的位错数为 cn 个，c 为位错增殖系数。由于每个位错在晶体内通过都会引起一个原子间距滑移，也就是一个柏氏矢量 b，则单位时间内的滑移量为：

$$\frac{cnb}{t} = \frac{\Delta L}{t} \tag{1.36}$$

应变速率

$$\dot{\epsilon} = \frac{d\epsilon}{dt} = \frac{\Delta L}{Lt} = \frac{cnb}{Lt} = \frac{cnbL}{L^2 t} = vDbc \tag{1.37}$$

式(1.37)说明塑性形变取决于位错运动速率、可动位错密度、柏格斯矢量和位错的增殖系数。但位错运动速率取决于应力的大小，它们之间的数值关系为

$$v = \left(\frac{\tau}{\tau_0} \right)^m \tag{1.38}$$

式中，τ 为沿滑移面上的剪应力；τ_0 为位错以单位速率运动所需的剪应力；m 为位错运动速率应力敏感指数。由式(1.38)可知，若想提高位错运动的平均速率就需要有较高的应力，这就是上屈服点。一旦塑性变形产生，位错大量增殖，可动位错密度增加，则位错运动速率必然下降，相应的应力也就突然降低，从而产生了屈服现象。m 值越小，为使位错运动速率变化所需的应力就越大，屈服现象就越明显，反之，屈服现象就不明显。bcc 金属的 m 值较低，小于 10，故具有明显的屈服现象，而 fcc 金属的 m 为 100～200，屈服现象不明显。位错密度是用与单位面积相交的位错线的密度来表示的。仔细制备的晶体，每平方厘米可能有 10^2 个位错。在塑性形变后位错密度大为增加，对某些强烈形变的金属可达到每平方厘米 $10^{10} \sim 10^{11}$。显然要引起宏观塑性形变必须：①有足够多的可动位错；②位错有一定的运动速度；③柏氏矢量大。但另一方面柏氏矢量与位错形成能有关系：

$$E = aGb^2 \tag{1.39}$$

式中，a 为几何因子，取值范围为 0.5～1.0；G 为剪切模量。柏氏矢量影响位错密度，即柏氏矢量越小，位错形成越容易，位错密度越大。b 相当于晶格点阵常数。金属的点阵常数一般为 3Å 左右，无机材料的常数较大，如 $MgAl_2O_4$ 三元化合物为 8Å，Al_2O_3 的为 5Å，形成位错的能量较大，因此无机材料中不易形成位错，位错运动也很困难，也就难以产生塑性形变。

(4) 位错增殖的弗兰德-瑞德机理 弗兰德-瑞德机理引起的位错源如图 1.21 所示。(a) 表示含有一个割阶（C-D）的刃形位错，(b) 仅仅表示 (a) 所示的位错线。实际上上述的位错并非限于刃形位错，也可以是任何混合型位错。对于图(a)中所示的位错，为了在滑移时成为一个新的位错源，它在晶体中的运动必然有限。加上剪应力后，因为在半晶面线段 AB 和 CD 上不出现剪切分量，或者因为 B 点和 C 点被杂质原子钉扎，所以半晶面线段 AB 和 CD 保持不动。剩下的线段 BC 开始在滑移面上运动，见图(c)。因为位错在 B 点和 C 点被钉扎，所以使平移的 BC 线段弯曲，并按照图(d) 和图(e) 所示的方式扩展。在这个阶段，在 1 点和 2 点形成了符号相反的螺形位错，它们彼此结合可降低位错的能量，见图(f)。因此，位错形成闭合环线，同时，再产生原有的位错线段 BC。由于此种位错运动，滑移面上部的晶体向前运动一个原子间距。当晶体继续受到应力的作用时，上述过程多次重复，直到

晶体平移部分的棱边到达 B 点和 C 点。此后位错就消失。按照这一机理,少数被钉扎的位错可以使晶体产生足够大的滑动。把错位两侧都钉扎是不必要的,只在一点钉扎就足够了,这时位错将以扇形方式扩展。

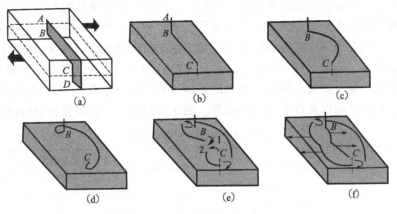

图 1.21　弗兰克-瑞德源机理

对于离子晶体,比较常见的增殖机理是通过螺形位错的复交叉滑移。当位错相互缠结在一起时,产生复合交叉滑移。纠缠在一起的位错不能运动,并形成位错的不运动线段,这就像弗兰克—瑞德机理中的刃形位错的钉扎线段一样以同样方式作用。

1.3.4　不同材料的塑性

(1) 金属材料　金属材料塑性形变的主要机理是位错滑移,金属材料一般具有 5 个以上的滑移系统,由于金属键是通过共用的价电子组成的电子云结合,没有方向性,滑移过程不产生静电斥力,晶体点阵对位错运动的固有阻力较小,位错容易运动,而且通常结构也相对较简单,故塑性形变容易,无论是单晶还是多晶都是延性的。对于体心立方结构的金属(铁、铜等),滑移系统甚至可多达 48 个。金属晶体的滑移面受到温度、成分和预先变形程度等的影响。

在多晶体金属中,每一晶粒滑移变形的规律都与单晶体金属相同。但由于多晶体金属存在晶界,各晶粒的取向也不相同,因而其塑性变形具有以下特点。

第一,各晶粒变形的不同时性和不均匀性。各晶粒变形的不同时性和不均匀性常常是相互联系的。多晶体由于各晶粒的取向不同,在受外力时,某些取向有利的晶粒先开始滑移变形,而那些取向不利的晶粒可能仍处于弹性变形状态,只有继续增加外力才能使滑移从某些晶粒传播到另一些晶粒,并不断传播下去,从而产生宏观可见的塑性变形。如果金属材料是多相合金,那么由于各晶粒的取向及应力状态的不同,那些位向有利或产生应力集中的晶粒必将首先产生塑性变形,导致金属材料塑性变形的不同时性。这种不均匀性不仅存在于各晶粒之间、基体金属晶粒与第二相之间,即使是同一晶粒内部,各处的塑性变形也往往不同。结果造成当宏观上塑性变形量还不大的时候,个别晶粒或晶粒局部地区的塑性变形量可能已达到极限值。由于塑性耗竭,加上变形不均匀产生较大的应力,就有可能在这些晶粒中形成裂纹,从而导致金属材料的早期断裂。

第二,各晶粒变形的相互协调性。多晶体金属作为一个连续的整体,不允许各个晶粒在任一滑移系中自由变形,否则必将造成晶界开裂,这就要求各晶粒之间能协调变形。为此,每个晶粒必须能同时沿几个滑移系进行滑移,即能进行多系滑移,或在滑移的同时进行孪生变形。米赛斯指出，每个晶粒至少必须有 5 个独立的滑移系开动，才能保证产生任何方向都不受约束的塑性变形，并维持体积不变。由于多晶体金属的塑性变形需要进行多系滑移，因而多晶体金属的应变硬化速度比相同的单晶体金属要高，两者之间以 hcp 类金属最大，fcc 及 bcc 金属次之。但 hcp 金属滑移系少，变形不易协调，故其塑性极差。

金属材料在塑性变形时，除引起应变硬化、产生内应力外，还导致一些物理性能和化学性能的变化，如密度降低、电阻和矫顽力增加、化学活性增大以及抗腐蚀性能降低等。

（2）陶瓷材料 陶瓷材料在常温下几乎是完全脆性的，只有在高温下才表现出一定的塑性形变，这使得陶瓷材料的应用受到极大的限制。陶瓷缺乏塑性的原因主要是滑移系统少、滑移系统之间相互作用以及存在大量的晶界。表 1.3 列出了一些陶瓷材料的滑移系统。

表 1.3 陶瓷中的滑移系统

材料	晶体结构	主要滑移系统	二次滑移系统	独立滑移系统数		激活温度/℃	
				主要	二次	主要	二次
Al_2O_3	六方	$(0001)[11\bar{2}0]$	数个	2	2、3	1200	
C(石墨)	六方	$(0001)[11\bar{2}0]$	数个	2			
MgO	立方	$(110)[1\bar{1}0]$	$(001)[1\bar{1}0]$	2	3	0	1700
MgO Al_2O_3	立方	$(111)[1\bar{1}0]$	$(110)[1\bar{1}0]$	5		1650	
β-SiC	立方	$(111)[1\bar{1}0]$		5		＞2000	
β-Si_3N_4	六方	$(1010)[000\bar{1}]$		2		＞1800	
β-SiO_2	六方	$(0001)[11\bar{2}0]$		2			
TiC	立方	$(111)[1\bar{1}0]$	$(111)[1\bar{1}0]$	5		900	
TiO_2	四方	$(101)[10\bar{1}]$	$(110)[001]$	4			

陶瓷的键性为离子键、共价键或二者的混合型。在共价键材料中，位错滑移是困难的，因为共价键具有明显的方向性，使位错滑移需要破坏和弯曲这些具有强烈方向性的键。因此，在共价键陶瓷中，如金刚石和 Si_3N_4，仅在极高的温度和应力下才能看到滑移塑性。在离子型材料中，同号离子相遇，斥力极大，使得滑移受到静电阻力。对于许多陶瓷材料，由于晶体结构复杂，对称性低，点阵常数较大，不容易形成位错，而且能满足滑移小距离后使结构复原的条件的晶面很少，所以，陶瓷材料中只有极少数具有简单晶体结构的晶体，如 MgO（NaCl 型结构）在室温下具有塑性。大多数陶瓷晶体主滑移系的激活温度在 1000℃以上。陶瓷材料一般是多晶体，其中存在大量的晶界，而且还存在气孔、微裂纹、玻璃相等，位错更加不易向周围晶体传播，往往施加的载荷还不足以引起发生滑移就已使得裂纹扩展而断裂，这是陶瓷材料很难产生塑性变形的另一个重要原因。在高温下，许多位错运动的障碍得到一定的释放，大多数陶瓷材料都能由于发生有限的位错滑移而产生一定的塑性形变。

非晶态玻璃材料由于不存在晶体中的滑移和孪晶的变形机制，其永久变形是通过分子位置的热激活交换来进行的，属于黏性流动形变机制，塑性形变需要在一定的温度下进行，所以普通的无机玻璃在室温下没有塑性。

（3）高分子材料 高分子材料的塑性形变机理因其状态不同而异。结晶态高分子材料的塑性形变是由微晶转变为沿应力方向排列的微纤维束的过程。当微晶转化为微纤维束晶块时，分子链沿拉应力方向伸展开，晶块之间有许多伸开的分子链将晶块彼此连接在一起。

非晶态高分子材料的塑性形变有两种方式：在正应力作用下形成银纹和在剪切应力作用下无取向分子链局部转变为排列的纤维束，其中形成银纹是其主要机理。银纹产生于高分子材料的弱结构或缺陷部位，银纹内部为取向的纤维与空洞交织分布。在继续形变过程中，银纹的长度在与拉应力垂直的方向上增加。随着塑性形变量的增大，银纹的数量不断增多。

1.3.5　塑性性能的有关参量

（1）屈服强度　金属材料在拉伸时从弹性变形阶段向塑性变形阶段的过渡，表现为外力不增加试样仍能继续伸长，或外力增加到一定数值时突然下降，随后，在外力不增加或上下波动的情况下，试样继续伸长变形，这就是屈服现象，是开始产生宏观塑性变形的一种标志。

呈现屈服现象的金属材料在外力不增加仍能继续伸长时的应力称为屈服点 σ_s；试样发生屈服，且应力首次下降前的最大应力成为上屈服点，记为 σ_{su}；当不计初始瞬时效应时，屈服阶段中的最小应力称为下屈服点，记为 σ_{sl}。在屈服过程中产生的伸长叫做屈服伸长，屈服伸长对应的水平线段或曲折线段称为屈服平台或屈服齿。屈服伸长变形是不均匀的，外力从上屈服点下降到下屈服点时，在试样局部区域开始形成与拉伸轴约成 $45°$ 的吕德斯（Lüders）带或屈服线，随后再沿试样长度方向逐渐扩展，当屈服线布满整个试样长度时，屈服伸长结束，试样开始进入均匀塑性变形阶段。

提高金属材料屈服强度，可以减轻机件的重量，并不易产生塑性变形失效。但提高金属材料的屈服强度，使屈服强度与抗拉强度的比值（屈强比）增大，又不利于某些应力集中部位的应力重新分布，极易引起脆性断裂。对于具体的机件，应选择多大数值的屈服强度的材料为最佳，原则上应根据机件的形状及其所受的应力状态、应变速率等决定。若机件截面形状变化较大，应变速率较高，则金属材料的屈服强度应取较低数值，以防止发生脆性断裂。

（2）缩颈现象　缩颈是韧性金属材料在拉伸试验时变形集中于局部区域的特殊现象，它是应变硬化（物理因素）与截面积减小（几何因素）共同作用的结果。

缩颈一旦产生，拉伸试样原来所受的单向应力状态就被破坏，而在缩颈区出现三向应力状态，这是由于缩颈区中心部分拉伸变形的横向收缩受到约束而致。在三向应力状态下，材料塑性变形比较困难。为了继续发展塑性变形，就必须提高轴向应力，因而缩颈处的轴向真实应力高于单向受力下的轴向真实应力，并且随着颈部进一步变细，真实应力还要不断增加。颈部三向应力状态如图 1.22 所示。

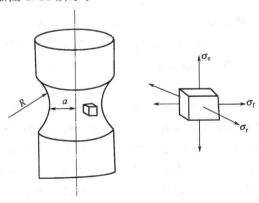

图 1.22　颈部三向应力状态

材料结构与性能

为了补偿颈部横向应力、切向应力对轴向应力的影响，求得仍然是均匀轴向应力状态下的真实应力，以得到真正的真实应力应变曲线，就必须对颈部应力进行修正。为此，可利用 Bridgmen 关系式进行计算

$$S' = \frac{S}{\left(1 + \frac{2R}{a}\right)\ln\left(1 + \frac{a}{2R}\right)} \tag{1.40}$$

式中，S 为颈部轴向真实应力（等于拉伸力除以缩颈部最小横截面积）；S' 为修正后的真实应力；R 为颈轮廓线曲率半径；a 为颈部最小截面半径。

（3）塑性指标　塑性是指金属材料断裂前发生塑性变形的能力。金属材料断裂前所产生的塑性变形由均匀塑性变形和集中塑性变形两部分构成。大多数在拉伸时形成缩颈的韧性金属材料，其均匀塑性变形量比集中塑性变形量小，一般均不超过集中变形量的 50%。许多钢材（尤其是高强度钢）均匀塑变量仅占塑变量的 5%~10%，铝和硬铝占 18%~20%，黄铜占 35%~45%。这就是说，拉伸缩颈形成后，塑性变形主要集中于试样缩颈附近。

金属材料常用的塑性指标为断后伸长率和断面收缩率。

断后伸长率是试样拉断后标距的伸长与原始标距的百分比，用 δ 表示。

$$\delta = \frac{L_1 - L_0}{L_0} \times 100\% \tag{1.41}$$

实验结果证明，$L_1 - L_0 = \beta L_0 + \gamma\sqrt{A_0}$，故

$$\delta = \frac{L_1 - L_0}{L_0} = \beta + \gamma\frac{\sqrt{A_0}}{L_0} \tag{1.42}$$

式中，β 和 γ 对同一金属材料制成的几何形状相似的试样来说为常数。因此，为了使同一金属材料制成的不同尺寸拉伸试样得到相同的 δ 值，要求 $\frac{L_0}{\sqrt{A_0}} = K$（常数），通常取 K 为 5.65 或 11.3，即对于圆柱形拉伸试样，相应的尺寸为 $L_0 = 5d_0$ 或 $L_0 = 10d_0$。这种拉伸试样称为比例试样，且前者为短比例试样，后者为长比例试样，所得到的断后伸长率分别以符号 δ_5 和 δ_{10} 表示。由于大多数韧性金属材料的集中塑性变形量大于均匀塑性变形量，因此，比例试样的尺寸越短，其断后伸长率就越大，反映在 δ_5 和 δ_{10} 的关系上是 $\delta_5 > \delta_{10}$。

断面收缩率是试样拉断后，缩颈处横截面积的最大缩减量与原始横截面积的百分比，用符号 Ψ 表示。

$$\Psi = \frac{A_0 - A_1}{A_0} \times 100\% \tag{1.43}$$

式中，A_0 为试样原始横截面积；A_1 为试样断裂后的横截面积。

根据 δ 和 Ψ 的相对大小，可以判断金属材料拉伸时是否形成缩颈。如果 $\Psi > \delta$，金属拉伸形成缩颈，且 Ψ 与 δ 之差越大，缩颈越严重；如果 $\Psi = \delta$，或 $\Psi < \delta$，则金属材料不形成缩颈。

上述塑性指标的具体选用原则是，对于在单一拉伸条件下工作的长形零件，无论其是否产生缩颈，都用 δ 评定材料的塑性，因为产生缩颈时局部区域的塑性变形量对总伸长实际上没有什么影响。如果金属材料机件是非长形零件，在拉伸时形成缩颈，则用 Ψ 作为塑性指标。因为 Ψ 反映了材料断裂前的最大塑性变形量，而此时 δ 则不能显示材料的最大塑性。Ψ 是在复杂应力状态下形成的，冶金因素的变化对材料塑性的影响在 Ψ 上更为突出，所以 Ψ 比 δ 对组织变化更为敏感。

22

对静载下工作的机件，都要求材料具有一定的塑性，以防止机件在偶然过载时，产生突然破坏。这是因为塑性变形有缓和应力集中、消减应力峰的作用。从这个意义上来说，金属材料的塑性指标是安全力学性能指标；塑性对金属压力加工很有意义，金属有了塑性才能通过轧制、挤压等冷热变形工序生产出合格产品；塑性的大小还能反映材料冶金质量的好坏，故可以评定材料质量。

钢的塑性受碳化物体积比及其形状的影响。碳化物体积比增加，钢的塑性降低。具有球状碳化物的钢，其塑性优于具有片状碳化物的钢（图1.23）。钢中硫化物含量增加，其塑性会降低。与类似形态的碳化物相比，硫化物使钢的塑性降低得更多。有实验证明，在奥氏体不锈钢中，细化晶粒使塑性增加，且与 $d^{1/2}$ 呈线性关系，但由于影响塑性的因素很多，这一关系尚不能确切地反映。

人们已经熟知，金属材料的塑性常常与其强度性能有关。当材料的断后伸长率与断面收缩率的数值较高时 $[\delta、\Psi>(10\%\sim20\%)]$，则材料的塑性越高，其强度一般较低。屈服强度与抗拉

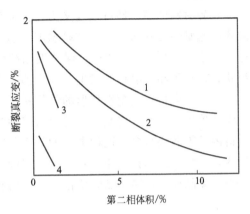

图 1.23　钢中第二相对塑性的影响
1—球状碳化物；2—片状碳化物；
3—拉长硫化物；4—片状硫化物

强度的比值（屈强比）也与断后伸长率有关。通常，材料的塑性越高，其屈强比就越小。如高塑性的退火铝合金，$\delta=15\%\sim35\%$，$\sigma_{0.2}/\sigma_b=0.38\sim0.45$；人工时效铝合金，$\delta<5\%$，$\sigma_{0.2}/\sigma_b=0.77\sim0.96$。

1.3.6　材料的超塑性

在拉伸应力作用下，金属材料的延伸率可以达到几十到几百倍、甚至可达 2000％以上的现象，称为金属材料的超塑性。其特征是：流动应力降低为原来的几十分之一，不出现加工硬化。超塑性亦即超常规塑性，也可以描述为在一定的内部条件（如晶粒形状、尺寸和相变等）和外部条件（如温度、应变速率等）下，呈现出异常低的流变抗力及异常高的流变性能的现象。一些超塑性合金及复合材料因变形性能优异，在航空航天、汽车制造等工业部门的应用前景越来越广阔，尤其适宜用于制备形状复杂的构件。

（1）超塑性的分类　根据超塑性的实现条件及变形特点的不同，超塑性可分为结构超塑性（又称细晶超塑性或组织超塑性）、相变超塑性、临时超塑性（又称短暂超塑性）、内应力超塑性、相变诱发超塑性等多种。

（2）超塑性变形的特点

① 非常大的延伸率，一般达到 200％，最大可达 5000％以上。

② 变形抗力小，无或少加工硬化，易变形。

③ 发生很大变形而无明显的局部缩颈。

④ 对应变速率非常敏感。

⑤ 一般要求微细晶粒、等轴、热稳定。

（3）陶瓷材料的超塑性　陶瓷很容易获得细晶结构，而且结构比较稳定，即使在较高的温度时晶粒长大也不是很明显，这显示了陶瓷具有超塑性变形的潜力，但陶瓷材料在常温下几乎不产生塑性变形，实现超塑性形变要比金属材料困难得多。1986 年日本名古屋工业技

术研究所首先发现并报道了多晶陶瓷的拉伸超塑性，晶粒尺寸为 300nm 四方氧化锆（3Y-TZP）多晶体延伸率大于 160%，这是对陶瓷属于脆性材料的经典禁区的重大突破。除了 Y-TZP材料外，Al_2O_3-ZrO_2 复合材料、Al_2O_3、莫来石、Si_3N_4、SiC-Si_3N_4 复合材料、$Ca_{10}(PO_4)_6(OH)_2$、多铝红柱石及 ZrO_2 强化的多铝红柱石等陶瓷材料也被发现具有某种程度的超塑性。

陶瓷材料的超塑性可以定义为在拉伸载荷下显示异常高的延伸率，断裂前无颈缩发生。陶瓷的超塑性要求如下。①试验温度应达到材料熔化温度的一半以上；②晶粒尺寸要很小，通常应小于<1μm；③能稳定保持细晶结构，没有或只有轻微的晶粒生长；④晶粒具有等轴粒状，以利于晶界滑移的发生；⑤能抑制空洞的产生和连接以及晶界分离。

（4）陶瓷材料超塑性变形的结构特征　晶界滑动是人们普遍接受的变形机制，从晶界的组织结构出发，可以将晶界滑动分为三种类型：第一种类型，界面结构使晶界上的原子比在晶格内的扩散快得多，这种类型的界面一般来说是大角度晶界；第二种类型，晶界间存在少量液相，如果晶相在液相中有一点溶解度，就可以增强晶间的扩散作用；第三种类型，主要是小角度晶界，推测是晶间位错而产生的超塑性，它具有最大的变形速率，在工艺技术上最有意义。

烧结 Y-TZP 陶瓷的显微结构图见图 1.24，平均晶粒直径为 $0.5\mu m$，呈等轴状。在 1450℃下，延伸率为285%的试样夹持区和变形区的 SEM 照片。可见，夹持区产生了静态晶粒长大，变性区产生了动态晶粒长大，动态晶粒长大的速度较快，并且有轻微的择优取向，m 值为 0.37。变形促进了马氏体相变。

几种陶瓷材料的超塑性见表 1.4。

表 1.4　几种陶瓷材料的超塑性

材料	晶粒尺寸/μm	温度/℃	应变速率/s^{-1}	应力敏感性指数	拉伸量/%
3Y-TZP	0.3	1723～1823	$2\times(10^{-5}\sim10^{-2})$	0.33	350
2.5Y-TZP	0.36	1400			100
2.5Y-TZP+SiO_2	0.25	1400			1038
Y-TZP+20% Al_2O_3	0.5	1550	10^{-3}		550
$3Al_2O_3$：$4ZrO_2$：3尖晶石			1×10		2510
Sialon		1580		1.3×10^{-4}	470

对于受扩散控制的形变过程，高温超塑性形变的特征方程可表达为：

$$\dot{\varepsilon}=\frac{AGb}{kT}\left(\frac{b}{d}\right)^p\left(\frac{\sigma}{G}\right)^nD \tag{1.44}$$

式中，$\dot{\varepsilon}$ 为应变速率；A 为常数；G 为剪切模量；b 为伯氏矢量；k 为玻尔兹曼常数；T 为热力学温度；d 晶粒大小；p 为晶粒尺寸指数；σ 为应力；n 为应力指数；D 为扩散系数。$D=D_0\exp(-Q/RT)$，其中 D_0 为频率因子；Q 为激活能；R 为气体常数；n，p 和 Q 是描写形变过程的特征参数。

在温度和晶粒尺寸不变的条件下，方程还可进一步简化为：

$$\dot{\varepsilon}=A\sigma^n \quad 或 \quad \sigma=B\dot{\varepsilon}^m \tag{1.45}$$

式中，B 为常数，$m=1/n$，称为应变速率敏感性因子。通常当 $m>0.3$（或 $n\leqslant3$）时，由于流动局部化和颈缩受到有效的抑制，材料才能产生明显的超塑性。

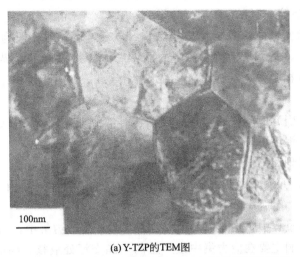

(a) Y-TZP的TEM图

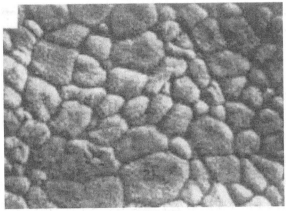

(b) 试样夹持区

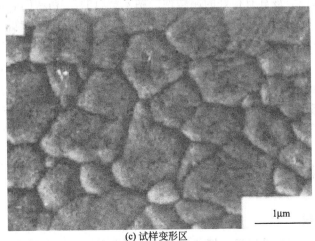

(c) 试样变形区

图 1.24　Y-TZP 超塑性变形显微结构

　　通过实验，用以上等式得到的特征参数 n、p 和 Q 的值是近似值，而不是真实值，除非实验条件下能保证单一的变形机制起作用，而这不容易做到。事实上文献中报道的形变特征参数值即使在同样的实验条件下，同类材料也存在较大的差异。随之而来，人们提出的用来解释这些材料变形行为的一些主要机理（界面反应控制的蠕变机制、晶界滑移伴随的晶间滑动、固溶-析出蠕变机制等）也存在矛盾。

（5）陶瓷材料的形变特征参数 应力指数 n，含有玻璃相时一般为 2 以下。粗晶粒的 $n=1$，属于纯扩散蠕变，是受晶格扩散控制的晶界滑移。$n=2$ 时的晶界滑移，是受界面反应控制的扩散；无玻璃相时为 3 左右；当晶粒尺寸由 $0.2\mu m$ 增加到 $1.5\mu m$ 时，应力指数由 2.6 减为 1.6。

高温下的晶粒生长引起应变硬化，含有玻璃相时使流动应力下降，强化了超塑性流动，最大变形量增加，形变温度下降。

活化能涉及变形机理和离子的扩散过程，一般为 $500\sim600kJ/mol$。随着晶粒尺寸的增加而下降，例如当晶粒尺寸由 $0.3\mu m$ 增加到 $1.33\mu m$ 时，活化能由 $580kJ/mol$ 降低为 $500kJ/mol$。

在高温超塑性变形过程中，由于晶界滑移在晶界处产生应力集中，当应力集中超过临界值时，空洞就成核。空洞主要在应力集中最严重的三晶交汇处成核，随应变的增大而长大，并沿着晶界发展，部分空洞连接在一起形成裂纹，成为断裂的起源，降低了材料的力学性能。空洞的产生意味着扩散过程来不及松弛晶界滑移所产生的局部应力集中，限制了断裂前的最大变形量。

在受压条件下，晶间脆性的影响不能得到有效地反映，晶间空洞和晶界分离或裂纹受到一定程度的压抑，故所表现出的塑性形变不能严格地体现真正的超塑性行为，只能说明具有高的延展性。严格地说，按传统习惯把超塑性限定为材料具有异常大的拉伸延展性。但是过去有许多试验是在受压条件下进行，而且也应用压缩成型，如锻造、挤压等的超塑性加工，故从实际出发，应把异常大的压缩延展性也认为是超塑性。

（6）纳米陶瓷的结构与超塑性 纳米陶瓷的显微结构特征是晶粒尺寸、晶界宽度、第二相分布、缺陷尺寸等都是处在纳米量级的水平。超塑性要求晶粒细小，纳米材料完全符合这一要求，预计纳米陶瓷应该具有很好的超塑性。纳米材料的晶界层所占的体积分数可能接近于晶粒的体积，晶界便具有举足轻重的作用，许多界相的结合是不对称和松散的，容易在外力作用下产生相对位移。纳米陶瓷在高温下具有类似于金属的超塑性。扩散系数比普通材料提高了 3 个数量级，晶粒尺寸降低了 3 个数量级，扩散蠕变速率高出 10^{12} 倍。因此，在较低的温度下，纳米陶瓷材料因其高的扩散蠕变速率可对外力做出迅速反应，造成晶界方向的平移，从而出现超塑性。纳米氧化锆陶瓷在 1250℃ 下，施加不太大的力就约有 400% 的形变。

1.4 材料的结构与高温蠕变

1.4.1 高温蠕变曲线

材料在高温下长时间承受恒温、恒载荷作用，缓慢产生塑性变形的现象，称为蠕变。由于蠕变而最后导致材料的断裂称为蠕变断裂。蠕变在较低温度下也会产生，但只有当约比温度大于 0.3 时才比较显著。如当碳钢温度超过 300℃、合金钢温度超过 400℃ 时，就必须考虑蠕变的影响。

材料典型的蠕变曲线如图 1.25 所示。图中 Oa 线段是试样在 t 温度下承受恒定应力 σ 时所产生的起始伸长率 δ_q。如果应力超过材料在该温度下的屈服强度，则包括弹性伸长率 Oa 和塑性伸长率 $a'a$ 两部分。这一应变还不算蠕变，而是由外载荷引起的一般变形过程。从 a 点开始随时间 τ 的增长而产生的应变属于蠕变。图 1.25 中 $abcd$ 曲线即为蠕变曲线。蠕变曲线上任一点的斜率，表示该点的蠕变速率（$\dot{\varepsilon} = \mathrm{d}\delta/\mathrm{d}\tau$）。按照蠕变速率的变化情况，可将蠕变过程分为三个阶段。

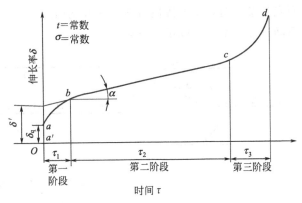

图 1.25　典型蠕变曲线

第一阶段 ab 是减速蠕变阶段，这一阶段开始时的蠕变速率很大，随着时间的延长，蠕变速率逐渐减小。到 b 点，蠕变速率则达到最小值。

第二阶段 bc 是恒速蠕变阶段，又称稳态蠕变阶段，这一阶段的特点是蠕变速率几乎保持不变。一般所指的蠕变速率，就是以这一阶段的蠕变速率 $\dot{\varepsilon}$ 表示的。

第三阶段 cd 是加速蠕变阶段。随着时间的延长，蠕变速率逐渐增大，到 d 点产生蠕变断裂。同一材料的蠕变曲线随应力的大小和温度的高低而不同。在恒定温度下改变应力，或在恒定应力下改变温度，蠕变曲线的变化如图 1.26(a)、（b）所示。由图 1.26 可知，当应力较小或温度较低时，蠕变第二阶段持续时间较长，甚至不产生第三阶段。相反，当应力较大或温度较高时，蠕变第二阶段很短，甚至完全消失，试样在很短时间内断裂。

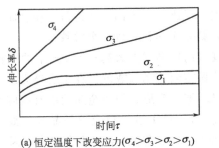
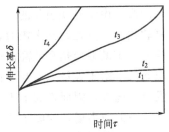

(a) 恒定温度下改变应力($\sigma_4 > \sigma_3 > \sigma_2 > \sigma_1$)　　(b) 恒定应力下改变温度($t_4 > t_3 > t_2 > t_1$)

图 1.26　应力和温度对蠕变曲线的影响

1.4.2　蠕变机理

（1）位错滑移蠕变　金属的蠕变变形主要是通过位错滑移、原子扩散以及晶界滑动等机理进行的。各种机理对蠕变的贡献随温度及应力的变化而有所不同，现分述如下。

在高温下，位错可借助于外界提供的热激活能和空位扩散来克服某些短程阻碍，从而使变形不断产生。高温下的热激活过程主要是刃型位错的攀移，并使位错加速，从而产生一定的塑性形变。位错滑移和位错攀移是最常见的位错蠕变机理。位错滑移是位错沿着滑移面运动,而位错攀移是位错垂直于滑移面运动。位错攀移是半原子面上的原子向晶体中过饱和的空位扩散,使位错能绕过障碍物运动到相邻的滑移面,并使滑移面滑移。图1.27为刃型位错攀移克服障碍的几种类型。由此可见,塞积在某种障碍前的位错通过热激活可以在新的滑移面上运动,或者与异号位错相遇而对消,或者形成亚晶界,或者被晶界所吸收。当塞积群中某一个位错被激活而发生攀移时,位错源便可能再次开动而放出一个位错,从而形成动态回复过程。这一过程不断进行,蠕变得以不断发展。

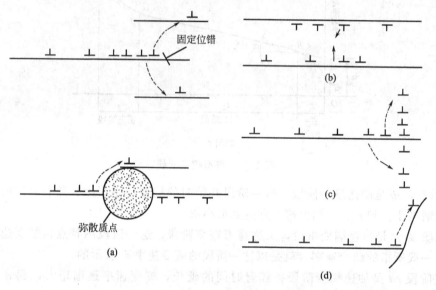

图1.27 刃型位错攀移克服障碍的类型
(a)越过固定位错与弥散质点在新滑移面上运动;(b)与邻近滑移面上异号位错相消;
(c)形成小角度晶界;(d)消失于大角度晶界

在蠕变第一阶段,由于蠕变变形逐渐产生应变硬化,使位错源开动的阻力及位错滑移的阻力逐渐增大,致使蠕变速率不断降低。

在蠕变第二阶段,由于应变硬化的发展,促进了动态回复的进行,使金属不断软化。当应变硬化与回复软化两个过程达到平衡时,蠕变速率就变成一个常数。

(2)扩散蠕变 扩散蠕变是在较高温度(约比温度大大超过0.5)下的一种蠕变变形机理。它是在高温条件下由于大量原子和空位做定向移动造成的。在不受外力的情况下,原子和空位的移动没有方向性,因而宏观上不显示塑性形变。但当金属两端有拉应力作用时,在多晶体内产生不均匀的应力场,如图1.28所示。对于承受拉应力的晶界(如A、B晶界),空位浓度增加;对于承受压应力的晶界(如C、D晶界),空位浓度减小。因而在晶体内空位将从受拉晶界向受压晶界迁移,原子则反向流动,致使晶体逐渐产生伸长的蠕变。这种现象称为扩散蠕变。

(3)晶界滑动蠕变 在较高温度条件下,由于晶界上的原子易于扩散,受力后易产生滑动,促进蠕变进行。随着温度的升高,应力降低,晶粒度减小,晶界滑动对蠕变的作用越来越大。但在总蠕变量中所占的比例并不大,一般约为10%。

金属蠕变过程中,晶界的滑动易于在晶界上形成裂纹。在蠕变的第三阶段,裂纹迅速扩展,使蠕变速率增大,当裂纹达到临界尺寸后便产生蠕变断裂。在陶瓷的制备过程中,加入一些添加剂，通过在高温烧结过程中产生晶界玻璃相促进致密化。这种晶界玻璃相在高温下黏度迅速下降，使得在外力作用下，晶界发生黏滞流动，晶粒沿晶界产生相对滑移，蠕变可以通过晶界滑移发生。

1.4.3　蠕变断裂

金属材料在长时、高温、载荷作用下的断裂，大多为沿晶断裂。一般认为，这是由于在晶界上形成裂纹并逐渐扩展而引起的。实验观察表明，在不同的应力与温度条件下，晶界裂纹的形成方式有两种。

(1) 在三晶粒交会处形成的楔形裂纹　这是在较高应力和较低温度下，由于晶界滑动在三晶粒交会处受阻，造成应力集中而形成空洞，如图 1.29 所示。若空洞相互连接便成为楔形裂纹。图 1.30 所示为在 A、B、C 三晶粒交会处形成楔形裂纹的示意。图 1.31 所示为在耐热合金中所观察到的楔形裂纹的照片。

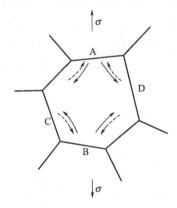

图 1.28　晶粒内部扩散蠕变示意

---->空位移动方向；——>原子移动方向

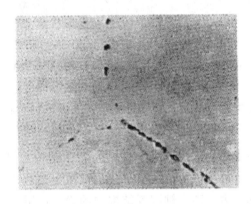

图 1.29　耐热合金中晶界上形成的空洞

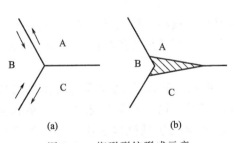

(a)　　　　(b)

图 1.30　楔形裂纹形成示意

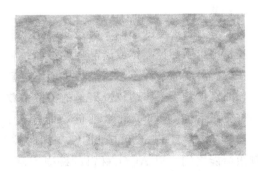

图 1.31　耐热合金中的楔形裂纹

(2) 在晶界上由空洞形成的晶界裂纹　这是在较低应力和较高温度下产生的裂纹。这种裂纹出现在晶界上的突起部位和细小的第二相质点附近，由于晶界滑动而产生空洞，如图 1.32 所示。图 1.32(a) 所示为晶界滑动与晶内滑动带在晶界上交割时形成的空洞；图 1.32(b) 所示为晶界上存在第二相质点时，当晶界滑动受阻而形成的空洞，最终导致沿晶断裂。

由于蠕变断裂主要在晶界上产生，因此，晶界的形态、晶界上的析出物和杂质偏聚、晶粒大小及晶粒度的均匀性对蠕变断裂均会产生很大影响。

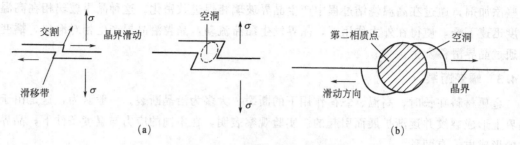

图 1.32　晶界滑动形成空洞示意

（a）晶界滑动与晶内滑移带交割；（b）晶界上存在第二相质点

图 1.33　锅炉过热管长时超温爆破的宏观断口形貌

蠕变断裂断口的宏观特征是在断口附近产生塑性变形，在变形区域附近有很多裂纹，使裂纹机件表面出现龟裂现象；另一个特征是由于高温氧化，断口表面往往被一层氧化膜所覆盖。图 1.33 所示为某锅炉中 12Cr1MoV 钢过热器长时超温而爆破的宏观照片，由照片可看到上述两个特征。

蠕变断裂的微观断口特征，主要为冰糖状花样的沿晶断裂形貌。

1.4.4　陶瓷材料的高温蠕变

高温蠕变不仅取决于材料的晶体结构和显微结构，亦受到应力、温度和环境介质等外界条件的强烈影响。由于共价键陶瓷结构中价键的方向性，使之拥有较高的抵抗晶格畸变的能力。离子键陶瓷结构中的静电作用力，使晶格滑移不仅遵循晶体几何学的准则，尚受到静电吸力和斥力的制约。离子半径较大的 O^{2-} 扩散，必然在扩散途径和速度方面受到限制。这些都反映在激发陶瓷蠕变的难度上，这正是陶瓷具有较好的抗高温蠕变性的本征因素。

（1）应力与温度的影响　大量实验结果证明，在应力较低、晶粒较小的条件下，多晶陶瓷蠕变机理属于穿过晶体或沿晶界的扩散；到了较高应力范围，蠕变行为转为受晶格机理控制。在较高温度的条件下，当晶界机理不再起重要作用，而且晶格扩散比沿位错线扩散快得多时，晶格扩散等于移动较慢离子的扩散系数。

蠕变激活能 Q_c 和扩散激活能都是温度的减值函数，在晶界机理起主要作用的情况下，当 Nabarro-Herring 和 Coble 蠕变同时控制着速率时，蠕变激活能值处于晶格和晶界扩散激活能之间。以 Al_2O_3 材料的蠕变为例。Al_2O_3 单晶的扩散试验表明，Al^{3+} 的晶格扩散速率比 O^{2-} 晶格扩散大两个数量级。晶粒为 $3\sim13\mu m$ 的细晶 Al_2O_3 材料，具有速率与晶粒尺寸的平方成线性反比关系的蠕变行为，即 Nabarro-Herring 起控制作用机理。可以认为，由于在晶界处阴离子的扩散速率大大提高，以致在细晶坯体中由扩散较慢的阳离子控制着蠕变速率。当晶粒增长到一定程度（$G_g \geq 20\mu m$），亦即晶界扩散的途径相应减短，蠕变速率转而由扩散速率较慢的阴离子控制，而阳离子的扩散速率始终与晶界的存在与否无关。

（2）显微结构对蠕变的影响

① 晶粒尺寸。不同的晶粒尺寸范围决定了不同的蠕变机理起着控制速率的作用。当

晶粒很大，蠕变速率 ε 受到晶格机理的控制，晶粒反比指数 $m_g=0$。如图 1.34 所示，其中三种晶粒尺寸（$G_g=11.8\mu m$、$33\mu m$ 和 $52\mu m$）的变化并不影响 MgO 的蠕变速率与应力之间的关系。当晶粒较小，情况就较为复杂，这里晶界机理起重要作用，于是 $m_g \geqslant 1$。如果有两种晶界机理同时对蠕变作出贡献，或者有另一种晶格机理参与作用，则 m_g 值为 $0\sim3$。图 1.35 示出掺杂 Fe 的多晶 MgO 的蠕变速率和晶粒尺寸之间的关系。可见，含 0.53% 和 2.65% Fe 的 MgO 分别具有的晶粒反比指数 $m_g=1.94$ 和 2.38。前者属于阳离子晶格扩散的 Nabarro-Herring 蠕变，后者有 Coble 蠕变机理作出的部分贡献，并且逐步过渡到由阴离子晶界扩散机理起控制作用。

② 气孔率。蠕变速率随着气孔率的增大而提高的原因之一，是气孔减小了抵抗蠕变的有效截面积，如图 1.36 所示。从蠕变方程式来看，有三个参数：应力 σ、切变模量 μ 和常数 H 与气孔率有关。因为晶内气孔往往起着吸收或发射位错的作用，而晶界气孔将影响沿晶滑移过程。H 值可能与气孔的大小和分布有关，但有待进一步探讨。

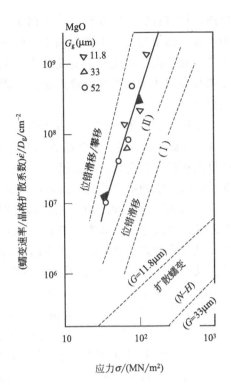

图 1.34　多晶 MgO 的蠕变速率和晶粒尺寸之间的关系

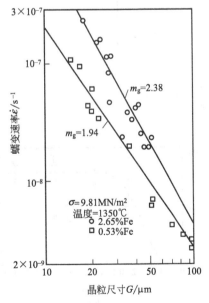

图 1.35　掺杂 Fe 多晶 MgO 的蠕变速率和晶粒尺寸之间的关系

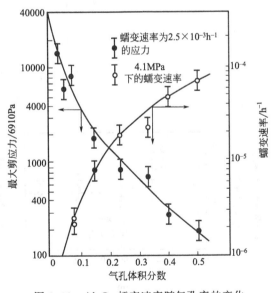

图 1.36　Al_2O_3 蠕变速率随气孔率的变化

③ 固溶原子。固溶对蠕变行为的影响首先取决于控制蠕变的机理，亦在很大程度上受到固溶原子分布状态的影响。陶瓷材料可通过固溶途径提高抗高温蠕变性。根据不同的蠕变

机理，可将材料的蠕变行为分成两类。Ⅰ类是应力指数 $\eta=5$，蠕变过程中有亚结构的生成和重排、蠕变与时间关系曲线上有瞬时应变阶段；Ⅱ类是应力指数 $\eta=3$，蠕变过程中基本上没有亚结构的形成，蠕变曲线上没有瞬时蠕变阶段。Ⅰ类蠕变属于位错攀移机理控制；Ⅱ类蠕变属于位错滑移机理控制。两者是彼此继承的机理，因而稳态蠕变速率受较慢的过程控制。

与纯 Al_2O_3 单晶相比，由于引入了 Cr_2O_3，红宝石的蠕变速率有所下降。而 La_2O_3 和 Cr_2O_3 的加入却略提高了多晶 Al_2O_3 的蠕变速率，这是因为单晶 Al_2O_3 的蠕变属于位错滑移的机理控制，合金化的结果提高了位错的激活能和抑制了滑移带的增殖。而多晶 Al_2O_3 的蠕变受空位扩散的机理控制。元素在晶界处的分布可能加速了晶界弛豫。

④ 亚结构的形成。在位错攀移机理控制的蠕变过程中，位错可能排列成低能组态的小角晶界，构成亚结构晶胞。图 1.37 表明了在 1700℃和 60.8MN/m² 试验条件下，MgO 单晶蠕变过程中的亚晶界形成和其中的位错密度增长趋势，以及相应的蠕变速率变化的对应关系。从图 1.37(b) 和 (c) 看到，在蠕变初始阶段，亚晶界内的位错密度 ρ_s 逐步减小，而单位体积内的亚晶界面积 A_v 逐步增加。到了稳态蠕变阶段，ρ_s 和 A_v 都保持恒定。这种亚结构的形成得到了 TEM 透射电镜分析的证实。至于蠕变的早期测得的位错密度比原有的位错密度高得多，这显然是由于位错快速增殖的缘故。从图 1.37(a) 可以看到，随着亚结构的增长，蠕应变率相应减缓。当亚晶界处位错的产生和湮灭之间建立了平衡，就进入稳态蠕变阶段，亚结构的形成起着阻止位错运动的作用。

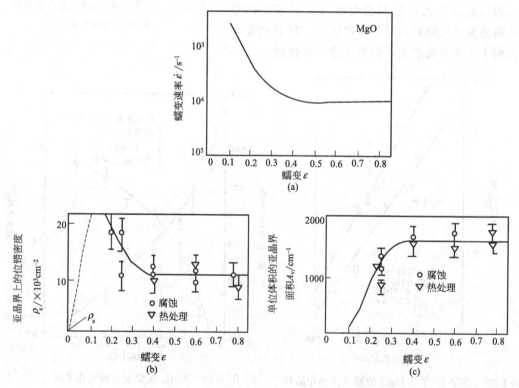

图 1.37 MgO 单晶蠕变速率与亚结构形成的相互关系

⑤ 晶界剪切。陶瓷的高温形变可能与滑移过程相关。借助于宏观和显微分析方法对滑移进行过不少研究和观察，其中包括，晶界处标线的位移、空穴和裂纹的形成、试样表面的

滑移台阶、择优取向的明显变化、晶界处的空穴和位错 TEM 观察等。从晶界滑移的蠕变机理关系式来看，应力指数 $\eta=2$ 是晶界机理控制滑移的判据。MgO 的 $\eta=1.8$，热压 Si_3N_4 的 $\eta=1.8\sim2.3$，部分 Al_2O_3 蠕变试验亦得到 $\eta=2$ 的结果，都表明晶界滑移过程的存在。表 1.5 总结了在一定应力、温度、晶粒等试验条件下，一些典型陶瓷材料的晶界滑移应变 ε_{gbs} 与宏观总应变 ε_t 之间的比例关系。特别提供了 Al_2O_3 和 MgO 两个典型的 $\varepsilon_{gbs}/\varepsilon_t$ 值。图 1.38 列出 MgO 的 $(\varepsilon_{gbs}/\varepsilon_t)$-$(\sigma/\mu)$ 的对数关系曲线以及 Al_2O_3 的试验结果。可以发现如下的规律。

表 1.5　某些陶瓷材料的晶界形变与总形变比值

材料类型	σ/MPa	T/K	$G_g/\mu m$	$\varepsilon_{gbs}/\varepsilon_t$	测试法	作者
Al_2O_3	8.2	1923	$25\sim65$	$40\%\sim56\%$	表面解剖法	Cannon
$CaCO_3$		$773\sim1073$	200	$10\%\sim20\%$	标线法	Heard 等
Fe_2O_3	$3.0\sim30.0$	1263	1.5	60%	晶粒造型法	Crouch
MgO	$6.9\sim41.4$	$1478\sim1773$	$13\sim68$	100%	晶粒造型法	Hensler 等
MgO	$34.4\sim103.3$	1473	$33\sim52$	$4\%\sim20\%$	干涉测量法	Langdon

　　a. 在恒定晶粒条件下，晶界滑移的作用随着应力的减低而增大。

　　b. 在恒定应力条件下，晶界滑移的作用随着晶粒的减小而提高。至于 Al_2O_3 测得数据较高，则是由试验条件所决定的。值得提出的是，随着应力和晶粒的继续减小，晶界扩散机理将成为蠕变的主要控制机理。所以，到了低应力和小晶粒范围，晶界滑移的作用反而不重要了。

　　⑥ 第二相物质。上面的讨论主要涉及晶粒界面处于微晶态的情况。当晶界的剪切是由于晶界处分布着的液相或似液相的牛顿黏滞性流动，第二相物质的作用就显得特别重要。例如，Al_2O_3 中的 $CaO-Al_2O_3-SiO_2$ 玻璃、热压 Si_3N_4 和 SiC 晶界处的硅酸盐物质等。

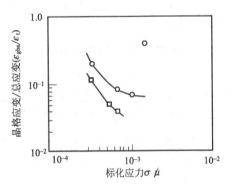

图 1.38　晶界滑移对总应变的贡献随标化应力的变化规律

　　图 1.39 比较了杂质种类和含量不同的 A、B、C 三种 Si_3N_4 的蠕变速率。其所含杂质和蠕变参数相应列于表 1.6。

表 1.6　反应烧结 Si_3N_4 材料的杂质含量和蠕变参数

Si_3N_4 类型	晶相含量	杂质含量（质量分数）/%						蠕变激活能 Q_e (4180J/mol)		应力指数 η	
		Ca	Al	Fe	Ni	Co	V	Arrhenius 斜率	温度变化试验	等压试验	压力变化试验
A	$\alpha75\%$ $\beta25\%$	0.1	0.5	0.7				125	135	1.45	1.40
B	$\alpha75\%$ $\beta25\%$	0.04	0.5	0.7				130	134	1.30	1.30
C	$\alpha65\%$ $\beta35\%$	0.06	0.5	0.65	0.02	0.01	0.01	121	137	1.33	1.40

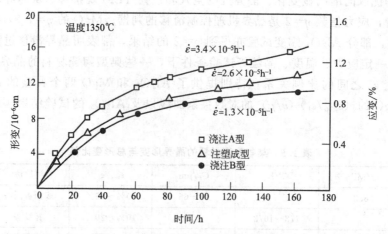

图 1.39　杂质对 Si_3N_4 蠕变行为的影响

可以看到，当 CaO 在 Si_3N_4 中的含量由 0.1%（质量分数）减至 0.04%（质量分数），则稳态蠕变速率相应地减小了一半，这与钙硅酸盐耐火度的提高以及相应的黏度增大是一致的。以含 CaO 量相当的材料 B 和 C 相比，由于前者 α 相的含量较后者高 10%，结果其抗高温蠕变性亦较好。

1.4.5　耐火材料的结构与蠕变

气孔、晶粒尺寸、玻璃相等对蠕变有很大的影响。随着气孔率增加，蠕变速率也增大。这是因为气孔减少了抵抗蠕变的有效截面积。此外，当晶界黏性流动起主要作用时，气孔的空余体积可以容纳晶粒所发生的形变。

晶粒尺寸对蠕变的影响是晶粒愈小，蠕变速率愈大。这是因为晶粒愈小，晶界的比例大大增加，晶界扩散及晶界流动对蠕变的贡献也就增大。从表 1.7 的数据看出，尖晶石的晶粒尺寸为 $2\sim5\mu m$ 时，$\dot{\varepsilon}=26.3\times10^{-5}h^{-1}$；当晶粒尺寸为 $1\sim3mm$ 时，$\dot{\varepsilon}=0.1\times10^{-5}h^{-1}$，蠕变速率减小很多。单晶没有晶界，因此，抗蠕变的性能比多晶材料好。

大多数耐火材料中存在玻璃相，当温度升高时，玻璃相的黏度降低，变形速率增大，亦即蠕变速率增大。从表 1.7 看出，非晶态玻璃的蠕变速率比结晶态要大得多。玻璃相对蠕变的影响还取决于玻璃相对晶相的湿润程度，这可用图 1.40 说明。如果玻璃相不湿润晶相，如图 1.40(a) 所示，则在晶界处为晶粒与晶粒自结合，抵抗蠕变的性能就好；如果玻璃相完全湿润晶相，如图 1.40(b) 所示，玻璃相穿入晶界将晶粒包围，玻璃完全润湿晶相，晶粒之间没有自结合作用，形成抗蠕变最弱的结构。其他湿润程度处在以上二者之间。

图 1.40　玻璃相对晶相的润湿情况

高温耐火材料要完全消除玻璃相通常是行不通的，要提高抗蠕变性能，可以改进玻璃组成，使其不润湿晶相；增加玻璃相的黏度，降低蠕变速率；通过烧成制度使玻璃相析晶。例如镁质耐火材料，加入 Cr_2O_3 提高了抗蠕变性能，这是由于降低了硅酸盐玻璃相对晶粒的润湿，增加了晶态结合。Fe_2O_3 外加剂则提高润湿性，因而降低抗蠕变性能。

高温保温的铝硅酸盐形成细长的莫来石（$3Al_2O_3 \cdot 2SiO_2$）晶体，它形成高强的互锁网络。少量氧化钠（$0 \sim 0.5\%$）的存在会增加莫来石形变的速率，也会导致较高的蠕变。高铝耐火材料（$0 \sim 60\% Al_2O_3$）抗蠕变性通常随氧化铝含量的增加而增加，但试验过程中的反应可能改变这种性状，在 1300℃，蠕变速率随 Al_2O_3 含量的提高而下降，在较高温度下，消耗 SiO_2 和 Al_2O_3 而形成的莫来石使抵抗形变的性能发生变化。另一方面，镁砖随着提高烧成温度而表现出较高的抗蠕变性能。

随着晶体结构的共价性增加，扩散和位错迁移率就下降。因此对于碳化物和氮化物，纯的材料抗蠕变性能很强。为了提高烧结性能而引入的晶界上第二相又会增加蠕变速率或降低屈服强度。图 1.41 示出赛龙（SiAlON）和 Si_3N_4 的蠕变数据。

表 1.7 比较了同一温度和同一应力下材料的蠕变速率。从表 1.7 可见，这些材料可粗略地分成两组：非晶态玻璃比晶态氧化物材料更易变形。如果考虑由气孔率引起的差别及由晶粒尺寸不同引起的差别，结果发现不同材料之间的大部分差异可能和组成或晶体结构的变化无关，而是由显微组织的变化所引起。

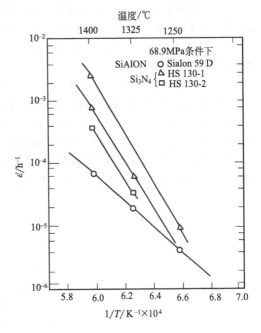

图 1.41 稳定态蠕变速率和热力学温度倒数的关系

表 1.7 一些材料的扭转蠕变

材　　料	1300℃，5.512MPa下蠕变速率/h^{-1}
多晶 Al_2O_3	0.13×10^{-5}
多晶 BeO	30×10^{-5}
多晶 MgO（注浆成型）	33×10^{-5}
多晶 MgO（等静压成型）	3.3×10^{-5}
多晶 $MgAl_2O_4$（$2 \sim 5\mu m$）	26.3×10^{-5}
多晶 $MgAl_2O_4$（$1 \sim 3\mu m$）	0.1×10^{-5}
多晶 ThO_2	100×10^{-5}
多晶 ZrO_2（稳定化）	3×10^{-5}
石英玻璃	20000×10^{-5}
隔热耐火砖	100000×10^{-5}
石英玻璃	0.001
软玻璃	8
隔热耐火砖	0.005
铬镁砖	0.0005
镁砖	0.00002

习题与思考题

1. 一圆杆的直径为 2.5mm，长度为 25cm 并受到 4500N 的轴向拉力，若直径拉细至 2.4mm，且拉伸变形后圆杆的体积不变，求在此拉力下的真应力、真应变、名义应力和名义应变，并比较讨论这些计算结果。

2. 一试样长 40cm，宽 10cm，厚 1cm，受到应力为 1000N 拉力，其弹性模量为 $3.5 \times 10^9 \, \text{N/m}^2$。试样能伸长多少？

3. 一材料在室温时的弹性模量为 $3.5 \times 10^8 \, \text{N/m}^2$，泊松比为 0.35，计算其剪切模量和体积模量。

4. 试证明应力-应变曲线下的面积正比于拉伸试样所做的功。

5. 一陶瓷含体积分数为 95％ 的 Al_2O_3（$E=380\text{GPa}$）和 5％ 的玻璃相（$E=84\text{GPa}$），试计算其上限和下限弹性模量。若该陶瓷含有 5％ 的气孔，再估算其上限和下限弹性模量。

6. 一圆柱形 Al_2O_3 晶体受轴向拉力 F，若其临界抗剪强度为 135MPa，求沿图 1.42 中所示方向的滑移系统产生滑移时需要的最小拉力值，并求滑移面的法向应力。

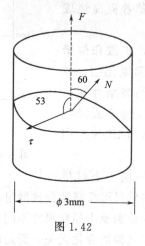

图 1.42

7. 试讨论玻璃相对耐火材料抗蠕变性能的影响。

8. 分析比较石英玻璃、石英陶瓷和石英晶体的蠕变速率大小。

参 考 文 献

[1] 安征，郭梦熊. 材料工程，1995，(12)：28.

[2] 陈大明. 材料工程，1996，(6)：8.

[3] 陈国胜. 材料工程，1994，(8)：10.

[4] 关和融等. 高分子物理. 上海：华东化工学院出版社，1990.

[5] 关振铎等. 无机材料物理性能. 北京：清华大学出版社，1992.

[6] 张清纯. 陶瓷材料的力学性能. 北京：科学出版社，1987.

[7] 童国权，林兆荣. Y-TZP 陶瓷超塑性变形特征及显微结构研究，南京航空航天大学学报，1996，28 (2)：187-191.

第2章 材料的脆性断裂与强度

无机材料尤其是陶瓷材料具有高强度、高刚度、良好的抗蠕变性及抗腐蚀性，用于航空航天和汽车发动机结构部件时，能够大幅度增加燃料效率，满足动力系统的严格使用要求。但是陶瓷材料脆性大，断裂应变和断裂韧性低，强度分散，并且随着体积增大导致陶瓷材料的强度大幅度降低，其断裂前往往没有预兆，呈现突发的灾难性破坏——脆性断裂。为了克服陶瓷材料的脆性和低可靠性，近30年来人们进行了卓有成效的增韧补强工作，已经取得了显著进展。本章将介绍材料强度及韧性的基本原理，从固体材料的理论结合强度开始，逐步介绍裂纹尖端的应力集中、Griffith 断裂强度及断裂韧性、无机材料的统计性质等，并从显微结构的角度论述陶瓷材料的增韧补强。

2.1 固体材料的理论强度

脆性固体材料尤其是陶瓷材料的抗压强度约为抗拉强度的10倍，所以一般集中在抗拉强度上进行研究，也就是研究其最薄弱环节。为了得到固体材料的理论结合强度，应从原子间的结合力入手，只有克服了原子间的结合力，材料才能断裂。如果知道原子间结合力的细节，就可算出理论结合强度。这在原则上是可行的，就是说固体的强度都能够根据化学组成、晶体结构与强度之间的关系来计算。但不同的材料有不同的组成、不同的结构及不同的键合方式，因此这种理论计算是十分复杂的，而且对各种材料都不一样。

为了能简单、粗略地估计各种情况都适用的理论强度，Orowan 提出了以正弦曲线来近似原子间约束力随原子间距离 x 的变化曲线（图 2.1），即：

$$\sigma = \sigma_{th} \times \sin \frac{2\pi x}{\lambda} \qquad (2.1)$$

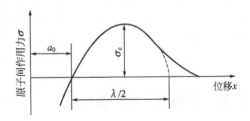

图 2.1 原子间约束力与距离的关系

式中，σ_{th} 为理论结合强度；λ 为正弦曲线的波长。

将固体材料沿与拉应力垂直的原子面拉开时，将产生两个新表面。分开单位面积的原子平面所做的功，应等于产生两个新表面所需要的表面能，材料才能断裂。设分开单位面积原子平面所做的功为 w，则：

$$w = \int_0^{\frac{\lambda}{2}} \sigma_{th} \sin \frac{2\pi x}{\lambda} dx = \frac{\lambda \sigma_{th}}{2\pi} \left[-\cos \frac{2\pi x}{\lambda} \right]_0^{\frac{\lambda}{2}} = \frac{\lambda \sigma_{th}}{\pi} \qquad (2.2)$$

设固体材料形成新表面的表面能为 γ（这里是断裂表面能，不是自由表面能），则 $w = 2\gamma$，即：

$$\frac{\lambda \sigma_{th}}{\pi} = 2\gamma, \sigma_{th} = \frac{2\pi \gamma}{\lambda} \qquad (2.3)$$

在接近平衡位置的区域，曲线可以用直线代替，即服从虎克定律：

$$\sigma = E\varepsilon = \frac{x}{a}E \tag{2.4}$$

当 x 很小时，正弦三角函数有如下近似关系：

$$\sin\frac{2\pi x}{\lambda} \approx \frac{2\pi x}{\lambda} \tag{2.5}$$

将式（2.3）～式（2.5）代入式（2.1），可以得到：

$$\sigma_{th} = \sqrt{\frac{E\gamma}{a}} \tag{2.6}$$

式中，a 为晶格常数，随材料而异。可见理论强度只与弹性模量、表面能和晶格参数等材料常数有关，是常数的组合，属于材料的本征性能。式（2.6）虽然是粗略的估计，但对所有固体均能应用而不涉及原子间的具体结合力。通常 γ 约为 $aE/100$，这样，式（2.6）可写成：

$$\sigma_{th} = \frac{E}{10} \tag{2.7}$$

更精确地计算说明式（2.7）的估计稍偏高。

一般材料性能的典型数值为：$E = 300GPa$，$\gamma = 1J/m^2$，$a = 3 \times 10^{-10} m$，代入式（2.6）算出：

$$\sigma_{th} = 30GPa \approx \frac{E}{10} \tag{2.8}$$

根据式（2.6），高强度的固体具有弹性模量 E 大、断裂能 γ 大、晶格常数 a 小的特征。实际材料中只有一些极细的纤维和晶须其强度能够接近理论强度值。例如熔融石英纤维的强度可达 24.1GPa，约为 $E/3$（$E = 72GPa$）；碳化硅晶须强度 6.47GPa，约为 $E/70$（$E = 470GPa$）；氧化铝晶须强度为 15.2GPa，约为 $E/25$（$E = 380GPa$）。但在实际应用时发现，尺寸较大的材料实际强度比理论强度低得多，约为 $E/100 \sim E/1000$，而且实际材料的强度总在一定范围内波动，即使是相同组成的材料在相同的条件下制成的试件，强度值也有波动——体现出强度的分散性。一般试件尺寸越大，强度越低——表现出强度的尺寸效应。实际强度与理论强度的巨大差异、强度的分散性及尺寸效应，成为人们研究的新课题。

2.2 材料的断裂强度

为了解释实际强度与理论强度的巨大差异、强度的分散性及尺寸效应这种现象，人们提出了各种假说，甚至怀疑理论强度的推导过程等，但都没有抓住断裂的本质。直到 1920 年，Griffith 为了解释玻璃的理论强度与实际强度的差异，提出了微裂纹理论，才解决了上述问题。后来经过不断地发展和补充，逐渐成为脆性断裂的主要理论基础。陶瓷等脆性材料产生低应力断裂的主要原因是在应力作用下，其内部或表面的微裂纹尖端会产生巨大的应力集中，超过理论结合强度时裂纹开始扩展，除了裂纹扩展使自由表面能增大外，几乎没有其他的能量耗散机制，因此，裂纹的起始扩展就意味着陶瓷材料的断裂。

2.2.1 材料的断口特征

按照断裂时材料宏观塑性变形的程度，可以分为韧性断裂与脆性断裂；按照断裂时裂纹扩展的路径，分为穿晶断裂与沿晶断裂。

（1）脆性断裂 材料在实际应力远低于理论强度时发生断裂，不产生塑性形变或者仅产生很小的塑性形变，断裂前无先兆，这种断裂方式就称为脆性断裂。不仅是陶瓷、玻璃等脆性材料会产生这种断裂，金属材料内部存在微裂纹或者在低温下受到冲击等都有可能产生脆性断裂。

　　根据脆性断裂的断口特征可以分为解理断裂、沿晶断裂和穿晶断裂三种情况。

　　① 解理断裂，是指在拉应力作用下，沿一定晶面劈开的断裂形式，解理断裂的晶面称为解理面。解理断口由许多小晶面组成称为解理刻面，具有强烈反光性。图 2.2(a) 为某材料典型的解理断口电子图像，主要特征是"河流花样"，河流花样中的每条支流都对应着一个不同高度的解理面之间的台阶。解理裂纹扩展过程中，众多的台阶相互汇合，便形成了河流花样。河流的流向恰好与裂纹扩展方向一致，所以可以根据河流花样的流向，判断解理裂纹在微观区域内的扩展方向。

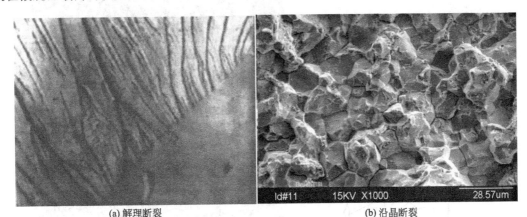

(a) 解理断裂　　　　　　　　　　　　　(b) 沿晶断裂

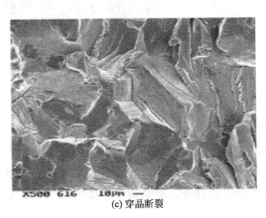

(c) 穿晶断裂

图 2.2　典型的金属材料断口扫描电镜图

　　② 沿晶断裂的断口特征是裂纹在晶界上形核并沿着晶界扩展，当晶粒特别粗大时形成石块或冰糖状断口，晶粒较细时形成结晶状断口，如图 2.2(b) 所示。沿晶断裂的结晶状断口比解理断裂的结晶状断口反光能力稍差，颜色黯淡。在多晶体中，晶界起协调相邻晶粒的作用，但当晶界受到损伤，其变形协调能力被削弱，便形成晶界开裂。裂纹扩展总是沿阻力最小的路径进行，遂表现为沿晶断裂。

　　穿晶断裂如图 2.2(c) 所示，晶粒内部含有位错、气孔、杂质及微裂纹缺陷，主裂纹沿着晶粒的内部扩展，形成穿晶断裂。穿晶断裂可以是宏观塑性断裂，也可以是宏观脆性断裂。穿晶断裂示意见图 2.3。

（2）韧性断裂　材料断裂时经过宏观塑性变形阶段，可观察到明显的缩颈现象，称为韧性断裂。断口呈盆状或杯状，显微结构上呈现许多韧窝，金属材料的断裂多属此种，见图 2.4。韧窝是微孔聚集型断裂的基本特征，韧窝的大小取决于第二相质点的大小和密度、基体材料的塑性变形能力以及外加应力的大小和状态等。

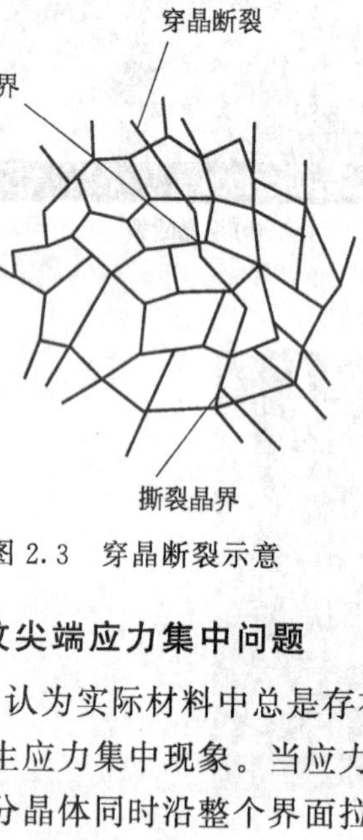

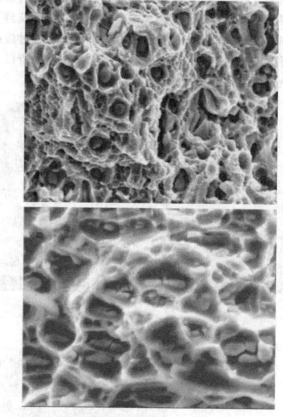

图 2.3　穿晶断裂示意

图 2.4　某合金材料典型的韧性断口形貌

2.2.2　裂纹尖端应力集中问题

Griffith 认为实际材料中总是存在许多细小的裂纹或缺陷，在外力作用下，这些裂纹和缺陷附近产生应力集中现象。当应力达到一定程度时，裂纹开始扩展而导致断裂。所以断裂并不是两部分晶体同时沿整个界面拉开，而是裂纹扩展的结果，微裂纹理论抓住了脆性断裂问题的本质。

Inglis 研究了具有孔洞的板的应力集中问题，得到一个重要结论：孔洞两个端部的应力几乎取决于孔洞的长度和端部的曲率半径而与孔洞的形状无关。在一个大而薄的平板上，设有一穿透的孔洞，不管孔洞是椭圆还是菱形，只要孔洞的长度（$2c$）和端部曲率半径 ρ 不变，则孔洞端部的应力不会有很大的改变。根据弹性理论求得孔洞端部的应力 σ_A 为

$$\sigma_A = \sigma\left(1 + 2\sqrt{\frac{c}{\rho}}\right) \tag{2.9}$$

式中，σ 为外加应力。如果 $c \gg \rho$，即为扁平的锐裂纹，则 c/ρ 将很大，这时可略去式（2.9）中括号内的 1，得：

$$\sigma_A = 2\sigma \sqrt{\frac{c}{\rho}} \qquad (2.10)$$

Orowan 注意到 ρ 是很小的，可近似认为与原子间距 a 的数量级相同，如图 2.5 所示。

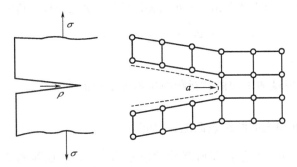

图 2.5　微裂纹端部的曲率对应于原子间距

这样可将式(2.10) 写成

$$\sigma_A = 2\sigma \sqrt{\frac{c}{\rho}} = 2\sigma \sqrt{\frac{c}{a}} \qquad (2.11)$$

当 σ_A 等于式(2.6) 中的理论结合强度 σ_{th} 时，裂纹就被拉开而迅速扩展，裂纹扩展使 c 增大，σ_A 又进一步增加。如此恶性循环，材料很快断裂。Inglis 只考虑了裂纹端部一点的应力，实际上裂纹端部的应力状态是很复杂的。

2.2.3　材料的断裂强度

Griffith 从能量的角度研究裂纹扩展的条件：物体内储存的弹性应变能的降低大于等于开裂形成两个新表面所需的表面能。反之，前者小于后者，裂纹则不会扩展。

在求理论强度时曾将此概念用于理想的完整晶体。Griffith 将此概念用于有裂纹的物体，认为物体内储存的弹性应变能的降低（或释放）就是裂纹扩展的动力。我们用图 2.6 来说明这一概念并导出这一临界条件。

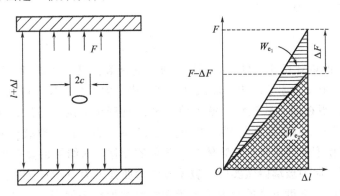

图 2.6　裂纹扩展临界条件的导出

将一单位厚度的薄板拉长到 $l+\Delta l$，然后将两端固定。此时板中储存的弹性应变能为 $W_{e_1} = 1/2(F\Delta l)$。然后人为地在板上割出一条长度为 $2c$ 的裂纹，产生两个新表面，原来储存的弹性应变能就要降低，有裂纹后板内储存的应变能为 $W_{e_2} = 1/2(F-\Delta F)\Delta l$，应变能降低为 $W_e = W_{e_1} - W_{e_2} = 1/2\Delta F\Delta l$，欲使裂纹进一步扩展，应变能将进一步降低。降低的数量应等于形成新表面所需的表面能。

由弹性理论可以算出，当人为割开长 $2c$ 的裂纹时，平面应力状态下应变能的降低为

$$W_e = \frac{\pi c^2 \sigma^2}{E} \tag{2.12}$$

式中，c 为裂纹半长；σ 为外加应力；E 是弹性模量。如为厚板，则属平面应变状态，此时

$$W_e = (1 - \mu^2) \frac{\pi c^2 \sigma^2}{E} \tag{2.13}$$

式中，μ 为泊松比。

产生长度为 $2c$，厚度为 1 的两个新断面所需的表面能为

$$W_s = 4c\gamma \tag{2.14}$$

式中，γ 为单位面积上的断裂表面能，J/m^2。

裂纹进一步扩展 $2dc$，单位面积所释放的能量为 $\frac{dw_e}{2dc}$，形成新的单位表面积所需的表面能为 $\frac{dw_s}{2dc}$，因此，当 $\frac{dw_e}{2dc} < \frac{dw_s}{2dc}$ 时，为稳定状态，裂纹不会扩展；反之，$\frac{dw_e}{2dc} > \frac{dw_s}{2dc}$ 时，裂纹失稳，迅速扩展；当 $\frac{dw_e}{2dc} = \frac{dw_s}{2dc}$ 时，为临界状态。又因

$$\frac{dw_e}{2dc} = \frac{d}{2dc}\left(\frac{\pi c^2 \sigma^2}{E}\right) = \frac{\pi \sigma^2 c}{E} \tag{2.15}$$

$$\frac{dw_s}{2dc} = \frac{d}{2dc}(4c\gamma) = 2\gamma \tag{2.16}$$

因此临界条件是

$$\frac{\pi c \sigma_c^2}{E} = 2\gamma \tag{2.17}$$

由此推出的临界应力为

$$\sigma_c = \sqrt{\frac{2E\gamma}{\pi c}} \tag{2.18}$$

如果是平面应变状态，则

$$\sigma_c = \sqrt{\frac{2E\gamma}{(1-\mu^2)\pi c}} \tag{2.19}$$

这就是 Griffith 从能量观点分析得出的结果，称之为断裂强度。和式(2.6) 理论强度的公式很类似，式(2.6) 中 a 为原子间距，而式 (2.18) 中 c 为裂纹半长。可见，如果我们能控制裂纹长度和原子间距在同一数量级，就可使材料达到理论强度。当然，这在实际上很难做到，但已给我们指出了制备高强材料的方向。即 E 和 γ 要大，而裂纹尺寸要小。应注意式(2.18) 是从平板模型推导出来的，物体几何条件的变化，对结果也会有影响。

Griffith 用刚拉制的玻璃棒做实验。玻璃棒的弯曲强度为 6GPa，在空气中放置几小时后强度下降成 0.4GPa。强度下降的原因是由于大气腐蚀形成表面裂纹。还有人用温水溶去氯化钠表面的缺陷，强度即由 5MPa 提高到 1.6GPa。可见表面缺陷对断裂强度影响很大。还有人把石英玻璃纤维分割成几段不同的长度，测其强度时发现，长度为 12cm 时，强度为 275MPa；长度为 0.6cm 时，强度可达 760MPa。碳纤维的强度与长度的关系见表 2.1，这是由于试件长，含有危险微裂纹的机会就多。其他形状试件也有类似规律，大试件强度偏低，这就是所谓的尺寸效应。弯曲试件的强度比拉伸试件的强度高，也是弯曲试件的横截面上只有一小部分受到最大拉应力的缘故。

表 2.1　碳纤维的强度与测试长度的关系

碳纤维长度/mm	1.4	3.2	10	20	40
抗拉强度/GPa	3.40	3.28	2.67	2.47	2.06

从以上实验可知，Griffith 微裂纹理论能说明脆性断裂的本质——微裂纹扩展，且与实验相符，并能解释强度的尺寸效应。

在实际应用中，式（2.18）中的 γ 采用断裂表面能，断裂表面能 γ 比自由表面能大。这是因为储存的弹性应变能除消耗于形成新表面外，还有一部分要消耗在塑性形变、声能、热能等方面。表 2.2 列出了一些单晶材料的断裂表面能。对于多晶陶瓷，由于裂纹路径不规则，阻力较大，测得的断裂表面能比单晶大。

表 2.2　一些单晶的断裂表面能

晶体	温度/K	表面断裂能/(J/m²)
云母(真空条件下)	298	4.5
LiF(在液氮中)	77	0.4
MgO(在液氮中)	77	1.5
CaF₂(在液氮中)	77	0.5
BaF₂(在液氮中)	77	0.3
CaCO₃(在液氮中)	77	0.3
Si(在液氮中)	77	1.8
NaCl(在液氮中)	77	0.3
蓝宝石(1011)面	298	6
蓝宝石(1010)面	298	7.3
蓝宝石(1123)面	77	32
蓝宝石(1123)面	298	24

2.2.4　奥罗万对断裂强度的修正

微裂纹理论应用于玻璃等脆性材料上取得了巨大的成功，但用到金属与非晶体聚合物时遇到了新的问题。实验得出的 σ_c 值比按式（2.18）算出的大得多。Orowan 指出延性材料在裂纹尖端应力集中，虽然局部应力很高，但当应力超过屈服强度时，就会产生塑性形变，裂纹扩展必须首先通过塑性区，塑性形变要消耗大量能量，金属和陶瓷断裂过程的主要区别就在这里，因此金属的 σ_c 提高。他认为可以在 Griffith 断裂方程中引入塑性功 γ_p 来描述延性材料的断裂，即

$$\sigma_c = \sqrt{\frac{2E(\gamma+\gamma_p)}{\pi c}} \qquad (2.20)$$

由于塑性功 $\gamma_p \gg$ 表面能 γ，上述修正公式（2.20）可以表示为：

$$\sigma_c = \sqrt{\frac{2E\gamma_p}{\pi c}} \qquad (2.21)$$

例如高强度金属 $\gamma_p \approx 10^3\gamma$，普通强度钢 $\gamma_p = (10^4 \sim 10^6)\gamma$。因此，对具有延性的金属类材料，$\gamma_p$ 控制着断裂过程。典型陶瓷材料 $E = 3 \times 10^{11}\,\text{Pa}$，$\gamma = 1\,\text{J/m}^2$，如有长度 $c = 1\,\mu\text{m}$ 的裂纹，则按式（2.18），$\sigma_c \approx 4 \times 10^8\,\text{Pa}$。对高强度钢，假定 E 值相同，$\gamma_p = 10^3\gamma = 10^3\,\text{J/m}^2$，则

$\sigma_c = 4 \times 10^8$ Pa 时，临界裂纹长度可达 1.25mm，比陶瓷材料的允许裂纹尺寸大了三个数量级。由此可见，陶瓷材料存在微观尺寸裂纹时便会导致在低于理论强度的应力下断裂。因此，塑性是阻止裂纹扩展的一个重要因素。

当裂纹尖端的局部应力［式(2.11)］达到理论结合强度［式(2.6)］时，裂纹就扩展：

$$\sigma_A = \sigma_{th}, 2\sigma\sqrt{\frac{c}{\rho}} = \sqrt{\frac{2E\gamma}{a}} \tag{2.22}$$

整理式(2.22) 可得：

$$\sigma = \sqrt{\frac{2E\gamma}{\pi c}\left(\frac{\pi\rho}{8a}\right)} = \sigma_c\sqrt{\frac{\pi\rho}{8a}} \tag{2.23}$$

可见，当 $\rho = \dfrac{8a}{\pi}$ 时，式(2.23) 成为式(2.18)，即 Griffith 断裂方程仅适用于裂纹尖端曲率半径 $\rho < \dfrac{8a}{\pi}$ 的情况，说明裂纹尖端只能产生很小的塑性形变。而当曲率半径 $\rho > \dfrac{8a}{\pi}$ 时，由于裂纹尖端塑性形变较大，γ_p 控制着裂纹的扩展，必须采用奥罗万的修正公式。

当式(2.23) 平均应力达到奥罗万修正值时，含裂纹材料就断裂：

$$\sigma_c\sqrt{\frac{\pi\rho}{8a}} = \sqrt{\frac{2E\gamma_p}{\pi c}} = \sqrt{\frac{2E\gamma}{\pi c}\left(\frac{\gamma_p}{\gamma}\right)} = \sigma_c\sqrt{\frac{\gamma_p}{\gamma}} \tag{2.24}$$

整理上式得：

$$\frac{\pi\rho}{8a} = \frac{\gamma_p}{\gamma} \tag{2.25}$$

可见，裂纹尖端的曲率半径 ρ 随着塑性功 γ_p 的增大而增大，裂纹尖端的应力集中程度 σ_A［式(2.11)］下降，应变能转变成塑性形变，而不是表面能，避免了材料的脆性断裂。

2.3　裂纹的起源与扩展的能量判据

材料的断裂不是晶体两个原子面间的整体分离，而是裂纹扩展的结果。实际材料均带有或大或小、或多或少的微裂纹，其形成原因分析如下。

2.3.1　裂纹的起源

① 由于晶体微观结构中存在缺陷，当受到外力作用时，在这些缺陷处就会引起应力集中，导致裂纹成核。在介绍位错理论时，曾列举位错运动中的塞积、位错组合、交截等都能导致裂纹成核，见图 2.7。

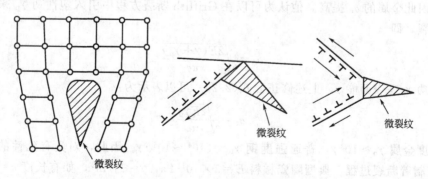

图 2.7　位错形成裂纹示意

② 材料表面的机械损伤与大气腐蚀形成表面裂纹。这种表面裂纹最危险，裂纹的扩展常常由表面裂纹开始。有人研究过新制备的材料表面，用手触摸就能使强度降低约一个数量级；从几十厘米高度落下的一粒沙子就能在玻璃面上形成微裂纹。直径为 6.4mm 的玻璃棒，在不同的表面情况下测得的强度值见表 2.3。如果材料处于其他腐蚀性环境中，情况更加严重。此外，在加工、搬运及使用过程中也极易造成表面裂纹。

表 2.3　不同表面情况对玻璃强度的影响

表面情况	强度/MPa
工厂刚制得	45.5
受沙子严重冲刷后	14.0
用酸腐蚀除去表面缺陷后	1750

③ 由于热应力形成裂纹。大多数无机材料是多晶多相体，晶粒在材料内部取向不同，不同相的膨胀系数也不相同，这样就会因各方向膨胀或收缩不同而在晶界或相界出现应力集中，导致裂纹生成，如图 2.8 所示。

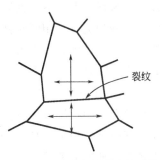

图 2.8　由于热应力形成的裂纹

在制造使用过程中，由高温迅速冷却时，因内部和表面的温度差别引起热应力，导致表面生成裂纹。此外，温度变化时发生晶型转变的材料也会因体积变化而引起裂纹。

总之，裂纹的成因很多，要制造没有裂纹的材料极其困难，因此假定实际材料都是裂纹体，是符合实际情况的。

2.3.2　裂纹扩展的能量判据

按照 Griffith 微裂纹理论，材料的断裂强度不是取决于裂纹的数量，而是取决于裂纹的大小，既由最危险的裂纹尺寸（临界裂纹尺寸）决定材料的断裂强度。一旦裂纹超过临界尺寸就迅速扩展使材料断裂。因为裂纹扩展力 $G=\pi c\sigma^2/E$，c 增加，G 增加。而 $dW_s/dc=2\gamma$ 是常数，因此，裂纹一旦达到临界尺寸开始扩展，G 就越来越大于 2γ，直到破坏。所以对于脆性材料，裂纹的起始扩展就是破坏过程的临界阶段。因为脆性材料基本上没有吸收大量能量的塑性形变。

由于 G 愈来愈大于 2γ，释放出来的多余能量一方面使裂纹扩展加速（扩展的速度一般可达到材料中声速的 $40\%\sim60\%$）；另一方面，还能使裂纹增殖，产生分支形成更多的新表面。图 2.9 是四块玻璃板在不同负荷下用高速照相机拍摄的裂纹增殖情况。多余的能量也可能不表现为裂纹增殖，而是断裂面形成复杂的形状，如条纹、波纹、梳刷状等。这种表面极不平整，表面积比平的表面大得多，因此能消耗较多的能量。对于断裂表面的深入研究，有助于了解裂纹的成因及其扩散的特点，也能提供断裂过程中最大应力的方向变化及缺陷在断裂中的作用等信息。"断裂形貌学"就是专门研究断裂表面特征的科学。

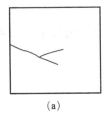 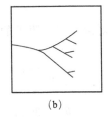 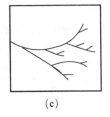 

(a)　　　　(b)　　　　(c)　　　　(d)

图 2.9　玻璃板在不同负荷下裂纹增殖示意

2.4 材料的断裂韧性

微裂纹理论提出后，一直被认为只适用于玻璃、陶瓷这类脆性材料，对其在金属材料中的应用没有受到重视。从 20 世纪 40 年代起，金属材料的构件发生了一系列重大的脆性断裂事故。例如二战时期美国 5000 艘全焊接"自由轮"，发生了 1000 多次脆性破坏事故，其中 238 艘完全破坏，有的甚至断成两截。20 世纪 50 年代，美国发射北极星导弹，其固体燃料发动机壳体采用了超高强度钢，但点火后不久就发生了爆炸。1952 年 ESSO 公司原油罐因脆性断裂而倒塌。这些重大破坏事故引起材料力学工作者的震惊，这是传统材料力学设计无法解释的。从大量事故分析中发现，结构件中不可避免地存在着裂纹，低应力下脆性破坏正是这些裂纹扩展的结果。传统的方法难于对断裂进行分析，不能定量地处理问题并直接用于设计。在这样的背景下，发展了一门新的力学分支——断裂力学。提出一个材料固有性能的指标——断裂韧性，用断裂韧性作为判据，用于为工程构件选择材料，它能告诉我们，在给定裂纹尺寸时，能允许多大的工作应力才不会发生脆性断裂；反之，当工作应力确定后，可根据断裂韧性判据确定不发生脆性断裂的最大裂纹尺寸。

2.4.1 裂纹的扩展方式

裂纹有三种扩展方式或类型：掰开型（Ⅰ型）、错开型（Ⅱ型）及撕开型（Ⅲ型），见图 2.10。其中掰开型扩展是低应力断裂的主要原因，也是实验和理论研究的主要对象，这里也主要介绍这种扩展类型。

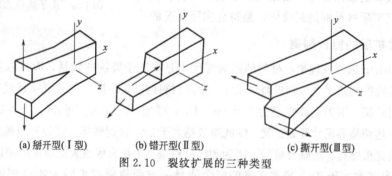

(a) 掰开型(Ⅰ型)　　　　(b) 错开型(Ⅱ型)　　　　(c) 撕开型(Ⅲ型)

图 2.10　裂纹扩展的三种类型

我们用不同裂纹尺寸 c 的试件做拉伸实验，测出断裂应力 σ_c，发现断裂应力与裂纹长度有如图 2.11 所示的关系，可表示为：

$$\sigma_c = Kc^{-\frac{1}{2}} \tag{2.26}$$

式中，K 为与材料、试件尺寸、形状、受力状态有关的系数。式(2.26)说明，当作用应力 $\sigma = \sigma_c$ 或 $K = \sigma_c c^{\frac{1}{2}}$ 时，断裂立即发生。这是由实验总结出的规律。说明断裂应力受现有裂纹长度制约。

2.4.2 裂纹尖端应力场分析

1957 年 Irwin 应用弹性力学的应力场理论对裂纹尖端附近的应力场进行了较深入的分析，对于Ⅰ型裂纹（图 2.12）得到如下结果：

$$
\left.
\begin{aligned}
\sigma_{xx} &= \frac{K_{\mathrm{I}}}{\sqrt{2\pi r}} \cos\frac{\theta}{2}\left(1 - \sin\frac{\theta}{2}\sin\frac{3\theta}{2}\right) \\
\sigma_{yy} &= \frac{K_{\mathrm{I}}}{\sqrt{2\pi r}} \cos\frac{\theta}{2}\left(1 + \sin\frac{\theta}{2}\sin\frac{3\theta}{2}\right)
\end{aligned}
\right\}
\tag{2.27}
$$

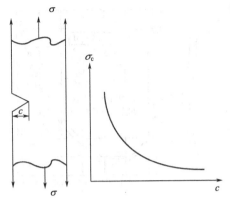

图 2.11 裂纹长度与断裂应力的关系

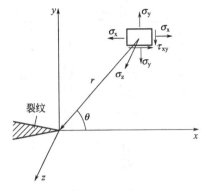

图 2.12 裂纹尖端的应力分布

$$\tau_{xy}=\frac{K_{\rm I}}{\sqrt{2\pi r}}\cos\frac{\theta}{2}\sin\frac{\theta}{2}\cos\frac{3\theta}{2}$$

式中，$K_{\rm I}$ 为与外加应力 σ、裂纹长度、裂纹种类和受力状态有关的系数，称为应力场强度因子，其下标 I 表示 I 型扩展裂纹，单位为 Pa·m$^{1/2}$。式(2.27) 也可以写成：

$$\sigma_{ij}=\frac{K_{\rm I}}{\sqrt{2\pi r}}f_{ij}(\theta) \tag{2.28}$$

式中，r 为半径向量；θ 为角坐标。

当 $r\ll c$，$\theta\to0$ 时，即为裂纹尖端处的一点，则

$$\sigma_{xx}=\sigma_{yy}=\frac{K_{\rm I}}{\sqrt{2\pi r}},K_{\rm I}=\sigma_{yy}\sqrt{2\pi r} \tag{2.29}$$

裂纹端部的应力场强度可以用 $K_{\rm I}$ 来表示，使裂纹扩展的主要动力是 σ_{yy}。

2.4.3 应力场强度因子及几何形状因子

由于式(2.29) 中的 σ_{yy} 就是裂纹尖端的应力集中 $\sigma_{\rm A}$ [式(2.11)]，所以可将式(2.29) 改写成：

$$K_{\rm I}=\sigma_{yy}\sqrt{2\pi r}=\sigma_{\rm A}\sqrt{2\pi r}=2\sigma\sqrt{\frac{c}{\rho}}\sqrt{2\pi r}=Y\sigma\sqrt{c} \tag{2.30}$$

式中，Y 为几何形状因子，它和裂纹形式、试件几何形状有关，求 $K_{\rm I}$ 的关键在于求 Y。不同条件下的 Y 即为断裂力学的内容，Y 也可以通过实验得到。各情况下的 Y 已汇编成册，供查索。图 2.13 列举出几种情况下的 Y 值，例如，图 2.13(c) 中三点弯曲试样，当 $S/W=4$ 时，几何形状因子为：

$$Y=[1.93-3.07(c/W)+1.45(c/W)^2-25.07(c/W)^3+25.8(c/W)^4]$$

2.4.4 临界应力场强度因子及断裂韧性

按照经典强度理论，在设计构件时，断裂准则是 $\sigma\leqslant[\sigma]$，即工作应力应小于或等于允许应力。允许应力 $[\sigma]=\sigma_{\rm f}/n$ 或 σ_{ys}/n，$\sigma_{\rm f}$ 为断裂强度，σ_{ys} 为屈服强度，n 为安全系数。$\sigma_{\rm f}$ 与 σ_{ys} 都是材料常数。上面已经谈到，这种设计方法和选材的准则没有抓住断裂的本质，不能防止低应力下的脆性断裂。按断裂力学的观点，必须提出新的设计思想和选材标准，为此采用一个新的表征材料特征的临界值。此临界值叫做平面应变断裂韧性，它也是一个材料常数，从破坏方式为断裂出发，这一判断可表示为

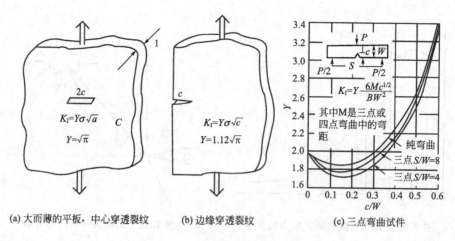

图 2.13　几种情况下的 Y 值

$$K_{\mathrm{I}}=Y\sigma\,c^{1/2}\leqslant K_{\mathrm{Ic}}=Y\sigma_c\sqrt{c} \qquad (2.31)$$

就是说应力场强度因子 K_{I} 小于或等于材料的平面应变断裂韧性 K_{Ic}，所设计的构件才是安全的。这一判据内考虑了裂纹尺寸。

下面举一具体例子来说明两种设计选材方法的差异。有一构件，实际工作应力 σ 为 1.30GPa，有下列两种钢待选。

甲钢：$\sigma_{\mathrm{ys}}=1.95\mathrm{GPa}$，$K_{\mathrm{Ic}}=45\mathrm{MPa\cdot m^{1/2}}$

乙钢：$\sigma_{\mathrm{ys}}=1.56\mathrm{GPa}$，$K_{\mathrm{Ic}}=75\mathrm{MPa\cdot m^{1/2}}$

根据传统设计 $\sigma\times$安全系数$\leqslant$屈服强度。

甲钢的安全系数：$n=\sigma_{\mathrm{ys}}/\sigma=1.95\mathrm{GPa}/1.3\mathrm{GPa}=1.5$

乙钢的安全系数：$n=1.56/1.30=1.2$

可见选择甲钢比选乙钢安全。

但是根据断裂力学观点，构件的脆性断裂是裂纹扩展的结果，所以应该计算 K_{I} 是否超过 K_{Ic}。据计算，$Y=1.5$，设最大裂纹尺寸 $2c$ 为 1mm，则：

$$K_{\mathrm{I}}=Y\sigma\,c^{1/2}=1.5\times1.3\times0.001^{1/2}=61.66\mathrm{MPa\cdot m^{1/2}}\leqslant K_{\mathrm{Ic}}$$

对于甲钢，$K_{\mathrm{I}}\geqslant K_{\mathrm{Ic}}$，会导致低应力下脆性断裂；对于乙钢，$K_{\mathrm{I}}\leqslant K_{\mathrm{Ic}}$，所以选择乙钢是安全可靠的。也可以计算断裂强度。

甲钢的断裂强度：

$$\sigma_c=\frac{K_{\mathrm{Ic}}}{Y\sqrt{c}}=\frac{45\times10^6}{1.5\sqrt{0.001}}=\frac{30\times10^8}{\sqrt{10}}=9.5\times10^8\approx1.0\mathrm{GPa}$$

乙钢的断裂强度：$\sigma_c=1.67\mathrm{GPa}$

因为甲钢的断裂强度 σ_c 小于实际工作应力 1.30GPa，因此是不安全的，会导致低应力脆性断裂；乙钢的断裂强度 σ_c 大于实际工作用应力 1.30GPa，因而是安全可靠的。可见，两种设计方法得出截然相反的结果。按断裂力学观点设计，既安全又可靠，又能充分发挥材料的强度，合理使用材料。而按传统观点，片面追求高强度，其结果不但不安全，而且还埋没了乙钢这种非常合用的材料。

从上面分析可以看到 K_{Ic} 这一材料常数的重要性，有必要进一步研究其物理意义。

2.4.5　裂纹扩展的动力与阻力

Irwin 将裂纹扩展单位面积所降低的弹性应变能定义为应变能释放率或裂纹扩展动力，对于有内裂的薄板，裂纹扩展动力：

$$G = \frac{\mathrm{d}}{2\mathrm{d}c}\left(\frac{\pi c^2 \sigma^2}{E}\right) = \frac{\pi \sigma^2 c}{E} \tag{2.32}$$

如果达到临界状态，则 $G_c = \dfrac{\pi \sigma_c^2 c}{E}$，因为 $Y = \sqrt{\pi}$，$K_{\mathrm{I}c} = \pi \sigma_c \sqrt{c}$ 代入式(2.32)，得：

$$G_c = \frac{K_{\mathrm{I}c}^2}{E} \qquad 平面应力状态 \tag{2.33}$$

$$G_c = \frac{(1-\mu^2) K_{\mathrm{I}c}^2}{E} \qquad 平面应变状态 \tag{2.34}$$

对于脆性材料，弹性应变能的降低等于表面能 2γ，由上式可得：

$$K_{\mathrm{I}c} = \sqrt{2E\gamma} \qquad 平面应力状态 \tag{2.35}$$

$$K_{\mathrm{I}c} = \sqrt{\frac{2E\gamma}{1-\mu^2}} \qquad 平面应变状态 \tag{2.36}$$

可见 $K_{\mathrm{I}c}$ 与材料本征参数 E、γ、μ 等物理量有直接关系，因而 $K_{\mathrm{I}c}$ 也是材料的本征参数，它反映了具有裂纹的材料对外界作用的一种抵抗力，即阻止裂纹扩展的能力，因此是材料的固有性质。

2.4.6　线弹性计算公式对试件尺寸的要求

上节所推导出来的断裂判据，是由线弹性力学推导出来的。实际上在裂纹前沿附近，由于高度的应力集中，临近临界状态之前就已经出现小区域的塑性形变，从而使此区域内的应力状态发生变化。如果此区域的大小与原有裂纹长度等尺寸相差不大，则很难将这种应力归结为线弹性的。因此，为了准确地引用由线弹性力学计算出的断裂判据，必须将可能出现的塑性小区域的大小限制在一定范围内。具体限制有以下两个方面。

（1）裂纹前沿的塑性变形区尺寸对裂纹长度的要求　在 Irwin 应力场公式中，当 $\theta = 0$ 时（即在裂纹前沿附近），y 方向的应力 $\sigma_y = K_{\mathrm{I}}/(2\pi r)^{1/2}$，$r$ 为距裂纹尖端的距离。根据分析，该处的主应力也是 σ_y，σ_y 与 r 的关系如图 2.14 所示。

当 $r = r_0$ 时，$\sigma_y = \sigma_{\mathrm{ys}}$。由于屈服应力下，材料可容纳甚多的塑性变形，所以在 $r < r_0$ 的区域，σ_y 也都等于 σ_{ys}，此区域即称为塑性变形区，据此可得塑性区尺寸，

$$r_0 = \frac{1}{2\pi}\left(\frac{K_{\mathrm{I}}}{\sigma_{\mathrm{ys}}}\right)^2 \tag{2.37}$$

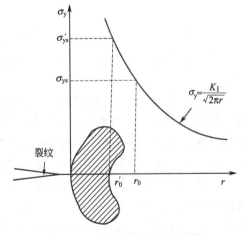

图 2.14　裂纹尖端的塑性变形区

对于给定的材料，应力场强度因子 K_{I} 愈大，塑性区尺寸 r_0 愈大。

在平面应变状态下，考虑了原试样的侧向约束，实际的屈服强度更高一些，即 $\sigma_{\mathrm{ys}}' = \sqrt{2\sqrt{2}}\sigma_{\mathrm{ys}}$，因此平面应变状态下，塑性区尺寸将减小为：

$$r_0' = \frac{1}{4\sqrt{2}\pi}\left(\frac{K_I}{\sigma_{ys}}\right)^2 \tag{2.38}$$

其极限尺寸（公式）

$$(r_0')_c = \frac{1}{4\sqrt{2}\pi}\left(\frac{K_{Ic}}{\sigma_{ys}}\right)^2 \tag{2.39}$$

J. F. Knott 用边界配位法计算了紧凑拉伸试样和三点弯曲试样上，不同 r/c 处的 σ_y 分量的精确解：

$$\sigma_{ij}(r,\theta) = c_1 f_1(\theta) r^{-\frac{1}{2}} + c_2 f_2(\theta) r^0 + c_3 f_3(\theta) r^{\frac{1}{2}} + c_4 f_4(\theta) r + \cdots$$

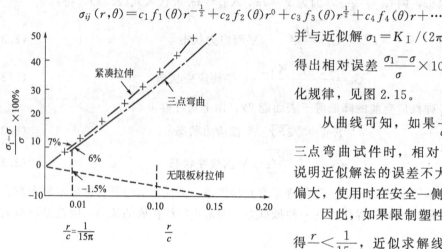

图 2.15 不同试样应力场的近似解与精确解的相对误差

并与近似解 $\sigma_1 = K_I/(2\pi r)^{1/2}$ 进行对照，得出相对误差 $\dfrac{\sigma_1-\sigma}{\sigma}\times100\%$ 随 r/c 的变化规律，见图 2.15。

从曲线可知，如果 $\dfrac{r}{c} < \dfrac{1}{15\pi}$，则用三点弯曲试件时，相对误差小于 6%，说明近似解法的误差不大，而且应力值偏大，使用时在安全一侧。

因此，如果限制塑性区尺寸 r_0，使得 $\dfrac{r}{c} < \dfrac{1}{15\pi}$，近似求解线弹性应力场强度因子 K_I 可行性成立，则：

裂纹长

$$c \geqslant 15\pi(r_0')_c = 15\pi \times \frac{1}{4\sqrt{2}\pi}\left(\frac{K_{Ic}}{\sigma_{ys}}\right)^2 = 2.5\left(\frac{K_{Ic}}{\sigma_{ys}}\right)^2 \tag{2.40}$$

如果满足这个条件，则称为小范围塑性形变。线弹性断裂判据仅适用于这种条件下。换句话说，用试样测 K_{Ic} 时，裂纹的长度不能太短，要满足式(2.40)。例如，对氧化铝瓷：

$$c \geqslant 2.5\left(\frac{5}{350}\right)^2 = 0.51\text{mm}$$

对钢材

$$c \geqslant 2.5\left(\frac{120}{1600}\right)^2 = 14\text{mm}$$

所以金属试样和高分子材料试样的预制裂纹不能太小。也就是说，试样的几何尺寸不能太小。

(2) 对试样其他尺寸的要求　如果试样的前后表面不受外力，即 $\sigma_z = 0$，对于太薄的试样，只受 σ_x 及 σ_y，则为平面应力状态。在这种情况下，倾斜截面上的剪应力 τ_{xy} 较大，所以发生塑性变形的可能性大，因而发生脆性断裂的倾向就小。这也是上节研究裂纹尖端塑性区尺寸时，平面应力状态的塑性区尺寸较大的原因。

一般试样有足够的厚度，在离试件表面一定距离的内部属于平面应变状态，而前后两个表面则属平面应力状态。表面上的较大的应力状态必然要影响到厚度中间的平面应变状态。因此，愈薄的试样，这种影响就愈大，故断裂判据的适用条件还要求试样的厚度。

$$B \geqslant 2.5\left(\frac{K_{Ic}}{\sigma_{ys}}\right)^2 \tag{2.41}$$

同样，还对试样的净宽，即开裂剩余部分的尺寸有所限制，即

$$(w-c) \geqslant 2.5\left(\frac{K_{Ic}}{\sigma_{ys}}\right)^2 \tag{2.42}$$

式中，w 为试样的宽度。

由于无机材料本身的屈服强度很高，但断裂韧性 K_{Ic} 却较低，上述限制均不难满足，所以试样的尺寸可以做得相当小，高、宽仅几毫米。

2.4.7　断裂韧性的测试方法

几种脆性材料断裂韧性的测试方法，所得结果大致能相互验证。单边直通切口梁法，易受切口钝化的影响，对于细晶陶瓷，测定的断裂韧性值往往偏大。双扭法在加载过程中，达到裂纹失稳断裂之前，具有一段裂纹缓慢扩展阶段，因而在失稳断裂一刹那，裂纹的形状与自然断裂的裂纹一样，不存在裂纹模拟问题，获得的数值较准确。缺点是试件尺寸较大，而且属于大裂纹，与陶瓷常见的裂纹有差别。Vicker 压痕法是在抛光的陶瓷材料表面上压出压痕，根据不同载荷下的压痕、裂纹长度，可以计算出断裂韧性。

2.5　材料的结构与强化增韧

根据断裂强度方程断裂强度的大小取决于裂纹尺寸的大小，可以认为裂纹是各种制造缺陷的集中表现，由于材料在制造过程中不可避免的会产生缺陷，那么提高材料强度的出发点就是减小裂纹尺寸或者改变裂纹尖端的应力状态为压应力，抑制裂纹的扩展。实践中由此延伸出很多加工工艺手段和研究方法，提高了材料的强度，但这些方法不能增加韧性。

根据断裂韧性表达式(2.31) 和式(2.35)，K_{Ic} 是材料的本征性能，是一个包含强度和塑性的综合指标，不能像提高强度那样单纯通过减小裂纹尺寸来提高 K_{Ic}，而是围绕提高断裂表面能或塑性功来增加裂纹扩展的阻力，提高 K_{Ic}，这样提高韧性的同时也常常使材料的强度得到提高。因此相变增韧、微裂纹增韧及弥散增韧等各种增韧的手段虽然很多，但万变不离其宗，一定是增加了断裂表面能或者塑性功。

2.5.1　陶瓷材料的结构与强化

（1）显微结构　从显微结构来说，主要考虑晶粒尺寸、晶粒形状、玻璃相及其气孔对强度的影响。大量实验证明，晶粒愈小，强度愈高，因此出现了许多晶粒小于 $1\mu m$，气孔率近于 0 的高强度高致密无机材料，因此细晶材料、纳米材料是重要的研究方向。表 2.4、表 2.5 列出一些无机材料及纤维晶须的特性，从表中可以看出，将块体材料制成细纤维，强度大约提高一个数量级，而制成晶须则提高两个数量级，接近了理论强度，晶须提高强度的主要原因之一就是大大提高了晶体的完整性。减小晶粒尺寸、提高相对密度正是减小裂纹缺陷的重要手段。

表 2.4　几种无机材料的断裂强度

材料	晶粒尺寸/μm	气孔率/%	强度/MPa
高铝砖(99.2%Al_2O_3)	—	24	13.5
烧结 Al_2O_3(99.8% Al_2O_3)	48	0	266
热压 Al_2O_3(99.9% Al_2O_3)	3	<0.15	500
热压 Al_2O_3(99.9% Al_2O_3)	<1	0	900
单晶 Al_2O_3	—	0	2000
烧结 MgO	20	1.1	70
热压 MgO	<1	0	340
单晶 MgO		0	1300

表 2.5　几种陶瓷材料的块体、纤维及晶须的断裂强度　　　　　　　　单位：MPa

材料	块体/抗弯强度	纤维/抗拉强度	晶须/抗拉强度
Al_2O_3（99.9％）陶瓷	550～600	3200	21000
SiC		2500～3000	6470
B		3200～5200	
BeO（稳定化）	140	2100	13300
ZrO_2　Y-TZP	800～1300		
Ce-TZP	500～800	2500～3100	14000
Ca-PSZ	400～690		
Si_3N_4（反应烧结）	120～140		
热压烧结	750～1200		
常压烧结	828		
重烧结	600～670		
CBN（E120G）		1400	

陶瓷材料断裂强度与晶粒大小的关系与金属类似，服从 Hall-Patch 关系：

$$\sigma_f = \sigma_0 + k_1 d^{-\frac{1}{2}} \tag{2.43}$$

式中，σ_0 是移动单个位错所需克服的点阵摩擦力；k_1 为材料常数；d 为晶粒直径。

如果起始裂纹受晶粒限制，其尺寸与晶粒度相当，则脆性断裂与晶粒度的关系为

$$\sigma_f = k_2 d^{-\frac{1}{2}} \tag{2.44}$$

原因有两个：第一，由于晶界比晶粒内部弱，所以多晶材料破坏多是沿晶界断裂。细晶材料晶界比例大，沿晶界破坏时，裂纹的扩展要走迂回曲折的道路。晶粒愈细，此路程愈长。第二，多晶材料中初始裂纹尺寸与晶粒度相当，晶粒愈细，初始裂纹尺寸就愈小，根据断裂强度方程式（2.18），材料的强度得到提高。

① 晶粒形状与晶界的影响。Si_3N_4 陶瓷由等轴状的 α 相转变为细长条状的 β 相时，互相连接的长条状 β 相晶粒能使裂纹发生偏转以及长条状晶粒的拔出效应消耗能量，使强度和韧性提高。陶瓷材料中的烧结助剂，形成低熔点晶界相促进致密化，晶界相的成分、性质及数量对强度尤其是高温强度有显著影响。例如晶界玻璃相严重降低高温强度，这个问题可以通过提高晶界玻璃相的软化点以及改变晶界相的性质来改善高温强度，例如在 Si_3N_4 陶瓷中引进 Y_2O_3 和 MgO 复合添加剂，晶界玻璃相晶化为 $Mg_5Y_6Si_5O_{24}$，在 1000℃ 以上仍保持较高强度。通过一定的热处理制度也能使晶界玻璃相晶化。

② 气孔的影响。大多数无机材料的弹性模量和强度都随气孔率的增加而降低。这是因为气孔不仅减小了负荷面积，而且在气孔邻近区域应力集中，减弱材料的负荷能力。

断裂强度与气孔率 P 的关系可由式（2.45）表示：

$$\sigma_f = \sigma_0 \exp(-nP) \tag{2.45}$$

式中，n 为常数，一般为 4～7；σ_0 为没有气孔时的强度。

从式（2.45）可知，当气孔率约为 10％ 时，强度将下降为没有气孔时强度的一半。这样大小的气孔率在一般无机材料中是常见的。透明氧化铝陶瓷的断裂强度与气孔率的关系示于图 2.16，和式（2.45）的规律比较符合。

也可以将晶粒尺寸和气孔率的影响结合起来考虑，表示为

$$\sigma_\text{f} = (\sigma_0 + k_1 d^{-1/2}) e^{-nP} \qquad (2.46)$$

除气孔率外，气孔的形状及分布也很重要。通常气孔多存在于晶界上，这是特别有害的，它往往成为开裂源。气孔除有害一面外，在特定情况下，也有有利的一面。就是存在高的应力梯度时（例如由热震引起的应力），气孔能起到容纳变形、阻止裂纹扩展的作用。

如有杂质存在，也会由于应力集中而降低强度。存在弹性模量较低的第二相也会使强度降低。

（2）预加压应力　人为地在材料表面造成一层压应力层，可以提高材料的抗张强度。

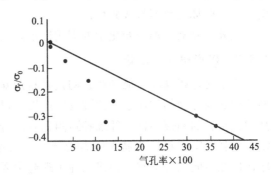

图 2.16　透明氧化铝陶瓷断裂强度与气孔的关系

脆性断裂通常是在张应力作用下，自表面开始，如果在表面造成一层残余压应力层，则在材料使用过程中表面受到拉伸破坏之前首先要克服表面上的残余压应力，提高了强度。通过一定加热、冷却制度在表面引入残余压应力的过程叫做热韧化。这种技术已被广泛用于制造安全玻璃（钢化玻璃），如汽车飞机门窗、眼镜用玻璃。图 2.17 是热韧化玻璃板受横向弯曲时，残余应力、作用应力及合成应力分布的情形。这种热韧化技术已经用于其他结构陶瓷材料，淬冷不仅在表面造成压应力，而且还可使晶粒细化。利用表面层与内部的膨胀系数不同，也可以达到预加应力的效果。

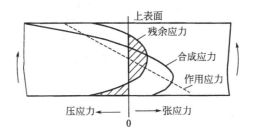

图 2.17　热韧化玻璃板受横向弯曲荷载时，残余应力、作用应力及合成应力的分布

（3）化学强化　通过改变表面的化学组成，使表面的摩尔体积比内部的大，由于表面体积胀大受到内部材料的限制，就产生一种两向状态的压应力。可以认为这种表面压力和体积变化的关系近似服从虎克定律，即：

$$\sigma = K \frac{\Delta V}{V} = \frac{E}{3(1-2\mu)} \times \frac{\Delta V}{V} \qquad (2.47)$$

式中，K 为体积模量，如果体积变化为 2%，$E = 70\text{GPa}$，$\mu = 0.25$，则表面压应力高达 930MPa。

通常是用一种大的离子置换小的，由于受扩散限制及受带电离子的影响，实际上，压力层的厚度被限制在数百微米范围内。在化学强化的玻璃板中，应力分布情况和热韧化玻璃不同，在热韧化玻璃中形状接近抛物线，且最大的表面压应力接近内部最大张应力的两倍。但在化学强化中，通常不是抛物线形，而是在内部存在一个接近平直的小的张应力区，到化学强化区突然变为压应力。表面压应力与内部张应力之比可达数百倍。如果内部张应力很小，则化学强化的玻璃可以切割和钻孔。但如果压应力层较薄而内部张应力较大,内部裂纹能自发扩展,破坏时可能裂成碎块。

此外,将表面抛光及化学处理用以消除表面缺陷也能提高强度。

2.5.2　陶瓷材料的增韧

为了通过提高断裂能来改善陶瓷材料的脆性,可以在陶瓷材料中设置耗散能量的机构,例如构建弱界面结构体系,使裂纹的扩展可以通过弱界面的解离来吸收裂纹尖端的能量,提高陶瓷材料的断裂韧性。纤维补强陶瓷基复合材料、复相陶瓷材料、自增韧陶瓷材料、叠层复合材料及陶瓷材料的晶界应力设计等,均建立了弱界面体系。几种增韧机理并不互相排斥,但在不同条件下有一种或几种机理起主要作用。表 2.6 中列出了部分陶瓷、玻璃和一些单晶体的断裂韧性。断裂韧性的提高使陶瓷材料增加了在汽车部件及高温汽轮机上、切割工具、轴承等许多方面上的应用。

表 2.6　室温下陶瓷和复合材料的断裂韧性

材料	$K_{Ic}/\text{MPa} \cdot \text{m}^{1/2}$	材料	$K_{Ic}/\text{MPa} \cdot \text{m}^{1/2}$
硅酸盐玻璃	0.7~0.9	HP-Si_4N_4	3.5~5.5
单晶 NaCl	0.3	Al_2O_3 陶瓷(1~2μm)	2.5~3
单晶 Si	0.6	Al_2O_3 陶瓷(10~12μm)	4.5
单晶 MgO	1	Al_2O_3-Al 复合材料	6~11
单晶 SiC	1.5	立方稳定 ZrO_2	3
热压烧结 SiC	4~6	四方氧化锆 Y-TZP(0.5μm)	7
单晶 Al_2O_3		Y-TZP(1.5μm)	12
(0001)	4.5	Ce-TZP(2μm)	5
(1010)	3.1	Ce-TZP(6μm)	15
Al_2O_3-SiC 晶须(1~2μm)	8~10	Al_2O_3-ZrO_2 复合材料	6~13
Si_3N_4(4μm)	4	金属(NiCo)化合 WC	35~45
长晶粒 Si_3N_4(1μm)	6~7	铝合金	37~45
长晶粒 Si_3N_4(8μm)	10~11	镁合金 AZ91	15~36
		铸铁	40~60
		马氏体时效钢	93

(1) 纤维补强增韧陶瓷基复合材料　将纤维或者晶须加入到陶瓷材料基体中,利用纤维、晶须与陶瓷基体的弱界面结合,构建对主裂纹尖端能量的吸收,从而改善陶瓷材料的脆性,例如在石英基体中加入 25% 的碳纤维,其强度和韧性都有大幅度增加,表现出优异的抗机械冲击和抗热冲击性能。

(2) 复相陶瓷材料　由于两相膨胀系数和弹性模量的不同,两相界面上产生应力形成弱界面。如果是纳米晶粒存在于微米晶粒之中形成纳米-微米晶内复合,例如在氧化铝的基体中加入纳米 SiC 和 ZrO_2,其强度和韧性将大幅度提高。

(3) 自增韧陶瓷材料　陶瓷坯体中部分组分自行生成具有一定长径比形态的晶粒,例如在氧化铝基体中形成众多有较大长径比的棒状晶体;在氧氮化硅陶瓷中 α 相和 β 相共存,β 相形成长柱状的晶体,均可以使强度和韧性有较大提高。

（4）**叠层复合材料**　受贝壳显微结构的启示，把两种不同组分的材料以三明治的方式堆叠，组成多层平行界面的叠层复合材料，由于弹性模量和膨胀系数的差异，在界面处产生残余应力，形成众多与应力方向垂直的弱界面，起到补强增韧的效果。

（5）**陶瓷的晶界应力设计**　设计复相陶瓷材料中不同物相间物理性质的差异，在界相间造成适当的应力状态，对外加能量起到吸收、消耗或者转移的作用，达到对陶瓷材料强化与增韧的目的。

（6）**功能梯度材料**　一种材料的两侧组成具有截然不同的性能，两侧面之间的组成呈现逐渐过渡变化，称为功能梯度材料。例如一面的组分是金属材料，主要体现金属材料高韧性的性能，可以与其他金属部件连接起来；另一面是陶瓷材料，体现陶瓷耐高温、耐腐蚀的性能。功能梯度材料很好地避免了陶瓷脆性的问题。

（7）**纳米陶瓷材料**　晶粒尺寸细化到纳米量级的水平时，材料性能将出现异常变化。例如当四方氧化锆陶瓷的晶粒尺寸减小到 130nm 时，在 1250℃时在应力作用下出现了 400%的变形量，即纳米陶瓷材料在中温下具有明显的超塑性行为，改变了陶瓷材料的脆性特征。因此，纳米陶瓷有望解决陶瓷的脆性问题。

（8）**应力诱导相变增韧**　当四方相 ZrO_2 颗粒弥散分布于其他陶瓷基体中，冷却后亚稳四方相颗粒受到基体的抑制而处于压应力状态。在外力作用下，裂纹尖端附近由于应力集中存在张应力场，从而减轻或者解除了对四方相颗粒的束缚，在应力的诱发作用下发生向单斜相的转变，这种转变属于马氏体相变，将产生 3%～5%的体积膨胀和 1%～7%的剪切应变。相变和体积膨胀的过程除消耗能量外，还将在主裂纹作用区产生压应力，二者均阻止裂纹的扩展，从而提高了陶瓷材料的断裂韧性，见图 2.18。如部分稳定 ZrO_2、

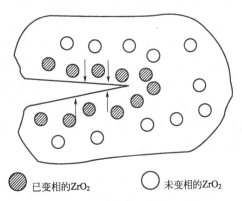

⬤ 已变相的 ZrO_2　　○ 未变相的 ZrO_2

图 2.18　应力诱导相变增韧示意

ZrO_2 增韧 Al_2O_3 陶瓷（ZTA）、ZrO_2 增韧莫来石陶瓷（ZTM）、ZrO_2 增韧钛酸铝陶瓷、ZrO_2 增韧 Si_3N_4 陶瓷等。增韧陶瓷的断裂韧性 K_{Ic} 已达 $11～15MPa \cdot m^{1/2}$，有的高达 $20MPa \cdot m^{1/2}$，但温度升高时，相变增韧失效。根据相变前后体系能量的变化，可以导出应力诱发相变增韧的断裂韧性的公式：

$$K_{Ic} = \left[K_0^2 + \frac{2REV_t(\Delta G_{t \to m}^c + \Delta U_{str} + \Delta U_s)}{1-\mu} \right]^{\frac{1}{2}} \tag{2.48}$$

式中，K_0 为基体材料的断裂韧性；R 为裂纹引起的相变区尺寸；E 为弹性模量；μ 为泊松比；V_t 为可相变的四方相体积分数；ΔG 为相变驱动力；ΔU_{str} 为相变弹性应变能差；ΔU_s 为相变引起的微裂纹和孪晶产生的界面能。

（9）**微裂纹增韧**　在多晶多相陶瓷结构中，由于不同相的膨胀系数不同、同相晶粒取向的不同，在晶界或者颗粒与基体的界面处由于应力集中会产生微裂纹，微裂纹的产生可缓解主裂纹的能量，提高断裂韧性。例如 ZrO_2 陶瓷在烧结冷却过程中，t-ZrO_2 晶粒尺寸大于临界尺寸时，产生向单斜相 m-ZrO_2 的转变，引起体积膨胀和剪应力，在 m-ZrO_2 周围产生大量弥散分布的小裂纹，这些尺寸很小的微裂纹在主裂纹扩展过程中会导致主裂纹分叉或改变方向，增加了主裂纹扩展过程中的有效表面能，此外裂纹尖端应力集中区内微裂纹本身的扩展

也起着分散主裂纹尖端能量的作用，从而抑制了主裂纹的快速扩展，提高了材料的韧性。微裂纹效应对韧性的贡献可以表示为：

$$\Delta K = \sqrt{2E\gamma m\rho} \tag{2.49}$$

式中，E 为基体的弹性模量；γ 为裂纹表面的比表面能；m 为微裂纹面积密度；ρ 为微裂纹区大小。微裂纹增韧要求四方相控制在能产生相变的尺寸，这样可以产生微裂纹核或有限的微裂纹以达到理想的增韧效果。

（10）裂纹偏转增韧　裂纹偏转是指主裂纹在扩展过程中，裂纹尖端遇到障碍物的作用而使裂纹的扩展方向发生偏转的现象。这种偏转可以有效降低裂纹尖端的应力场强度因子，提高陶瓷材料的断裂韧性。例如在陶瓷基体中掺入高弹性模量的弥散颗粒、纤维或晶须，使主裂纹在扩展过程中遇到颗粒、纤维或晶须障碍物时产生偏转，增加了整体的断裂表面能，达到增韧的效果。裂纹偏转要求第二相的弹性模量必须大于基体、基体与第二相颗粒膨胀系数相适应、两相之间化学相容。其中化学相容性是要求既不出现过量的相间化学反应，同时又能保证较高的界面结合强度。颗粒增韧与温度无关，因此可以作为高温增韧机制。碳纳米管增韧氧化铝陶瓷中裂纹偏转现象见图 2.19。

（11）裂纹桥联增韧　裂纹桥联发生在裂纹尖端后方，纤维、晶须连接裂纹的两个表面，增加了裂纹扩展的阻力，导致断裂韧性提高。利用长纤维增强的复合材料，在材料发生断裂前吸收大量的断裂功，标准的屈服测量结果显示其断裂韧性可以达到 $20\sim25\text{MPa}\cdot\text{m}^{1/2}$。但是复合材料的断裂过程与 Griffith 理论所描述的尖锐裂纹的传播过程是不同的。图 2.20 是碳纳米管增韧陶瓷的桥联作用。裂纹扩展遇到纤维或者晶须时，虽然基体已经开裂，但高弹性模量的纤维或者晶须没有断裂，在裂纹面上产生闭合应力，阻止主裂纹的继续扩展，结果提高了断裂韧性。

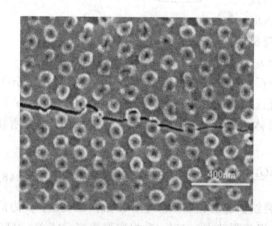

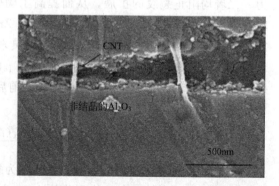

图 2.19　碳纳米管增韧氧化铝陶瓷中裂纹偏转现象　　图 2.20　碳纳米管增韧非晶陶瓷的桥联作用

对于晶须桥联增韧来说，如果假定桥联区域的应力是均匀的，则有：

$$\sigma^c = V_w \sigma_f^w \tag{2.50}$$

晶须桥联效应对陶瓷的贡献为：

$$\Delta K^{mr} = K^c - K^m = \sigma_f^w [V_w r / 3(E_c/E_w)(\gamma_m/\gamma_i)]^{\frac{1}{2}} \tag{2.51}$$

式中，σ^c 为闭合应力；σ_f^w 为晶须的断裂强度；r 为晶须半径；V_w 为晶须的体积分数；E_c、E_w 分别为复合材料和晶须的弹性模量；γ_m、γ_i 分别为基体和界面的应变能释放率；

K^c、K^m 为复合材料和基体材料的断裂韧性。

由式(2.51)可知，采用高强的晶须、增加晶须的半径以及增加晶须的体积分数均对改善复合材料的韧性有利。此外，晶须桥联的效果还与晶须与界面的应变能释放率有关。

表面残余压应力增韧的说法值得商榷：通过热韧化或表面离子置换引起表面体积膨胀而获得表面残余压应力，由于陶瓷断裂往往起始于表面裂纹，表面残余压应力有利于阻止表面裂纹的扩展，从而起到了增强的作用，但增韧作用有限。金属颗粒加入陶瓷基体，其塑性变形吸收弹性应变能的释放量，可以改善韧性。

(12) 纤维的拔出效应　在外力作用下，纤维从基体中拔出时，靠界面摩擦吸收断裂功而增韧。图 2.21 为碳纳米管复合陶瓷中的拔出形态特征。对于纤维增韧陶瓷，纤维从基体中拔出功表示为：

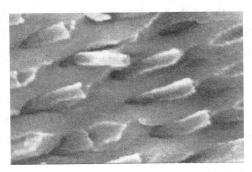

$$W_p = \frac{V_f \tau_i D^2}{12r} \qquad (2.52)$$

图 2.21　碳纳米管复合陶瓷中的拔出形态特征

式中，V_f 为纤维的体积分数；τ_i 为纤维与基体间的剪切应力；D 为纤维上两个缺陷之间的距离；r 为纤维半径。由式 (2.52) 可见通过增加纤维的体积分数、减小纤维半径和增大纤维与基体间的剪切应力，均可提高纤维的拔出功，增加陶瓷的韧性。如果纤维与基体间的结合强度较弱，在外力作用下纤维很容易从基体中拔出，基体无法将外力传递给纤维，使纤维的承载能力降低，而且纤维的存在类似于孔洞，结果是韧化效果降低。由此可见，在纤维的种类和体积分数一定的情况下，拔出效应与纤维与基体间的结合强度密切相关，而结合强度又取决于纤维与基体间的结合状态。

在不同的材料中几种增韧机理可能同时存在，增韧效果应具有一定的协同效应。

2.5.3　高分子材料的复合强化

高分子材料的断裂模式可以分为四种情况。①硬而脆，例如苯乙烯、有机玻璃和酚醛树脂，拉伸强度大，没有屈服点，断裂伸长率较小；②硬而韧，有尼龙、聚碳酸酯等，断裂强度和屈服强度都高，断裂伸长率较大；③硬而强，例如硬聚氯乙烯，具有高的弹性模量和拉伸强度，断裂伸长率较小，韧性小；④软而韧，有橡胶和增塑聚氯乙烯等，模量低，屈服点低，断裂延伸率较大，断裂强度较低。

高分子材料的增强通常有颗粒增强、纤维增强和层片增强三种形式。

颗粒增强是在基体中引入第二相颗粒，使基体材料的断裂功提高。许多含有填料的工程高分子材料都是颗粒型复合材料。如在硫化橡胶里加入炭黑就是一个典型的例子。炭黑的加入可以改善橡胶的强度、刚度、硬度、耐磨性和耐热性。

在柔软的韧性基体中加入高强度、高刚度的纤维，可以得到高强度、抗疲劳、高的强度质量比的复合材料。例如将玻璃纤维添加到高分子基体中得到的玻璃钢应用在车辆和飞机上。玻璃纤维表面可涂覆硅烷以改进玻璃纤维复合材料的力学性能以及抗潮湿性能。

层状复合是指复合材料中增强相分层铺叠，即按相互平行的平面配置增强相。各层之间通过基体联系在一起。层状复合除了可以强化材料外，还可以改善材料的抗腐蚀性、耐磨损性等。

2.5.4 金属材料的结构与强韧化

金属材料的强度与韧性取决于材料的组织结构，通过细晶化、元素固溶、析出沉淀相、颗粒弥散等手段，获得一定的显微组织结构，达到提高金属材料强度和韧性的目的。

（1）金属材料的强化

① 细晶强化。细晶强化是指通过减小晶粒粒度提高金属的强度，见式(2.43)。它的关键在于晶界对位错滑移的阻滞效应。位错在多晶体中运动时，由于晶界两侧晶粒的取向不同，晶界上杂质原子较多，增大了在晶界附近的滑移阻力，因而一侧晶粒中的滑移带不能直接进入第二个晶粒。这样会导致位错不易穿过晶界，而是塞积在晶界处，引起了强度的增高。可见，晶界面是位错运动的障碍，因而晶粒越细小，晶界越多，位错被阻滞的地方就越多，多晶体的强度就越高。

② 固溶强化。元素进入晶格内部，形成填隙式和替代式固溶体。填隙式固溶强化是指碳、氮等小溶质原子嵌入金属晶体结构的间隙中，使晶格产生不对称畸变造成强化效应。填隙式原子在基体中还能与刃位错和螺位错产生弹性交互作用，并使两种位错钉扎，进一步强化了金属基体，交互作用与溶质原子和基体间的失配程度成正比。替代式固溶体是外来原子替代原晶格质点，在基体晶格中造成球面对称的畸变，造成金属基体的强化，但强化效果要比填隙式原子小。

③ 沉淀强化。从组织结构上看，析出的沉淀相可以提高金属材料的强度。奥罗万首先提出沉淀强化来源于沉淀颗粒对位错运动的阻碍作用，提高了材料对塑性形变的抗力。在外加切应力的作用下，材料中运动着的位借线遇到沉淀相粒子时，位错线会产生弯曲，并最终绕过沉淀粒子，结果在该粒子周围留下一个位错环，这就造成了所需切应力的增加，提高了材料的强度。沉淀颗粒越细，分布越均匀，强化效果越好。实际使用的高强度合金，大多数含有沉淀相金属化合物或氧化物。

实际的材料往往会有多种强化机制在起作用，例如低碳钢中马氏体的强化主要依赖于C的固溶强化，其他组织结构因素也有明显的影响，低碳马氏体板条束之间形成大角度晶界，对位错滑移和裂纹扩展起阻碍作用，提高了强度（图2.22）。与陶瓷材料类似，长条形、细晶粒也是高强金属材料的基本结构特征。

图2.22 板条形马氏体结构

（2）金属材料的韧性 马氏体组织的断裂韧性与位错亚结构和板条束的尺寸有密切的关系。晶粒内部存在不同方向的板条束，板条束之间是大角度晶界，裂纹扩展到晶界面时，为了满足裂纹扩展的晶体学取向，必须改变扩展方向，结果增大了扩展阻力，提高了断裂韧性。因此减小板条束的尺寸，相当于减小了断裂单元，对提高韧性有利。位错型马氏体具有较高断裂韧性的主要原因是：①位错具有较高的移动性，可缓解局部的应力集中；②各马氏体板条基本是平行排列并成束状，减少了马氏体形成过程中相互碰撞的可能性，防止了裂纹的产生；③马氏体板条束尺寸越小，韧性越强；④板条马氏体间常存在 10～20nm 的残余奥氏体薄膜，它稳定性较高，塑性好，可松弛裂纹尖端的应力集中，阻止裂纹的扩展，从而提高断裂韧性。

2.6　无机材料强度的统计性质

2.6.1　无机材料强度波动分析

根据 Griffieh 微裂纹理论，断裂起源于材料中存在的最危险的裂纹。材料的断裂韧性、断裂强度（或临界应力）与特定受拉应力区中最长的一条裂纹的裂纹长度有如下关系

$$(K_I)_c = K_{Ic} = Y\sigma_c\sqrt{c} \tag{2.53}$$

材料的断裂韧性 K_{Ic} 是材料的本征参数，几何形状因子 Y 在给定实验方法后也是常数。由式（2.53）可知，材料的断裂强度 σ_c 只随材料中最大裂纹长度 c 变化。

由于裂纹的长度在材料内的分布是随机的，有大有小，所以临界应力也是有大有小，具有分散的统计性，因此在材料抽样试验时，有的试样 σ_c 大，有的小。

材料的强度还与试件的体积有关。试件中具有一定长度 c 的裂纹的概率与试件体积成正比。设材料中，平均每 $10cm^3$ 有一条长度为 c_c（最长裂纹）的裂纹，如果试件体积为 $10cm^3$，则出现长度为 c_c 的裂纹的概率为 100%，其平均强度为 σ_c。如果试件体积为 $1cm^3$，10 个试件中只有一个上有一条 c_c 的裂纹，其余九个只含有更小的裂纹。结果，这十个试件的平均强度值必然大于大试样的 σ_c。这就是测得的陶瓷强度具有尺寸效应的原因。

此外，通常测得的材料强度还和裂纹的某种分布函数有关。裂纹大小、疏密使得有的地方 σ_c 大，有的地方 σ_c 小，也就是说材料的强度分布也和断裂应力的分布有密切关系。另外，应力分布也与受力的方式有关，例如，同一种材料，抗弯强度比抗拉强度高。这是因为前者的应力分布不均匀，提高了断裂强度。平面应变受力状态的断裂强度比平面应力状态下的断裂强度高。

2.6.2　强度的统计分析

将一体积为 V 的试件分为若干个体积为 ΔV 的单元，每个单元中都随机地存在裂纹。做破坏实验，测得 σ_{c_0}，σ_{c_1}，…，σ_{c_n} 然后按断裂强度的大小排队分组，以每组的单元数为纵坐标画图得图 2.23。

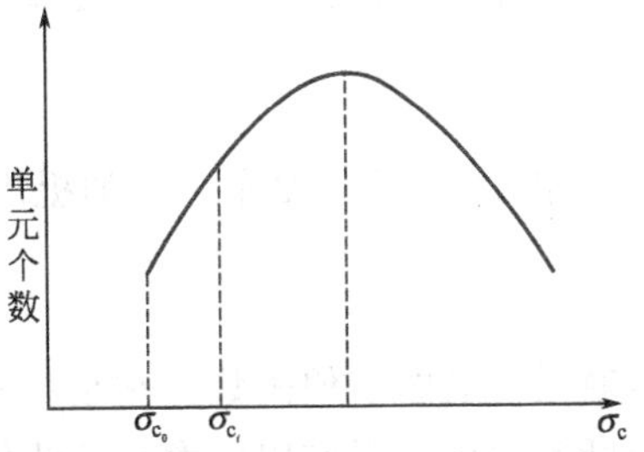

任取一单元，其强度为 σ_{c_i}，则在 σ_{c_0}-σ_{c_i} 区间的曲线下包围的面积占总面积的分数即为 σ_{c_i} 的断裂概率。因为强度等于和小于 σ_{c_i} 的诸单元如果经受 σ_{c_i} 的应力将全部断裂，因而这一部分的分数即为试件在 σ_{c_i} 作用下发生断裂的概率：

$$P_{\Delta V} = \Delta V n(\sigma) \tag{2.54}$$

图 2.23　断裂强度分布

式中，应力分布函数 $n(\sigma)$ 为 σ_{c_0}-σ_{c_i} 的总面积。

强度为 σ_{c_i} 的单元在 σ_{c_i} 应力下不断裂的概率为：

$$1 - P_{\Delta V} = 1 - [\Delta V n(\sigma)] = Q_{\Delta V} \tag{2.55}$$

整个试件中如有 r 个单元，即 $V = r\Delta V$，整个试件在 σ_{c_i} 应力下不断裂的概率为：

$$Q_V = (Q_{\Delta V})^r = [1 - \Delta V n(\sigma)]^r = \left[1 - \frac{Vn(\sigma)}{r}\right]^r \tag{2.56}$$

此处不能用断裂概率来统计，因为只要有一个 ΔV_i 断裂，整个试件就断裂。因此，必须用不断裂概率来统计。

当 $r \to \infty$ 时：

$$Q_V = \lim \left[1 + \frac{-Vn(\sigma)}{r} \right]^r = e^{-Vn(\sigma)} \tag{2.57}$$

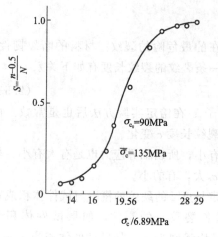

图 2.24 多晶氧化铝断裂应力的断裂概率

式中，V 应理解为归一化体积，即有效体积与单位体积的比值，无量纲。

推而广之，如有一批试件共计 N 个，进行断裂试验得断裂强度 σ_1，σ_2，…，σ_n。按断裂强度的数值由小到大排列。设 S 为 $\sigma_1 - \sigma_n$ 试件所占的百分数，也可以说，S 为应力小于 σ_n 的试件的断裂概率，则

$$S = \frac{n - 0.5}{N} \text{（或 } S = \frac{n}{N+1} \text{）} \tag{2.58}$$

例如，$N = 7$，$n = 4$，则 $S = \frac{3.5}{7} \times 100\% = 50\%$。对每一个试验值 σ_i 都可算出相应的断裂概率，图 2.24 为多晶氧化铝的一组试件的数据。

2.6.3 求应力函数的方法及韦伯分布

如果选取的试件有代表性，则单个试件与整批试件的断裂概率相等。

$$P_V = S = 1 - Q_V = 1 - e^{-Vn(\sigma)} \tag{2.59}$$

$$1 - S = e^{-Vn(\sigma)}, \quad \frac{1}{1-S} = e^{Vn(\sigma)}$$

$$\ln \frac{1}{1-S} = Vn(\sigma)$$

所以

$$n(\sigma) = \frac{1}{V} \ln \frac{1}{1-S} \tag{2.60}$$

如果应力函数不是均匀分布，则不断裂概率：

$$Q_V = e^{-\int_V n(\sigma)dV} \tag{2.61}$$

求 $n(\sigma)$ 比较复杂，韦伯提出了半经验公式：

$$n(\sigma) = \left(\frac{\sigma - \sigma_u}{\sigma_0} \right)^m \tag{2.62}$$

这就是著名的韦伯函数，它是一种偏态分布函数。式中 σ 为作用应力，相当于 σ_{c_i}，σ_u 为最小断裂强度，当作用应力小于此值时，$Q_V = 1$，$P_V = 0$，相当于 σ_{c_0}。m 是表征材料均一性的常数，称为韦伯模数。m 越大材料越均匀，材料的强度分散性越小。σ_0 为经验常数。几种材料的 Webull 模数见表 2.7。

表 2.7 几种材料的 Webull 模数 m

材料名称	钢	热压 Si_3N_4	SiC 晶须	反应烧结 Si_3N_4	热压 SC	高铝瓷器	玻璃纤维
m	58	8~25	24	16~18	15	8	1

2.6.4　韦伯函数中的 m 及 σ_0 的求法

韦伯函数中的几个常数可根据实测强度的数据求得。由式(2.58)可得：

$$1-S=1-\frac{n}{N+1}=\frac{N+1-n}{N+1}$$

则：
$$\lg\lg\frac{1}{1-S}=\lg\lg\frac{N+1}{N+1-n} \tag{2.63}$$

将式(2.63)带入式(2.62)得：

$$\ln\frac{1}{1-S}=Vn(\sigma)=V\left(\frac{\sigma-\sigma_u}{\sigma_0}\right)^m$$

改为常用对数：

$$\lg\frac{1}{1-S}=\lg e\times\ln\frac{1}{1-S}=\lg e\times V\left(\frac{\sigma-\sigma_u}{\sigma_0}\right)^m=0.4343V\left(\frac{\sigma-\sigma_u}{\sigma_0}\right)^m$$

$$\lg\lg\frac{1}{1-S}=\lg0.4343+\lg V+m\lg(\sigma-\sigma_u)-m\lg\sigma_0 \tag{2.64}$$

由式(2.63)和式(2.64)得：

$$\lg\lg\frac{N+1}{N+1-n}=\lg0.4343+\lg V+m\lg(\sigma-\sigma_u)-m\lg\sigma_0 \tag{2.65}$$

分析式(2.65)，如果断裂强度的最小值 σ_u 选定，则 $\lg\lg\left(\dfrac{N+1}{N+1-n}\right)$ 与 $\lg(\sigma-\sigma_u)$ 呈线性关系。直线斜率为 m，与 y 轴的截距为 $\lg0.4343+\lg V-m\lg\sigma_0$。根据实测的 σ_i 及 n_i，可求出 m 及 σ_0，则试件的断裂概率可根据式(2.66)算出：

$$S=1-e^{-V\left(\frac{\sigma-\sigma_u}{\sigma_0}\right)^m} \tag{2.66}$$

2.6.5　有效体积的计算

式(2.66)中的试件体积 V 应指试件的有效体积，即试件中可能开裂的那部分体积。如果是三点弯曲的试件，真正可能出现开裂的体积仅指位于跨度中点，且占很小部分的受拉应力区域。另外，这个区域的大小还与材料的韦伯模数 m 有关。当然实际计算 V 时，所选用的 m 值只是估算值，待整个问题解决之后，再用求得的 m 值加以修正。

对于三点弯曲试件，有效体积 $V=\dfrac{V_T}{2(m+1)^2}$，四点弯曲试件，有效体积 $V=\dfrac{V_T(m+2)}{4(m+1)^2}$。

式中，V_T 为试件的整个体积。例如当 $m=10$ 时，前者为 $0.004V_T$，后者为 $0.025V_T$。

2.6.6　韦伯统计的应用实例

式(2.66)可用来求使用应力。例如要求不断的概率为 95%，应选用多大的使用应力？因 $Q_V=95\%$，则 $S=(1-0.95)\times100\%=5\%$，代入式(2.66)，可求得使用应力 σ。

如果 σ_u 事先选得不合适，或者实验时未出现 σ_u，或者最小强度值不代表 σ_u，则画出的直线有弯曲。遇到这种情况，应该用试算法先假定一个 σ_u 值，画出一条不太直的直线，再改变 σ_u 值，画直线。如此多次试探，最后可得满意的直线，同时也得到合适的 σ_u。用计算机运算时也要用试算法，按照直线拟合的相关系数最大，来选取 σ_u。

今有一组热压 Al_2O_3 瓷的断裂强度的数据，见表 2.8。试件的体积为 $5cm^3$，问经过统计处理后如果保证不断裂的概率为 95%，选用的断裂强度是多少？

根据表 2.8 的 $\lg\lg\left(\dfrac{N+1}{N+1-n}\right)$ 和 $\lg(\sigma-\sigma_u)$ 作图 2.25 得一直线。如不是直线，则改变

σ_u，使此线逐步变直。求出斜率 $m=2.432$ 及截距 -0.505。

根据式（2.65）可得：

$$-0.505=\lg 0.4343+\lg V-2.432\lg \sigma_0$$

设 $m=2.5$，$V=\dfrac{5}{2(2.5+1)^2}=0.204$，解上式，可得 $\sigma_0=0.5954$，代入式（2.66），得

$$S=1-e^{-0.204\times\left(\frac{\sigma-4.0}{0.5954}\right)^{2.432}} \tag{2.67}$$

表 2.8　韦伯模数计算表

序列号 n	断裂概率 $S=\dfrac{n}{N+1}$	断裂强度 $\sigma\times10^{-8}/\mathrm{Pa}$	$\dfrac{N+1}{N+1-n}$	$\lg\lg\left(\dfrac{N+1}{N+1-n}\right)$	$(\sigma-\sigma_u)\times10^{-8}$ /Pa	$\lg(\sigma-\sigma_u)$
1	0.125	4.5	1.14	-1.2366	0.5	-0.3010
2	0.25	4.7	1.33	-0.9033	0.7	-0.1549
3	0.375	4.8	1.60	-0.6901	0.8	-0.097
4	0.5	5.0	2.00	-0.5214	1.0	0
5	0.625	5.2	2.67	-0.3706	1.2	0.0790
6	0.75	5.2	4.00	-0.2204	1.2	0.0790
7	0.875	5.6	8.00	-0.0443	1.6	0.2040

注：$N=7$，选得 $\sigma_u=4.0\times10^8\mathrm{Pa}$。

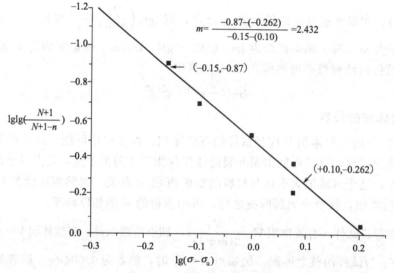

图 2.25　韦伯断裂概率

将测得的断裂强度 σ 分别代入式（2.67），求得断裂概率如表 2.9 所示。

表 2.9　不同断裂强度下的断裂概率

σ	$\sigma-4.0$	$-0.204\left(\dfrac{\sigma-4.0}{0.5954}\right)^{2.432}$	S
4.5	0.5	-0.1334	0.1248
4.7	0.7	-0.3042	0.2609
4.8	0.8	-0.4184	0.3419
5.0	1.0	-0.7199	0.5123
5.2	1.2	-1.1216	0.6742
5.2	1.2	-1.1216	0.6742
5.6	1.6	-2.2578	0.8954

断裂概率与断裂强度的关系见图 2.26。

如果不断裂的概率是 95%，即 $S=0.05$，代入式(2.67)，求得 $\sigma=4.337\times10^8\,\mathrm{N/m^2}$。

对于同一批试件，σ_u、m、σ_0 都是常数，但对不同批的材料，即使生产条件一样，σ_u、m、σ_0 也有差别，就是说，这些常数和制造过程及实验条件有关。

2.6.7　两参数韦伯分布及应用

为了简化计算，在韦伯断裂概率函数公式（2.66）中，设 σ_u 为零，即假设最小断裂强度为零。则该式变为：

$$S=1-e^{-V(\frac{\sigma}{\sigma_0})^m} \tag{2.68}$$

式中，仅剩下 m 及 σ_0 两个参数，故称为两参数韦伯分布，而式（2.66）称为三参数韦伯分布。用式(2.68)，可使运算简化。用此法求出的 m 偏大。有时 $\lg\lg\left(\frac{1}{1-S}\right)-\lg\sigma$ 不是一条直线而是三段直线，见图 2.27。从图 2.27 中可分析不同缺陷所起的作用。

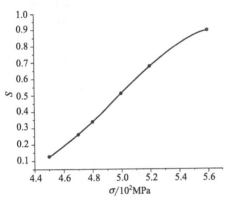

图 2.26　韦伯统计断裂概率

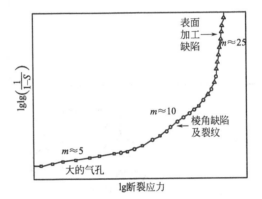

图 2.27　不同缺陷在韦伯分布上的表现

2.7　材料的硬度

硬度是衡量材料软硬程度的力学性能，按照测量方法的不同，代表的物理意义也有所不同。例如压入法主要反映材料表面抵抗另一物体压入时所引起的塑性形变的能力；划痕法硬度表示材料表面对局部切断破坏的抗力。因此可以认为硬度是指材料表面上不大体积内抵抗变形或破裂的能力，由于测试设备简单、操作方便快捷，已经成为材料研究、产品质量检验及指定合理工艺的重要手段之一。

2.7.1　硬度的表示方法

陶瓷及矿物材料常用的划痕硬度称为莫氏硬度，它只表示硬度由大到小的顺序，后面的矿物可以划破前面的矿物表面。最初莫氏硬度分为十级，后来因为出现了一些人工合成的高硬度材料，又将莫氏硬度分为十五级，见表 2.10。

几种常见的硬度测试原理及计算方法见图 2.28。布氏硬度主要用来测定金属材料中较软及中等硬度的材料，很少用于陶瓷材料。维氏硬度和努普硬度法都适合于较硬的材料，也用于测量陶瓷的硬度。洛氏硬度法测量的范围较广，采用不同的压头和负荷可以得到 15 种标准洛氏硬度，其中 HRA、HRC 可以用来测量金属和陶瓷的硬度。显微硬度的原理和维氏硬度相同，但所用负荷较小，计算时相差一个系数。

表 2.10 莫氏硬度顺序

顺 序	材 料	顺 序	材 料
1	滑石	1	滑石
2	石膏	2	石膏
3	方解石	3	方解石
4	萤石	4	萤石
5	磷灰石	5	磷灰石
6	正长石	6	正长石
7	石英	7	石英玻璃
8	黄玉	8	石英
9	刚玉	9	黄玉
10	金刚石	10	石榴石
		11	熔融氧化锆
		12	刚玉
		13	碳化硅
		14	碳化硼
		15	金刚石

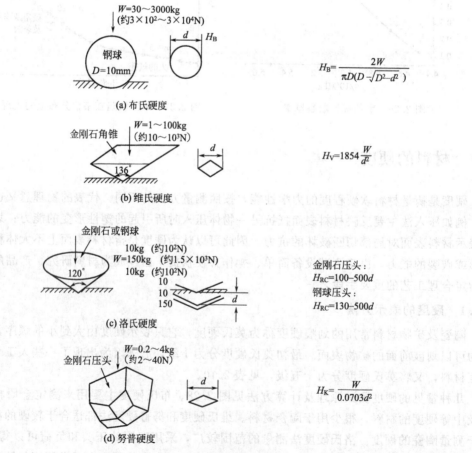

图 2.28 静载压入实验

陶瓷材料的硬度取决于其组成和结构。离子半径越小、离子电价越高、配位数越大、极化能就越大,抵抗外力刻画和压入的能力也就越强,所以硬度就大。

2.7.2 纳米材料的硬度

从显微结构上看,当晶粒减小时材料的强度随之增大,符合 Hall-Patch 关系。将式(2.43)中的强度换为硬度,可以表示为:

$$H = H_0 + K\sigma^{-\frac{1}{2}} \tag{2.69}$$

对各种粗晶材料仍然适用,K 为正的常数,说明随着晶粒尺寸的减小,硬度是增加的。但当晶粒尺寸减小到纳米量级时,出现以下 3 种不同的规律。

(1)正 H-P 关系($K > 0$) 式(2.69)中的 K 为正的常数,例如纳米 Fe、纳米 Nb_3Sn_2 和 Al_2O_3 纳米材料等与常规多晶材料一样遵循同样的规律。

(2)反 H-P 关系($K < 0$) 式(2.69)中的 K 小于零,在常规多晶材料中从未出现过,即硬度随晶粒尺寸的减小而下降。例如纳米 Pd 晶体以及 Ni-P 纳米晶粒的硬度遵循反 H-P 关系。

(3)正反混合 H-P 关系 硬度随晶粒尺寸的平方根的变化不是单调的上升或者下降,而是存在一个拐点,即存在一个临界晶粒尺寸 d_c,当晶粒尺寸大于 d_c,呈现正 H-P 关系($K > 0$);当晶粒尺寸小于 d_c 时,呈现反 H-P 关系($K < 0$)。

除上述关系外,在纳米材料中还存在两个现象:在正 H-P 关系和反 H-P 关系中,随着晶粒尺寸的进一步减小,斜率 K 发生变化,对正 H-P 关系 K 减小;对反 H-P 关系 K 变大。对于纳米 Ni 晶体也存在偏离 H-P 关系的情况。

对于纳米结构材料,上述现象已经不能采用传统的位错理论来解释。纳米材料界面占有相当大的体积分数,必须建立新的模型解释上述现象。

2.8 复合材料

在一种基体材料中加入增强体而制成的多相材料,称为复合材料。增强体有颗粒状、纤维状、薄片以及由纤维编织的三维立体结构。陶瓷材料作为基体,添加增强体来提高强度和韧性,称为陶瓷基复合材料或者复相陶瓷。粒子强化的机理在于粒子可以防止基体内的位错运动,或通过粒子的塑性形变而吸收一部分能量,从而达到强化的目的。例如,在陶瓷中加入金属粉末:70%Al_2O_3-30%Cr(质量分数)制成的金属陶瓷,抗弯强度为 380MPa,以 70%TiC-30%Ni(质量分数)制成的金属陶瓷,抗弯强度达到 1340MPa。这类复合材料受到外力作用时,负荷主要由基体承担。纤维强化的作用在于负荷主要由纤维承担,而基体将负荷传递、分散给纤维。此外,纤维还可以阻止基体内的裂纹扩展。为了评价强化效果,可定义强化率 F:

$$强化率 \ F = \frac{粒子或纤维强化材料的强度}{未加粒子或纤维材料的强度}$$

对于粒子强化复合材料来说,F 是粒子体积含有率 V_p、粒子分布、粒子直径 d_p 和粒子间距离 λ_p 的函数。一般来说,粒子愈小,阻止位错运动的效果就愈大,因此,F 也大。当粒子的直径 d_p 在 0.01~0.1μm 范围内时,F 为 4~15。比这更细的粒子就能形成固溶体,F 可达到 10~30,例如一些超级合金。如 $d_p = 0.1~10$μm,则 F 只有 1~3,金属陶瓷一般在此范围内。大的粒子容易成为应力集中源,使复合材料的力学性能下降。对于纤维强化复合材料，强化率 F 和纤维体积含有率 V_p、纤维直径 d_f、纤维与基体的接合强度 τ_m、基体抗拉强度有关。根据纤维和基体的特点，F 的变化范围较大。这类材料中可用纤维材料来强化韧性基体（高分子、金属），也可以用来强化脆性基体（如玻璃及陶瓷材料）。例如用钨芯碳化硅纤维强化氮化硅，断裂功从 $1 J/m^2$ 提高到 $9 \times 10^2 J/m^2$，用碳纤维增强石英玻璃，抗弯强度为纯石英玻璃的 12 倍，冲击强度提高 4 倍，断裂功提高 2～3 个数量级。

下面重点介绍纤维增强复合材料。

2.8.1 纤维复合材料的原则

纤维的强化作用取决于纤维与基体的性质、二者的结合强度、纤维在基体中的排列方式。为了达到强化目的，必须注意下列几个原则。

① 使纤维尽可能多地承担外加负荷，为此，应选用强度与弹性模量比基体高的纤维，因为在受力情况下，当两者应变相同时，纤维与基体所承受的应力之比等于两者弹性模量之比，E 大则承担的力大。

② 二者的结合强度不能太差，否则基体中所承受的应力无法传递到纤维上，极端的情况是两者的结合强度为零，这时纤维毫无作用，犹如基体中存在大量气孔群一样，强度反而降低。如果结合太强，虽可分担大部分应力，但在断裂过程中没有纤维自基体中拔出这种吸收能量的作用，复合材料将表现为脆性断裂，因此，结合强度以适当为宜。

③ 应力作用的方向应与纤维平行，才能发挥纤维的作用，因此应注意纤维在基体中的排列，排列方向可以单向、十字交叉或按一定角度交错及三维空间编织。

④ 纤维与基体的膨胀系数应匹配，二者的膨胀系数以相近为宜，最好是纤维的膨胀系数略大于基体的，这样复合材料在烧成、冷却后纤维处于受拉状态而基体处于受压状态，起到预加应力作用。

⑤ 还要考虑二者在高温的化学相容性，必须保证二者在高温下不致发生引起纤维性能降低的化学反应。

2.8.2 连续纤维单向强化复合材料的强度

连续纤维单向强化复合材料的纤维排列及受力情况示于图 2.29。设纤维与基体的应变相同，即 $\varepsilon_c = \varepsilon_m = \varepsilon_f$，则可写出：

$$E_c = E_f V_f + E_m V_m \qquad (2.70)$$

$$\sigma_c = \sigma_f V_f + \sigma_m V_m \qquad (2.71)$$

$$V_f + V_m = 1 \qquad (2.72)$$

式中，E_c、σ_c 分别为复合材料的弹性模量及强度；E_f、σ_f、V_f 分别为纤维的弹性模量、强度及体积分数；E_m、σ_m、V_m 分别为基体的弹性模量、强度及体积分数。式(2.70)、式(2.71) 是理想状态，也是对复合材料弹性模量和强度的最高估计，叫做上界模量和上界强度。

由于在复合材料中，纤维和基体的应变是一样

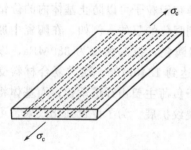

图 2.29 连续纤维单向强化复合材料的纤维排列及受力方向

的，即：

$$\varepsilon_m = \varepsilon_f = \frac{\sigma_m}{E_m} = \frac{\sigma_f}{E_f} \qquad (2.73)$$

设 ε_m 超过基体的临界应变时，复合材料就破坏，但此时纤维还未充分发挥作用。根据

这一条件，将式(2.73)带入式(2.71)即可求得复合材料的下界强度，即复合材料的最低值。

$$\sigma_c = \sigma_m \left[1 + V_f \left(\frac{E_f}{E_m} - 1 \right) \right] \tag{2.74}$$

对于玻璃、硼等脆性材料为纤维，以聚酯、环氧树脂、铝等延性材料为基体的复合材料，其应力应变曲线见图 2.30，曲线的第一区域为弹性区，此时：

$$E_c = E_f V_f + E_m V_m \quad 0 \leqslant \varepsilon \leqslant \varepsilon_{my} \tag{2.75}$$
$$\sigma_c = \sigma_f V_f + \sigma_m V_m \tag{2.76}$$

式中，ε_{my} 为基体屈服点应变。基体屈服后进入第 II 区，此时基体弹性模量已不是常数，因此复合材料的弹性模量可以写成：

$$E_c(\varepsilon) = E_f V_f + \left[\frac{d\sigma_m(\varepsilon)}{d\varepsilon} \right] V_m \tag{2.77}$$

在第 II 区域末尾，设复合材料的破坏由纤维断裂引起，此时 $\varepsilon = \varepsilon_{fu}$，则：

$$\sigma_{cu} = \sigma_{fu} V_f + \sigma_m^* V_m = \sigma_{fu} V_f + \sigma_m^* (1 - V_f) \tag{2.78}$$

式中，σ_{cu}、σ_{fu} 分别为复合材料与纤维的断裂强度；σ_m^* 为与纤维断裂时的应变 ε_{fu} 相对应的基体应力，基体断裂时之应变为 ε_{mu}。

图 2.31 中 ABC 线是根据式 (2.78) 绘出的 σ_{cu}-V_f 关系，为一直线，说明纤维加的越大，强度越大，理论上 $V_f = 1$ 则 $\sigma_{cu} = \sigma_{fu}$。实际上，圆形纤维排列在一起，当中有空隙，$V_f$ 不可能等于 1。由于 σ_m^* 通常比基体断裂强度 σ_{mu} 小，而 $\sigma_{cu} = \sigma_{mu}$ 的点 B 叫等破坏点，和此点对应的纤维体积含有率叫做临界体积含有率 $V_{f临界}$，故令式(2.78)的左边等于 σ_{mu} 即可求出 $V_{f临界}$

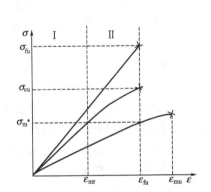

图 2.30　纤维、基体及复合材料的应力应变曲线

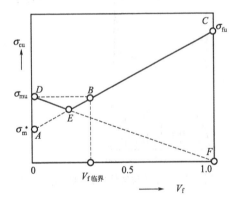

图 2.31　σ_{cu}-V_f 的关系

$$\sigma_{mu} = \sigma_{fu} V_{f临界} + \sigma_m^* V_m \tag{2.79}$$

$$V_{f临界} = \frac{\sigma_{mu} - \sigma_m^*}{\sigma_{fu} - \sigma_m^*} \tag{2.80}$$

必须使 $V_f > V_{f临界}$，才能起到强化的作用。

为了改善陶瓷的脆性，可以在陶瓷中加入延性纤维，此时基体是脆性材料，且 $\varepsilon_{mu} < \varepsilon_{fu}$，则当 $\varepsilon_c = \varepsilon_{mu}$ 时，基体就开始断裂，此时负荷由纤维承担，此时加给纤维的平均附加应力为：

$$\Delta\sigma_f = \frac{\sigma_{mu} V_m}{V_f} \tag{2.81}$$

如果 $\Delta\sigma_f < \sigma_{fu} - \sigma'_f$，$\sigma'_f$ 为基体即将开裂时纤维的应力，则纤维将使复合材料保持在一起而不致断开。由式（2.81）可得：

$$\Delta\sigma_f = \frac{\sigma_{mu}(1-V_f)}{V_f} \tag{2.82}$$

$$V_f = \frac{\sigma_{mu}}{\sigma_{mu} + \Delta\sigma_f} \tag{2.83}$$

临界情况 $\Delta\sigma_f = \sigma_{fu} - \sigma'_f$ 故

$$V_{f临界} = \frac{\sigma_{mu}}{\sigma_{mu} + \sigma_{fu} - \sigma'_f} \tag{2.84}$$

如果 $\sigma_{fu} \gg \sigma'_f \gg \sigma_{mu}$，则 $V_{f临界}$ 近似为：

$$V_{f临界} \approx \frac{\sigma_{mu}}{\sigma_{fu}} \tag{2.85}$$

2.8.3 短纤维单向强化复合材料

如果使用短纤维来强化，则纤维长度必须大于一个临界长度 L_c 才能起到增强作用，此临界长度可以根据力的平衡条件求得。研究基体中只有一根短纤维的情况，当基体受均匀应力 σ_m 时，纤维表面就产生由基体引起的剪应力 τ，纤维断面上作用有张应力 σ_f，见图 2.32。图 2.32(b) 为纤维与基体接触面上的剪应力，二者大小相等，方向相反。纤维表面上的剪应力被截面上的张应力平衡。图 2.32(c)、图 2.32(d) 为纤维表面剪应力及截面张应力沿纤维长度的分布。剪应力在 A、B 两端最大，中间接近于零。而截面张应力正好相反，中间最大，A、B 两端为零。

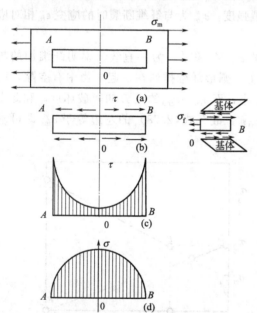

图 2.32　纤维与基体的共同作用

随着作用应力 σ_m 的增加，剪应力沿纤维全长达到界面的结合强度或基体的屈服强度 τ_{my}。由 τ_{my} 引起的纤维截面张应力恰好等于纤维的拉伸屈服应力 σ_{fy} 时所必需的纤维长度即是临界长度 L_c，根据力的平衡条件：

$$\frac{\tau_{my}\pi d L_c}{2} = \frac{\sigma_{fy}\pi d^2}{4} \tag{2.86}$$

由此得：

$$L_c = \frac{\sigma_{fy}d}{2\tau_{my}} \tag{2.87}$$

式中，d 为纤维直径；$\dfrac{L_c}{d}$ 为临界长径比。$L > L_c$ 时，才有强化效果。设 $\tau_{my} = 20\text{MPa}$，$\sigma_{fy} = 2000\text{MPa}$，则 $\dfrac{L_c}{d} = 50$，如 $d = 5\mu m$，则 $L_c = 0.25\text{mm}$。

当 $L \gg L_c$ 时，其效果接近连续纤维，当 $L = 10L_c$ 时即可达连续纤维强化效果的 95%。短纤维复合材料的强度可写为：

$$\sigma_c = \sigma_{fu}\left(1 - \frac{L_c}{2L}\right)V_f + \sigma_m(1 - V_f) \tag{2.88}$$

式中，σ_m 为应变与纤维屈服应变相同时的基体的应力。

2.8.4　单向纤维增强 SiC 基复合材料的结构与性能

几种增强纤维的基本性能及单向纤维增强 SiC 基复合材料的性能见表 2.11。碳纤维（JC）的拉伸强度比碳化硅纤维（Hi-Nicalon）的高得多，但制备的 JC/SiC 复合材料的性能反而不如 Hi-Nicalon/SiC。这主要是由于基体内的杂质对纤维的腐蚀与直径成反比。Hi-Nicalon 纤维的直径较粗，在相同的腐蚀深度下，被腐蚀掉的截面积相对较小，因而纤维的性能降低较少；其次，在 Hi-Nicalon/SiC 复合材料中，基体成分与纤维成分基本相同，元素之间的相互扩散率较小。而在 JC/SiC 复合材料中，基体中的元素逐渐向碳纤维中扩散，导致碳纤维的成分和显微结构发生变化，使碳纤维性能降低；第三，在 JC/SiC 复合材料中，纤维的纵向膨胀系数（约为 0）与基体的膨胀系数相差较大，由于热失配引起基体较大的残余拉应力，容易引起基体开裂。对于 Hi-Nicalon/SiC 复合材料，其纤维与基体的热匹配较好，材料的性能较高。

表 2.11　不同类型纤维单向增强 SiC 基复合材料的性能

纤维类型	纤维抗拉强度/MPa	纤维模量/GPa	纤维密度/(g/cm³)	纤维直径/μm	复合材料的强度/MPa	复合材料断裂韧性/MPa·m^{1/2}
Hi-Nicalon	2800	300	2.74	14	703.6	23.1
JC	4200	196	1.77	7	501.1	13.8
M40JB	4410	377	1.76	5	317.9	14.7
Nicalon	3000	200	2.55	10~15	129.1	9.4
Si_3N_4	3100	260	2.2~2.5	10~15	94.2	

不同纤维类型增强 SiC 基复合材料的拉伸断口形貌见图 2.33，SEM 图清楚地反映了几种复合材料体系的性能差别。Hi-Nicalon/SiC 复合材料［图 2.33(a)］的界面图像非常清晰，基体致密，纤维分布比较均匀，基体与纤维之间无反应痕迹。断裂面上纤维拔出效应明显，且拔出长度相当长（30~50μm），表明界面结合适中，既充分发挥了纤维的增强作用，又在一定应力下出现了界面解离和纤维拔出，因此这种复合材料具有最高的强度和断裂韧性。

JC/SiC 复合材料［图 2.33(b)］的断口形貌同样显示出大量的纤维拔出，拔出长度比较大，纤维的外形圆整，没有发现明显的缺陷。但是，拔出的纤维表面附着少许基体材料的颗粒，说明纤维与基体之间发生了一定的化学反应，导致界面强度下降，JC/SiC 复合材料的强度和断裂韧性比 Hi-Nicalon/SiC 略差。

M40JB 纤维的强度和 JC 相当，但 M40JB/SiC 复合材料的强度却低于 JC/SiC 复合材料，主要原因在于 M40JB 纤维的弹性模量较高，在制备过程中容易受到损伤，界面反应比较严重，对纤维损伤很大，导致其强度下降。断口形貌见图 2.33(c)，纤维与基体的界面不如前两种清晰，断面上出现比较集中的空洞，单根纤维拔出数量较少而且有数十根纤维拔出后留下的大的孔洞，造成材料的性能降低。

随着纤维及晶须的品种不断扩大和性能不断提高，通过显微结构设计、不同相之间化学相容性的选择、不同相之间物理性能的匹配等，具有高强度、高刚度、良好的抗蠕变及抗腐蚀性能的陶瓷基复合材料将有更广阔的前景。

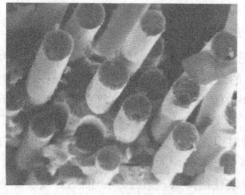 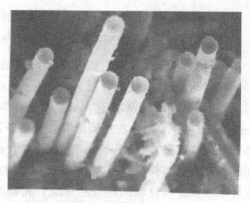

(a) Hi-Nicalon/SiC 复合材料　　　　(b) JC/SiC 复合材料

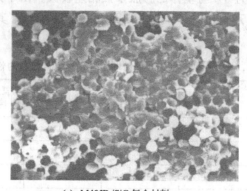

(c) M40JB/SiC 复合材料

图 2.33　纤维/碳化硅基复合材料的断口形貌

习题与思考题

1. 试比较同一批试样的三点抗弯强度、四点抗弯强度和（两点）抗拉强度的大小，并说明理由。

2. 有人认为材料的断裂强度越大断裂韧性就越大，试讨论该说法。

3. 解释陶瓷材料强度的尺寸效应。

4. 求熔融石英的结合强度，设估计的表面能为 $1.75J/m^2$；Si—O 的平衡原子间距为 1.6×10^{-8}cm；弹性模量值从 60GPa 到 75GPa。

5. 熔融石英玻璃的性能参数为：$E=73GPa$；$\gamma=1.56J/m^2$；理论强度 $\sigma_{th}=28GPa$。如材料中存在最大长度为 $2\mu m$ 的内裂，且此内裂垂直于作用力的方向，计算由此而导致的强度折减系数。

6. 证明测定材料断裂韧性的单边切口，三点弯曲梁法的计算公式：

$$K_{Ic}=\frac{6Mc^{1/2}}{BW^2}[1.93-3.07(c/W)+14.5(c/W)^2-25.07(c/W)^3+25.8(c/W)^5]$$ 与

$$K_{Ic}=\frac{P_cS}{BW^{3/2}}[2.9(c/W)^{1/2}-4.6(c/W)^{3/2}+21.8(c/W)^{5/2}-37.6(c/W)^{7/2}+38.7(c/W)^{9/2}]$$ 是一回事。

7. 一陶瓷三点弯曲试件，在受拉面上与跨度中间有一竖向切面，如图 2.34 所示。如果 $E=380GPa$，$\mu=0.24$，求 K_{Ic} 值，设极限载荷达 50kg，计算此材料的断裂表面能。

8. 一钢板受有长向拉应力 350MPa，如在材料中有一垂直于拉应力方向的中心穿透缺陷，长 8mm（$=2c$）。此钢材的屈服强度为 1400MPa，计算塑性区尺寸 r_0 及

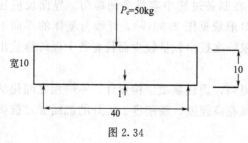

图 2.34

其与裂缝半长 c 的比值。讨论用此试件来求 K_{Ic} 值的可能性。

9. 一陶瓷零件上有一垂直于拉应力的边裂，如边裂长度为：①2mm；②0.049mm；③2μm，分别求上述三种情况下的临界应力。设此材料的断裂韧性为 1.62MPa·m^2。讨论诸结果。

10. 按照图 2.28 所示透明氧化铝陶瓷的强度与气孔率的关系图，求出经验公式。

11. 抗弯强度数据为：782MPa，784MPa，866MPa，876MPa，884MPa，890MPa，915MPa，922MPa，927MPa，942MPa，944MPa，1012MPa 及 1023MPa。求两参数韦伯模数和三参数韦伯模数。

参 考 文 献

[1] 关振铎，张中太，焦金生. 无机材料物理性能. 北京：清华大学出版社，1992.
[2] 张长瑞，郝元恺. 陶瓷基复合材料. 长沙：国防科技大学出版社，2001.
[3] 黄维刚，薛冬峰. 材料结构与性能. 上海：华东理工大学出版社，2010.
[4] 王秀峰，史永胜，宁青菊，谈国强. 无机材料物理性能. 北京：化学工业出版社，2010.
[5] 郝元恺，肖加余. 高性能复合材料学. 北京：化学工业出版社，2004.
[6] 马江，周新贵，张长瑞，曹迎宾. 纤维类型对纤维增强 SiC 基复合材料性能的影响. 复合材料学报，2001，1（3），72-76.
[7] 刘瑞堂，刘文博，刘锦云. 工程材料力学性能. 哈尔滨：哈尔滨大学出版社，2001.
[8] 吴月华，杨杰. 材料的结构与性能. 合肥：中国科学技术大学出版社，2001.
[9] 高建明. 材料力学性能. 武汉：武汉理工大学出版社，2004.

第3章　材料的结构与热学性能

无机材料的热学性能包括比热容、热膨胀、热传导、热稳定性等，是材料的重要物理性能之一。工程上许多特殊场合对材料的热学性能均提出了一些特殊要求。例如电真空材料要求具有一定的膨胀系数，精密天平、标准尺等使用的材料要求低的膨胀系数，而热敏元件需要尽可能高的膨胀系数；燃气轮机叶片和晶体管散热器等材料要求具有优良的导热性能，而工业炉衬、建筑材料等则要求具有优良的绝热性能。热学性能在材料科学的相变研究中有着重要的理论意义，在工程技术中也占有重要地位。

本章就材料的热膨胀、热传导和抗热冲击性能与无机材料的宏观、微观结构本质关系加以探讨，阐述材料结构与其性能之间的关系，以便学习者深入了解材料性能呈现的本质。

3.1　晶格热振动

材料各种热学性能的物理本质，均与其晶格热振动有关。固体材料由晶体或非晶体组成，点阵中的质点（原子、离子）并不是静止不动的，而总是围绕其平衡位置作微小振动，称为晶格热振动。质点热振动的剧烈程度与温度有关。温度升高振动加剧，甚至产生扩散（非均质材料），温度升高至一定程度，振动周期破坏，导致材料熔化，晶体材料表现出固定熔点。本章所讨论的材料热学性能，是指温度不太高时，质点围绕其平衡位置作微小振动的情况。

晶格热振动是三维的，可以根据空间力系将其分解成三个方向的线性振动。设每个质点的质量为 m，在任一瞬间该质点在 x 方向的位移为 x_n。其相邻质点的位移为 x_{n-1}，x_{n+1}。根据牛顿第二定律，该质点的运动方程为

$$m \times \frac{\mathrm{d}^2 x_n}{\mathrm{d}t^2} = \beta(x_{n+1} + x_{n-1} - 2x_n) \qquad (3.1)$$

式中，β 为微观弹性模量。

上述方程是简谐振动方程，其振动频率随 β 的增大而提高。对于每个质点，β 不同即每个质点在热振动时都有一定的频率。某材料内有 N 个质点，就有 N 个频率的振动组合在一起。温度高时动能加大，所以振幅和频率均加大。各质点热运动时动能的总和，即为该物体的热量，即

$$\sum_{i=1}^{n} (动能)_i = 热量 \qquad (3.2)$$

由于材料中质点间有着很强的相互作用力，每个原子的振动并不是彼此孤立的，一个质点的振动依次传递给其他原子使邻近质点随之振动。因相邻质点间的振动存在着一定的位相差，使晶格振动以弹性波的形式（这种晶体中原子振动波称格波）在整个材料内传播。弹性波是多频率振动的组合波。

由实验测得弹性波在固体中的传播速度 $v = 3 \times 10^3 \, \mathrm{m/s}$，晶格的晶格常数 a 约为 $10^{-10} \, \mathrm{m}$ 数量级，而声频振动的最小周期为 $2a$，故它的最大振动频率为

$$\gamma_{\max} = \frac{v}{2a} = 1.5 \times 10^{13} \, (\text{Hz})$$

实际三维晶体中原子的振动现象很复杂，我们只简单分析一维晶体（单原子和双原子链）的振动。

3.1.1 一维单原子晶格的线性振动

质量为 m、间距为 a（晶格常数）的一维单原子链的晶格振动如图 3.1 所示，下面分析假设第 n 个原子的位移为 u_n。

若这个原子从平衡位置偏离不大，则其受到的相互作用力可认为是准弹性的，并与原子间距的变化成比例。因此，在忽略包括次近邻以外原子的作用后，n 原子所受到的作用力 F_n 为 $n-1$ 和 $n+1$ 两个最近邻原子的作用力之和，即

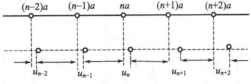

图 3.1　一维单原子链上的原子振动

$$F_n = \beta(u_{n+1} - u_n) - \beta(u_n - u_{n-1}) = \beta(u_{n+1} + u_{n-1} - 2u_n) \tag{3.3}$$

式中，β 为准弹性力常数且 $\beta = K/a$，即 $K = \beta a$，K 为弹性模量。于是，第 n 个原子的运动方程可写为

$$m\frac{\mathrm{d}^2 u_n}{\mathrm{d}t^2} = \beta(u_{n+1} + u_{n-1} - 2u_n) \tag{3.4}$$

该方程的解为简谐波

$$u_n = A\exp[i(qna - \omega t)] \tag{3.5}$$

将式(3.5) 代入式(3.4) 得

$$-m\omega^2 = \beta(e^{iqa} + e^{-iqa} - 2) = \beta[-2(1-\cos qa)] = -4\beta\sin^2\frac{qa}{2}$$

从而有

$$m\omega^2 = 4\beta\sin^2\frac{qa}{2} \tag{3.6}$$

于是得

$$\omega = 2\left(\frac{\beta}{m}\right)^{1/2}\left|\sin\frac{qa}{2}\right| = \omega_{\mathrm{m}}\left|\sin\frac{qa}{2}\right| \tag{3.7}$$

式中，$\omega_{\mathrm{m}} = 2(\beta/m)^{1/2}$ 为最大振动角频率。式(3.7)即为一维单原子链的色散关系或频谱分布。从而一维单原子链中准弹性波的传播速度为

$$v = \nu\lambda = \frac{\omega\lambda}{2\pi} = \frac{\lambda}{\pi}(\beta/m)^{1/2}\left|\sin\frac{\pi a}{\lambda}\right| \tag{3.8}$$

与波长有关。

一维单原子链的格波（简谐波）具有以下性质。

① 所有原子都以相同的角频率 ω 和振幅 $|A|$ 作简谐振动。

② 各原子之间有一均匀变化的位相差。位相差的大小由原子之间的距离 a 和波长 $\lambda = \frac{2\pi}{|q|}$ 决定。近邻原子间的位相差为 $|q|a = \frac{2\pi}{\lambda}a$。

③ 如果两个波矢 q 和 q' 之间存在以下关系

$$q' = q + \frac{2\pi}{a}l \qquad (l \text{ 为任意整数}) \tag{3.9}$$

则相应于这两个波矢的格波所引起的原子振动是相同的。对于 q' 格波，原子振动为

$$u'_n = A\exp\left[i\left(q+\frac{2\pi}{a}l\right)na-\omega t\right] = A\exp[i(qna-\omega t)]\exp(i2\pi nl) = A\exp[(qna-\omega t)] = u_n$$

$$(3.10)$$

与波矢为 q 的格波所引起的原子的振动相同。因此，当 q 在 $2\pi/a$ 的范围内变化时，能够给出所有的独立格波。为了明确起见，通常限制

$$-\frac{\pi}{a} \leqslant q < \frac{\pi}{a} \qquad (3.11)$$

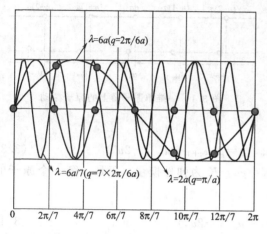

图 3.2　一维单原子链中不同波长的格波

波矢 q 的这一变化范围，称为第一布里渊区。格波之所以具有上述性质，是因为晶体中的原子不是连续分布，而是周期排列的。由于 q 在 $-\frac{\pi}{a}$ 和 $\frac{\pi}{a}$ 之间取值，故当 $q_{max}=\frac{\pi}{a}$ 时，相应的格波波长最小，为 $\lambda_{min}=\frac{2\pi}{q_{max}}=2a$。这个结果的物理意义是很清楚的。因为在晶格中不可能存在半波长比晶格常数 a 小的格波。图 3.2 中，画出了 $q=\frac{2\pi}{6a}$（$\lambda=6a$）和 $q=\frac{\pi}{a}$（$\lambda=2a$）的两个格波。而 $q=\frac{7\times 2\pi}{6a}$（$\lambda=6a/7$）的简谐波与 $q=\frac{2\pi}{6a}$ 相差 $\frac{2\pi}{a}$，半波长小于 a，故不属于格波。

3.1.2　一维双原子晶格的线性振动

如果晶胞中包含两种不同的原子，各有独立的振动频率，即使它们的频率都与晶胞振动频率相同，由于两种原子的质量不同，振幅也不同，所以两原子间会有相对运动。晶体中有两支振动波（格波）。如果振动着的质点中包含频率甚低的格波，质点彼此之间的位相差不大，则格波类似于弹性体中的应变波，与宏观弹性波（声波）有密切关系，通常称为"声频支振动（或声学波）"。格波中频率甚高的振动波，质点间的位相差很大，邻近质点的运动几乎相反时，频率往往在红外光区，与晶体的光学性质有关，通常称为"光频支振动（或光学波）"。

声频支可以看成是相邻原子具有相同的振动方向，如图 3.3(a) 所示。光频支可以看成相邻原子振动方向相反，形成了一个范围很小、频率很高的振动［图 3.3(b)］。如果是离子型晶体，就是正、负离子间的相对振动，当异号离子间有反向位移时，便构成了一个偶极子，在振动过程中此偶极子的偶极矩是周期性变化的。据电动力学可知，它会发生电磁波，其强度取决于振幅大小。在室温下，所发射的这种电磁波是微弱的，如果从外界辐射入相应频率的红外光，则立即被晶体强烈吸收，从而激发总体振动。这表明离子晶体具有很强的红外光吸收特性，这也就是该支格波被称为光频支的原因。

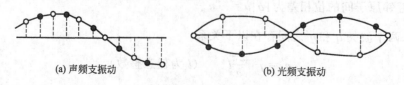

(a) 声频支振动　　　　　　　　　(b) 光频支振动

图 3.3　一维双原子点阵中的格波

由于光频支是不同原子相对振动引起的，所以如果一个分子中有 n 个不同的原子，则会有 $(n-1)$ 个不同频率的光频波。如果晶格有 N 个分子，则有 $N(n-1)$ 个光频波。

在三维晶体中，原子的振动可分解为 $3nN$ 个独立的简谐波。根据量子力学理论，频率为 ω 的简谐振动，其能量 E 是量子化的，只能取一些不连续值：

$$E=\left(n+\frac{1}{2}\right)\hbar\omega \qquad n=0,1,2,3\cdots \tag{3.12}$$

对于频率为 ω 的格波，它的每一份能量 $\hbar\omega$ 被称为一个声子。实际上声子就是晶格振动能量变化的最小单元。

有了声子概念后，就可以把光子、电子被晶格振动散射问题理解为与声子碰撞问题，从而使问题简化。

3.2　材料的结构与热膨胀

3.2.1　材料的热膨胀与膨胀系数

（1）材料的热膨胀　物体的体积或长度随温度的升高而增大的现象称为热膨胀，也就是所谓的热胀冷缩现象。对于绝大多数晶体，体积都随温度增加而增加，并且晶体变得更加对称。

不同物质的热膨胀特性不同。有的物质随温度变化有较大的体积变化，而另一些物质则相反。即使是同一种物质，晶体结构不同也有不同的热膨胀性能（如石英玻璃与 SiO_2 晶体的膨胀性能有很大区别）。也有一些物质（如水、锑、铋等）在某一温度范围内受热时体积反而减小，这称为反膨胀现象。

工业上很多场合都对材料的热膨胀性能提出了一定的要求，有时需要高膨胀的材料，有时需要膨胀系数小的材料，有时又要求材料具有一定的膨胀系数。金属或合金在加热或冷却时所发生的相变还能产生异常的膨胀或收缩，所以材料热膨胀的研究与控制具有重要意义。

（2）膨胀系数　在任一温度下，可以定义线膨胀系数和体膨胀系数。实践证明，许多固体材料的长度随温度的升高呈线性增加。假设物体原来的长度为 l_0，温度升高 Δt 后长度的增加量 Δl，实验得出

$$\frac{\Delta l}{l_0}=\alpha_l \Delta t \tag{3.13}$$

α_l 称为线膨胀系数，也就是温度升高 1K 时，物体的相对伸长。因此物体在温度 t 时的长度 l_t 为

$$l_t=l_0+\Delta l=l_0(1+\alpha_l \Delta t) \tag{3.14}$$

实际上固体材料的 α_l 值并不是一个常数，而是随温度稍有变化，通常随温度升高而加大。无机材料的线膨胀系数一般都不大，数量级约为 $10^{-6}\sim10^{-5}\,\mathrm{K}^{-1}$。

类似地，物体体积随温度的增长可表示为

$$V_t=V_0(1+\alpha_V \Delta t) \tag{3.15}$$

α_V 称为体膨胀系数，相当于温度升高 1K 时物体体积相对增长值。

假如物体是立方体则可以得到

$$V_t=l_t^3=l_0^3(1+\alpha_t \Delta t)^3=V_0(1+\alpha_t \Delta t)^3$$

由于 α 值很小可略 α_t^2 以上的高次项，则

$$V_t = V_0(1 + 3\alpha_t \Delta t) \tag{3.16}$$

与式(3.15)比较，就有了如下的近似关系：

$$\alpha_V \approx 3\alpha_t$$

对于各向异性的晶体，各晶轴方向的线膨胀系数不同，假如分别为 α_a，α_b，α_c，则

$$V_t = l_{at} l_{bt} l_{ct} = l_{a0} l_{b0} l_{c0}(1 + \alpha_a \Delta t)(1 + \alpha_b \Delta t)(1 + \alpha_c \Delta t)$$

同样忽略 α 二次方以上的项，得

$$V_t = V_0[1 + (\alpha_a + \alpha_b + \alpha_c)\Delta t]$$

所以

$$\alpha_V = \alpha_a + \alpha_b + \alpha_c \tag{3.17}$$

必须指出，由于膨胀系数实际并不是一个恒定的值，而是随温度变化的（图3.4），所以上述的值，都是指定温度范围内的平均值，因此与平均热容一样，应用时要注意适用的温度范围。膨胀系数的精确表达式为：

$$\alpha_l = \frac{\partial l}{l \partial t}, \alpha_V = \frac{\partial V}{V \partial t} \tag{3.18}$$

一般隔热用耐火材料的线膨胀系数，常指 20～1000℃ 范围内的 α_l 的平均数。表3.1示出了一些典型无机非金属材料的平均线膨胀系数，表3.1中所列绝大多数物质的膨胀系数为正，只有 3D-C/C、$Li_2O \cdot Al_2O_3 \cdot 2SiO_2$ 和 ZrW_4O_8 例外。

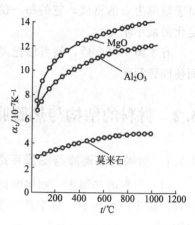

图 3.4 某些无机材料的膨胀系数与温度的关系

表 3.1 一些典型无机非金属材料的平均线膨胀系数

材料	线膨胀系数 $\alpha_l(0{\sim}1000℃)/\times 10^{-6} K^{-1}$	材料	线膨胀系数 $\alpha_l(0{\sim}1000℃)/\times 10^{-6} K^{-1}$
HfB_2	5.5	$Li_2O \cdot Al_2O_3 \cdot 2SiO_2$（锂霞石）	−6.4
TiB_2	7.5	$Li_2O \cdot Al_2O_3 \cdot 4SiO_2$（锂辉石）	1.0
ZrB_2	6.0	熔融 SiO_2	0.5
3D-C/C	−1.0～1.5(0～1400℃)	$3Al_2O_3 \cdot 2SiO_2$（莫来石）	5.3
B_4C	4.5～5.5	$2MgO \cdot 2Al_2O_3 \cdot 5SiO_2$（堇青石）	2.5
HfC	6.3	$Al_2O_3 \cdot TiO_2$	2.5
TaC	6.7	TiO_2	8.8
TiC	7.8	Cr_2O_3	8.6
WC	4.9	CeO_2	8.9
ZrC	6.6	Y_2O_3	9.3
α-SiC	4.7	ZrO_2	10.0
β-SiC	5.1	ZrO_2(2% Y_2O_3)	10.4(25～800℃)
SiC′	4.4	ZrO_2(14% Y_2O_3)	11.1(25～1500℃)
SiC″	4.8	ZrW_4O_8	−8.7(0.3～1050K)
SiC‴	4.8	$ZrO_2 \cdot SiO_2$	4.6
BN	13.3	ThO_2	9.2
AlN	4.5	UO_2	10.0
β-Si_3N_4'	3.2	钠-钙-硅酸盐玻璃	9.0
β-Si_3N_4''	3.4	电瓷	3.5～4.0

材料	线膨胀系数 $\alpha_l(0\sim1000℃)/\times10^{-6}\,K^{-1}$	材料	线膨胀系数 $\alpha_l(0\sim1000℃)/\times10^{-6}\,K^{-1}$
$\beta\text{-Si}_3N'''_4$	2.6	刚玉瓷	5～5.5
$\beta\text{-Sialon}$	3	硬质瓷	6
Si-B-C-N	0.5	滑石瓷	7～9
$MoSi_2$	8.5	镁橄榄石瓷	9～11
WSi_2	8.2	金红石瓷	7～8
$\alpha\text{-SiO}_2$	19.4(25～500℃)	钛酸钡瓷	10
BeO	9.0	堇青石瓷	1.1～2.0
MgO	13.6	尖晶石	7.6
Al_2O_3	8.8	TiC 金属陶瓷	9.0
$MgO \cdot Al_2O_3$	9.0	黏土耐火材料	5.5

注：相应材料的制备工艺方法如下。SiC′，浸硅法；SiC″，常压烧结法；SiC‴，CVD 法；$\beta\text{-Si}_3N'_4$，反应烧结法；$\beta\text{-Si}_3N''_4$，常压烧结法；$\beta\text{-Si}_3N'''_4$，热压烧结法。

膨胀系数在无机材料中是个重要的性能参数，例如在玻璃陶瓷与金属之间的封接工艺上，由于电真空的要求，需要在低温和高温下两种材料的 α_l 值均相近。所以高温钠蒸灯所用的透明 Al_2O_3 灯管的 $\alpha_l=8\times10^{-6}\,K^{-1}$，选用的封接导电金属铌的 $\alpha_l=7.8\times10^{-6}\,K^{-1}$，二者相近。

在多晶、多相无机材料以及复合材料中，由于各相及各方向的 α_l 不同所引起的热应力问题已成为选材、用材的突出矛盾。例如石墨垂直于 c 轴方向的 $\alpha_l=1.0\times10^{-6}\,K^{-1}$，平行于 c 轴方向的 $\alpha_l=27\times10^{-6}\,K^{-1}$，所以石墨在常温下极易因热应力较大而强度不高，但在高温时内应力消除，强度反而升高。

材料的膨胀系数大小直接与热稳定性有关。一般 α_l 小的，热稳定性就好。Si_3N_4 的 $\alpha_l=2.6\times10^{-6}\,K^{-1}$，在陶瓷材料中是偏低的，因此热稳定性也好。

3.2.2　固体材料热膨胀机理

固体材料的热膨胀本质，归结为点阵结构中的质点间平均距离随温度升高而增大。

晶体中，原子围绕其平衡位置做简谐振动，当温度升高时振幅增大，动能增大。这一模型已成功地解释了热容量，但无法解释热膨胀的起因，因为做简谐振动的原子不论振幅多大，并不会改变平衡位置，振动中心不能产生位移。而热膨胀的存在是确认无疑的，显然表明，原子振动是非简谐振动，晶格振动中相邻质点间的作用力实际上是非线性的，即作用力并不简单地与位移成正比。由图 3.5 可以看到，质点在平衡位置两侧时，受力并不对称。在质点平衡位置 r_0 的两侧，合力曲线的斜率是不等的。当 $r<r_0$ 时，曲线的斜率较大；$r>r_0$ 时，斜率较小。所以，$r<r_0$ 时，斥力随位移增大得很快；$r>r_0$ 时，引力随位移的增大要慢一些。在这样的受力情况下，质点振动时的平均位置就不在 r_0 处，而要向右移。因此相邻质点间平均距离增加。温度越高，振幅越大。质点在 r_0 两侧受力不对称情况越显著，平衡位置向右移动越多，相邻质点间平均距离就增加得越多，以致晶胞参数增大，晶体膨胀。

从点阵能曲线的非对称性同样可以得到较具体的解释。图 3.6 作平行横轴的平行线 E_1，E_2，…，它们与横轴间距离分别代表了在温度 T_1，T_2，…下质点振动的总能量。当温度为 T_1 时质点的振动位置相当于在 r_a 与 r_b 间变化。位置在 A 时，即 $r=r_0$，位能最低，动能最大。

在 $r=r_a$ 和 $r=r_b$ 时，动能为零，位能等于总能量。ab 的非对称性使得平均位置不在 r_0 处，而在 $r=r_1$ 处。当温度升高到 T_2 时，同理，平均位置移到了 $r=r_2$ 处。结果，平均位置随温度的不同，沿 AB 曲线变化。所以，温度越高，平均位置移得越远，引起晶体的膨胀。

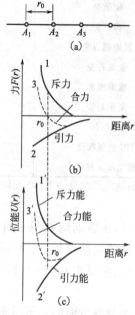

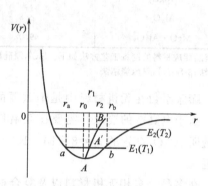

图 3.5　晶体中的引力-斥力曲线及位能曲线　　图 3.6　晶格中原子振动的非对称性

其次讨论非线性热振动的问题。所谓线性振动，是指质点间的作用力与距离成正比，即微观弹性模量 β 为常数。但在图 3.6 所示的点阵能曲线上，a 点处的斜率 $\left(F=\dfrac{\mathrm{d}u}{\mathrm{d}r}\right)$ 大，即斥力大；b 点处的斜率小，即引力小。所以热振动不是左右对称的线性振动，而是非线性振动。

在双原子模型中，如左原子视为不动，则右原子所具有的点阵能 $V(r_0)$ 为最小值，如有伸长量 δ 时，点阵能变为 $V(r_0+\delta)=V(r)$。将此通式展开：

$$V(r)=V(r_0+\delta)=V(r_0)+\left(\frac{\partial y}{\partial x}\right)_{r_0}\delta+\frac{1}{2!}\left(\frac{\partial^2 V}{\partial r^2}\right)_{r_0}\delta^2+\frac{1}{3!}\left(\frac{\partial^3 V}{\partial r^3}\right)_{r_0}\delta^3+\cdots$$

式中第一项为常数，第二项为零，则：

$$V(r)=V(r_0)+\frac{1}{2}\beta\delta^2-\frac{1}{3}\beta'\delta^3+\cdots \tag{3.19}$$

式中，$\beta=\left(\dfrac{\partial^2 V}{\partial r^2}\right)_{r_0}$；$\beta'=-\dfrac{1}{2}\left(\dfrac{\partial^3 V}{\partial r^3}\right)_{r_0}$。

如果只考虑式(3.19) 的前两项。则：

$$V(r)=V(r_0)+\frac{1}{2}\beta\delta^2 \tag{3.20}$$

点阵能曲线是抛物线，原子间的引力为：

$$F=-\frac{\partial V}{\partial r}=-\beta\delta \tag{3.21}$$

式中，β 是微观弹性系数。为线性简谐振动，平均位置仍在 r_0 处，式(3.21) 只适用于热容分析。

但对于热膨胀问题，如果还只考虑前两项，就会得出所有固体物质均无热膨胀可言。所以必须考虑第三项。此时点阵能曲线为三次抛物线。也就是说，固体的热振动是非线性振动。用玻尔兹曼统计法，可算出平均位移：

$$\bar{\delta}=\frac{\beta' kT}{\beta^2} \tag{3.22}$$

由此得膨胀系数

$$\bar{\delta}=\frac{\beta' kT}{\beta^2} \quad \alpha=\frac{\mathrm{d}\bar{\delta}}{r_0 \mathrm{d}T}=\frac{1}{r_0}\times\frac{\beta' k}{\beta^2} \tag{3.23}$$

对于给定的点阵能曲线，r_0、β、β' 均为常数，似乎 α 也是常数。但如再多考虑 δ^4、δ^5、…时，则可得 α 随温度而变化的规律。

以上所讨论的是导致热膨胀的主要原因。此外，晶体中各种热缺陷的形成将造成局部点阵的畸变和膨胀。这虽然是次要的因素，但随着温度的升高，热缺陷浓度呈指数增加，所以在高温时，这方面的影响对某些晶体也就变得重要了。

3.2.3　热膨胀和其他物理性能的关系

（1）热膨胀和结合能、熔点的关系　膨胀系数与物质内原子间的斥力、引力大小及原子间的键能大小，也即是与晶体点阵中质点的位能性质有关。质点的位能性质是由质点间的结合力特性所决定的。质点间结合力很强，则位阱深而狭窄，升高同样的温度差，质点振幅增加得较少，故平均位置的位移量增加得较少，因此，膨胀系数较小。物质的熔点是其结合强度强弱的表象之一。由此可知，熔点高的材料，膨胀系数较小。图 3.7、图 3.8 分别示出了金属、非金属元素和氧化物、卤化物线膨胀系数与熔点之间的关系。

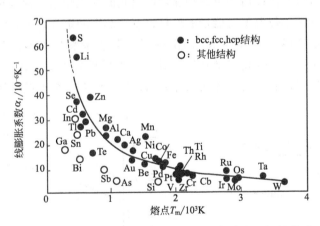

图 3.7　金属、非金属元素的线膨胀系数与熔点之间的关系

此外，由于单质的熔点与周期表存在一定规律性，所以 α 与周期表也存在相应关系，见表 3.2。

表 3.2　单质膨胀系数 α 的周期性

单质材料	(r_0)min/10^{-10} m	结合能/（$\times10^3$ J/mol）	熔点/℃	α_l/$\times10^{-6}$ K^{-1}
金刚石	1.54	712.3	3500	2.5
硅	2.35	364.5	1415	3.5
锡	5.3	301.7	232	5.3

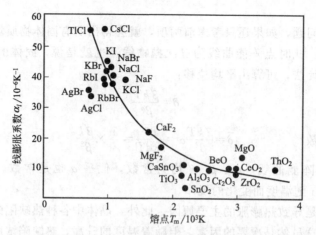

图 3.8　氧化物、卤化物的线膨胀系数与熔点之间的关系

（2）热膨胀与温度、热容的关系　晶体中质点热振动的点阵能曲线（图 3.6）有一条平衡位置曲线 $AA'B$。这说明当温度增高时，二质点的平衡距离由 r_0 增至 r_1，r_2。图 3.6 中纵坐标 $V(r)$ 也可用温度代替，如图 3.9 所示。在 AB 曲线上任一点的一阶导数 $\dfrac{\mathrm{d}y}{\mathrm{d}x}=\tan\theta$，与线膨胀系数 α_l 同一物理意义。$\alpha_l=\dfrac{\mathrm{d}l}{l\,\mathrm{d}T}=\dfrac{\delta}{r_0\,\mathrm{d}T}=\dfrac{1}{r_0}\times\dfrac{\mathrm{d}r}{\mathrm{d}T}=\dfrac{1}{r_0}\times\tan\theta$，温度低，$\alpha_l$ 小，温度愈高，α_l 愈大。

热膨胀是固体材料受热以后晶格振动加剧而引起的容积膨胀，而晶格振动的激化就是热运动能量的增量，升高单位温度时能量的增量也就是热容的定义。所以线膨胀系数与热容密切相关并有着相似的规律。图 3.10 表示 Al_2O_3 的线膨胀系数与热容、温度的关系。可以看出，这两条曲线近于平行，变化趋势相同。其他的物质也有类似的规律：在 0K 时，α 与 C 都趋于零，由于高温时，有显著的热缺陷等原因，使 α 仍有一个连续的增加。

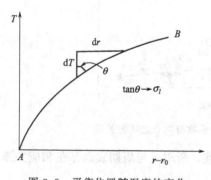

图 3.9　平衡位置随温度的变化

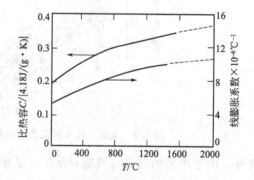

图 3.10　氧化铝线膨胀系数与定容摩尔热容的关系

3.2.4　复合材料的热膨胀

（1）多相无机材料的热膨胀　实际上无机材料都是一些多晶体或由几种晶体和玻璃相组成的复合体。各向同性晶体组成的多晶体的膨胀系数与单晶体相同。假如晶体是各向异性的，或复合材料中各相的膨胀系数不相同，则它们在烧成后的冷却过程中产生内应力导致了热膨胀。

假如有一复合材料，所有组成都是各向异性的，而且均匀分布，但是由于各组成的膨胀系数不同，各组成分别都存在着内应力：

$$\sigma_i = K(\bar{\alpha}_V - \alpha_i)\Delta T \tag{3.24}$$

式中，σ_i 为第 i 部分的应力；$\bar{\alpha}_V$ 为复合体的平均体积膨胀系数；α_i 为第 i 部分组成的体积膨胀系数；ΔT 为从应力松弛状态算起的温度变化。

$$K = \frac{E}{3(1-2\mu)}$$

式中，E 是弹性模量，μ 是泊松比。由于整体的内应力之和是零：

$$\sum \sigma_i V_i = \sum K_i(\bar{\alpha}_V \alpha_i)V_i \Delta T = 0 \tag{3.25}$$

式中，V_i 是第 i 部分的体积。

设 G_i 是第 i 部分的质量，$\dfrac{G_i}{G} = W_i$ 为质量分数；ρ_i 是第 i 部分的密度，则

$$V_i = \frac{G_i}{\rho_i} = \frac{G W_i}{\rho_i}$$

代入式(3.25)，整理得

$$\bar{\alpha}_V = \frac{\sum \alpha_i K_i W_i / \rho_i}{\sum K_i W_i / \rho_i} \tag{3.26}$$

将 $\bar{\alpha}_l = \dfrac{1}{3}\bar{\alpha}_V$ 代入式(3.26)

$$\bar{\alpha}_i = \frac{\sum \alpha_i K_i W_i / \rho_i}{3\sum K_i W_i / \rho_i} \tag{3.27}$$

以上把微观的内应力都看成是纯拉应力和压应力，对交界面上的剪应力略而不计。假如要计入剪应力的影响，情况就要复杂得多，对于仅为二相材料的情况有如下的近似式：

$$\bar{\alpha}_V = \alpha_l + V_2(\alpha_2 - \alpha_1) \times \frac{K_1(3K_2 + 4G_1)^2 + (K_2 - K_1)(16G_1^2 + 12G_1 K_2)}{(4G_1 + 3K_2)[4V_2 G_1(K_2 - K_1) + 3K_1 K_2 + 4G_1 K_1]} \tag{3.28}$$

式中，$G_i(i=1, 2)$ 为第 i 相的剪切模量。

图 3.11 中曲线 1（亦称克尔纳曲线）是按式(3.28)绘出的。曲线 2（亦称特纳曲线）是按式(3.27)绘出的。在很多情况下，式(3.27)和式(3.28)与实验结果是比较符合的，然而有时也会有相差较大的情况。

复合体中有多晶转变的组分时，因多晶转化的体积不均匀导致膨胀系数的不均匀变化。图 3.12 是含有方石英的坯体 A 和含有 β-石英的坯体 B 的两条热膨胀曲线。坯体 A 在 200℃附近（180～270℃）因有方石英的多晶转化，所以膨胀系数出现不均匀的变化。坯体 B 因在 573℃还有 β-石英的晶型转化，所以在 500～600℃膨胀系数变化较大。

复合体中不同相或晶粒的不同方向上膨胀系数差别很大时，有时内应力甚至会发展到使坯体产生微裂纹，因此，测得多晶聚集体或复合体出现膨胀系数的滞后现象。例如某些含有 TiO_2 的复合体和多晶氧化钛，因在烧成后的冷却过程中坯体内存在微裂纹，这样，再加热时，这些裂纹趋于愈合。所以在不太高的温度时，可观察到反常的低的膨胀系数。只有到达高温时（1000℃）以上，由于微裂纹已基本闭合，膨胀系数与单晶时的数值才又一致了。微裂纹带来的影响，突出的例子是石墨，其垂直于 c 轴的膨胀系数约是 $1 \times 10^{-6}℃^{-1}$，平行于 c 轴的是 $27 \times 10^{-6}℃^{-1}$。而多晶体样品在较低温度下，线膨胀系数只有 $(1\sim3) \times 10^{-6}℃^{-1}$。

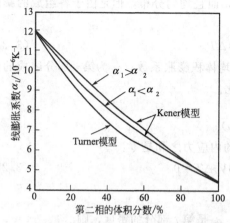
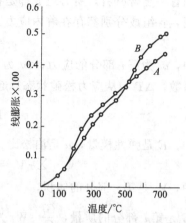

图 3.11　复合材料膨胀系数的计算值的比较　　图 3.12　含不同晶型石英的两种瓷坯的热膨胀曲线

　　晶体内的微裂纹可以发生在晶粒内和晶界上，但最常见的还是在晶界上。晶界上应力的发展与晶粒大小有关，因而晶界裂纹和膨胀系数滞后主要是发生在大晶粒样品中。

　　材料中均匀分布的气孔也可以看作是复合体中的一个相，由于空气体积模数非常小，对于膨胀系数的影响可以忽略。

　　(2) 陶瓷制品表面釉层的膨胀系数　陶瓷材料与其他材料复合使用时，例如在电子管生产中，最常见的与金属材料相封接。为了封接的严密，除了必须考虑陶瓷材料与焊料的结合性能外，还应该使陶瓷和金属的膨胀系数尽可能接近。但对一般陶瓷制品，考虑表面釉层的膨胀系数并不一定按照上述原则。这是因为实践证明，当选择釉的膨胀系数适当地小于坯体的膨胀系数时，制品的力学强度得以提高。釉的膨胀系数比坯小，烧成后的制品在冷却过程中表面釉层的收缩比坯体小，使釉层中存在压应力，均匀分布的预压应力能明显地提高脆性材料的力学强度。同时，这一压应力也抑制釉层微裂纹的发生，并阻碍其发展，因而使强度提高；反之，当釉层的膨胀系数比坯体大，则在釉层中形成张应力，对强度不利，而且过大的张应力还会使釉层龟裂。同样，釉层的膨胀系数也不能比坯小得太多，否则会使釉层剥落，造成缺陷。

　　对于一无限大的上釉陶瓷平板样品，其釉层对坯体的厚度比是 j，从应力松弛状态温度 T_0（在釉的软化温度范围内）逐渐降温，可以按式(3.29)和式(3.30)计算釉层和坯体的应力（通常习惯以正应力表示张力）。

$$\sigma_{釉}=E(T_0-T)(\sigma_{釉}-\sigma_{坯})(1-3j+6j^2) \tag{3.29}$$

$$\sigma_{坯}=E(T_0-T)(\sigma_{坯}-\sigma_{釉})(j)(1-3j+6j^2) \tag{3.30}$$

式(3.29)和式(3.30)用于一般陶瓷材料都可得到较好的结果。

　　对于圆柱体薄釉样品，有如下表达式

$$\sigma_{釉}=\frac{E}{1-\mu}(T_0-T)(\sigma_{釉}-\sigma_{坯})\frac{A_{坯}}{A} \tag{3.31}$$

$$\sigma_{坯}=\frac{E}{1-\mu}(T_0-T)(\sigma_{坯}-\sigma_{釉})\frac{A_{釉}}{A_{坯}} \tag{3.32}$$

式中，A、$A_{坯}$、$A_{釉}$分别为圆柱体总横截面积和坯、釉层的横截面积。

　　陶瓷制品的坯体吸湿会导致体积膨胀而降低釉层中的压应力。某些不够致密的制品，时间长了还会使釉层的压应力转化为张应力，甚至造成龟裂。这在某些精陶产品中最易见到。

3.2.5　低膨胀与零膨胀材料的结构特征

（1）材料的组成、结构与膨胀系数的关系　热膨胀是陶瓷材料的主要性能之一，膨胀系数的大小表征材料的热膨胀性能。材料的抗热震性，复合材料及其力学性能、镀膜和涂层、封接和梯度功能、精密测量等都与热膨胀有关。不同层次的结构和组成对陶瓷热膨胀性能的决定和影响程度也是不一样的，或者说陶瓷热膨胀性能在不同层次结构和组成上有不同的表现。

膨胀系数与材料的结构密切相关。宏观上与材料的组织结构、微观上则主要与材料的化学组成、键强度、键型和晶体结构等密切相关。

① 化学成分。形成固溶体合金时，溶质元素的种类及含量对合金的热膨胀具有明显的影响。由简单金属和非铁磁性金属组成的单相均匀固溶体合金，其膨胀系数介于两组元之间，随溶质原子浓度变化近似呈线性变化，一般略低于直线值。如图 3.13 中 Ag-Au 合金。但 Cu-Sb 固溶体合金除外，Sb 膨胀系数低于 Cu，但却使 Cu 膨胀系数增大，这可能与其半金属性有关；金属与过渡金属组成的固溶体，其膨胀系数的变化没有规律。

两元素形成化合物时，因原子按严格的规律排列，其相互作用比固溶体原子之间的作用大得多。因此，化合物的膨胀系数比固溶体小得多。

多相合金的膨胀系数介于其组成相的膨胀系数之间，可近似按各相所占体积百分数，以混合定则粗略计算。

② 键强、键型。键强度越高的材料，膨胀系数越小。如 SiC 具有低的膨胀系数。陶瓷材料结合键为共价键或离子键，较金属材料具有较高的键强度，它们的膨胀系数一般比金属材料的小。

③ 相变。由于温度变化时发生晶型转换所伴随的体积变化，材料的膨胀系数也要变化。如纯金属同素异构转变时，点阵结构重排伴随着金属比容突变，导致线膨胀系数发生不连续变化，如图 3.14 所示。有序－无序转变时无体积突变，膨胀系数在相变温区仅出现拐折，如图 3.15 所示。再如 ZrO_2 晶体，室温时为单斜晶型，当温度增至 1000℃ 以上时，转变成

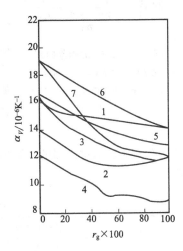

图 3.13　固溶体的膨胀系数与溶质
原子浓度的关系（35℃）
1—Cu-Au；2—Au-Pd；3—Cu-Pd；
4—Cu-Pd（−140℃）；5—Cu-Ni；
6—Ag-Au；7—Ag-Pd

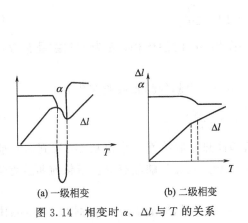

(a) 一级相变　　(b) 二级相变

图 3.14　相变时 α、Δl 与 T 的关系

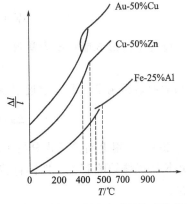

图 3.15　有序-无序转变时的热膨胀曲线

83

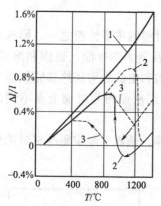

图 3.16　ZrO_2 的膨胀曲线
1—完全稳定化 ZrO_2；2—纯 ZrO_2；
3—掺杂 8%（摩尔分数）CaO
稳定的 ZrO_2

四方晶型，发生了 4% 的体积收缩，如图 3.16 所示，严重地影响其作用。为改变此现象，加入 MgO、CaO、Y_2O_3 等氧化物作为稳定剂，在高温下与 ZrO_2 形成立方晶型的固溶体，温度不到 2000℃，均不再发生晶型转变。

在高温下，晶格的热振动有使晶体更加对称的趋势。四方晶系中 c/a 会下降，α_c/α_a 也趋于降低，逐渐接近 1。有时，因为材料的各向异性，会使整体的 α_V 值为负值，在陶瓷材料中，α 低的有董青石、钡长石及硅酸铝锂等（见表 3.1、表 3.3）。

④ 晶体结构。对于成分相同的材料，由于结构不同，膨胀系数也不同。通常结构紧密的晶体，膨胀系数都较大，而类似无定形玻璃结构的材料，则往往有较小的膨胀系数。最明显的例子是 SiO_2，多晶石英的膨胀系数为 $12\times10^{-6}℃^{-1}$，而石英玻璃则只有 $0.5\times10^{-6}℃^{-1}$。结构紧密的多晶二元化合物都具有比玻璃大的膨胀系数。这是由于玻璃的结构较疏松，内部空隙较多，所以当温度升高，原子振幅加大，原子间距离增加

时，部分地被结构内部的空隙所容纳，而整个物体宏观的膨胀量就少些，表现为较小的膨胀系数。

表 3.3　某些各向异性晶体的主膨胀系数

晶体	主膨胀系数 $\alpha/\times10^{-6}K^{-1}$		晶体	主膨胀系数 $\alpha/\times10^{-6}K^{-1}$	
	垂直 c 轴	平行 c 轴		垂直 c 轴	平行 c 轴
刚玉	8.3	9.0	方解石	−6	25
Al_2TiO_5	−2.6	11.5	石英	14	9
莫来石	4.5	5.7	钠长石	4	13
金红石	6.8	8.3	红锌矿	6	5
锆英石	3.7	6.2	石墨	1	27

⑤ 晶体缺陷。实际晶体中，总是含有某些缺陷，它们在室温下处于"冻结"状态，但它们可明显地影响晶体的物理性能。Timmesfeld 等人研究了空位对固体热膨胀的影响。由空位引起的晶体附加体积变化为：

$$\Delta V = BV_0\exp\left(-\frac{Q}{kT}\right) \tag{3.33}$$

式中，Q 为空位形成能；B 为常数；V_0 为晶体 0K 时的体积；k 为玻尔兹曼常数；T 为温度，K。

热缺陷的明显影响是在温度接近熔点时，由空位引起的膨胀系数变化值：

$$\Delta\alpha = \frac{BQ}{T^2}\exp\left(\frac{-Q}{kT}\right) \tag{3.34}$$

齐特（Zieton）用上面关系式分析了碱卤晶体热膨胀特性，指出从 200℃ 到熔化前晶体热膨胀的增长同晶体缺陷有关，即同肖特基空位和弗兰克尔缺陷有关。熔化前弗兰克尔缺陷占主导地位。

⑥ 晶体各向异性。对于非等轴晶系的晶体，由于晶体结构的不对称性，其单晶体在不

同晶轴方向上具有不同的膨胀系数。一般来说弹性模量较高的方向将有较小的膨胀系数，反之亦然。其中最显著的是层状结构的材料，如石墨由于层内原子间的结合力强，垂直于 c 轴方向的线膨胀系数小，为 $1\times10^{-6}\,\mathrm{K}^{-1}$；而层间的结合力弱得多，在平行于 c 轴方向具有较大的线膨胀系数，为 $27\times10^{-6}\,\mathrm{K}^{-1}$（见表 3.4）。

表 3.4　低膨胀氧化物及其膨胀系数

复合物		膨胀系数/$\times10^{-6}\,℃^{-1}$				温度范围/℃
		α_a	α_b	α_c	α	
硅酸盐	$Mg_2Al_4Si_5O_{18}$	2.9		-1.1	1.4	$25\sim800$
	$\beta\text{-}Li_2Al_2Si_4O_{12}$	-2.02		6.45	0.9	$25\sim1000$
	$\beta\text{-}LiAlSiO_4$	7.8		-17.5	(-6.2)	$25\sim1000$
	$Be_3Al_2Si_6O_{18}$	2.6		-2.9	(2.0)	$25\sim1000$
	$ZrSiO_4$	3.9		6.0	(2.6)	$25\sim500$
钛酸盐	Al_2TiO_5	-3	11.8	21.8	(-1.9)	$25\sim800$
	$PbZrTiO_3$				1.5	$240\sim420$
	$PbMgTiO_3$				1.0	$-100\sim100$
磷酸盐	$Zr_2P_2O_9$	3.6	-5.0	6.4	2.0	$25\sim600$
	$NaZr_2P_3O_{12}$	-6.4		25.2	-4	$25\sim1000$
		-5.7		22.2	(-0.4)	$25\sim1000$
	$KZr_2P_3O_{12}$	-4.4		7.6	-0.4	$25\sim1000$
	$NbZr(PO_4)_3$	-3.4		1.2	(0.5)	$25\sim1000$
	$Sr_{0.5}Zr_2P_3O_{12}$	3.6		-1.2	2.0	$25\sim500$

在非立方晶系中，特别是在具有一次轴对称的晶系中，平行于轴向和垂直于轴向的原子间结合力差别甚大。若在某一方向上结合力较其他方向小，则晶体首先在该方向上受到热激发，因此在该方向的热膨胀迅速增加，与此同时往往伴随着垂直于该方向上的收缩，因此出现膨胀系数为负值。随着温度继续升高，在垂直于该方向上的振动也相继被激发，因此，垂直方向上的膨胀系数继续上升，而平行方向上的膨胀系数的上升速度变慢，热膨胀的各向异性的程度因而减小。

多晶金属材料，往往存在微晶的择优取向，在一定程度上也可能表现出单晶的各向异性。一般结构上高度各向异性的材料，体膨胀系数都很小，因此可作为优良的耐热震材料而被广泛应用（如堇青石）。

(2) 低膨胀与零膨胀材料的结构特征　陶瓷材料根据其膨胀系数的大小可以分为三类：高膨胀类，$\alpha>8\times10^{-6}\,℃^{-1}$；中等膨胀类，$2\times10^{-6}\,℃^{-1}<\alpha<8\times10^{-6}\,℃^{-1}$；低膨胀类，$0\leqslant\alpha\leqslant2\times10^{-6}\,℃^{-1}$（RT$\sim800℃$）；膨胀系数接近于零的称为超低膨胀。当膨胀系数为负值时，可以根据其绝对值的大小归类，因为同样大小的膨胀和收缩对材料性能具有同样的效果。但由于过去人们对负膨胀性研究较少，而近来又常利用某一相的负膨胀对陶瓷的膨胀系数作一定的调整，所以依据人们的习惯可将负膨胀归入低膨胀类。低膨胀陶瓷受到人们的广泛重视，特别是零膨胀或负膨胀陶瓷，成为一些高技术领域不可替代的材料，如发动机元件、航天材料、电路基板、精密测量器件、封接材料等。低膨胀陶瓷的应用是很广泛的，从

日用餐具到大型望远镜的反射镜底座等（从普通技术到高新技术）。这些陶瓷材料包括 Mg-Al-Si 系的堇青石、Li-Al-Si 系的 β-锂辉石和 β-锂霞石、Al-Ti 系的钛酸铝和 Na-Zr-P 系的 NZP 等。

表 3.4 列出了几种低膨胀氧化物陶瓷的膨胀系数。材料产生低膨胀的根本原因可以从原子的非简谐振动进行解释，例如两原子间的键长膨胀，但陶瓷体的线膨胀系数与单晶体的轴膨胀及键长膨胀并不一致，其差别在于晶体结构及晶体学取向。上述这些低膨胀氧化物具有某些共同的特征，可以在一定程度上各自形成一系列的固溶体，包括结构空隙填充离子和结构骨架上离子的取代，因此可以方便地调整其膨胀系数。如 Al_2TiO_5 中的 Al^{3+} 被其他 +3 价离子取代；$ZrTiO_4$ 中的 Ti^{4+} 被其他 +4 或者 +3/+5 等电荷平衡离子取代；$NaZr_2P_3O_{12}$ 中的 Na^+ 被 +1 或 +2 价离子取代，Zr^{4+} 被 Ti^{4+}、Si^{4+}、Ge^{4+}、Cr^{3+} 加空位取代，P^{5+} 被 Si^{4+} 加 Na^+ 取代等。

① 化学键与低膨胀的关系。大多数低膨胀陶瓷结构骨架上阳离子的离子场强较大，易形成强大的化学键，热膨胀是由原子的非简谐振动引起的，如图 3.17(a)、(b) 所示。化学键越强，势能曲线上的阱越深，曲线的对称性越好，即原子偏离平衡位置越小，表现出来的膨胀就小，甚至是负膨胀。B^{3+} 的离子场强最大（$Z/r^2 = 75$），应该能产生低膨胀性，但一直未发现含硼的低膨胀陶瓷，直到最近才报道了 $MO-Al_2O_3-B_2O_3$（M 为 Ca、Sr、Ba）系低膨胀材料（$MAl_2B_2O_7$ 为立方或六方晶系）。

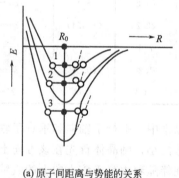
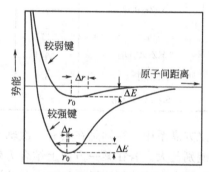

(a) 原子间距离与势能的关系　　　　(b) 键强与热膨胀的关系

图 3.17

② 晶体结构与低膨胀的关系。Megaw 最早讨论了晶体结构和热膨胀的关系，认为热膨胀是由键长和键角的变化引起的。Holcomb 认为低膨胀氧化物具有非立方结构。大多数低膨胀氧化物的共同结构特征是在最低膨胀的方向上（不一定是晶胞主轴方向），常含有链状或螺旋状的共顶连接的多面体，而且结构中存在空旷的通道或孔腔，可以填入小原子。这就是低膨胀氧化物都存在很大的各向异性膨胀的原因，在某个方向上为负膨胀，导致整体膨胀降低。但是，膨胀是一个动态过程，在温度变化时，结构因素（如键长、键角、振动、位移、扭曲变形、无序排列）都在变化，必须从精细结构来考察结构与膨胀的关系。

a. 键长与键角变化对膨胀的影响。表 3.5 是一些骨架状硅酸盐的填隙离子（以下记为 M）的键（M—O）膨胀 α_{M-O} 和晶胞膨胀 α_c，可以看出其差别很大，且 α_{M-O} 和 α_c 没有明显的关系。如 β-锂霞石中的 α_{Li-O} 比绿宝石中的 α_{Al-O} 大得多，但其 α_c 恰恰相反。一般认为在1100℃以下，硅酸盐结构中的 Si—O 键和 Al—O 键（四配位）不会膨胀，那么填隙离子的键膨胀和键角的变化更为重要。

表 3.5　骨架状硅酸盐的键和晶胞膨胀

| 骨架状硅酸盐 | 填隙离子 | 膨胀系数/$\times 10^{-6}$℃$^{-1}$ | | 温度范围/℃ |
		α_{M-O}	α_c	
Na 长石	Na	55～63	29	24～750
K 长石	K	29	23	24～800
Fe 堇青石	Fe	9	13	24～375
Mg 堇青石	Mg	13	7	24～775
绿宝石	Al	8	9	24～800
β-锂辉石	Li	—	2	24～1200
Keatite(热液石英)	无	—	−1	24～500
β-锂霞石	Li	21	1	24～440
α-石英	无	—	40	24～400
β-石英	无	—	−6	600～900

对于堇青石（$2MgO \cdot 2Al_2O_3 \cdot 5SiO_2$），结构骨架的膨胀只能通过改变 T—O—T 和 O—T—O（T 代表 Si、Al 等骨架形成离子）的键角来实现，而键角的改变又是由于和骨架（特别是桥氧）的热振动产生的。堇青石骨架只在垂直于 c 轴方向上限制 $[MgO_6]$ 的膨胀。加热时，通道周围的六元环沿相反方向转动，使 c 轴方向的 T—O—T 和 O—T—O 键角扭曲，从而 c 轴方向收缩，当结构骨架不再能限制 c 轴方向上的 $[MgO_6]$ 的膨胀时，或结构骨架不能再被扭曲时，c 轴方向将开始膨胀。而 a 轴和 b 轴方向上的膨胀直接与 Mg—O 键膨胀有关。当用更大的 Fe^{3+} 取代 Mg^{2+} 时，在室温下骨架结构就已经基本上扭曲变形到其极限程度，再提高温度，c 轴方向也不再收缩。虽然 $\alpha_{Fe^{2+}-O}<\alpha_{Mg^{2+}-O}$，但镁堇青石的体膨胀仍小于铁堇青石。也可以预料，用比 Mg^{2+} 稍小的 +2 价离子（如 Ni^{2+}）取代 Mg^{2+}，可能得到更低的体膨胀。环状结构硅酸盐还有绿宝石（六元环）和 $BaTiSiO_9$（三元环）有类似的膨胀行为。绿宝石中 Al—O 键（六配位）和 Be—O 键也有明显的膨胀，其膨胀机理比堇青石复杂。$BaTiSiO_9$ 的膨胀是由 $[TiO_6]$ 和 $[BaO_6]$ 变形引起的。

对 β-锂霞石，Li^+ 占据了结构中三个通道中的一个。α_{Li^+-O} 很大（比从 Li—O 键强预测的大），使 Li^+ 周围的结构骨架重新排列，导致 a 轴方向较小的膨胀和 c 轴方向上收缩。如果没有 Li—O 键的膨胀，β-锂霞石的拓扑骨架不可能有各向异性膨胀。

β-锂辉石和 Keatite（热液石英）有类似的拓扑结构，膨胀机理也相似。Keatite 结构中四面体组成的链沿 c 轴螺旋。与前面讨论的几种硅酸盐不同，Keatite 是在 c 轴方向上膨胀，a 轴方向上收缩。β-锂辉石的各向异性较 Keatite 为小。因为 Li^+-Al^{3+}-Si^{4+} 置换后，Li—O 键的作用降低了结构骨架变形速率，当加入更多的 Li^+ 时，各向异性会消失。β-锂辉石的高温精细结构尚无研究，一般认为，β-锂辉石的低膨胀与结构中六元环在升温过程中起主导作用，填充离子间接地、部分地控制膨胀速率。

在 $NaZr_2P_3O_{12}$ 结构中，$[PO_4]$ 四面体和 $[ZrO_6]$ 八面体共顶连接成非常稳定的、又有柔韧性的结构。当键弯曲或多面体小幅度旋转时，不会破坏结构及其对称性（图 3.18）。一般认为 Zr—O、P—O 键长不变，当 $[PO_4]$ 四面体旋转时，沿 c 轴方向的链靠近，则 a 轴方向收缩，同时，与之相连的 $[ZrO_6]$ 八面体也旋转，以适应和保持 Zr—O 键和 P—O 键。$[PO_4]$ 四面体的旋转，也使 Na—P 之间距离增大，故 c 轴就膨胀。Lenain 对 NZP 的低膨胀

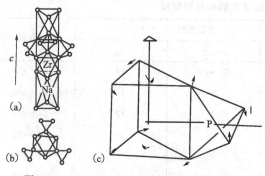

图 3.18　$NaZr_2P_3O_{12}$ 的结构及其旋转模型

提出一种结构模型，认为 $[PO_4]$ 四面体和 $[ZrO_6]$ 八面体中键角的变化引起旋转变形，增大了 Na^+ 填充的空隙，从而 c 轴膨胀，a 轴收缩，但 $[ZrO_6]$ 的旋转对膨胀的影响远比 $[PO_4]$ 的影响大。

b. 结构空隙填充离子对低膨胀的影响。低膨胀陶瓷结构中，含有空隙或通道，其直径为 $0.25\sim0.5nm$，可以填充碱（土）金属离子，甚至是 H_2O、CO_2 分子。在环状结构（如堇青石）中，半径大的填充离子（如 Cs^+）能与环上 12 个氧结合，可阻止骨架结构由于热膨胀而扭曲，使得键角（如 O—Si—O，Si—O—Al）不能缩小，即 c 轴方向表现为正膨胀，而半径小的离子填充则不然，绿宝石结构中，较大的空隙中心到六元环上桥氧的平均距离约为 $0.34nm$，相当于 Cs—O 键长；而结构中较小的空隙中心到桥氧距离为 $0.25nm$，K—O 键长为 $0.3nm$，故 K^+ 填入大空隙太小，填入小空隙太大，必然导致弱的键合和大的热振动，K^+ 停留在偏离中心的位置上，不易阻止结构骨架的扭曲，故 c 轴方向仍然是负膨胀。

$[Zr_2P_3O_{12}]^{-1}$ 单元结构中有三种重要的空隙，一种是八面体空隙，常由碱金属离子占据（记为 M'）；由 $[PO_4]$ 形成的空隙一般是空着的（记为 M"），另外一种介于链间的空隙有三个（记为 3M"），这种空隙组成了通道网络，与导电有关。所有这些空隙构成了结构中离子取代的多样性，因为 $NaZr_2P_3O_{12}$ 中 Na^+ 只占据了可被填充的空隙数目的 1/4。

当填隙离子相同时，形成骨架的离子越大，晶格常数越大；但当骨架上离子相同时，M' 填隙离子越大，晶格常数 c 越大，a 越小，且 a 轴方向收缩更大。这是因为，为了适应 M' 空隙中的各种不同大小离子，结构骨架要自行调整，要增大 M' 空隙，柔韧的骨架要在 a 轴方向收缩，c 轴方向膨胀。另外，加入过剩的离子，也可实现相反的目的，M" 空隙位于每两个垂直链之间，为了适应 M" 空隙中填入离子，晶胞在 a 轴方向要膨胀，使结构中出现应力，必然将 M' 空隙挤小，阳离子从 M' 空隙跳入 M" 空隙，结构变为单斜体，c 轴方向收缩。可见，结构空隙中的填充离子，在决定结构细节及膨胀性方面起重要作用。

c. 结构缺陷对低膨胀的影响。环状结构的硅酸盐，如堇青石，六元环上 Si 和 Al 的分布有时是无序的，这种无序虽然只引起骨架密度的微小变化，但却改变了可供离子填入的空隙的大小和形状，因而对热膨胀也有一定影响。

堇青石的网络结构见图 3.19（仅为其中的一层），网络结构单元是由沿 c 轴排列的六元环组成。5 个硅氧四面体与 1 个铝氧四面体（统称 T_2）共顶角形成六元环，铝氧四面体与镁氧八面体一起连接六元环形成沿 c 轴的链并围成通道，相当于每分子单位有两个结构空穴，其中 1 个结构空穴 C_2 位于四面体形成的六元环中心，直径约为 $0.25nm$；另一个空穴 C_1 在上下两个六元环之间，直径约为 $0.5nm$。利用图 3.20 可以看出结构空穴的位置。多面体中离子的填充情况参见表 3.6，可见，如果多面体骨架网络中 Si、Al 是有序的，则形成斜方晶系的堇青石 Cccm（Cordierite）；如果 Si、Al 在结构中是无序的，则形成六方晶系的印度石 P6/mcc（Indialite）。工业生产中合成的"堇青石"大多数是这种六方晶系的印度石。

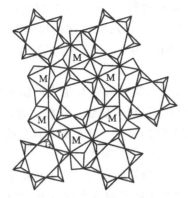

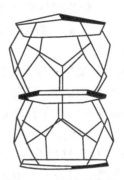

图 3.19　堇青石的网络结构　　　　图 3.20　空穴的位置

表 3.6　堇青石中离子的填充情况

矿物	T_1	T_2	M	晶系
堇青石	1Si、2Al 有序	4Si、2Al 有序	2Mg	斜方晶系 Cccm
印度石	0.8Si、2^{2}Al 无序	4.2Si、1.8Al 无序	2Mg	六方晶系 P6/mcc

众多研究表明，堇青石中，硅氧键和铝氧键的键长没有随温度的升高而增长，其高度的各向异性膨胀与镁氧八面体的膨胀有关，在堇青石中只有 Mg—O 键的长度随温度而变化，其平均膨胀系数是 1.26×10^{-6} ℃$^{-1}$（RT～750℃），比其他含镁矿物中的 Mg—O 键膨胀明显小（方镁石 1.39×10^{-6} ℃$^{-1}$，镁橄榄石 1.42×10^{-6} ℃$^{-1}$ 及透辉石 1.44×10^{-6} ℃$^{-1}$），而结构中 Al—O，Si—O 键长基本不变。这样，堇青石骨架网络只能通过改变 T—O—T 和 O—T—O 角度产生膨胀，而且这些变化受镁氧八面体膨胀和网络热振动的控制。从图 3.19 中看出，八面体相互隔离并与四面体共用三条边，在受热时这些四面体基本不变，限制了八面体的膨胀，导致 Mg—O 键的膨胀比其他矿物中为小。在 c 轴方向的收缩是由于镁氧八面体膨胀，网络热振动及沿通道相邻六元环反向旋转的结果，这种转动压缩了 c 轴方向上 T—O—M 和 O—T—O 角度，造成轴膨胀在六元环平面内为正值，c 轴方向上为负值，宏观上表现出低膨胀的性质。当骨架结构不能进一步扭曲时，c 轴将开始膨胀。

在结构通道中，空穴 C_1 的开口直径约为 0.5nm，C_2 约为 0.25nm，由于尺寸的限制，大的离子如 K^+、Rb^+、Cs^+ 及 H_2O、CO_2 分子只能填充 C_1 位。较小的离子如 Mg^{2+}、Ca^{2+}、Fe^{2+} 等则占据 C_2 位，其中离子半径特别大的 Cs^+，在 C_1 中与 12 个 O 键合，使骨架网络在受热时不能扭曲或折叠，导致堇青石 a 轴和 c 轴膨胀均为正值。K^+、Rb^+ 等不能改变 c 轴膨胀的符号，因为 C_1—O 距离约为 0.34nm，相当于 Cs—O 键长，而 K—O 距离为 0.30nm，显然 K^+ 对于 C_1 位太小而对于 C_2 又太大，K^+ 位于 C_1 位时将偏离 C_1 中心，导致弱键合，对骨架热膨胀的影响小于 Cs^+。如果引入较小的二价离子则会降低热膨胀。

堇青石结构的主要特征为：沿 c 轴较大的通道；强键合四面体形成可扭曲的骨架网络。结构中 Mg—O 键的膨胀是影响骨架膨胀的重要因素，填充离子能改变 M 场的周围环境，导致结构中 O—T—O 和 T—O—M 角度的变化而使骨架膨胀或收缩。所以，堇青石热膨胀的机理是相当复杂的。

除低膨胀晶体外，玻璃和微晶玻璃也会产生低膨胀，石英玻璃是应用最早最广的低膨胀材料（如用于膨胀仪）。石英晶体的热膨胀主要是由四面体旋转决定的，石英玻璃的低膨胀正是由于非晶态结构中不可能有四面体的协同旋转所致。SiO_2-TiO_2 玻璃的低膨胀归因于 Ti^{4+} 以四配位状态作为网络形成体存在于结构中，Ti^{4+} 以六配位存在的 $AlPO_4$-TiO_2 玻璃则没有低膨胀性。微晶玻璃的膨胀行为取决于其主晶相，但由于玻璃相的存在，其热膨胀仍然是一个复杂的过程。

③ 晶粒大小和微裂纹与低膨胀的关系。大多数低膨胀陶瓷有很大的膨胀各向异性，冷却时，晶界上产生内应力，当应力超过抗张强度时，出现微裂纹。一般认为，冷却时的收缩曲线较加热时膨胀曲线有滞后现象，就是存在微裂纹的特征。产生微裂纹的临界晶粒尺寸与 $(\alpha_c - \alpha_a)^{-2}$ 成比例。微裂纹也可以吸收热振动，从而导致低膨胀。

与单晶 NZP 陶瓷材料不同的是，多晶 NZP 陶瓷的低膨胀性一方面取决于其主晶相自身较低的平均热膨胀；另外一方面则主要是 NZP 化合物的热膨胀各向异性行为导致多晶 NZP 陶瓷材料微裂纹化，从而使其膨胀系数降低并出现热膨胀的滞后现象。

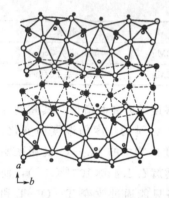

图 3.21　钛酸铝 Al_2TiO_5 的晶体结构

以 Al_2TiO_5（$Al_2O_3 \cdot TiO_2$）为代表的假板钛矿型化合物，各向异性最大。其结构（见图 3.21）是 [TiO_6] 八面体沿 c 轴形成链，链之间由高度畸变的 [AlO_6] 共边连接，易形成解离面。Al_2TiO_5 结构中 Al 与 Ti 的位置完全无序，但温度升高时，原子位移，配位多面体变得更加规则，畸变减小，故 c 轴方向膨胀最大，a 轴方向收缩，且 c 轴方向膨胀越大，a 轴方向的收缩也越大。Al_2TiO_5 的三个轴向上的膨胀各不相同，且相差较大。Boyer 证实，结构中的阳离子半径相差越大，c 轴和 b 轴方向上的膨胀越小。Parker 测得当晶粒 $< 4\mu m$ 时，Al_2TiO_5 的膨胀系数 $> 5 \times 10^{-6} \text{℃}^{-1}$，且晶粒尺寸对膨胀几乎没有影响，当晶粒从 $4\mu m$ 增大到 $15\mu m$ 时，膨胀系数从 $5 \times 10^{-6} \text{℃}^{-1}$ 急骤减小到 $-1 \times 10^{-6} \text{℃}^{-1}$，当晶粒尺寸继续增大时，膨胀系数也不再降低。正是因为存在微裂纹，膨胀时首先要填补裂缝，膨胀系数降低，当温度更高时，裂纹愈合（填满），膨胀系数开始回升。

ZrO_2-P_2O_5 系统的三个化合物（1:1，3:2，2:1）也有低膨胀行为，微裂纹对其低膨胀起重要作用，通过加入添加剂或缩短烧结时间，抑制晶粒长大，也能调整其膨胀系数。

④ 相变与低膨胀的关系。上面讨论的陶瓷在中等温度区域（200~800℃）内为低膨胀，在低温区（-100~200℃）实现低膨胀也比较容易，如金刚石、石墨、ZnO、α-SiC、BN、BP 等在该温度区的膨胀系数都 $< 2 \times 10^{-6} \text{℃}^{-1}$。要在高温下获得低膨胀则很困难。通过相变的途径可以达到此目的。HfO_2 在 1700℃ 由单斜体转变为四方相、ZrO_2 在 1150℃ 左右由单斜相转变为四方相、SiO_2 在 573℃ 由 α-石英转变为 β-石英，$PbTiO_3$ 在 490℃ 由四方相转变为立方相，$Pb(Mg_{1/3}Nb_{2/3})O_3$ 在 100~150℃ 存在铁电畴相变，见图 3.22。

影响材料低膨胀的因素众多，其膨胀机理复杂多变。单晶与多晶 NZP 的低膨胀又有不同。单晶 NZP 化合物的热膨胀可以用单个原子和氧原子之间键的表观热膨胀总和来表示，而键的表观热膨胀是温度升高导致的键长增长和键角变化的综合表现。Hazen 等人的经验计算可知 NZP 化合物单晶的热膨胀主要是由引入原子（M）与氧形成的 M—O 键的变化引起的，其框架的热膨胀与其相比可忽略不计。NZP 化合物骨架网络的热膨胀接近于零，其膨胀系数的大小主要取决于间隙离子的数量、半径和所处的晶格位置。其对于多晶体，轴向膨胀的平均值与测得的膨胀系数不相等，但轴向上的低膨胀（或收缩）仍然是导致整体膨胀低

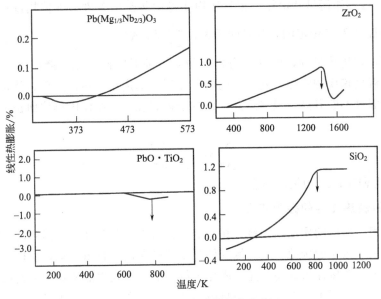

图 3.22 相变点附件的热膨胀

的原因，β-锂霞石、β-锂辉石、堇青石、绿宝石、NZP 的低膨胀是因为热能被结构空隙吸收掉；玻璃的低膨胀是由氧原子横向振动吸收了热能引起的；钛酸铝低膨胀源于很大的各向异性和微裂纹；而 $Pb(Mg_{1/3}Nb_{2/3})O_3$ 的低膨胀则与铁电畴相变有关。强大的化学键是产生低膨胀的必要条件；键角和键长变化的多样性决定了各种低膨胀机理的具体情况；填充离子可以调整其周围网络多面体的拓扑结构，从而不同程度上间接地影响膨胀行为。总之，低膨胀陶瓷的膨胀系数与晶体结构和显微结构等因素有关。

3.3 材料的结构与热传导

3.3.1 固体材料热传导的宏观规律

当固体材料一端的温度比另一端高时，热量会从热端自动地传向冷端，这个现象就称为热传导。假如固体材料垂直于 x 轴方向的截面积为 ΔS，材料沿 x 轴方向的温度变化率为 $\dfrac{\mathrm{d}T}{\mathrm{d}x}$，在 Δt 时间内沿 x 轴正方向传过 ΔS 截面上的热量为 ΔQ，则实验表明，对于各向同性的物质，在稳定传热状态下具有如下的关系式：

$$\Delta Q = -\lambda \times \frac{\mathrm{d}T}{\mathrm{d}x}\Delta S\Delta t \tag{3.35}$$

式中，λ 为热导率；$\dfrac{\mathrm{d}T}{\mathrm{d}x}$ 为 x 方向上的温度梯度。

式中负号表示热流是沿温度梯度向下的方向流动。即：

$\dfrac{\mathrm{d}T}{\mathrm{d}x} < 0$ 时，$\Delta Q > 0$，热量沿 x 轴正方向传递；$\dfrac{\mathrm{d}T}{\mathrm{d}x} > 0$ 时，$\Delta Q < 0$，热量沿 x 轴负方向传递。

热导率 λ 的物理意义是指单位温度梯度下，单位时间内通过单位垂直面积的热量，所以它的单位为 $W/(m^2 \cdot K)$ 或 $J/(m^2 \cdot s \cdot K)$。

式(3.35)也称作傅里叶定律。它只适用于稳定传热的条件。即传热过程中，材料在 x 方向上各处的温度 T 是恒定的，与时间无关，$\frac{\Delta Q}{\Delta t}$ 是常数。

假如是不稳定传热过程，即物体内各处的温度随时间而变化。例如一个与外界无热交换，本身存在温度梯度的物体，随着时间的推移温度梯度趋于零的过程，就存在热端温度不断降低和冷端温度不断升高，最终达到一致的平衡温度。该物体内单位面积上温度随时间的变化率为

$$\frac{\partial T}{\partial t}=\frac{\lambda}{\rho c_p}\times\frac{\partial^2 T}{\partial x^2} \tag{3.36}$$

式中，ρ 为密度；c_p 为恒压热容。

3.3.2 固体材料热传导的微观机理

在固体中组成晶体的质点牢固地处在一定的位置上，相互间有一恒定的距离，质点只能在平衡位置附近作微小的振动，不能像气体分子那样杂乱地自由运动，所以也不能像气体那样依靠质点间的直接碰撞来传递热能。固体中的导热主要是由晶格振动的格波和自由电子的运动来实现的。在金属中由于有大量的自由电子，而且电子的质量很轻，所以能迅速地实现热量的传递。因此，金属一般都具有较大的热导率。虽然晶格振动对金属导热也有贡献，只是很次要的。在非金属晶体，如一般离子晶体的晶格中，自由电子是很少的，因此，晶格振动是它们的主要导热机构。

假设晶格中一质点处于较高的温度下，它的热振动较强烈，平均振幅也较大，而其临近质点所处的温度较低，热振动较弱。由于质点间存在相互作用力，振动较弱的质点在振动较强质点的影响下，振动加剧，热运动能量增加。这样，热量就能转移和传递，使整个晶体中热量从温度较高处传向温度较低处，产生热传导现象。假如系统对周围是热绝缘的，振动较强的质点受到邻近振动较弱质点的牵制，振动减弱下来，使整个晶体趋于一平衡状态。

在上述的过程中，可以看到热量是由晶格振动的格波来传递的。下面我们就声频支和光频支这两类格波的影响分别进行讨论。

(1) 声子和声子热导 在温度不太高时，光频支格波的能量是很微弱的，因此，在讨论热容时就忽略了它的影响。同样，在导热过程中，温度不太高时，也主要是声频支格波有贡献。为了便于讨论，我们还要引入"声子"的概念。

根据量子理论，一个谐振子的能量是不连续的，能量的变化不能取任意值，而只能是最小能量单元——量子的整数倍。一个量子所具有的能量为 $h\nu$。晶格振动中的能量同样也应该是量子化的。

我们把声频支格波看成是一种弹性波，类似于在固体中传播的声波。因此，就把声频波的量子称为声子。它所具有的能量仍然应该是 $h\nu$，经常用 $h\omega$ 来表示，$\omega=2\pi\nu$ 是格波的角频率。

把格波的传播看成是质点-声子的运动，就可以把格波与物质的相互作用理解为声子和物质的碰撞，把格波在晶体中传播时遇到的散射看作是声子同晶体中质点的碰撞，把理想晶体中热阻归结为声子-声子的碰撞。也正因为如此，可以用气体中热传导的概念来处理声子热传导的问题。因为气体热传导是气体分子碰撞的结果，晶体热传导是声子碰撞的结果。它们的热导率也就应该具有相似的数学表达式。

气体的热传导公式为

$$\lambda = \frac{1}{3} c \,\overline{v} l \tag{3.37}$$

式中，c 是声子的体积热容，$\overline{v}$ 是声子平均速度，l 是声子的平均自由程。

将上述结果移植到晶体材料上，可导出声子碰撞传热的同样公式。

声频支声子的速度可以看作是仅与晶体的密度和弹性力学性质有关，与角频率无关。但是热容 c 和自由程 l 都是声子振动频率 ν 的函数，所以固体热导率的普遍形式可写成：

$$\lambda = \frac{1}{3} \int c(\nu)\nu l(\nu)\,\mathrm{d}\nu \tag{3.38}$$

下面就声子的平均自由程 l 加以说明。如果我们把晶格热振动看成是严格的线性振动，则晶格上各质点是按各自的频率独立地作简谐振动。也就是说，格波间没有相互作用，各种频率的声子间不相干扰，没有声子-声子碰撞，没有能量转移，声子在晶格中是畅通无阻的。晶格中的热阻也应该为零（仅在到达晶体表面时，受边界效应的影响），这样，热量就以声子的速度在晶体中得到传递。然而，这与实验结果是不符合的。实际上，在很多晶体中热量传递速度很迟缓，这是因为晶格热振动并非是线性的，晶格间有着一定的耦合作用，声子间会产生碰撞，使声子的平均自由程减小。格波间相互作用愈强，也就是声子间碰撞概率愈大，相应的平均自由程愈小，热导率也就愈低。因此，这种声子间碰撞引起的散射是晶格中热阻的主要来源。

另外，晶体中的各种缺陷、杂质以及晶粒界面都会引起格波的散射，也等效于声子平均自由程的减小，从而降低热导率。

平均自由程还与声子振动频率有关。不同频率的格波，波长不同。波长长的格波容易绕过缺陷，使自由程加大，所以频率 ν 为音频时，波长长，l 大，散射小，因此热导率大。

平均自由程还与温度有关。温度升高，声子的振动能量加大，频率加快，碰撞增多，所以 l 减小。但其减小有一定限度，在高温下，最小的平均自由程等于几个晶格间距；反之，在低温时，最长的平均自由程长达晶粒的尺度。

（2）光子热导　固体中除了声子的热传导外，还有光子的热传导。这是因为固体中分子、原子和电子的振动、转动等运动状态的改变，会辐射出频率较高的电磁波。这类电磁波覆盖了一较宽的频谱。其中具有较强热效应的是波长在 $0.4 \sim 40\,\mu\mathrm{m}$ 间的可见光与部分近红外光的区域。这部分辐射线就称为热射线。热射线的传递过程称为热辐射。由于它们都在光频范围内，其传播过程和光在介质（透明材料、气体介质）中传播的现象类似，也有光的散射、衍射、吸收和反射、折射。所以可以把它们的导热过程看作是光子在介质中传播的导热过程。

在温度不太高时，固体中电磁辐射能很微弱，但在高温时就明显了。因为其辐射能量与温度的四次方成正比。例如，在温度 T 时黑体单位容积的辐射能 E_T 为

$$E_T = 4\sigma n^3 T^4 / v \tag{3.39}$$

式中，σ 是斯蒂芬-玻尔兹曼常数，$5.67 \times 10^{-8}\,\mathrm{W/(m^2 \cdot K^4)}$；$n$ 是折射率；v 是光速，$3 \times 10^{10}\,\mathrm{cm/s}$。

由于辐射传热中，容积热容相当于提高辐射温度所需的能量，所以

$$C_R = \left(\frac{\partial E}{\partial T}\right) = \frac{16\sigma n^3 T^3}{v} \tag{3.40}$$

同时辐射线在介质中的速度 $v_r = \dfrac{v}{n}$，把式（3.40）代入式（3.37），可得到辐射能的传

导率 λ_r

$$\lambda_r = \frac{16}{3}\sigma n^2 T^3 l_r \tag{3.41}$$

式中，l_r 为辐射线光子的平均自由程。

实际上，光子传导的 C_R 和 l_r 都依赖于频率，所以更一般的形式仍应是式(3.38)。

对于介质中辐射传热过程，可以定性地解释为：任何温度下的物体既能辐射出一定频率的射线，同样也能吸收类似的射线。在热稳定状态，介质中任一体积元平均辐射的能量与平均吸收的能量相等。当介质中存在温度梯度时，相邻体积间温度高的体积元正好相反，吸收的能量大于辐射的能量，因此，产生能量的转移，整个介质中热量从高温处向低温处传递。λ_r 就是描述介质中这种辐射能的传递能力。它极关键地取决于辐射能传播过程中光子的平均自由程 l_r。对于辐射线是透明的介质，热阻很小，l_r 较大；对于辐射线不透明的介质，l_r 很小；对于完全不透明的介质，$l_r=0$，在这种介质中，辐射传热可以忽略。一般，单晶和玻璃对于辐射线是比较透明的，因此在 500～1000℃辐射传热已很明显，而大多数烧结陶瓷材料是半透明或透明度很差的，其 l_r 要比单晶和玻璃的小得多，因此，一些耐火氧化物在1500℃高温下辐射传热才明显。

光子的平均自由程除与介质的透明度有关外，对于频率在可见光和近红外光的光子，其吸收和散射也很重要。例如，吸收系数小的透明材料，当温度为几百摄氏度时，光辐射是主要的；吸收系数不大的不透明材料，即使在高温时光子传导也不重要。在无机材料中，主要是光子的散射问题，这使得 l_r 比玻璃和单晶都小，只是在 1500℃以上，光子传导才是主要的，因为高温下的陶瓷呈半透明的亮红色。

3.3.3　材料结构与热导率的关系

无机材料的热传导是很复杂的过程，对于热导率的定量分析十分困难。在谈到材料结构与其热导率的关系之前，首先要认识到温度对材料热导率的影响。温度不同，物质的热传导机制不同，而物质的种类不同，热导率随温度的变化也有很大不同。

无机陶瓷或者其他绝缘材料热导率均较低，但在高温时，晶格振动剧烈，加上电子运动贡献的增加，其热导率随温度升高而增大。半导体材料的热传导是电子和声子的共同贡献，低温时，声子是热能传导的主要载体，而较高温度下电子能激发进入导带，所以导热性随温度升高显著增大；高分子材料的热传导是靠分子链节及链段运动的传递，其对能量传递的效果较差，故而高分子材料的热导率很低。

通常，低温时有较高热导率的材料，随着温度升高，热导率降低。而低热导率的材料正相反。前者如 Al_2O_3、BeO 和 MgO 等，它们的热导率随温度变化的规律相似。根据实验结果，可整理出以下的经验公式

$$\lambda = \frac{A}{T-125} + 8.5 \times 10^{-36} T^{10} \tag{3.42}$$

式中，T 是热力学温度，K；A 是常数。对于 Al_2O_3，BeO，MgO，分别为 16.2，18.8，55.4。

式(3.42)适用的温度范围，对 Al_2O_3 和 MgO 是室温到 2073K，对于 BeO 是 1273～2073K。

Al_2O_3 单晶的热导率与温度的关系见图 3.23。在很低温度下声子的平均自由程 l 增大到晶粒的大小（此时边界效应是主要的），达到了上限，因此 l 值基本上无多大变化，而热容 C_v 在低温下是与 T^3 成正比的，因此 λ 也近似与 T^3 成正比变化。随着温度升高，λ 迅速增大，然后随着温度继续升高，l 值要减小，C_v 随 T^3 的变化也不再与 T^3 成比例，而是逐趋缓

和，在德拜温度后趋于一恒定值。而 l 值因温度升高而减小，故而在某个低温处 λ 出现极大值。更高温度后，C_v 基本无变化，l 值也逐渐趋于它的下限——晶格的线度，所以温度的变化又变得缓和，在达到 1600K 的高温后 λ 值又有少许回升，这就是高温时辐射传热带来的影响。

玻璃体的热导率随温度的升高而缓慢增大。高于 773K，由于辐射传热的效应使热导率有较快的上升，其经验方程如下

$$\lambda = cT + d \qquad (3.43)$$

式中，c，d 为常数。

某些建筑材料、黏土质耐火砖以及保温砖等，其热导率随温度升高线性增大。一般的经验方程式是

$$\lambda = \lambda_0(1 + bt) \qquad (3.44)$$

式中，λ_0 是 0℃时材料的热导率；b 是与材料性质有关的常数。

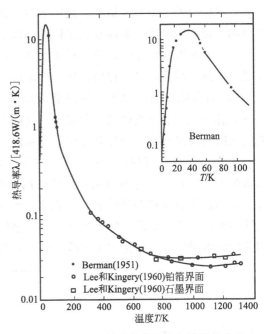

图 3.23　Al_2O_3 单晶的热导率与温度的关系

在温度不太高的范围内，主要是声子传导，热导率由式（3.37）给出。其中 v 通常可看做是常数，只有在温度较高时，由于介质的结构松弛和蠕变，使介质的弹性模量迅速下降，v 减小。

（1）显微结构的影响

① 晶体构造的影响。无机材料的热传导主要依赖于声子传导，声子传导与晶格振动的非简谐性有关。晶体结构越简单，化学键越强，晶格振动的简谐性程度越高，格波越不易受到干扰，声子的平均自由程越大，热导率越高；反之，晶体结构愈复杂，晶格振动的非简谐性程度愈大，格波受到的散射愈大，因此，声子平均自由程较小，热导率就较低。例如，镁铝尖晶石的热导率比 Al_2O_3 和 MgO 的热导率都低。莫来石的结构更复杂，所以热导率比尖晶石还低得多。

② 各向异性晶体的热导率。非等轴晶系的晶体热导率呈各向异性。石英、金红石、石墨等都是在膨胀系数低的方向热导率最大。例如，石墨由于在每层内的键合牢固而呈周期性，不会导致热激发晶格振动的严重散射，会使这个方向表现出很高的热导率 840W/(m·K)[理论值为 2000W/(m·K)]。在层与层之间的键合只靠范德华键结合，晶格振动很快衰减，导致在这个方向的热导率低得多，为 250W/(m·K)。温度升高时，不同方向的热导率差异减小。这是因为温度升高，晶体的结构总是趋于更好的对称。澳大利亚最新研制的一种定向石墨，其各向异性导热性极其突出，其高、低导热方向的热导率分别为 617W/(m·K) 和 11W/(m·K)，二者相差近 60 倍，表现出良好的热量疏导的可控性。

③ 多晶体与单晶体的热导率。对于同一种物质，多晶体的热导率总是比单晶小，图 3.24 表示了几种单晶和多晶体热导率与温度的关系。由于多晶体中晶粒尺寸小，晶界多，缺陷多，晶界处杂质也多，声子更易受到散射，它的平均自由程小得多，所以热导率小。另外还可以看到，低温时多晶的热导率与单晶的平均热导率一致，但随着温度升高，差异迅速

变大。这也说明了晶界、缺陷、杂质等在较高温度下对声子传导有更大的阻碍作用，同时也使单晶在温度升高后比多晶在光子传导方面有更明显的效应。

当材料中存在两相时，第二相由于其晶体结构与基质晶体不同，热导率与基质晶体材料有很大差别。因此，第二相的性质、含量的多少及其分布形式，会直接影响材料的热导率。比如 Si_3N_4 陶瓷中的主要第二相氮氧化硅玻璃的热导率仅约为 $1W/(m \cdot K)$，这要比纯的 Si_3N_4 晶体低 $1 \sim 2$ 个数量级。所以一旦这些第二相在基体晶粒周围连续分布时，将会显著降低这些陶瓷的热导率。但如果这些第二相以孤立的形式分布，对热导率的影响则不大。

④ 气孔。无机材料常含有气孔，气孔对热导率的影响较为复杂，与气孔的形状、尺寸和含量的多少有关。与固体相比，气体的热导率很低，所以，一般近似地将其看作零来处理。在不改变结构状态情况下，气孔率的增大，总是使 λ 降低（见图 3.25）。这就是多孔、泡沫硅酸盐、纤维制品、粉末和空心球状轻质陶瓷制品的保温原理。从构造上看，最好是均匀分散的封闭气孔，如是大尺寸的孔洞，且有一定贯穿性，则易发生对流传热。

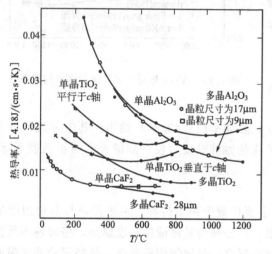
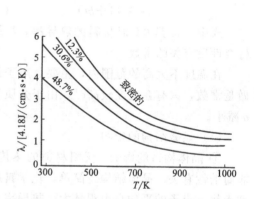

图 3.24　几种不同晶型的无机材料热导率与温度关系　　图 3.25　气孔率对 Al_2O_3 陶瓷热导率的影响

一种具有纳米多孔结构网络结构的 SiO_2 气凝胶的研究异常活跃，其固态网络结构单元尺寸为 $1 \sim 20nm$，典型气孔尺寸 $1 \sim 100nm$，气孔率高达 $80\% \sim 99.8\%$，故而具有非常低的热导率。常压气态下热导率仅为 $0.012W/(m \cdot K)$，真空条件下热导率更是低达 $0.001W/(m \cdot K)$，成为目前隔热性能最好的固体材料。同时，它还具有良好的透光性，因此，作为透明保温隔热材料广泛应用于航天航空器的各种特殊窗口等隔热体系。如美国 NASA 的"火星流浪者"保温层就采用了这种材料。

含有微小气孔的多晶陶瓷，光子易在气孔中被散射，其光子自由程显著减小，例如，Al_2O_3 单晶体在 750℃时光子自由程约为 10cm；而气孔率为 0.25% 的 Al_2O_3 中光子自由程已经减小到 0.04cm。因此，大多数无机材料的光子传导率要比单晶和玻璃的小 $1 \sim 3$ 个数量级，光子传导效应只有在温度较高（大于 1200℃）时才是重要的；另一方面，少量的大气孔对热导率影响较小，而且当气孔尺寸增大时，气孔内气体会因对流而加强传热。当温度升高时，热辐射的作用增强，它与气孔的大小和温度的三次方成比例。这一效应在温度较高时，随温度的升高而加剧。这样气孔对热导率的贡献就不可忽略。

一般，当温度不很高，而且气孔率不大，气孔尺寸很小，又均匀地分散在陶瓷介质中，这样的气孔可看作为一分散相，这类含有气孔的陶瓷材料热导率的计算在后面"复相材料的热导率"中进一步介绍。

⑤ 非晶体的热导率。关于非晶体无机材料的导热机理和规律，我们以玻璃作为一个实例来进行分析。

玻璃具有近程有序、远程无序的结构。通常玻璃的热导率较小，而随着温度的升高，热导率稍有增大，这是因为玻璃仅有近程有序性，在讨论它的导热机理时，近似地把它当作由直径为几个晶格间距的极细晶粒组成的"晶体"。这样，就可以用声子导热的机构来描述玻璃的导热行为和规律。从前面晶体的声子导热的机构中，已知声子的平均自由程由低温下的晶粒直径大小变化到高温下的几个晶格间距的大小。因此，对于上述晶粒极细的玻璃来说，它的声子平均自由程在不同温度将基本上是常数，其近似值等于几个晶格间距，而这个数值是晶体中声子平均自由程的下限（晶体和玻璃态的热容值是相差不大的），所以热导率就较小。图 3.26 表示石英和石英玻璃的热导率对于温度的变化，石英玻璃的热导率可以比石英晶体低三个数量级。

与晶体相似，在中、低温温度范围，可只考虑声子导热对玻璃导热的贡献，而忽略光子导热。根据声子导热的式(3.37) 可知，中、低温条件下玻璃的导热主要由热容与温度的关系决定，在较高温度以上则需考虑光子导热的贡献。

a. 在中低温（400～600K）以下，光子导热的贡献可忽略不计。声子导热随温度的变化由声子热容随温度变化的规律决定，即随着温度的升高，热容增大，玻璃的热导率也相应地上升。这相当于图 3.27 中的 OF 段。

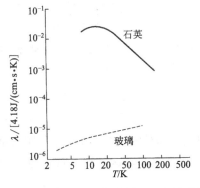

图 3.26　石英和石英玻璃的热导率 λ 和温度的关系

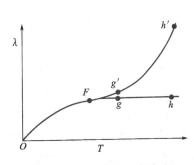

图 3.27　非晶体热导率曲线

b. 从中温到较高温度（600～900K），随着温度的不断升高，声子热容不再增大，逐渐为一常数，因此，声子导热也不再随温度升高而增大，因而玻璃的热导率曲线出现一条与横坐标接近平行的直线，这相当于图 3.27 的 Fg 段。如果考虑此时光子导热在总的导热中的贡献已开始增大，则为图 3.27 中的 Fg' 段。

c. 高温以上（超过 900K），随着温度的进一步升高，声子导热变化仍不大，这相当于图 3.27 中的 gh 段。但由于光子的平均自由程明显增大，根据式(3.41)，光子热导率 λ_r 将随温度的三次方增大。此时光子热导率曲线由玻璃的吸收系数、折射率以及气孔率等因素决定。这相当于图 3.27 中的 g'h' 段。对于那些不透明的非晶体材料，由于它的光子导热很小，不会出现 g'h' 这一段线。

为了验证以上玻璃导热的机理以及热导率的理论曲线，Lee 等实验测定了石英玻璃的热导率曲线。其结果与图 3.27 相符。

将晶体和非晶体的热导率曲线（图 3.27 中的 og 线）画成图 3.28 进行分析对照，可以从理论上解释二者热导率变化规律的差别。

a. 非晶体的热导率（不考虑光子导热的贡献）在所有温度下都比晶体的小。这主要是因为像玻璃这样一些非晶体的声子平均自由程，在绝大多数温度范围内都比晶体小得多。

b. 晶体和非晶体材料的热导率在高温时比较接近。主要是因为当温度升到 c 点或 g 点时，晶体的声子平均自由程已减小到下限值，像非晶体的声子平均自由程那样，等于几个晶格间距的大小；而晶体与非晶体的声子热容也都接近于 $3R$；光子导热还未有明显的贡献，因此晶体与非晶体的热导率在较高温度时就比较接近。

c. 非晶体热导率曲线与晶体热导率曲线的一个重大区别，是前者没有热导率的峰值点 m。这也说明非晶体物质的声子平均自由程在几乎所有温度范围内接近为一常数。

对许多不同组分玻璃的热导率实验测定结果表明，它们的热导率曲线几乎都与热导率的理论曲线（图 3.28）相一致。几种常用玻璃实测的热导率曲线见图 3.29。

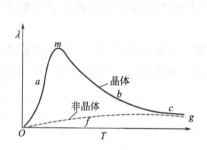

图 3.28　晶体与非晶体材料的热导率曲线

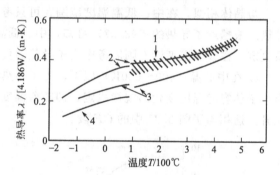

图 3.29　几种不同组分玻璃的热导率曲线

1—钠玻璃；2—熔融 SiO_2；3—耐热玻璃；4—铅玻璃

虽然这几种玻璃的组分差别较大，但其热导率的差别却比较小。这说明玻璃组分对其热导率的影响要比晶体材料中组分的影响小。这一点是由玻璃等非晶体材料所特有的无序结构所决定的。这种结构使得不同组成的玻璃的声子平均自由程都被限制在几个晶格间距的量数。

此外，从图 3.29 还可以发现铅玻璃具有最小的热导率。这说明，玻璃组分中含有较多的重金属离子（如 Pb），将降低热导率。

在无机材料中，有许多材料往往是晶体和非晶体同时存在的。对于这种材料，热导率随温度变化的规律仍然可以用上面讨论的晶体和非晶体材料热导率变化的规律进行预测和解释。在一般情况下，这种晶体和非晶体共存材料的热导率，往往介于晶体和非晶体热导率曲线之间。可能出现三种情况：

a. 当材料中所含有的晶相比非晶相多时，在一般温度以上，它的热导率将随温度上升而稍有下降。在高温下热导率基本上不随温度变化；

b. 当材料中所含的非晶相比晶相多时，它的热导率通常将随温度升高而增大；

c. 当材料中所含的晶相和非晶相为某一适当的比例时，它的热导率可以在一个相当大的温度范围内基本上保持常数。

（2）化学组成的影响　不同组成的晶体，热导率往往有很大差异。这是因为构成晶体的质点的大小、性质不同，它们的晶格振动状态不同，传导热量的能力也就不同。一般说来，质点的相对原子质量愈小，密度愈小，弹性模量愈大，德拜温度愈高，则热导率愈大。这样，轻元素的固体和结合能大的固体热导率较大。金刚石和硅是单质材料中具有高热导率的典型例子，如自然形成的金刚石在室温下的实测热导率可达 2000W/(m·K)，足有铜的热导率的 5 倍；而单晶硅的热导率也可高达 160W/(m·K)。

图 3.30 表示某些氧化物和碳化物中阳离子的相对原子质量与热导率的关系。可以看到，凡是相对原子质量较小的，即与氧及碳的相对原子质量相近的氧化物和碳化物的热导率比相对原子质量较大的要大一些，因此，在氧化物陶瓷中 BeO 具有最大的热导率。

晶体中存在的各种缺陷和杂质会导致声子的散射，降低声子的平均自由程，使热导率变小。固溶体的形成同样也降低热导率，这是由于置换原子造成的晶格畸变增加了晶格波的散射，减小了平均自由程的结果。而且取代元素的质量和大小与基质元素相差愈大，取代后结合力改变愈大，则对热导率的影响愈大。这种影响在低温时随着温度的升高而加剧。当温度高于德拜温度的一半时，与温度无关。这是因为极低温度下，声子传导的平均波长远大于线缺陷的线度，所以并不引起散射。随着温度升高，平均波长减小，在接近点缺陷线度后散射达到最大值，此后温度再升高，散射效应也不变化，从而与温度无关了。

图 3.31 表示在不同温度下，$1/\lambda$ 随组成的变化。在取代元素浓度较低时，$1/\lambda$ 与取代元素的体积百分率成直线关系，即杂质的影响很显著。图 3.31 中不同温度下的直线是平行的，说明在较高温度下，杂质效应与温度无关。

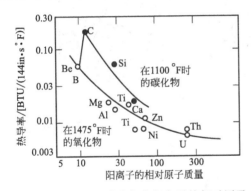

图 3.30　氧化物和碳化物中阳离子的相对原子质量对热导率的影响

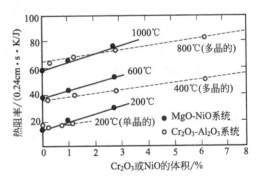

图 3.31　MgO-NiO 固溶体和 Cr_2O_3-Al_2O_3 固溶体的热阻率

图 3.32 表示了 MgO-NiO 固溶体热导率与组成的关系。在杂质浓度很低时，杂质效应十分显著。所以在接近纯 MgO 或纯 NiO 处，杂质含量稍有增加，λ 值迅速下降。随着杂质含量的增加，这个效应不断减弱。另外，从图 3.32 中还可以看到，杂质效应在 200℃ 比 1000℃ 要强。若低于室温，杂质效应会更强烈。

对于化合物，由相对原子质量和原子尺寸相似的元素组成的结构，因对声子的散射干扰小，即平均自由程大而易于具有高的热导率。如 BeO、SiC 和 BN 则是由相对原子质量和原子尺寸相似的元素组成的具有高热导率的典范，由于晶格散射很小，

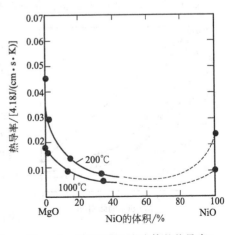

图 3.32　MgO-NiO 固溶体的热导率

晶格振动较容易通过这些结构传递。而在诸如 UO_2 和 ThO_2 等材料中，阴离子和阳离子的尺寸和相对原子质量均相差很大，晶格散射大得多，所以热导率就低。UO_2 和 ThO_2 的热导率不及 BeO 和 SiC 热导率的 1/10。

综上所述，要减弱无机非金属晶体对晶格波的干扰或散射，使之表现出高的热导率，一般需要其具有以下结构特点：①晶体结构单元种类较少，相对原子质量或平均原子量较低；②化学键要强，如共价键很强的晶体；③晶体结构简单；④高纯度、无缺陷。

3.3.4　复相材料的热导率

大多数陶瓷材料是由一种或者一种以上固相和一个气相的混合体组成的。复相材料的合成热导率取决于其中每一种相的数量和排列以及它们各自的热导率。

图 3.33 为三种理想化的相分布示意图。其中平行板状排列［图 3.33(a)］并不常见，但是由连续的主相和不连续的数量较少的第二相构成的组织［图 3.33(b)］是许多显微组织的典型代表，它具有通常出现的气孔分布形式特征。由不连续的主相和呈连续边界材料的次相所构成的组织［图 3.33(c)］则是下面各例的典型组织：玻璃结合体分布在许多陶瓷中；由金属结核的碳化物颗粒复合体；气孔在隔热的粉料中。

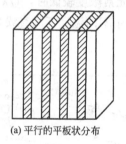 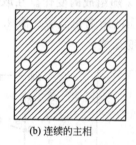 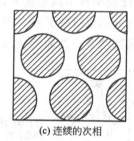

(a) 平行的平板状分布　　　(b) 连续的主相　　　(c) 连续的次相

图 3.33　三种理想化的相分布形式

常见的陶瓷材料典型微观结构是分散相均匀地分散在连续相中，例如，晶相分散在连续的玻璃相中。这种类型的陶瓷材料的热导率可按式(3.45)计算

$$\lambda = \lambda_c \times \frac{1 + 2V_d\left(1 - \frac{\lambda_c}{\lambda_d}\right) / \left(\frac{2\lambda_c}{\lambda_d} + 1\right)}{1 - V_d\left(1 - \frac{\lambda_c}{\lambda_d}\right) / \left(\frac{2\lambda_c}{\lambda_d} + 1\right)} \tag{3.45}$$

式中，λ_c、λ_d 分别为连续相和分散相物质的热导率，V_d 为分散相的体积分数。

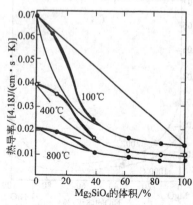

图 3.34　$MgO\text{-}Mg_2SiO_4$ 的热导率

图 3.34 粗实线表示 MgO 与 $MgO\text{-}SiO_2$ 系统实测的热导率曲线，细实线是按式(3.45)的计算值。可以看到在含 MgO 和 Mg_2SiO_4 较高的两端，计算值与实验值是很吻合的。这是由于 MgO 含量高于 80%，或 Mg_2SiO_4 含量高于 60% 时，它们都成为连续相，而在中间组成时，连续相和分散相的区别就不明显了。这种结构上的过渡状态，反映到热导率的变化曲线使曲线呈 S 形。

在无机材料中，一般玻璃相是连续相，因此，普通的瓷和黏土制品的热导率更接近其成分中玻璃相的热导率。

一般含有气孔的陶瓷材料中，气孔是分散相，Eucken 根据式(3.45)，因 $\lambda_{pore}(=\lambda_d)\approx 0$，$Q=\dfrac{\lambda_c}{\lambda_d}$ 很大，则式(3.45)成为

$$\lambda=\lambda_c\times\frac{1+2V_d\times\dfrac{1-Q}{2Q+1}}{1-V_d\times\dfrac{1-Q}{2Q+1}}=\lambda_c\times\frac{2Q(1-V_d)}{2Q(1+\dfrac{1}{2}V_d)} \tag{3.46}$$

$$\approx\lambda_c(1-V_d)=\lambda_s(1-p)$$

式中，λ_s 为固相的热导率；p 为气孔的体积分数。

更精确一些的计算，是 Loeb 法，在式(3.46)的基础上，再考虑气孔的辐射传热，导出公式

$$\lambda=\lambda_c(1-p)+\frac{p}{\dfrac{1}{\lambda_c}(1-p_L)+\dfrac{p_L}{4G\varepsilon\sigma dT^3}} \tag{3.47}$$

式中，p 为气孔的面积分数；p_L 为气孔的长度分数；ε 为辐射面的热发射率；G 为几何因子（顺向长条气孔，$G=1$；横向圆柱形气孔，$G=\pi/4$；球形气孔，$G=2/3$）；d 为气孔的最大尺寸。

当热发射率较小或温度低于 500℃时，可直接使用式 (3.46)。

粉末和纤维材料的热导率比烧结材料的低得多。这是因为在其间气孔形成了连续相。材料的热导率在很大程度上受气孔相热导率所影响。这也是粉末、多孔和纤维类材料有良好热绝缘性能的原因。

一些具有显著各向异性的材料和膨胀系数较大的多相复合物，由于存在大的内应力会形成微裂纹，气孔以扁平微裂纹出现并沿晶界发展，使热流受到严重的阻碍。这样，即使气孔率很小，材料的热导率也明显地减小。对于复合材料实验测定值也比按式 (3.46) 的计算值要小。

根据以上的讨论可以看到，影响无机材料热导率的因素还是比较复杂的。因此，实际材料的热导率一般还得依靠实验测定。图 3.35 所示为某些材料的热导率，其中石墨和 BeO 具有最高的热导率，低温时接近金属铂的热导率。致密稳定的 ZrO_2 是良好的高温耐火材料，它的热导率相当低。气孔率大的保温砖具有更低的热导率。粉状材料的热导率极低，具有良好的保温性能。

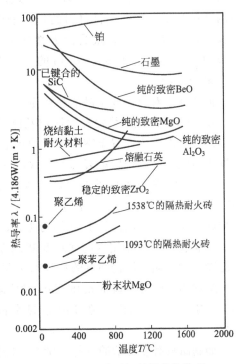

图 3.35　几种无机材料的热导率

3.4　材料的结构与抗热冲击性能

3.4.1　材料的抗热震性及其表示方法

(1) 定义　抗热震性是指材料承受温度的急剧变化而不致破坏的能力，也称热稳定性。

由于无机材料在加工和使用过程中，经常会受到环境温度起伏的热冲击，因此，热稳定性是无机材料的一个重要性能，是材料力学性能和热学性能在温度骤变情况下的综合体现，是无机非金属材料的重要工程物理性能之一。一般无机材料和其他脆性材料一样，热稳定性是比较差的。

（2）热冲击损坏的类型　一般无机材料和其他脆性材料的热稳定性比较差，其热冲击损坏有两种类型：

① 材料发生瞬时断裂，抵抗这类破坏的性能称为抗热冲击断裂性；

② 在热冲击循环作用下，材料表面开裂、剥落并不断发展，最终碎裂或变质。抵抗这类破坏的性能称为抗热冲击损伤性。

（3）热稳定性的表示方法

① 表示方法。一般以承受的温度差来表示。但材料不同表示方法不同。

同时由于应用场合的不同，对材料热稳定性的要求各异。例如：日用瓷器，要求能承受的温度差为 200K 左右的热冲击；而对火箭喷嘴要求瞬时可承受 3000～4000K 温差的热冲击，同时还要经受高速气流的力和化学腐蚀作用。

② 评定方法。目前对于热稳定性虽然有一定的理论解释，但尚不完善，还不能建立反映实际材料或器件在各种场合下热稳定性的精确数学模型。针对无机材料的热震破坏性的两种类型，脆性无机材料的抗热震性的评价理论也相应分为两种观点，一种是基于热弹性理论为基础的，最具代表性的是 Kingery 的"临界应力断裂理论"；另一则是基于断裂力学的概念，以 Hasselman 的"热震损伤理论"与"断裂扩展和裂纹扩展的统一理论"最为成功。

但实际上对材料或制品的热稳定性评定，一般还是采用比较直观的测定方法。

a. 一般日用瓷热稳定性的评定及测试方法。日用瓷通常是以一定规格的试样，加热到一定温度，然后立即置于室温的流动水中急冷，并逐次提高温度和重复急冷，直至观测到试样发生龟裂，则以产生龟裂的前一次加热温度来表征其热稳定性。

b. 耐火材料热稳定性的评定及测试方法。对于普通耐火材料，常将试样的一端加热到 1123K 并保温 40min，然后置于 283～293K 的流动水中 3min 或在空气中 5～10min，并重复这样的操作，直至试件失重 20％ 为止，以这样操作的次数来表征材料的热稳定性。

c. 高温陶瓷热稳定性的评定及测试方法。高温陶瓷材料是以加热到一定温度后，在水中急冷，然后测其抗折强度的损失率来评定它的热稳定性。

又如用于红外窗口的抗压 ZnS 就要求样品具有经受从 165℃ 保温 1h 后立即取出投入 19℃ 水中，保持 10min，在 150 倍显微镜下观察不能有裂纹，同时其红外透过率不应有变化。

如制品具有较复杂的形状，则在可能的情况下，可直接用制品来进行测定，这样就免除了形状和尺寸带来的影响。如高压电瓷的悬式绝缘子等，就是这样来考核的。测试条件应参照使用条件并更严格一些，以保证实际使用过程中的可靠性。总之，对于无机材料尤其是制品的热稳定性，尚需提出一些评定的因子。从理论上得到的一些评定热稳定性的因子，对探讨材料性能的机理显然还是有意义的。

3.4.2　热应力

不改变外力作用状态，材料仅因热冲击造成开裂和断裂而损坏，这必然是由于材料在温度作用下产生的内应力，超过了材料的力学强度极限所致。这种仅由于材料热膨胀或收缩引起的内应力称为热应力。这种应力可导致材料的断裂破坏或者发生不希望的塑性变形。因此了解热应力的来源和性质，对于防止和消除热应力的负面作用是有意义的。

热应力主要来源于下列三个方面。

(1) 因热胀冷缩受到限制而产生的热应力　假如有一长为 l 的各向同性的均质杆件，当它的温度从 T_0 升到 T' 后，杆件膨胀 Δl，若杆件能自由膨胀，则杆件内不会因膨胀而产生应力；若杆件的两端是完全刚性约束的，则热膨胀不能实现，杆件与支撑体之间就会产生很大的应力。杆件所受的抑制力，相当于把样品自由膨胀后的长度 $(l+\Delta l)$ 仍压缩为 l 时所需的压缩力，因此，杆件所承受的压应力，正比于材料的弹性模量 E 和相应的弹性应变 $-\Delta l/l$，因此，材料中的内应力 σ 可由式(3.48)计算

$$\sigma = E\left(-\frac{\Delta l}{l}\right) = -E\alpha(T'-T_0) \tag{3.48}$$

式(3.48)中的应力大小实际上等于这根杆从 T_0 到 T' 自由膨胀（或收缩）后，强迫它恢复到原长所需施加的弹性压缩（或拉伸）应力。显而易见，若热应力大于材料的抗拉强度，那么将导致杆在冷却时断裂。

(2) 因温度梯度而产生的热应力　固体加热或冷却时，内部的温度分布与样品的大小和形状以及材料的热导率和温度变化速率有关。当物体中存在温度梯度时，就会产生热应力。因为物体在迅速加热或冷却时，外表的温度变化比内部快，外表的尺寸变化比内部大，因而邻近体积单元的自由膨胀或自由压缩便受到限制，于是产生热应力。例如，物体迅速加热时，外表温度比内部高，则外表膨胀比内部大，但相邻的内部的材料限制其自由膨胀，因此表面材料受压缩应力，而相邻内部材料受拉伸应力。同理，迅速冷却时（如淬火工艺），表面受拉应力，相邻内部材料受压缩应力。

(3) 多相复合材料因各相膨胀系数不同而产生的热应力　这一点可以认为是第一点情况的延伸，只不过不是由于机械力限定了材料的热膨胀或收缩，而是由于多相复合材料结构中各相膨胀收缩的相互制约而产生的热应力。具体例子如上釉陶瓷制品中的坯、釉间产生的热应力。另外，即使各向同性的材料，当材料中存在温度梯度时也会产生热应力，例如，一块玻璃平板从 373K 的沸水中掉入 273K 的冰水浴中，假设表面层在瞬间降到 273K，则表面层趋于 $\alpha\Delta T = 100\alpha$ 的收缩，然而，此时内层还保留在 373K，并无收缩，这样，在表面层就产生了一个张应力。而内层有一相应的压应力，其后由于内层温度不断下降，材料中热应力逐渐减小（见图 3.36）。

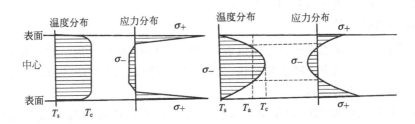

图 3.36　玻璃平板冷却时温度和应力分布示意

当平板表面以恒定速率冷却时，温度分布呈抛物线，表面温度 T_s 比平均温度 T_a 低，表面产生张应力 σ_+，中心温度 T_c 比 T_a 高，所以中心是压应力 σ_-。假如样品处于加热过程，则情况正好相反。

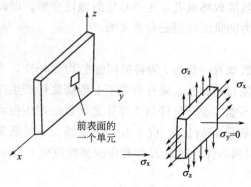

图 3.37 薄板的热应力

实际无机材料受三向热应力，三个方向都会有收缩，而且互相影响。下面以陶瓷薄板（见图 3.37）为例说明一下热应力计算。

假设此薄板 y 方向的厚度较小，在材料突然冷却的瞬间，垂直 y 轴各平面上的温度是一致的；但在 x 轴和 z 轴方向上，瓷体的表面和内部的温度有差异。外表面温度低，中间温度高，它约束前后两个方向上表面的收缩（$\varepsilon_x = \varepsilon_z = 0$），因而产生内应力 $+\sigma_x$ 及 $+\sigma_z$。y 方向由于可以自由收缩，$\sigma_y = 0$。

根据广义虎克定律

$$\varepsilon_x = \frac{\sigma_x}{E} - \mu\left(\frac{\sigma_y}{E} + \frac{\sigma_z}{E}\right) - \alpha\Delta T = 0 \qquad (x\text{ 方向胀缩受限制})$$

$$\varepsilon_z = \frac{\sigma_z}{E} - \mu\left(\frac{\sigma_x}{E} + \frac{\sigma_y}{E}\right) - \alpha\Delta T = 0 \qquad (z\text{ 方向胀缩受限制})$$

$$\varepsilon_y = \frac{\sigma_y}{E} - \mu\left(\frac{\sigma_x}{E} + \frac{\sigma_z}{E}\right) - \alpha\Delta T$$

解得

$$\sigma_x = \sigma_z = \frac{\alpha E}{1-\mu}\Delta T \tag{3.49}$$

在 $t=0$ 的瞬间，$\sigma_x = \sigma_z = \sigma_{\max}$，如果恰好达到材料的极限抗拉强度 σ_f，则前后两表面将开裂破坏，代入式（3.49）得材料所能承受的最大的温度差

$$\Delta T_{\max} = \frac{\sigma_f(1-\mu)}{E\alpha} \tag{3.50}$$

式中，σ_f 为材料的拉伸强度；E 为材料弹性模量；μ 为材料泊松比；α 为材料线膨胀系数。

对于其他非平面薄板状的材料制品，似可加上一形状因子 S，则式（3.50）成为

$$\Delta T_{\max} = S \times \frac{\sigma_f(1-\mu)}{E\alpha} \tag{3.51}$$

据此限制骤冷时的最大温差。且迅速冷却时产生的热应力比迅速加热时产生的热应力危害性更大。注意式（3.51）中仅包含材料的几个本征性能参数，并不包括形状尺寸数据，因而可以推广用于一般形态的陶瓷材料及制品。

3.4.3 抗热冲击断裂性

通常有三种热应力断裂抵抗因子用以表征材料抗热冲击断裂性能。它们是：第一热应力断裂抵抗因子 R；第二热应力断裂抵抗因子 R'；第三热应力因子 R'' 或 Ra。下面分别介绍一下定义的条件和应用的判据。

（1）第一热应力断裂抵抗因子 R　根据上述的分析，只要材料中最大热应力值 $\sigma_{\max}$（一般产生在表面或中心部位）不超过材料的强度极限 σ_f，材料就不会损坏。显然，$\Delta T_{\max}$ 值愈大，说明材料能承受的温度变化愈大，即热稳定性愈好，所以定义第一热应力抵抗因子为 $R = \dfrac{\sigma_f(1-\mu)}{\alpha E}$。式中各符号意义同前所述。一些材料 R 的经验值见表 3.7。

表 3.7　R 的经验值

材　料	σ_f/MPa	μ	$\alpha/\times10^{-6}\mathrm{K}^{-1}$	E/GPa	R/℃
Al$_2$O$_3$	345	0.22	7.4	379	96
SiC	414	0.17	3.8	400	226
热压烧结 SiC	310	0.24	2.5	172	547
HPSN	690	0.27	3.2	310	500
LAS$_4$	138	0.27	1.0	70	1460

（2）第二热应力断裂抵抗因子 R'　材料是否出现热应力断裂，固然与热应力 σ_{max} 密切相关，但还与材料中应力的分布、产生的速率和持续时间，材料的特性（例如塑性、均匀性、弛豫性）以及原先存在的裂纹、缺陷等有关。因此，R 的大小虽然可在一定程度上反映材料抗热冲击性的优劣，但并不能简单地认为就是材料允许承受的最大温差，R 只是与 ΔT_{max} 有一定的关系。热应力引起的材料断裂破坏，还涉及材料的散热问题，散热使热应力得以缓解。与此有关的因素如下。

① 材料的热导率 λ 愈大，传热愈快，热应力持续一定时间后很快缓解，所以对热稳定有利。

② 传热的途径，即材料或制品的厚薄，薄的传热通道短，容易很快使温度均匀。

③ 材料表面散热速率。如果材料表面向外散热快（例如吹风），材料内、外温差变大，热应力也大，如窑内劲风会使降温的制品炸裂。所以引入表面热传递系数 h。h 定义为：如果材料表面温度比周围环境温度高 1K（或 1°F），在单位表面积上，单位时间带走的热量。

如令 r_m 为材料的半厚（cm），则令 $hr_m/\lambda=\beta$ 为毕奥（Biot）模数，β 无单位。显然，β 大对热稳定不利。h 的实测值见表 3.8。

表 3.8　h 实测值

条件	$h/[\mathrm{J}/(\mathrm{s}\cdot\mathrm{cm}^2\cdot℃)]$
空气流过圆柱体	
流率 287kg/(s·m²)	0.109
流率 120kg/(s·m²)	0.050
流率 12kg/(s·m²)	0.0113
流率 0.12kg/(s·m²)	0.0011
从 1000℃向 0℃辐射	0.0147
从 500℃向 0℃辐射	0.00398
水淬	0.4～4.1
喷气涡轮机叶片	0.021～0.08

在无机材料的实际应用中，不会像理想骤冷那样，瞬时产生最大应力 σ_{max}，而是由于散热等因素，使 σ_{max} 滞后发生，且数值也折减。设折减后实测应力为 σ，令 $\sigma^*=\dfrac{\sigma}{\sigma_{max}}$，称之为无量纲表面应力。其随时间的变化规律见图 3.38。从图 3.38 中可见，不同 β 值下最大应力的折减程度也不一样，β 愈小的应力折减愈多，即可能达到的实际最大应力要小得多，且随 β 值的减小，实际最大应力的滞后也愈严重。对于通常在对流及辐射传热条件下观察到的比

较低的表面传热系数，S. S. Manson 发现

$$[\sigma^*]_{\max} = 0.31\beta, \quad \text{即} \quad [\sigma^*]_{\max} = 0.31\frac{r_{\mathrm{m}}h}{\lambda} \tag{3.52}$$

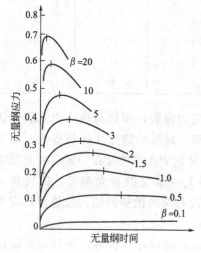

图 3.38 具有不同 β 的无限平板的
无量纲表面应力随时间的变化

由图 3.38 还可看出，骤冷时的最大温差只适用于 $\beta \geqslant$ 20 的情况。例如水淬玻璃的 $\lambda = 0.017\mathrm{J}/(\mathrm{cm} \cdot \mathrm{s} \cdot \mathrm{K})$，$h = 1.67\mathrm{J}/(\mathrm{cm}^2 \cdot \mathrm{s} \cdot \mathrm{K})$，则根据 $\beta \geqslant 20$，算得 r_{m} 必须大于 0.2cm，才能用式(3.40)。也就是说，玻璃厚度小于 4mm 时，最大热应力会下降。这也说明薄玻璃杯不易因冲开水而炸裂的原因。

将式(3.50)与式(3.52)合并如下

$$[\sigma^*]_{\max} = \frac{\sigma_{\mathrm{f}}}{\dfrac{E\alpha}{1-\mu}\Delta T_{\max}} = 0.31\frac{r_{\mathrm{m}}h}{\lambda}$$

$$\Delta T_{\max} = \frac{\lambda\sigma_{\mathrm{f}}(1-\mu)}{E\alpha} \times \frac{1}{0.31r_{\mathrm{m}}h} \tag{3.53}$$

令式(3.53)中 $\dfrac{\lambda\sigma_{\mathrm{f}}(1-\mu)}{E\alpha} = R'$ 为第二热应力断裂抵抗因子，单位为 $\mathrm{J}/(\mathrm{cm} \cdot \mathrm{s})$，则

$$\Delta T_{\max} = R'S \times \frac{1}{0.31r_{\mathrm{m}}h} \tag{3.54}$$

上面的推导是按无限平板计算的，$S=1$。其他形状的试样，应乘以 S 值。不同形状的值可参考《陶瓷导论》。

图 3.39 表示某些材料在 673K（其中 Al_2O_3 分别按 373K 及 1273K 计算）时，$\Delta T_{\max}$-$r_{\mathrm{m}}h$ 的计算曲线。

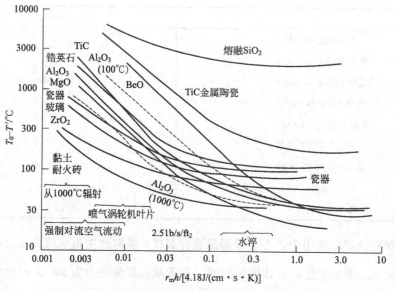

图 3.39 不同传热条件下，材料淬冷断裂的最大温差

从图 3.39 中可以看到，一般材料在 $r_{\mathrm{m}}h$ 值较小时，$\Delta T_{\max}$ 与 $r_{\mathrm{m}}h$ 成反比；当 $r_{\mathrm{m}}h$ 值较大时，$\Delta T_{\max}$ 趋于一恒定值。要特别注意的是，图 3.39 中几种材料的曲线是交叉的，BeO

最突出。它在 $r_m h$ 很小时具有很大 $\Delta T_{\max}$，即热稳定性很好，仅次于石英玻璃和 TiC 金属陶瓷；而在 $r_m h$ 很大时（如 >1），抗热震性就很差，仅优于 MgO。因此，不能简单地排列出各种材料抗热冲击断裂性能的顺序来。

（3）冷却速率引起材料中的温度梯度及热应力　在一些实际场合中往往关心材料所允许的最大冷却（或加热）速率 $\dfrac{dT}{dt}$。

对于厚度为 $2r_m$ 的无限平板，在降温过程中，内、外温度的变化如图 3.40 所示。其温度分布呈抛物线。

$$T_c - T = kx^2$$

$$-\frac{dT}{dx} = 2kx \qquad -\frac{d^2 T}{dx^2} = 2k \tag{3.55}$$

在平板的表面　　　　　　　　$T_c - T_s = kr_m^2$

代入上式得

$$-\frac{d^2 T}{dx^2} = 2 \times \frac{T_0}{r_m^2} \tag{3.56}$$

将式（3.56）代入式（3.36），得

$$\frac{\partial T}{\partial t} = \frac{\lambda}{\rho c_p} \frac{-2T_0}{r_m^2} \tag{3.57}$$

$$T_0 = T_c - T_s = \frac{\dfrac{dT}{dt} r_m^2 \times 0.5}{\lambda / \rho c_p} \tag{3.58}$$

式中，$\dfrac{\lambda}{\rho c_p}$ 为导温系数或热扩散率。

式（3.58）中 T_0 是指由于降温速率不同，导致无限平板上中心与表面的温差。其他形状的材料，只是系数不是 0.5。

表面温度 T_s 低于中心温度 T_c 引起表面张应力，其大小正比于表面温度与平均温度 T_{av} 之差。由图 3.40 可看出

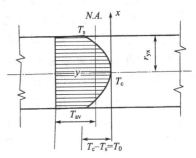

图 3.40　无限平板剖面上的温度分布图

$$T_{av} - T_s = \frac{2}{3}(T_c - T_s) = \frac{2}{3} T_0 \tag{3.59}$$

由式（3.50），在临界温差时

$$T_{av} - T_s = \frac{\sigma_f (1 - \mu)}{E\alpha} \tag{3.60}$$

将式（3.59）和式（3.60）代入（3.57），得到允许的最大冷却速率为

$$-\left(\frac{dT}{dt}\right)_{\max} = \frac{\lambda}{\rho c_p} \frac{\sigma_f (1 - \mu)}{E\alpha} \frac{3}{r_m^2} \tag{3.61}$$

式中，ρ 为材料的密度，kg/m^3；c_p 为热容。

导温系数 $\alpha \equiv \dfrac{\lambda}{\rho c_p}$ 表征材料在温度变化时，内部各部分温度趋于均匀的能力。α 愈大，愈有利于热稳定性。所以，定义 $R'' \equiv \dfrac{\sigma_f (1 - \mu)}{\alpha E} \dfrac{\lambda}{\rho c_p} = \dfrac{R'}{c_p \rho} = R_a$ 为第三热应力因子。这样式（3.61）就具有下列的形式

$$-\left(\frac{\mathrm{d}T}{\mathrm{d}t}\right)_{\max}=R''\times\frac{3}{r_{\mathrm{m}}^2} \tag{3.62}$$

这是材料所能经受的最大降温速率。陶瓷在烧成冷却时，不得超过此值，否则会出现制品炸裂。有人计算了 ZrO_2 的 $R''=0.4\times10^{-4}(\mathrm{m}^2\cdot\mathrm{K/s})$。当平板厚 10cm 时，能承受的降温速率为 $0.0483\mathrm{K/s}(172\mathrm{K/h})$。

3.4.4 抗热冲击损伤性

上面讨论的抗热冲击断裂是从热弹性力学的观点出发，以强度-应力为判据，认为材料中热应力达到抗张强度极限后，材料就产生开裂，一旦有裂纹成核就会导致材料的完全破坏。这样导出的结果对于一般的玻璃、陶瓷和电子陶瓷等都能适用。但是对于一些含有微孔的材料（如黏土质耐火制品建筑砖等）和非均质的金属陶瓷等却不适用。发现这些材料在热冲击下产生裂纹时，即使裂纹是从表面开始，在裂纹的瞬时扩张过程中也可能被微孔、晶界或金属相所阻止，而不致引起材料的完全断裂。明显的例子是在一些筑炉用的耐火砖中，往往含有 $10\%\sim20\%$ 气孔率时反而具有最好的抗热冲击损伤性，而气孔的存在是会降低材料的强度和热导率的。因此，R 和 R' 值都要减小。这一现象按强度-应力理论就不能解释，实际上，凡是以热冲击损伤为主的热冲击破坏都是如此。因此，热震性能问题就发展了第二种处理方式，这就是从断裂力学观点出发，以应变能-断裂能为根据的理论。

在强度-应力理论中，计算热应力时认为材料外形是完全受刚性约束的。因此，整个坯体中各处的内应力都处在最大热应力状态。这实际上只是一个条件最恶劣的力学假设。它认为材料是完全刚性的，任何应力释放，例如位错运动或黏滞流动等都是不存在的，裂纹产生和扩展过程中的应力释放也不予考虑，因此，按此计算的热应力破坏会比实际情况更严重。按照断裂力学的观点，对于材料的损坏，不仅要考虑材料中裂纹的产生情况（包括材料中原有的裂纹情况），还要考虑在应力作用下裂纹的扩展、蔓延。如果裂纹的扩展、蔓延能抑制在一个很小的范围内，也可能不致使材料完全破坏。

通常在实际材料中都存在一定大小、数量的微裂纹，在热冲击情况下，这些裂纹产生、扩展以及蔓延的程度与材料积存有弹性应变能和裂纹扩展的断裂表面能有关。当材料中可能积存的弹性应变能较小，则原先裂纹的扩展可能性就小；裂纹蔓延时断裂表面能需要大，则裂纹蔓延程度小，材料热稳定性就好。因此，抗热应力损伤正比于断裂表面能，反比于应变能释放率。这样就提出了两个抗热应力损伤因子 R''' 和 R''''：

$$R'''\equiv E/\sigma^2(1-\mu) \tag{3.63}$$
$$R''''\equiv E\times2\gamma_{\mathrm{eff}}/\sigma^2(1-\mu) \tag{3.64}$$

式中，$2\gamma_{\mathrm{eff}}$ 为断裂表面能（形成两个断裂表面），$\mathrm{J/m}^2$；R''' 实际上是材料的弹性应变能释放率的倒数，用来比较具有相同断裂表面能的材料；R'''' 用来比较具有不同断裂表面能的材料。R''' 或 R'''' 值高的材料抗热应力损伤较好。

根据 R''' 和 R''''，热稳定性好的材料有低的 σ 和高的 E，这与 R 和 R' 的情况正好相反。原因就在于二者的判据不同。在抗热应力损伤性中，认为强度高的材料，原有裂纹在热应力的作用下容易扩展蔓延，对热稳定性不利，尤其在一些晶粒较大的样品中经常会遇到这样的情况。

D. P. H. Hasselman 曾试图统一上述两种理论。他将第二断裂抵抗因子 $R'=\dfrac{\sigma(1-\mu)}{E\alpha}$ 中的 σ 用弹性应变能释放率 G 表示，$G=\dfrac{\pi c\sigma^2}{E}$，即 $\sigma=\sqrt{\dfrac{GE}{\pi c}}$ 代入，得：

$$R' = \frac{\sqrt{GE}}{\sqrt{\pi c}} \times \frac{\lambda}{E\alpha}(1-\mu) = \frac{1}{\sqrt{\pi c}}\sqrt{\frac{G}{E}} \times \frac{\lambda}{\alpha}(1-\mu)$$

式中，$\sqrt{\dfrac{G}{E}} \times \dfrac{\lambda}{\alpha}$ 表达裂纹抗破坏的能力。Hasselman 提出的热应力裂纹安定性因子定义如下。

$$R_{st} = \left(\frac{\lambda^2 G}{\alpha^2 E_0}\right)^{\frac{1}{2}} \tag{3.65}$$

式中，E_0 为材料无裂纹时的弹性模量。R_{st} 大，裂纹不易扩展，热稳定性好。这实际上与 R 和 R' 的考虑是一致的。

根据上述抗热冲击断裂因子所涉及的各个性能参数对热稳定性的影响，有如下提高材料抗热冲击断裂性能的措施。

① 提高材料强度、减小弹性模量，使 σ/E 提高。

② 提高材料的热导率，使 R' 提高。热导率大的材料传递热量快，使材料内外温差较快地得到缓解、平衡，因而降低了短时期热应力的聚集。

③ 减小材料的膨胀系数。膨胀系数小的材料，在同样的温差下，产生的热应力小。

④ 减小表面热传递系数。为了降低材料的表面散热速率，周围环境的散热条件特别重要。

⑤ 减小产品厚度。

以上所列，是针对密实性陶瓷材料、玻璃等脆性材料，目的是提高抗热冲击断裂性能。但对多孔、粗粒、干压和部分烧结的制品，要从抗热冲击损伤性来考虑。如耐火砖的热稳定性不够，表现为层层剥落。这是表面裂纹、微裂纹扩展所致。根据 R''' 和 R''''，应减小 G，这就要求材料具有高的 E 及低的 σ_f，使材料在胀缩时，所储存的用以开裂的弹性应变能小；另一方面，则要选择断裂表面能 γ_{eff} 大的材料，裂纹一旦开裂就会吸收较多的能量使裂纹很快止裂。

这样，降低裂纹扩展的材料特性（高 E 和 γ_{eff}，低 σ_f），刚好与避免断裂发生的要求（R、R' 高）相反。因此，对于具有较多表面孔隙的耐火砖类材料，主要还是避免由裂纹的长程扩展所引起的深度损伤。

3.4.5　材料结构与抗热震性的关系

前文中已经比较详细地阐述了各种热学性能（如热导率、膨胀系数等）、力学性能对脆性无机材料抗热震性能的影响情况。而这些因素需要通过材料成分与相组成的选择、显微结构的优化设计以及材料的热处理等进行控制和调节。

（1）材料的成分和相组成　不同组分的材料其热学和力学性质存在很大差异，所以，要获得良好的抗热震性能，组分的设计和选择非常重要。生产与科研中，令人比较感兴趣的无机材料有 SiC、Si_3N_4、BN、AlN、BeO、莫来石、石英玻璃、锂辉石、锂霞石、堇青石等。他们中有的具有较低的膨胀系数，如石英玻璃、锂辉石、锂霞石和 BN；有的具有较高的热导率，如石墨、SiC、BeO、BN、AlN 和 Si_3N_4 等；有的具有较高的强度，如 Si_3N_4；有的有较高的弹性模量，如 SiC、AlN 和 Si_3N_4。其中，石墨作为具有低膨胀、高热导率的材料表现出优异的抗热震性能，又因为它有良好的抗烧蚀性能，所以在导弹火箭发动机燃气舵、喉衬和战略导弹的弹头端帽上已获得成功应用；石英玻璃则因具有优良的综合性能，如抗热冲击、环境稳定和优良的介电透波性能等，而被用作导弹天线窗介电-防热材料。

工程应用对材料性能的要求日益苛刻，单相材料越来越难以满足其使用要求，故常需要通过材料的复合化取长补短，制备出综合性能更加优良的双相或多相陶瓷复合材料。其中对 ZrO_2 相变增韧陶瓷和各种性能优异的颗粒、晶须或纤维增韧的陶瓷材料研究较多。

ZrO₂ 相变增韧陶瓷是通过材料在服役过程中发生的以 t-m 相变为基础的相变诱发韧性达到增韧效果，使 ZrO_2 和以 ZrO_2 为基体的陶瓷具有高断裂韧性和高强度的较佳组合。ZrO_2/Al_2O_3 复合陶瓷的热震剩余强度随热震温差的变化关系曲线如图 3.41 所示。它的突出特点是在临界热震温差之后，热震裂纹呈准静态扩展，残留强度呈连续下降的趋势。

SiC 晶须由于具有较高的强度、较低的膨胀系数和较高的热导率，所以，加入 Al_2O_3 或 ZrO_2 陶瓷中，会使上述性能得到很大改善，有利于减小热应力；另外，晶须还能通过拔出、桥接和诱导裂纹偏转等机制起到明显的补强增韧作用，有利于增强其热震损伤能力。因此，所得复合陶瓷材料的抗热震性能比基体陶瓷有显著提高。

（2）显微结构组织　材料的组分确定后，显微组织结构就成为影响材料热学和力学性质的决定因素。显微结构主要包括晶粒的形态大小、气孔和微裂纹的大小、形态和分布情况以及补强增韧纤维的排布和编织形式等。近期的研究工作也证实了显微组织对抗热震损伤的重要性。发现微裂纹，例如晶粒间相互收缩引起的裂纹，对抵抗灾难性破坏有显著的作用。由表面撞击引起的比较尖锐的初始裂纹，在不太严重的热应力作用下就会导致破坏。Al_2O_3-TiO_2 陶瓷内晶粒间的收缩孔隙可使初始裂纹变钝，从而阻止裂纹扩展。利用各向异性热膨胀，有意引入裂纹，是避免灾难性热震破坏的有效途径。

① 晶粒的尺寸和形态。对于 Al_2O_3 多晶陶瓷的研究表明，随着晶粒从小变大，材料热震裂纹的扩展行为亦呈现出从非连续的动态扩展形式转变为连续的准静态扩展形式（如图 3.42 所示），即抗热震断裂的破坏形式随之得到改善。

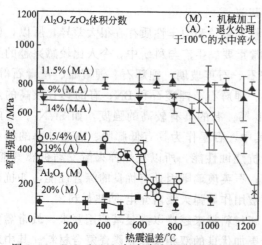

图 3.41　ZrO_2/Al_2O_3 复合陶瓷的热震剩余强度随热震温差的变化关系

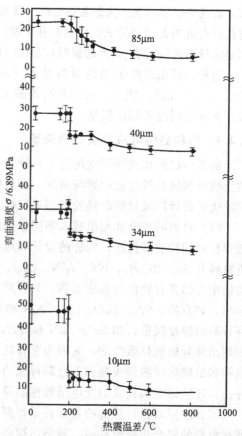

图 3.42　Al_2O_3 多晶陶瓷的抗热震性随晶粒尺寸的变化情况

高纯多晶 MgO 陶瓷的抗热震性能也随着晶粒的增大有较大提高，原因在于晶粒越大，其强度越低，而弹性模量和泊松比不变，其抗热震损伤参数 R''' 有逐步增大的趋势。对其热震断口分析表明，晶粒越大，沿晶断裂区域越大；反之，穿晶断裂区域越大。

对于 Si_3N_4 陶瓷，β-Si_3N_4 棒晶含量增大，既能增大热导率又能提高强度、降低弹性模量，因此有利于材料抗热震断裂能力的改善。Si_3N_4 陶瓷无论是致密型还是非致密型，甚至是低密低强的情况，均出现非常明显的非稳态裂纹扩展的现象（如图 3.43 所示）。另外，由图 3.43 还可见，反应烧结后再经热等静压烧结制得的致密高强 Si_3N_4 陶瓷的抗热震断裂能力最佳，其临界热震温差比单纯反应烧结的 Si_3N_4 高了近 2 倍。

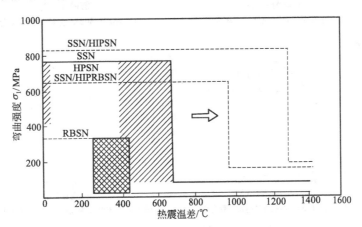

图 3.43　几种 Si_3N_4 陶瓷的临界热震温差的比较

RBSN—反应烧结 Si_3N_4；SSN—常压烧结 Si_3N_4；HPSN—热压烧结 Si_3N_4；HIPSN—热等静压烧结 Si_3N_4；
HIPRBSN—反应烧结＋热等静压烧结 Si_3N_4；试样尺寸 3.5mm×(4.5～5)mm×(45～50)mm

热压烧结 Si_3N_4 陶瓷在剧烈热震疲劳（如从 1300℃ 淬冷于 33℃ 的冷水中）作用的起始阶段（如十次以内），热震疲劳裂纹萌生扩展迅速，陶瓷的弯曲强度和断裂韧性均迅速下降；之后热震疲劳裂纹呈准静态形式扩展；最后，热震疲劳裂纹趋于稳定，性能几乎不再下降。相比之下，弯曲强度下降的幅度较断裂韧性的要快，主要是断裂韧性样品的主断裂源不取决于热疲劳裂纹，而取决于人工切口；而强度的断裂源取决于热疲劳裂纹。此外，由于高温对热震疲劳裂纹的激活作用，使其在高于 1000℃ 的高温力学性能衰减大于常温力学性能衰减。图 3.44 为热压烧结 Si_3N_4 陶瓷热震疲劳后的力学性能变化情况。

② 气孔与微裂纹　大小均匀且弥散分布的众多气孔作为既存裂纹能够分散消耗弹性应变能，圆滑的气孔内壁有助于松弛应力，从而利于改善材料的抗热震损伤性能。添加 BN 颗粒的多孔 Si_3N_4 以及胞状多孔莫来石陶瓷均表现出良好的抗热震性能。图 3.45 给出 $Si_3N_4/$BN 复合陶瓷随 BN 含量增加，其计算和实测的临界热震温差 ΔT_c 的变化情况。可见，BN 的含量增加明显提高了复合材料的抗热震性能。这是因为加入 BN 后显著降低了复合材料的弹性模量、膨胀系数和泊松比。其中弹性模量和泊松比的降低主要原因是材料气孔率增大；膨胀系数的减小则主要是因 BN 本身膨胀系数较小。

在气孔率总量和其他微观结构参数一定的情况下，气孔增大会降低材料抵抗热震起始断裂的能力。

在可以容忍的情况下，通过引入尺寸适当、数量足够多的微裂纹以使裂纹以准静态方式扩展，可提高材料对灾难性裂纹扩展的抵抗能力。

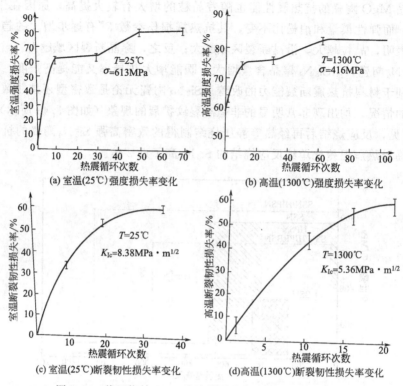

图 3.44　热压烧结 Si₃N₄ 陶瓷热震疲劳后的力学性能变化

（a）室温(25℃)强度损失率变化　（b）高温(1300℃)强度损失率变化　（c）室温(25℃)断裂韧性损失率变化　（d）高温(1300℃)断裂韧性损失率变化

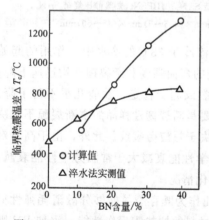

图 3.45　Si₃N₄/BN 复合陶瓷实测和计算的临界热震温差的关系

图 3.46 为理论上预期的裂纹长度以及材料强度随 ΔT 的变化。假如原有裂纹长度 l_0 相应的强度为 σ_0，当 $\Delta T < \Delta T_c$ 时，裂纹是稳定的；当 $\Delta T = \Delta T_c$ 时，裂纹迅速地从 l_0 扩展到 l_f，相应地，σ_0 迅速地降到 σ_f。由于 l_f 对 ΔT_c 是亚临界的，只有 ΔT 增长到 $\Delta T'_c$ 后，裂纹才准静态地、连续地扩展。因此，在 $\Delta T_c < \Delta T < \Delta T'_c$ 区间，裂纹长度无变化，相应地强度也不变。$\Delta T > \Delta T'_c$，强度同样连续地降低。这一结论为很多实验所证实。

图 3.47 是直径 5mm 的氧化铝杆，加热到不同温度后投入水中急冷，在室温下测得的强度曲线。可以看到与理论预期结果是符合的。

对于一些多孔的低强度材料，例如保温耐火砖，由于原先裂纹尺寸较大，预期有图 3.48 形式，并不显示出裂纹的动力扩展过程，而只有准静态的扩展过程，这同样也得到了实验的证实。

然而，精确地测定材料中存在的微小裂纹及其分布以及裂纹扩展过程，目前在技术上还有不少困难。因此还不能对此理论作出直接的验证。另外，材料中原有裂纹的大小远非是一致的，而且影响热稳定性的因素是多方面的，还关系到热冲击的方式、条件和材料中热应力的分布等。而且材料的一些物理性能在不同的条件下也是有变化的。即使是应力 σ 与 ΔT 的关系也完全有不同于图 3.46 和图 3.48 所示的形式。因此，这个理论还有待于进一步发展。

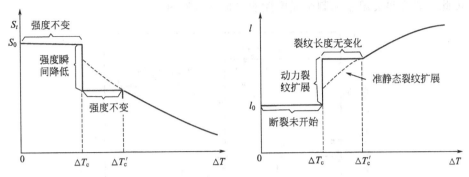

图 3.46　裂纹长度及强度与热震温差的函数关系

目前它在热应力损伤方面获得了应用。

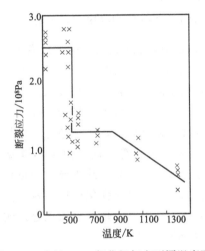

图 3.47　直径 5mm 氧化铝杆在不同温度下
到水中急冷的强度

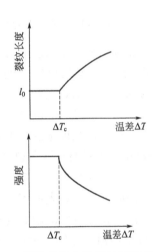

图 3.48　裂纹长度及强度与温度差的关系

③ 增强纤维的形态和排布、编织形式　将短碳纤维、第二相陶瓷颗粒或晶须引入质地非常脆的石英玻璃中，在不明显增大其膨胀系数的前提下，能够显著改善强韧性，因此会显著改善其抗热震损伤能力。

连续纤维增韧与颗粒、晶须和短纤维增韧相比，对提高复合材料的断裂韧性和断裂能作用更明显，因此它们在改善复合材料的抗热震性，提高其应用的可靠性方面表现更为出色。在用长纤维作补强增韧剂时，已从起初的纤维单向排布和纤维布的形式，发展成为三向或多向的复杂编织体结构，以改善复合材料的各向同性性能，提高其在剧烈热震环境下服役的可靠性。

（3）陶瓷材料的热处理和表面处理　对于高温结构陶瓷材料，通过热处理促使晶界上残留的玻璃相析晶，提高晶界耐火度，是晶界工程中有效提高陶瓷材料高温强度的措施之一。除了晶界外，热处理还能优化控制陶瓷材料整体的相组成和晶粒形态，这利于提高材料的强度、改善热传导特性，从而利于改善抗热震性，但在该方面的报道较少。对于玻璃或玻璃陶瓷，热处理和表面处理则能通过改变物相的晶态、内部及表面的应力分布状态等，来改善力学和热学性能，抗热震性因此能够得到提高，该方面的报道较为常见。

① 热处理。堇青石通过热处理后，其非晶体中析出了晶体，强度和热传导系数均得到

提高，因此，临界热震温差和剩余强度能明显提高（见图 3.49）。

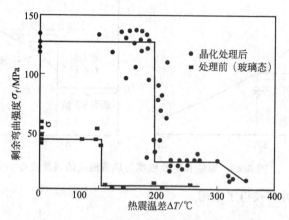

图 3.49　堇青石晶化热处理前后的剩余弯曲强度与热震温差的关系

　　通过热处理改变材料中的应力分布状态，对玻璃陶瓷抗热震性能的改善具有明显效果。Gebauer 对铝硅酸盐玻璃的研究表明，经淬火处理在材料表面引入压应力（热机械强化处理）之后，与未经处理的材料相比，不仅室温强度提高较大，临界热震温差也显著增大，如图 3.50 所示。另外，由图 3.50 还可看出，在高于临界热震温差的热震条件下继续对材料进行热震，还会出现残留强度重新回升的现象，且回升幅度很大，甚至超过了材料的原始强度值，与 Hasselman 的断裂开始和裂纹扩展的统一理论不相符。这是由于热震温差超过某一值后，热震处理时的加热温度越高，材料的塑性变形能力越高，热震导致的热弹性应变能越容易被消耗，同时又在材料表面引入压应力，就像二次热机械强化处理的效果。因此，强度大幅度回升，甚至超过材料的原始强度就不足为奇了；最终，热机械强化处理前、后两种材料在 1200℃ 以上的温差热震处理后，强度基本回到同一水平。

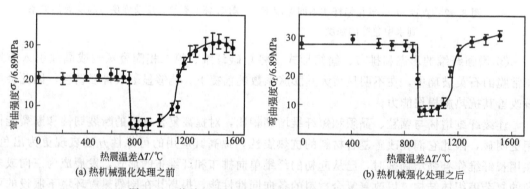

图 3.50　热处理对铝硅酸盐玻璃临界热震温差的影响

　　② 表面处理。表面处理主要是通过改变材料表面的组成、结构状态等因素，改变表面的应力状态，表层的热学、力学性能等，来改善陶瓷材料的抗热震性能。

　　SiC/Al_2O_3 陶瓷复合材料经 1450℃ 高温下长时间氧化生成的表面氧化层处于残余压应力状态，且明显降低了表面传热系数 h，从而增强了复合材料抗热震断裂能力。Takatori 将 $Al_2O_3/Sialon$ 复合材料于 1400℃ 下氧化 100h 后，也发现材料的临界热震温差明显提高，其原因则主要是复合材料表面生成了高强、低模量、低膨胀系数且呈多孔状微观结构的莫来石和少量氧化铝的氧化层。

高抗热震性的陶瓷材料，正向着致密高强化和多孔低密轻质化两个方向发展。实际中，应根据材料所需应用的热环境和其所担负使命的重要程度来选择材料，然后合理设计材料的显微结构，再考虑热处理和表面处理进一步改善抗热震性的可能性。具体来说，可遵循如下原则：对于要求高抗热震断裂能力的材料（大多数为要求致密高强的材料，如高温结构件和在恶劣热环境下工作的防热抗烧蚀部件等），成分选择、显微组织结构设计和表面处理应有利于材料保持低的热膨胀系数、弹性模量和尽量高的强度、断裂韧性以及热导率。对于抗热震损伤性能为关键指标的情况（主要是多孔、低密、低强陶瓷，如隔热保温材料），成分选择和显微组织结构设计应有益于材料具有相对较高的弹性模量、断裂能和低的强度、膨胀系数，并利用气孔对裂纹尖端应力钝化和众多微裂纹诱导主裂纹准静态扩展的特性，适度引入气孔或采用适当的表面处理工艺引入微裂纹，避免材料出现灾难性动态裂纹扩展。

习题与思考题

1. 何谓德拜温度？有什么物理意义？对它有哪些测试方法？

2. 自由电子对晶体等容热容有何贡献？该热容随温度如何变化？

3. 材料导热的物理本质是什么？有哪几种导热机制？微观上它们的热导率有何不同？影响导热的因素有哪些？

4. 请证明固体材料的膨胀系数不因内含均匀分散的气孔而改变。

5. 试分析材料导热机理。金属、陶瓷和玻璃导热机制有什么区别？

6. 何谓抗热冲击断裂性和抗热冲击损伤性？热应力是如何产生的，与哪些因素有关？提高材料的抗热冲击断裂性可采取哪些措施？

7. 试解释为什么玻璃的热导率常常低于晶态固体的热导率几个数量级。

8. 掺杂固溶体瓷与两相陶瓷的热导率随成分体积分数而变化的规律有何不同。

9. 何为热应力？它是如何产生的？

10. 抗热冲击损伤性与抗热冲击断裂性的判据、所适用的材料分别是什么？怎样表征材料的抗热冲击损伤性？

11. 组成为25％石英（约200目）、25％钾长石（约325目）、15％球土（空气中浮选的）以及35％的高岭土（水洗的）的瓷料，用注浆法制成试件并分为三组，每组在下述三个温度中的一个温度下煅烧了1h（1200℃，1300℃，1400℃），但是没有加上任何标志，而学生却遗失了他的记录。他能利用记录膨胀仪测量热膨胀。怎么才能区别每一组是在哪一个温度下煅烧的？

12. 康宁1723玻璃（硅酸铝玻璃）具有下列性能参数：$\lambda = 0.021 J/(cm \cdot s \cdot ℃)$；$\alpha = 4 \times 10^{-6} ℃^{-1}$；$\sigma_p = 7.0 kg/mm^2$，$\mu = 0.25$。求第一及第二热冲击断裂抵抗因子。

13. 试比较石英玻璃、石英陶瓷与石英晶体的热导率大小，并说明理由。

14. 计算石英玻璃和Al_2O_3陶瓷能够承受的临界淬冷温差（假定Biot模数$\beta \rightarrow \infty$）。讨论临界淬冷温差ΔT_c的意义及ΔT_c出现差异的主要原因。

材　料	强度/MPa	弹性模量/GPa	膨胀系数	泊松比 μ
石英玻璃	80	72	$0.5 \times 10^{-6} ℃^{-1}$	0.25
Al_2O_3陶瓷	350	380	$8 \times 10^{-6} ℃^{-1}$	0.25

参 考 文 献

[1] 关振铎，张中太，焦金生. 无机材料物理性能. 北京：清华大学出版社，1992.

[2] 贾德昌，宋桂明等. 无机非金属材料性能. 北京：科学出版社，2008.

[3] 张彪，郭景坤. 低膨胀陶瓷的组成与结构. 无机材料学报，1993，8（4）：399-408.

[4] 陈玉清，沈志坚，丁子上. 低膨胀陶瓷的结构特征. 中国陶瓷，1994，134：46-52.

[5] 龙毅，李庆奎，强文江. 材料物理性能（第二版）. 长沙：中南大学出版社，2011.

[6] 田莳. 材料物理性能. 北京：北京航空航天大学出版社，2001.

[7] 王从曾. 材料性能学. 北京：北京工业大学出版社，2001.

[8] 吴其胜，蔡安兰，杨亚群. 材料物理性能. 上海：华东理工大学出版社，2006.

[9] 宁青菊，谈国强、史永胜. 无机材料物理性能. 北京：化学工业出版社，2005.

[10] 杨尚林，张宇，桂太龙. 材料物理导论. 哈尔滨：哈尔滨工业大学出版社，1999.

[11] 邱成军，王元化，王义杰. 材料物理性能. 哈尔滨：哈尔滨工业大学出版社，2003.

[12] 陈树川，陈梭冰. 材料物理性能. 上海：上海交通大学出版社，1999.

[13] 曹阳. 结构与材料. 北京：高等教育出版社，2003.

第4章 材料的结构与磁学性能

进入21世纪以来，新材料的重要性逐步被人们认知，磁性材料的理论、生产及其应用也得到了快速发展，已经成为信息、航空航天、通信、人体健康等领域的重要材料基础。本章主要介绍固体物质磁性的基本知识，包括磁性来源、磁性分类、磁畴与磁化曲线、铁氧体的结构与性能、磁性材料的物理效应及磁性材料的主要应用等，重点阐述铁氧体磁性材料的结构与性能。

4.1 固体物质的磁性来源

物质在不均匀磁场中受到磁力作用的性质，称为磁性，是物质的基本物理属性。最直观的表现是两个磁体之间的吸引力和排斥力。物质的磁性来源于原子，原子的磁性来源于核外电子和原子核。原子结合起来产生宏观物质的磁性，因此任何物质均具有磁性，磁性强的一般称为磁性材料，习惯上的非磁性或者无磁性只是弱磁性不易被人们觉察而已。具有广泛应用的磁性材料的性能则受到晶体结构和显微结构的显著影响，是理论研究和生产控制的重要内容。

4.1.1 磁矩

磁体上磁性最强的部分称为磁极，磁极有N、S极，以正负对的形式存在，磁极的周围存在磁场。磁极上带有的磁量叫磁荷或磁极强度，两个磁荷（磁极强度）q_1、q_2之间的相互作用力 F 的大小为：

$$F = k \frac{q_1 q_2}{r^2} \tag{4.1}$$

式中，r 为磁极间距；k 为常数。紧密结合在一起的正负磁极称为元磁偶极子，尚没有观察到磁单极子的存在。定义偶极子的磁偶极矩 p：

$$p = qr \tag{4.2}$$

又称为磁偶极子的力矩，方向由S极指向N极。

任何一个封闭的电流都具有磁矩，其方向与环形电流法线的方向一致，其大小为电流与封闭环形的面积的乘积：

$$m = I\Delta S \tag{4.3}$$

磁矩（magnetic moment）m 的单位为 $A \cdot m^2$，磁矩是表示磁体本质的一个物理量，与磁偶极矩的关系为：

$$p = \mu_0 m \tag{4.4}$$

式中，μ_0 为真空的磁导率，$\mu_0 = 4\pi \times 10^{-7} (H/m)$。

在原子中，电子绕原子核做轨道运动及其自旋运动，类似于无限小的环形电流，其磁矩大小由式（4.3）确定。将磁偶极子置于均匀磁场中，受到磁场力的作用，将产生相应的静磁能（magnetostatic energy）。

4.1.2　原子的磁性

原子的磁性来源于原子的磁矩，原子磁矩由电子自旋磁矩、电子轨道磁矩和原子核磁矩组成，见图4.1。由于微观粒子的磁矩与其质量成反比，原子核比电子重1000多倍，运动速度仅为电子速度的几千分之一，所以原子核的自旋磁矩仅为电子磁矩的1/2000左右，常常可以忽略不计。但是在特别设定的条件下，例如恒定磁场强度改变高频磁场的频率，可以使原子核磁矩产生共振，获得显著增强的磁信息，核磁共振技术已经获得广泛的应用。

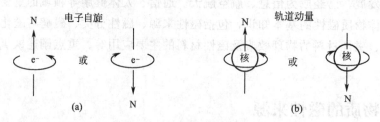

图4.1　电子运动产生磁矩

电子的循轨运动和自旋运动都可以看做一个闭合的环形电流，必然产生磁矩。由电子循轨运动产生的磁矩称为轨道磁矩。它垂直于电子运动的轨道平面，大小为：

$$m_l = \sqrt{l(l+1)}\mu_B \tag{4.5}$$

式中，l为轨道角量子数；μ_B为玻尔磁子，是电子磁矩的单位，$\mu_B = 9.27 \times 10^{-24}$ A·m^2。在晶体中，电子的轨道磁矩受晶格场的作用，其方向是变化的，不能形成一个联合磁矩，对外没有磁性作用。因此，物质的磁性仅考虑电子的自旋磁矩，自旋磁矩的方向平行于自旋轴，其大小为：

$$m_s = 2\sqrt{S(S+1)}\mu_B \tag{4.6}$$

式中，S为自旋量子数。通常情况下为了简化起见，认为每个电子自旋磁矩的近似值等于一个玻尔磁子μ_B。

孤立原子、分子是否具有磁矩取决于该原子、分子的结构。理论证明，当原子中的电子层均被填满时，原子没有磁矩。原子中如果有未被填满的电子壳层，其电子的自旋磁矩未被抵消（方向相反的电子自旋磁矩可以互相抵消），原子就具有"永久磁矩"。例如，铁原子的原子序数为26，共有26个电子，电子层分布为$1s^2 2s^2 2p^6 3s^2 3p^6 3d^6 4s^2$。可以看出，除3d子层外各层均被电子填满，自旋磁矩被抵消。根据洪特法则，电子在3d子层中应尽可能填充到不同轨道，并且它们的自旋尽量在同一个方向上。因此5个轨道中除了有一条轨道必须填入2个自旋反平行的电子外，其余4个轨道均只有一个电子，且这些电子的自旋方向相同，总的电子自旋磁矩为$4\mu_B$。

某些元素，例如锌，具有各层都充满电子的原子结构，其电子磁矩相互抵消，因而不显磁性。

4.1.3　基本磁学性能

（1）磁场　一般将磁极作用力的空间称为磁场，导体中的电流或永磁体都会产生磁场。磁场的强弱用磁场强度和磁感应强度来表示。在实际应用中，常常用电流产生磁场。一根通有I(A)直流电的无限长直导线，在距导线轴线r(m)处产生的磁场强度H为：

$$H = \frac{I}{2\pi r} \tag{4.7}$$

在国际单位制中，H 的单位为 A/m，H 的方向是切于与导线垂直的以导线为轴的圆周。载流环形线圈圆心上的磁场强度表示为：

$$H = \frac{I}{2r} \tag{4.8}$$

式中，r 为环形线圈的半径；H 的方向按右手螺旋法则确定。对于无限长载流螺线管的 H：

$$H = nI \tag{4.9}$$

式中，n 为螺线管上单位长度的线圈匝数；H 的方向为螺线管的轴线方向，见图 4.2。实际应用中可以设计不同形状的电磁铁，产生不同的磁场分布。

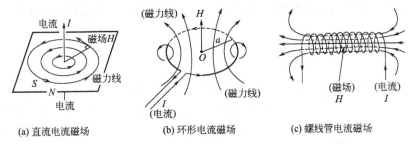

图 4.2　电流形成磁场的基本类型

（2）磁感应强度　在一外磁场 H 中放入一磁介质，磁介质受外磁场作用，处于磁化状态，定义为：

$$B \equiv \mu_0(H + M) = \mu H \tag{4.10}$$

式中，μ 为介质的绝对磁导率；B 为材料内部产生的磁通量密度，用于表示磁场的强弱，又称为磁感应强度，T 或 Wb/m²；M 为磁化强度；μ_0 为真空磁导率。

在真空中，$M = 0$ 则 $B_0 = \mu_0 H$。

（3）磁化强度　定义单位体积中磁矩的矢量和为磁化强度。设体积元 ΔV 内磁矩的矢量和为 $\sum m$，则磁化强度 M 为

$$M = \frac{\sum m}{\Delta V} \tag{4.11}$$

式中，M 为磁化强度，A/m，与 H 的单位一致，它表征物质被磁化的程度。

磁介质在外磁场中的磁化状态，主要由磁化强度 M 决定。M 可正、可负，取决于磁体内磁矩矢量和的方向，因而磁介质内部的磁感强度 B 可能大于也可能小于磁介质不存在时真空中的磁感应强度 B_0。

（4）磁导率　由式（4.10）可得：

$$\mu = \frac{B}{H}, \mu_r = \frac{\mu}{\mu_0} = \frac{B}{\mu_0 H} \tag{4.12}$$

式中，μ 为介质的绝对磁导率，只与介质有关，表示磁性材料传导和通过磁力线的能力；$\mu_r = \frac{\mu}{\mu_0}$ 为介质的相对磁导率，实际工作中常常使用相对磁导率。在不同的磁化条件下，磁导率有不同的表达式，软磁材料常常使用起始磁导率：

$$\mu_i = \frac{1}{\mu_0} \lim \frac{B}{H} \tag{4.13}$$

起始磁导率是磁中性条件下磁导率的极限值，对于弱磁场下使用的磁体是一个重要参数。在

起始磁化曲线上，磁导率随 H 的不同而变化，其最大值：

$$\mu_{\max} = \frac{1}{\mu_0}\left(\frac{B}{H}\right)_{\max} \tag{4.14}$$

$\mu_{\max}$ 即最大磁导率。

（5）磁化率 定义 $\chi \equiv \mu_r - 1$ 为介质的磁化率，则 $M = (\mu_r - 1)H$，可得磁化强度与磁场强度的关系：

$$M = \chi H \tag{4.15}$$

式中，比例系数 χ 仅与磁介质性质有关，反映了材料磁性的强弱。χ 没有单位，为一纯数。χ 可正、可负，取决于材料的不同磁性类别。单位质量的磁矩和或者单位摩尔的磁矩和与磁场强度之比，分别称为质量磁化率 χ_m 或摩尔磁化率 χ_{mol}，也可以表示磁性的强弱。

4.2 固体物质的磁性分类

根据物质的磁化率，可以把物质的磁性分为五类：抗磁性、顺磁性、铁磁性、亚铁磁性

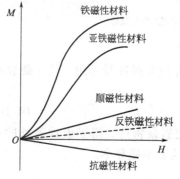

图 4.3 五类磁体的磁化曲线示意

和反铁磁性。按各类磁体磁化强度 M 与磁场强度 H 的关系，可绘出其磁化曲线。图 4.3 为磁化曲线示意。

4.2.1 抗磁性

M 与 H 为线性关系，磁化率 χ 为很小的负数，大约在 $10^{-6} \sim 10^{-7}$ 数量级，在外磁场中受微弱斥力，显示抗磁性（diamagnetism）。微观上看，物质的原子磁矩为零，不存在永久磁矩。具有抗磁性的物质称为抗磁体。

对于电子壳层已填满的原子，虽然其轨道磁矩和自旋磁矩的总和为零，但当外磁场作用时，原子也会显示出磁矩来。这是由于电子的循轨运动在外磁场的作用下产生了抗磁磁矩 $\Delta\mu$ 的缘故。

如图 4.4 所示，取轨道平面与磁场 H 方向垂直而循轨运动方向相反的电子为例。电子循轨运动时必然受到向心力 K 的作用，当加上外磁场后，电子必将产生一个附加力 ΔK，ΔK 称为洛伦兹力。由于洛伦兹力 ΔK 使向心力或增 [图 4.4(a)] 或减 [图 4.4(b)]，对于图 4.4(a)，朗之万认为电子的质量和轨道是不变的，故当向心

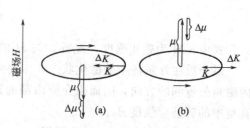

图 4.4 产生抗磁矩的示意

力增加时，只能是角频率变化，即增加一个 $\Delta\omega$，称为拉莫尔角频率，电子的这种以 $\Delta\omega$ 围绕磁场所作的旋转运动，称为电子进动。根据量子力学理论可以解出磁矩增量（附加磁矩），附加磁矩 $\Delta\mu$ 总是与外磁场 H 方向相反，这就是物质产生抗磁性的原因。显然，物质的抗磁性不是由电子的轨道磁矩和自旋磁矩本身所产生的，而是由外磁场作用下电子循轨运动产生的附加磁矩所造成的。抗磁磁化是可逆的。即当外磁场去除后，抗磁磁矩即行消失。一个电子的抗磁矩为：

$$\Delta\mu = -\frac{\mu_0 e^2 r^2 H}{4m} \tag{4.16}$$

式中，负号表示与 H 方向相反；m 为电子的质量；r 为电子运动轨道半径在垂直于磁场方向平面的投影。

既然抗磁性是电子轨道运动受到外磁场作用的结果，因而任何物质在外磁场作用下都要产生抗磁性。抗磁体的磁化率 χ 与温度无关或变化极小。凡是电子壳层被填满了的物质都属抗磁体，如惰性气体、离子型固体、共价键的 C、Si、Ge、S、P 等通过共有电子而填满了电子壳层，故也属抗磁体。

完全抗磁体，它的 χ 随温度变化，且其大小是前者的 10～100 倍。

4.2.2　顺磁性

M 与 H 为线性关系，磁化率 χ 为很小的正数，为 10^{-6}～10^{-5}，对外磁场有微弱增强作用，体现出顺磁性（paramagnetism）。微观上看，物质的原子具有不成对电子，含有永久（固有）磁矩。具有顺磁性的物质称为顺磁体。

顺磁体的原子或离子含有未填满的电子壳层（如过渡元素的 d 层，稀土金属的 f 层）或具有奇数个电子的原子，具有永久磁矩。但无外磁场时，由于热振动的影响，其原子磁矩的取向是无序的，故总磁矩为零，如图 4.5(a) 所示。当有外磁场作用时，原子磁矩便转向外磁场的方向，总磁矩大于零而表现为正向磁化，如图 4.5(b) 所示。但在常温下，由于热运动的影响，原子磁矩难以有序化排列，故顺磁体的磁化十分困难。

在常温下，使顺磁体达到饱和磁化程度所需的磁场约为 $8 \times 10^8 \, \mathrm{A/m}$，这在技术上是很难达到的。但若把温度降低到接近绝对零度，则达到磁饱和就容易多了。例如 $GdSO_4$，在 1K 时，只需 $H = 24 \times 10^4 \, \mathrm{A/m}$ 便可达磁饱和状态，如图 4.5(c) 所示。总之，顺磁体的磁化乃是磁场克服热运动的干扰，使原子磁矩排向磁场方向的结果。

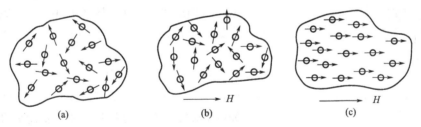

图 4.5　顺磁物质磁化过程示意

顺磁物质原子的磁化率与温度的关系一般通过居里定律来表示：

$$\chi = \frac{C}{T} \tag{4.17}$$

式中，T 为热力学温度；C 为居里常数。但还有相当多的固溶体顺磁物质，特别是过渡族金属元素，不符合居里定律。它们的原子磁化率和温度的关系需用居里-外斯定律来表达，即：

$$\chi = \frac{C'}{T + \Delta} \tag{4.18}$$

式中，C' 为常数；Δ 对某种物质而言也是常数，但对不同物质可有不同的符号。对于因价电子产生顺磁性的碱金属类，其顺磁性与温度无关。

4.2.3　铁磁性

M 与 H 为非线性关系，磁化率 χ 为很大的正数，大约在 10^3 数量级，且与外磁场呈非线性关系变化。微观上看，物质的原子具有永久磁矩，并且存在自发磁化的小区域——磁畴，称为铁磁性（ferromagnetism）。具有铁磁性的物质叫铁磁体，属于技术上的强磁性材料，已经获得广泛应用。在较弱的磁场作用下，就能产生很大的磁化强度；当外磁场移去后，仍可保留极强的磁性。例如金属铁、钴、镍及其合金等属于铁磁性材料。

（1）磁化率与温度的关系　　大致服从居里-外斯定律［式(4.18)］，式中 $\Delta=-T_c$（表示居里温度）。在 T_c 以上转变为顺磁体，此时的 M 和 H 间保持线性关系。

（2）外斯的分子场理论　　外斯假设铁磁体内部存在分子场，迫使原子磁矩克服热运动自发的平行排列，在没有外磁场的情况下，原子磁矩发生的同向排列称为自发磁化。铁磁体在消磁状态下被分割成许多小区域，这些小区域称为磁畴。磁畴内部磁矩平行排列，自发磁化强度为 M，但是不同磁畴之间磁化方向不同，磁化相互抵消，宏观上铁磁体无磁性。

（3）海森堡交换作用理论　　铁磁性材料的自发磁化是由于电子间相互作用产生的。根据键合理论可知，原子相互接近形成分子时，电子云相互重叠，电子相互交换。对于过渡族金属，电子的 3d 状态与 s 状态能量相差不大，因此它们的电子云也将重叠，引起 s、d 状态电子的再分配。这种交换产生一种附加能量称为交换能 E_{ex}，迫使相邻原子的自旋磁矩同向排列。

$$E_{ex}=-2AS_1S_2=-2AS^2\cos\varphi \tag{4.19}$$

式中，A 为交换能积分常数；S_1 与 S_2 分别是两个电子的自旋动量矩矢量；φ 是两个自旋动量矩夹角；S 是 S_1 与 S_2 的模，因为是同类电子，所以他们的模相等。

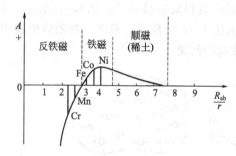

图 4.6　交换能积分常数 A 与 R_{ab}/r 的关系

根据量子力学计算，交换能积分常数 A 不仅与电子运动状态的波函数有关，而且强烈地依赖于原子之间的距离 R_{ab}，交换能积分常数 A 与原子间距的关系曲线见图 4.6。图 4.6 中 R_{ab} 是原子间距，r 是原子半径，当 $R_{ab}/r>3$ 时，$A>0$；当 $R_{ab}/r<3$ 时，$A<0$。

由式（4.19）可知，在 $A>0$ 的情况下，当 $\cos\varphi=1$ 时，E_{ex} 为最低值，即 $\varphi=0$，表明只有当相邻原子磁矩同向平行排列，才具备能量最低的条件。

从而实现自发磁化，产生铁磁性。反之，在 $A<0$ 的情况下，则当 $\cos\varphi=-1$ 时，E_{ex} 才为最低值，即 $\varphi=\pi$，自旋磁矩反向排列时能量最低。铁、钴、镍的交换能积分常数 A 具有较大的正值，满足自发磁化的条件，产生铁磁性。某些稀土元素 A 值较小，自旋磁矩同向排列作用很弱，热骚动极易破坏这种同向排列，所以常温下表现为顺磁性。铬、锰的 A 是负值，是反铁磁性金属，但通过合金化作用，改变其点阵常数，使得 R_{ab}/r 之比大于 3，也可得到铁磁性合金。

综上所述，铁磁性产生的条件：①原子内部要有未填满的电子壳层，即具有固有磁矩；②$R_{ab}/r>3$，使交换能积分常数 A 为正，形成磁畴。前者指的是原子本征磁矩不为零；后者指的是要有一定的晶体结构。

到目前为止，仅有四种金属元素在室温以上是铁磁性的，即铁、钴、镍和钆，极低低温下有五种元素是铁磁性的，即铽、镝、钬、铒和铥。居里温度分别为：铁 768℃，钴 1070℃，镍 376℃，钆 20℃。铁磁性合金按其成分可以分为三类：由铁磁金属组成的合金，在任何成分下都有铁磁性；由铁磁金属和非铁磁金属或非金属组成的合金，在一定范围内有铁磁性；由非铁磁金属组成的合金，表现铁磁性的组成范围更窄。近年来研究开发的稀土永磁材料，是以稀土为重要组分的金属间化合物，例如 Nd-Fe-B 系稀土永磁材料，最大磁能积（BH）在 $160kJ/m^3$ 以上，称为"永磁之王"，在高新技术中已经获得广泛应用。

4.2.4　亚铁磁性

亚铁磁性与铁磁性类似：M 与 H 为非线性关系，磁化率 χ 为较大的正数，与外磁场呈非线性关系变化。微观上看，物质的原子具有永久磁矩，并且存在自发磁化的小区域——磁畴。由于磁性比铁磁性弱，称为亚铁磁性。具有亚铁磁性的物质一般都是多种金属的氧化物复合而成，常称为铁氧体。

亚铁磁性与铁磁性不同之处在于：铁氧体磁性来自两种不同的磁矩。一种磁矩在一个方向相互排列整齐；另一种磁矩在相反的方向排列。这两种磁矩方向相反，大小不等，两个磁矩之差，就产生了自发磁化现象。铁氧体是含铁酸盐的陶瓷磁性材料，按其导电性属于半导体，其高电阻率的特点使它可以应用于高频磁化过程。亚铁磁性的 χ-T 关系如图 4.7(c) 所示。图 4.7 中还示出铁磁性、反铁磁性、亚铁磁性原子磁矩的有序排列。

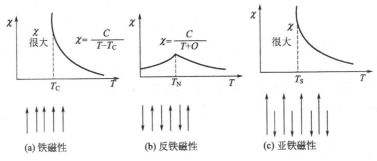

图 4.7　三种磁化状态示意

4.2.5　反铁磁性

M 和 H 处于同一方向，磁化率为很小的正值。反铁磁体中同一子晶格磁矩同向平行排列，相邻子晶格中磁矩反向排列，两个子晶格中自发磁化强度大小相等方向相反，导致整个晶体原子磁矩相互抵消，自发磁化强度等于零。这样一种特性称为反铁磁性（antiferromagnetism）。具有反铁磁性的物质称为反铁磁体。纯金属 α-Mn、Cr 等，许多金属氧化物如 MnO、Cr_2O_3、CuO、NiO 等属于反铁磁性。法国物理学家尼尔由于发现反铁磁性和亚铁磁性，获得了 1970 年度的诺贝尔物理学奖。

MnO 的反铁磁性可以通过超交换作用模型来解释，见图 4.8：在 MnO 晶体中，由于中间 O^{2-} 的阻碍，Mn^{2+} 之间的直接交换作用非常弱，磁性离子之间的交换作用是通过 O^{2-} 作为媒介来实现的，故称为超交换作用。Mn^{2+} 的未满电子壳层为 $3d^5$，5 个自旋彼此平行取向。O^{2-} 的 2p 轨道向近邻的 Mn^{2+} 的 M_1、M_2 伸展，2p 轨道电子云与 Mn^{2+} 电子云交叠，2p 电子有可能迁移到 Mn^{2+} 中。假设一个 2p 电子转移到 M_1 离子的 3d 轨道，该电子必须使它的自旋与 Mn^{2+} 的总自旋反平行，所以只能接受一个与 5 个 3d 电子自旋反平行的电子。另一方面，按泡利不相容原理，2p 轨道上的剩余电子的自旋与被转移的电子的自旋反平行。此时，由于 O^{2-} 与 M_2 的交换作用是负的，故 2p 轨道剩余电子与 M_2 的 3d 电子自旋反平行取向。这样，M_1 与 M_2 的总自旋反平行取向。当 M—O—M 的夹角为 180° 时，超交换作用最强，当夹角变小时作用变弱。

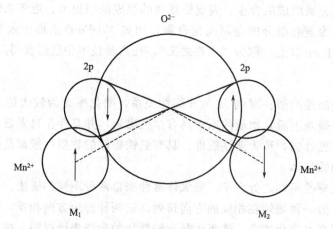

图 4.8 超交换作用示意

这类物质无论在什么温度下其宏观特性都是顺磁性的，χ 相当于强顺磁性物质磁化率的数量级。温度很高时，χ 很小，温度逐渐降低，χ 逐渐增大，降至某一温度，χ 升至最大值；再降低温度，χ 又减小。见图 4.7(b)。χ 最大时的温度点称为尼尔点，用 T_N 表示。在温度大于 T_N 以上时，χ 服从居里-外斯定理。尼尔点是反铁磁性转变为顺磁性的温度（有时也称为反铁磁物质的居里点 T_c）。在尼尔点附近普遍存在热膨胀、电阻、比热容、弹性等反常现象，由于这些反常现象，使反铁磁物质可能成为有实用意义的材料。例如近几年来正在研究具有反铁磁性的 Fe-Mn 合金作为恒弹性材料。

4.3 磁畴与磁化曲线

4.3.1 铁磁体中的能量

铁磁体中单位体积的总自由能或总能量 E 表示为：

$$E = E_{ex} + E_k + E_\sigma + E_d + E_h \tag{4.20}$$

式中，E_{ex} 为交换能；E_k 为磁晶各向异性能；E_σ 为磁弹性能；E_d 为退磁能；E_h 为静磁能。

E 代表了单位体积中铁磁体内部各磁矩之间及其与外磁场的相互作用能，交换能是具有静电性质的相互作用能，其余四种则是与磁场相互作用有关的能量。

（1）磁晶各向异性能 沿磁性晶体不同的晶轴方向上，磁化到饱和时所需要的磁化能不同。沿不同磁化方向的磁化功之差称为磁晶各项异性能。

（2）磁弹性能 铁磁体在受到磁场作用时，因磁致伸缩晶体中将发生相应的形变，形变受阻引起的能量称为磁弹性能。

（3）退磁能 有限尺寸的铁磁体被磁化后，在它两端出现的自由磁极将在磁体内部产生与外磁场方向相反的磁场，称为退磁场 H_d，起减退磁化的作用，铁磁体与其自身的退磁场之间的相互作用能称为退磁能。

（4）静磁能 铁磁体磁矩与外磁场方向不同，相互之间的作用能。

4.3.2 磁畴

铁磁性材料内部存在着自发磁化的小区域——磁畴（magnetic domain），磁畴的形成是铁磁体中各种能量共同作用的结果。根据交换能最低原则，晶体中相邻原子的自旋磁矩应同向排列，形成一个大磁畴。但同向排列的结果却形成了磁极，造成很大的退磁能，见图 4.9(a)，这就必然要限制自旋磁矩的同向排列。若晶体形成图 4.9(b) 两个反向磁化区，则可使退磁能大大降低；若形成图 4.9(c)，在磁体内形成封闭磁畴，可使退磁能降为零。由于磁各向异性的作用，沿易磁化方向的磁畴较长，难磁化方向的磁畴较短。由于闭合磁畴和基本磁畴的磁化方向不同，引起磁致伸缩不同，产生一定的磁弹性能，磁畴尺寸越大，磁弹性能越大，因此，封闭磁畴需要较小的磁畴结构才能降低弹性能，从这个角度出发，磁畴越小能量越低。但磁畴越小单位体积中的畴壁面积越大，而形成畴壁是需要能量的，因此磁畴不能太小。当磁畴变小使磁弹性能减小的数量和形成畴壁所需的能量相等时，就达到了稳定闭合磁畴组态。

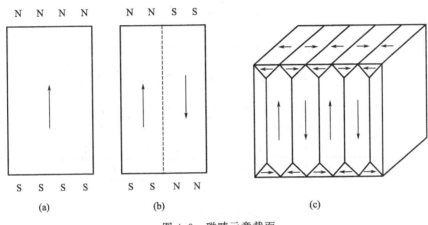

图 4.9 磁畴示意截面

大量实验表明，磁畴结构的形成正是为了保持自发磁化的稳定性，使铁磁体的能量达到最低值的结果。每个磁畴尺寸大约为 $10^{-9}\,cm^3$，约有 10^{15} 个原子。一个晶粒内可能有数个磁畴，在磁场的作用下磁畴的大小和方向都可能发生变化。

磁畴之间被畴壁隔开。畴壁实质是相邻磁畴间的过渡层。为了降低交换能，在这个过渡层中，磁矩不是突然改变方向，而是逐渐地改变，因此过渡层（磁畴壁）有一定厚度，如图 4.10 所示，根据畴壁中磁矩的过渡方向，磁畴壁分为布洛赫壁和奈尔壁。大块铁磁晶体内属于布洛赫壁，布洛赫壁中，磁化矢量从一个畴内的方向过渡到相邻畴内的方向时，磁化始终保持平行于畴壁平面，畴壁面上无自由磁极出现，不会产生退磁场。在磁性薄膜中，磁化在畴壁平面内旋转，称为奈尔壁。奈尔壁的畴壁能随着膜厚的减小而减小，对于块体材料，布洛赫壁稳定；对于较薄的薄膜，奈尔壁稳定。畴壁的厚度取决于交换能和磁结晶各向异性能平衡的结果，一般为 $10^{-5}\,cm$。铁磁体在外磁场中的磁化过程主要为畴壁的移动和磁畴内磁矩的转向。这就使得铁磁体只需在很弱的外磁场中就能得到较大的磁化强度。

4.3.3 磁化曲线和磁滞回线

磁性材料的磁化曲线（magnetization curve）和磁滞回线（magnetic hysteretic loop）是材料在外加磁场时表现出来的宏观磁特性。

（1）材料的磁化 未经外磁场磁化的铁磁体，宏观上并不显示磁性，磁畴方向是无规则的，因而在整体上净磁化强度为零。对铁磁体施加外磁场，磁畴中的磁矩顺着磁场方向转动，增强了材料内的磁场。随着外磁场增加，转到外磁场方向的磁矩就越多，磁感应强度越

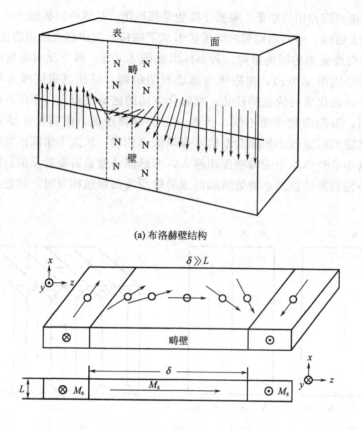

(a) 布洛赫壁结构

(b) 奈尔壁结构

图 4.10　磁畴壁的结构

强，这就说明材料被磁化了。

（2）初始磁化曲线　对于铁磁性材料，磁感应强度 B 和磁场强度 H 为非线性关系，材料的磁化过程与畴壁的移动和磁畴内磁矩的转向有关。利用图 4.11 可以分析磁畴壁的移动和磁畴磁化矢量的转向及其在磁化曲线上起作用的范围。可以看出，当无外施磁场时，磁畴取向是无规则的，样品对外不显磁性。在①区域，外施磁场强度很小的情况下，畴壁发生移动，使与外磁场方向一致的磁畴范围扩大，其他方向的相应缩小，B-H 关系是可逆的，磁畴可以恢复到原来的状态。当外施磁场强度继续增至②区域时，与外磁场方向不一致的磁畴的磁化矢量会按外场方向转动。如果减小磁场强度，B-H 曲线也不会按原曲线返回，因而是不可逆的。H 进一步增加进入③区，在每一个磁畴中，磁矩都转向外磁场 H 方向排列，磁化处于饱和状态，称为转向磁化区。此时饱和磁感强度用 B_s 表示，饱和磁化强度用 M_s 表示，对应的外磁场为 H_s。此后，H 再增加，B 增加极其缓慢，与顺磁物质磁化过程相似。其后，磁化强度的微小提高主要是由于外磁场克服了部分热骚动能量，使磁畴内部各电子自旋磁矩逐渐都和外磁场方向一致造成的。所有从退磁状态开始的铁磁体基本磁化曲线都具有图 4.11 的形式。这种从退磁状态直到饱和之前的磁化过程又称为技术磁化。

（3）磁滞回线　当上述外加磁场为交变磁场时，可得到闭合的磁滞回线，见图 4.12。当外磁场从 H_s 逐渐减小至零时，H 和 B 曲线并不沿原曲线返回，而是沿另一曲线下降到 B_r，B_r 称为剩余磁感应强度，表明铁磁体中仍保留了一定的磁性，这就是永久磁铁。要消

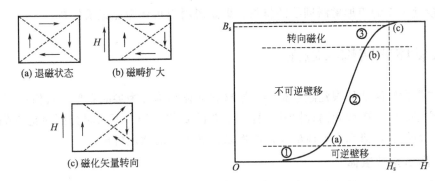

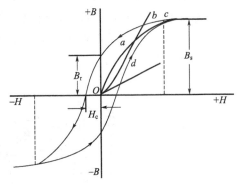

图 4.11　由磁畴扩大和磁化矢量转向引起的磁化过程

除剩磁 B_r，只有加反向磁场，直到 $H=-H_c$，$B_r=0$，H_c 称为矫顽力，它的大小反映铁磁材料保持剩磁状态的能力。

　　当铁磁材料处于交变磁场中时（如变压器中的铁心），它将沿磁滞回线反复被磁化→去磁→反向磁化→反向去磁。在此过程中要消耗额外的能量，并以热的形式从铁磁材料中释放，这种损耗称为磁滞损耗（hysteretic losses）。磁滞回线表示铁磁材料的一个基本特征，它的形状、大小，均有一定的实用意义。可以证明，磁滞损耗与磁滞回线所围面积成正比。

图 4.12　磁滞回线

　　由图 4.12 磁滞回线上可确定的特征参数为：

　　① 饱和磁感应强度 B_s（saturation magnetic flux density）。在指定温度（25℃ 或 100℃）下，用足够大的磁场强度磁化物质时，磁化曲线达到接近水平，不再随外磁场增大而明显增大对应的 B 值。

　　② 剩余磁感应强度 B_r（remanence）。铁磁物质磁化到饱和后，将磁场强度下降到零，铁磁物质中残留的磁感应强度，称为剩余磁感应强度，简称剩磁 B_r。

　　③ 矫顽力 H_c（coercivity）。消除铁磁体剩余磁感应强度所需要施加的反向磁场强度，称为矫顽力 H_c。它表示磁体保留磁性、抗退磁场的能力。

　　④ 最大磁能积 $(BH)_{max}$　在第二象限的退磁曲线上各点对应的 B 与 H 乘积的最大值。表征永磁体所储存能量的高低。

　　⑤ 起始磁导率 μ_i（initial permeability）　当 H 趋向于 0 时，磁化曲线的斜率与真空磁导率 μ_0 之比称为起始磁导率 μ_i。在磁性材料的初始磁化曲线上，从原点向该曲线膝部某点引一切线，使其具有最大斜率，该斜率除以真空磁导率 μ_0 就是材料的最大磁导率，用 μ_{max} 表示，如图 4.12 所示。

　　铁磁材料的磁导率可高达数千乃至数万，这一特点是它用途广泛的主要原因之一。在弱磁场下的软磁材料，如信号变压器、电感器的铁心、电感线圈等，希望具有较大的 μ_i，较小的矫顽力，这样可在较小的 H 下产生较大的 B。不同的磁性材料具有不同的磁滞回线，从而使它们的应用范围也不同。具有小 H_c、高 μ 的瘦长形磁滞回线的材料，适宜作软磁材料。而具有大的 B_r 和 H_c、低 μ 的短粗形磁滞回线的材料适宜作硬磁（永磁）材料。而

M_r/M_s比接近于 1 的矩形磁滞回线的材料，即矩磁材料可作为磁记录材料。

4.4 铁氧体的结构与磁性

铁氧体是含铁酸盐的陶瓷磁性材料，按材料晶体结构分为尖晶石型、石榴石型、磁铅石型、钙钛矿型、钛铁矿型和钨青铜型 6 种。重要的是前三种。下面将分别讨论它们的结构，并以尖晶石为代表，研究铁氧体的亚铁磁性以及其产生的微观机理。

4.4.1 尖晶石型铁氧体

（1）尖晶石结构　铁氧体亚铁磁性氧化物的通式为 $M^{2+}O \cdot Fe_2^{3+}O_3$，其中 M^{2+} 是二价金属离子，如 Fe^{2+}、Ni^{2+}、Mg^{2+}、Mn^{2+} 等。复合铁氧体中二价离子 M 可以是几种离子的组合（如 $Mg_{1-x}Mn_xFe_2O_4$），因此组成和磁性能范围宽广。它们的结构属于尖晶石型，其中氧离子近乎密堆立方排列（图 4.13）。通常把氧四面体空隙位置称为 A 位，八面体空隙位置称为 B 位。如果两价离子都处于四面体 A 位，如 $Zn^{2+}(Fe^{3+})_2O_4$，称为正尖晶石；如果二价离子占据 B 位，三价离子占有 A 位及其余的 B 位，则称为反尖晶石，如 $Fe^{3+}(Fe^{3+}M^{2+})O_4$。

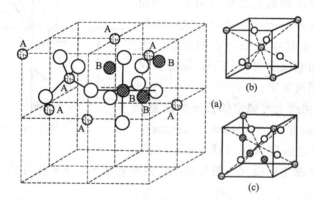

图 4.13　尖晶石晶胞结构和子晶胞

所有的亚铁磁性尖晶石几乎都是反型的；这可设想由于较大的两价离子趋于占据较大的八面体位置。A 位离子与反平行态的 B 位离子之间，借助于电子自旋耦合而形成二价离子的净磁矩，即

$$Fe_a^{+3} \uparrow Fe_b^{+3} \downarrow M_b^{+2} \downarrow$$

例如磁铁矿属反尖晶石结构，一个原晶胞含有 8 个 Fe_3O_4 "分子"，8 个 Fe^{2+} 占据了 8 个 B 位，十六个 Fe^{3+} 中有 8 个占 A 位，另有 8 个占 B 位。对于任一个 Fe_3O_4 "分子" 来说，两个 Fe^{3+} 分别处于 A 位及 B 位，他们是反平行自旋的，因而这种离子的磁矩必然全部抵消，但在 B 位的 Fe^{2+} 的磁矩依然存在。Fe^{2+} 有 6 个 3d 电子分布在 5 条 d 轨道上，其中只有一条 d 轨道上的电子反向平行自旋，磁矩抵消。其余尚有 4 个平行自旋的电子，因而应当有 4 个 μ_B，即整个 "分子" 的玻尔磁子数为 4，一个原晶胞有 32 个 μ_B。试验测定 Fe_3O_4 "分子" 的结果为 $4.2\mu_B$，与理论值相当接近。

阳离子出现反型的程度，取决于热处理条件。一般来说，提高正尖晶石的温度会使离子激发至反型位置。所以在制备类似于 $CuFe_2O_4$ 的铁氧体时，必须将反型结构高温淬火才能得到存在于低温的反型结构。锰铁氧体约为 80% 正型尖晶石，这种离子分布随热处理变化不大。

　　（2）铁氧体的亚铁磁性　为了解释铁氧体的磁性，尼尔认为铁氧体中 A 位与 B 位离子的磁矩应是反平行取向的，这样彼此的磁矩就会抵消。但由于铁氧体内总是含有两种或两种以上的阳离子，这种离子各具有大小不等的磁矩（有些完全没有磁性），占 A 位或 B 位的离子数目也不相同，因此晶体内由于磁矩的反平行取向而导致的抵消作用通常并不一定会使磁性完全消失，往往保留了剩余磁矩，表现出一定的铁磁性，称为亚铁磁性或铁氧体磁性，见图 4.7。与铁磁性相同之处在于有自发磁化强度和磁畴，因此有时也被统称为铁磁性物质。

　　铁氧体亚铁磁性的来源是金属离子间通过氧离子而发生的超交换作用。由于 O^{2-} 上 2p 电子分布呈哑铃形，因而在 O^{2-} 两旁成 180° 的两个金属离子的超交换作用最强，而且必定是反向平行。在尖晶石结构中存在 A-A、B-B、A-B 三种交换作用，其中 A-B 间的交换作用一般都是反铁磁性的。因 A，B 在 O^{2-} 两旁近似成 180°，而且距离较近，所以 A-B 型超交换作用占优势，而且 A、B 位磁矩是反向排列的。即 A-B 型的超交换作用导致了铁氧体的亚铁磁性。

　　必须指出，当 A 或 B 位离子不具有磁矩时，A-B 交换作用就非常弱，上述结论不适用。例如 $ZnFe_2O_4$ 是正尖晶石结构，是反铁磁性的。由于 Zn^{2+} 的固有磁矩为 0，故在 B 位上的 Fe^{3+} 的总磁矩为 0，否则不能使整个分子的磁矩为 0，表现出反铁磁性，因此决定了即使在 B-B 间的交换作用也必须是反铁磁性的。

4.4.2　石榴石型铁氧体

　　稀土石榴石也具有重要的磁性能，其通式为 $M_3^c Fe_2^a Fe_3^d O_{12}$，式中 M 为三价的稀土离子或钇离子。上标 c，a，d 表示该离子所占晶格位置的类型。晶体是立方结构，每个晶胞包括 8 个化学式单元，共有 160 个原子。a 离子位于体心立方晶格格点上，c 离子和 d 离子位于立方体的各个面，见图 4.14，只表示了八分之一原胞。每个晶胞有 8 个子单元，每个 a 离子占据一个八面体位置，每个 c 离子占据十二面体位置，每个 d 离子处于一个四面体位置。

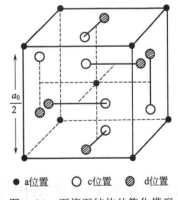

● a位置　○ c位置　◇ d位置

图 4.14　石榴石结构的简化模型

　　与尖晶石类似，石榴石的净磁矩起因于反平行自旋的不规则贡献：a 离子和 d 离子的磁矩是反平行排列的。c 离子和 d 离子的磁矩也是反平行排列的。如果假设每个 Fe^{3+} 磁矩为 $5\mu_B$，则对 $M_3^c Fe_2^a Fe_3^d O_{12}$ 的净磁矩：

$$\mu_{净} = 3\mu_c - (3\mu_d - 2\mu_a) = 3\mu_c - 5\mu_B$$

4.4.3　磁铅石型铁氧体

　　磁铅石型铁氧体的结构与天然磁铅石 $Pb(Fe_{7.5}Mn_{3.5}Al_{0.5}Ti_{0.5})O_{19}$ 相同，属六方晶系，结构比较复杂。其中氧离子呈密堆积，系由六方密堆积与等轴面心堆积交替重叠。受天然磁铅石结构的启发，制成了钡恒磁的永磁铁氧体，化学式为 $BaFe_{12}O_{19}$，结构与天然磁铅石相同，见图 4.15。原晶胞包括 10 层氧离子密堆积层，每层有 4 个氧离子，两层一组的六方和四层一组的等轴面心交替出现，即按密堆积的 ABABCA…层依次排列。在两层一组的六方密堆积中有一个氧离子被 Ba^{2+} 所代替，并有 3 个 Fe^{3+} 填充在空隙中。四层一组的等轴面心堆积中共有 9 个 Fe^{3+} 分别占据 7 个 B 位和 2 个 A 位，类似尖晶石的结构，故这四层一组的又叫尖晶石块。因此一个原晶胞中共含 O^{2-} 为 $4×10-2=38$ 个，Ba^{2+} 2 个，Fe^{2+} 为 $2(3+9)=24$ 个，即每一原晶胞中包含了两个 $BaFe_{12}O_{19}$ "分子"。

磁化起因于铁离子的磁矩，每分子钡铁氧体中尖晶石块和六方密堆块中的自旋取向如下。尖晶石块：2 个 Fe^{3+} 处于四面体位置，形成 $2×5\mu_B↑$；7 个 Fe^{3+} 处于八面体位置，形成 $7×5\mu_B↓$；在六方密堆块中，1 个 Fe^{3+} 位于五个氧离子围成的双锥体中，给出 $1×5\mu_B↓$；处于八面体中的 2 个 Fe^{3+}，给出 $2×5\mu_B↑$。总的净磁矩位 $4×5\mu_B=20\mu_B$。

由于六角晶系铁氧体具有高的磁晶各向异性，故适宜作永磁铁，它们具有高矫顽力。

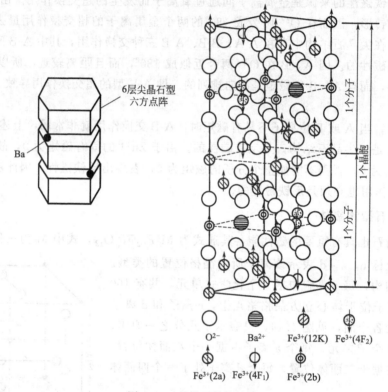

图 4.15　磁铅石晶体结构

4.5　磁性材料的结构与性能

磁性材料的种类繁多，例如软磁材料、硬磁材料、半硬磁材料、磁记录材料、磁致伸缩材料、磁形状记忆材料、磁电阻材料、巨磁阻抗材料、磁光材料、磁卡效应材料、微波磁性材料、磁流体及复合磁性材料。这里对工业应用量大面广的典型的软磁材料和硬磁材料的结构与性能进行阐述，具有各种物理效应的磁性材料，有许多特殊的应用，列在第 4.6 节供参考。

4.5.1　软磁材料

软磁材料是指具有易磁化、易退磁的铁磁性或亚铁磁性物质。要求起始磁导率、饱和磁感应强度高；矫顽力、磁损耗低。矫顽力一般为 $10^{-1}\sim10^2 A/m$。

（1）显微结构对磁性能的影响　为了提高起始磁导率、降低矫顽力，要求材料的磁致伸缩系数、各向异性常数要小，良好的软磁材料常常是立方晶体结构；要求饱和磁化强度要大、稳定性要高。显微结构对提高起始磁导率 μ_i 起着重要作用。晶粒尺寸增大，晶界对畴壁位移的阻滞作用减小，起始磁导率提高，当晶粒尺寸在 $5\mu m$ 以下时，晶粒近似为单畴，以畴转为主，μ_i 在 500 左右，当晶粒尺寸在 $5\mu m$ 以上时，晶粒不再为单畴，转变为以位移为主，μ_i 增大到 3000 以上。气孔与晶粒边界会引起退磁场，且气孔引起的退磁场正比于外加磁场，而由晶粒边界引起的退磁场正比于磁通密度。气孔的大量存在将降低 μ_i；若工艺不当，气孔也会大量涌入晶粒内部，造成壁移困难，μ_i 将急剧下降。若晶粒虽大，但内部出现气孔，则 μ_i 反而下降，说明此时的气孔对壁移的阻滞极为严重。因此，显微结构要求大的晶粒尺寸，杂质、气孔要少，内应力要小。

　　（2）锰锌铁氧体的结构与性能　　锰锌铁氧体属于软磁铁氧体材料，与金属、合金强磁性材料相比，具有电阻率高、涡流损耗小、抗氧化性强等特性，作为重要的基础功能材料，适合应用于高频和超高频领域，随着电子仪器设备的体积趋于小型化、轻量化、薄型化，对锰锌铁氧体的性能提出了更高的要求，因此，了解锰锌铁氧体结构与性能之间的关系显得特别重要。

　　锰锌铁氧体的主要磁性能参数包括饱和磁化强度、矫顽力、居里温度、起始磁导率和磁损耗。起始磁导率是高磁导率材料的主要性能指标，取决于弱磁场下可逆磁化过程的容易程度。可逆磁畴转动造成的起始磁导率为 $\mu_i \propto M_s^2 / K_{eff}$。可逆畴壁位移造成的起始磁导率由三部分组成：①由掺杂或气泡引起的 $\mu_i \propto M_s^2 / K_{eff}\beta^{\frac{2}{3}}$；②由内应力引起的 $\mu_i \propto M_s^2 / \lambda_s\sigma$；③由晶界作用引起的 $\mu_i \propto M_s^2 L / K_{eff}$，其中 $K_{eff} = K_1 + K_U + 3/2\lambda_s\sigma$，式中，$K_{eff}$ 为有效各向异性常数；K_1 为磁晶各向异性常数；K_U 为感生各向异性常数；β 为掺杂或空泡的体积分数；λ_s 为磁致伸缩系数；σ 为内应力；L 是平均晶粒尺寸。因此，可以通过提高饱和磁化强度 M_s、降低各向异性常数及磁致伸缩系数、降低杂质或空泡的体积分数和内应力、增大晶粒尺寸来提高 μ_i。

　　铁氧体的损耗主要由三部分组成：磁滞损耗、涡流损耗和剩余损耗，每种损耗产生的频率范围不同。在低频段（100kHz 以下）磁滞损耗占主体地位，并与 μ_i 成反比，可以通过提高 μ_i 和降低 H_c 来降低磁滞损耗。在中等频率下（200～500kHz），以涡流损耗为主，应以均匀的小晶粒以及高电阻率的晶界来降低涡流损耗。高频下（1MHz 以上）以剩余损耗为主，是由磁余效和共振引起，提高共振频率有利于减小低频下的剩余损耗。

　　锰铁氧体是混合型尖晶石，分子式为 $Mn_{1-x}^{2+}Fe_x^{3+}[Mn_x^{2+}Fe_{2-x}^{3+}]O_4^{2-}$。以转化度 $\delta = 0.2$ 为例，表示 80% Mn^{2+} 占据 A 位，剩余 20% Mn^{2+} 占据了 B 位，而 A 位空下来的位置就由 Fe^{3+} 占据，分子式可以写成 $Mn_{0.8}^{2+}Fe_{0.2}^{3+}[Mn_{0.2}^{2+}Fe_{1.8}^{d}]O_4^{2-}$。$Zn^{2+}$ 的加入占据 A 位，分子式为 $Mn_{1-x}^{2+}Zn_x^{2+}Fe_2^{3+}O_4^{2-}$，金属离子分布为 $Zn_x^{2+}Mn_y^{2+}Fe_{1-x-y}^{3+}[Mn_{1-x-y}^{2+}Fe_{1+x+y}^{3+}]O_4^{2-}$，$Zn^{2+}$ 的加入将 A 位的部分 Fe^{3+} 赶到 B 位，当 $x < 0.4$ 时分子磁矩增大。当 $x > 0.4～0.5$ 时，随 x 增加，B_s 反而下降，锰锌铁氧体也会变成正尖晶石型，由于 Zn^{2+} 是非磁性离子，加入较多时，使 A 位上的磁性离子减少，即能产生 A-B 超交换作用的磁性离子减少，减弱了 A-B 间的超交换作用，而在 B-B 位间增强，居里点下降。金属离子 A 位或 B 位的择优趋势是由离子的半径、离子间的库仑能和晶体场效应等因素共同决定。依据实验规律，金属离子优先占据 A 位的顺序为：Zn^{2+}、Cd^{2+}、Gd^{2+}、In^{3+}、Mn^{2+}、Fe^{3+}、Mn^{3+}、Fe^{2+}、Mg^{2+}、Cu^{2+}、Co^{2+}、Ti^{4+}、Ni^{2+}、Cr^{3+}。金属离子这一优先占位趋势还受温度的影响，超过某一

温度后，所有金属离子的分布趋向于形成混合尖晶石结构。

锰锌铁氧体的主成分确定后，显微结构决定了材料的性能。微量添加剂在调整显微结构方面起着关键作用，显微结构的变化见图 4.16～图 4.18。根据添加剂在显微结构中的作用，可以分为以下三类。

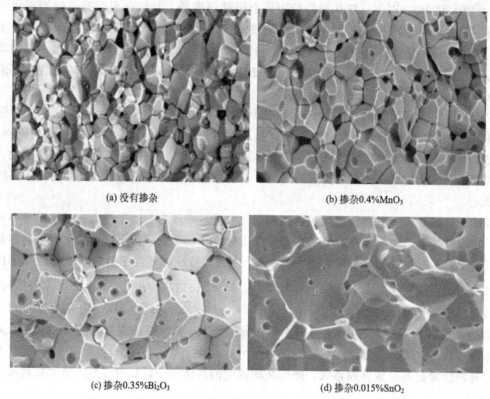

(a) 没有掺杂

(b) 掺杂0.4%MnO₃

(c) 掺杂0.35%Bi₂O₃

(d) 掺杂0.015%SnO₂

图 4.16　不同添加剂对显微结构的影响（初始磁导率接近 13000）

① 以第二相沉积在晶界，常用的是大离子半径的 CaO、SiO_2 和 Nb_2O_5，能细化晶粒，促进晶粒均匀致密，提高晶界电阻率，从而降低涡流损耗。例如 Ca^{2+} 的半径（0.106nm）大于尖晶石中四面体间隙（A 位 0.03nm）和八面体间隙（B 位 0.055nm），不能进入尖晶石相晶格中，主要富集于晶界。但过量的 CaO 则会使晶界的厚度增大，晶界两侧的晶格发生畸变，从而导致磁滞损耗的大幅增加和材料性能恶化。SiO_2 与 Fe_2O_3 反应生成熔点较低的硅酸盐相，在铁氧体的烧结中起助熔剂作用。但过多的 SiO_2 导致材料晶粒异常长大，使铁氧体的性能恶化。

② 形成液相，常用的是低熔点的 Bi_2O_3、V_2O_5、MoO_3，在锰锌铁氧体中适量添加会形成液相烧结，液相浸润固相物颗粒的接触面使反应面积增大、提高反应速率、促进固相反应的进行，提高材料的烧结密度、使晶粒均匀长大、降低气孔率、提高起始磁导率和饱和磁感应强度、降低材料的损耗。但是 V_2O_5 含量过高会促进晶粒快速增长，使粒径增大、晶界减少、气孔大量进入晶粒内部，对畴壁位移产生严重的阻滞，导致起始磁导率降低。

③ 离子置换进入晶格内部。小离子半径的 Cu^{2+}、Co^{2+}、Ni^{2+}、Ti^{4+}、Sn^{4+} 等进入晶格引起主晶相晶格的畸变、缺陷增加，从而促进烧结。离子半径相差越大，促进烧结程度也越明显。尤其是高价离子既可以进入晶格又可以存在于晶界，对锰锌铁氧体的起始磁导率、饱和磁感应强度和磁损耗产生重要影响。

近来的研究表明，复合掺杂更有利于形成高电阻率晶界，降低铁氧体材料的涡流损耗，提高锰锌铁氧体的磁性能。Ca 离子、Ta 离子和 Nb 离子作为一组掺杂；掺杂组合 Ta_2O_5、Nb_2O_5、$CaCO_3$，Ta 离子使得 Ca 离子在晶界的浓度升高，Nb 离子防止了 Zn 离子挥发。晶界上的 Ta 和 Nb 稀释了 Fe^{2+} 的浓度，抑制了其导电能力，电阻率得到了提高。同时，合适的掺杂也可以使晶粒分布均匀整齐规则、气孔率相对降低、提高了密度、改善了饱和磁感强度 B_s，初始磁导率也相应得到了提高。图 4.17 是 2011 年某企业锰锌铁氧体产品的 SEM 照片，添加剂为 CaO、Bi_2O_3、SiO_2，可以看到比较均匀的晶粒，晶粒表面的气孔。

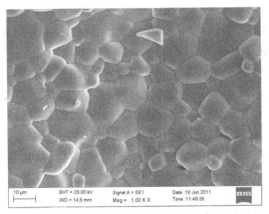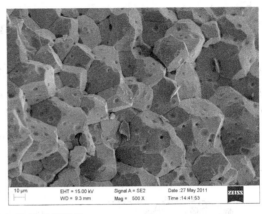

图 4.17　锰锌铁氧体的显微结构

图 4.18 为以纳米粉体为原料制备的锰锌铁氧体，没有预烧的烧结体出现了较多的气孔，晶粒缺陷较多且不均匀。预烧温度为 600℃时，晶粒大小均匀，缺陷很少，没有大的空洞，晶粒大小为 $3\mu m$，具有较高的磁学性能。当预烧温度达到 700℃时，有较大空洞出现，晶粒不均匀，磁性能下降。

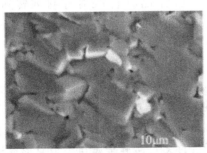

(a) 没有预烧　　(b) 600预烧

(c) 700预烧

图 4.18　不同预烧温度对显微结构的影响

4.5.2 永磁材料的结构与性能

永磁材料（硬磁）是指外加磁场磁化后，除去外磁场仍能保持较强磁性的材料，能提供一个恒定的磁场。要求矫顽力、饱和磁感应强度、最大磁能积要大，稳定性要好。一般把矫顽力为 $1.2 \sim 16 \mathrm{kA/m}$ 的称为半硬磁材料，高于 $16 \mathrm{kA/m}$ 的称为永磁材料。要获得高矫顽力的永磁材料，必须寻找单轴低对称性，具有高各向异性的材料。20 世纪 60 年代，稀土永磁性材料成为研究的重点，80 年代开发了 Nd-Fe-B 永磁性材料，这是永磁领域的重大进展，磁能积高达 $460 \mathrm{kA/m}$，被誉为永磁之王。这里对 Nd-Fe-B 永磁性材料的结构与性能简述如下。

（1）$Nd_2Fe_{14}B$ 的晶体结构　$Nd_2Fe_{14}B$ 化合物的晶体结构属于四方相，空间群为 $P42/mnm$，单胞有四个 $Nd_2Fe_{14}B$ 分子组成，空间结构示于图 4.19。在一个晶胞内有 68 个原子，其中有 8 个 Nd 原子，56 个 Fe 原子，4 个 B 原子。不同研究者所得到的原子坐标有所不同，但它们之间可通过平移来实现重叠，因此可以认为它们是等同的。Nd 原子占据 4f/4g 两个晶位，B 原子占据 4g 一个晶位，Fe 原子占据 6 个不同的晶位，即 16k1、16k2、8j1、8j2、4e 和 4c 晶位。整个晶体可看作是富 Nd 和 B 原子层以及富 Fe 原子层等 6 个原子层交替地组成的。$Nd_2Fe_{14}B$ 中，Nd 和 B 原子分布在 $z=0$ 和 $z=0.5$ 的两个结构层内，第二、三、五和六结构层内都仅是 Fe 原子。

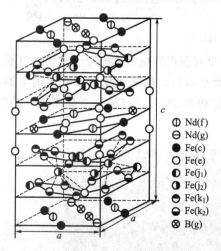

在图 4.19 的 $z=0$ 和 $z=0.5$ 的晶面上，Nd 原子排列成近似的或大或小的菱形。在 $z=0.13$，$z=0.37$，$z=0.63$ 和 $z=0.87$ 的晶面上，Fe 原子排列成六角形和三角形网，并且在 $z=0.13$ 和 $z=0.87$ 的晶面上 Fe 的原子是重叠的。在 $z=0.37$ 和 $z=0.87$ 的晶面上也是如此。在 $z=0.13$ 晶面上 Fe 原子的排列，可以由 $z=0.37$ 晶面上 Fe 原子排列转到 30 角而得到。在 $z=0.25$ 和 $z=0.75$ 晶面上，Fe 原子实际上与 $z=0$ 和 $z=0.5$ 晶面上的 Nd 原子也几乎是重叠的（以上的 z 值是以 c 为单位的）。

$z=0.37$ 和 $z=0.63$ 晶面上的 Fe 原子形成六角棱柱，在 $z=0$ 或 $z=0.5$ 的晶面的上、下三个最近邻的 Fe 原子 Fe(e) 和 Fe(k1) 组成了三角棱柱体，B 原子

图 4.19　$Nd_2Fe_{14}B$ 的晶体结构

- Ⓓ Nd(f)
- ⊖ Nd(g)
- ● Fe(c)
- ○ Fe(e)
- ◐ Fe(j₁)
- ◑ Fe(j₂)
- ⊖ Fe(k₁)
- ⊖ Fe(k₂)
- ⊗ B(g)

正好处于这三角棱柱体的中心，如图 4.19 所示。许多过渡族金属与类金属形成这种三角棱柱体。

类金属 B 等元素的添加对四方相 $Nd_2Fe_{14}B$ 的形成起了决定性的作用。不含 B 的 Nd-Fe 合金，由 $\alpha\text{-Fe}$ 和 Nd_2Fe_{17} 相组成，没有 $Nd_2Fe_{14}B$ 四方相。当 B 原子分数增加到 4% 时，Nd_2Fe_{17} 相消失，开始出现 $Nd_2Fe_{14}B$ 四方相。当 B 的原子分数增加到 7% 时，$\alpha\text{-Fe}$ 消失（激冷样品），合金由 $Nd_2Fe_{14}B$ 和富 Nd 相以及富 B 相组成。随 B 含量增加，富 B 相的数量有所增加。

（2）显微结构与磁性能　在三元烧结永磁合金的显微结构中，存在 $Nd_2Fe_{14}B$ 基相、少量的富 Nd 相和富 B 相。其形貌与分布有以下几种情况：镶嵌在 $Nd_2Fe_{14}B$ 晶粒边界上的块状富 Nd 相；具有双六方结构，成分为 97%Nd-3%Fe 的孤立富 Nd 相；沿晶界交接处分布具有不同厚度面心立方结构的薄层，其成分为 75%Nd-25%Fe 的富 Nd 相。富 Nd 相是非铁

磁性相，处于晶界处起到促进烧结的作用，提高了密度。沿晶界分布的薄层起到相邻磁性绝缘、消除交换作用。B 是促进 $Nd_2Fe_{14}B$ 相形成的关键因素，但含量过高会使剩磁降低。大部分富 B 相存在于晶界和晶界交隅处，在个别 $Nd_2Fe_{14}B$ 的晶粒内部也有细小的颗粒状富 B 相沉淀，与基体是共格的。在大颗粒内部存在高密度堆垛层错，富 B 相常以不同变态的亚稳相存在，在大量层错的富 B 相中成分有所不同。富 B 相具有顺磁性，对硬磁性能不利。

图 4.20 是纳米双相耦合 $Nd_2Fe_{14}B/\alpha\text{-}Fe$ 的 TEM 暗场像，图 4.20(a) 为经过 350℃ 低温退火处理后，纳米双晶耦合 $Nd_2Fe_{14}B/\alpha\text{-}Fe$ 的平均晶粒尺寸为 15nm 左右，显微结构均匀，磁性能优异，$H_c=432kA/m$。图 4.20(b) 是经过 650℃ 高温处理后，$\alpha\text{-}Fe$ 相从成分不均匀的非晶相中析出并长大，显微结构不均匀，个别 Fe 长大至 $100\mu m$ 左右，磁性能下降。

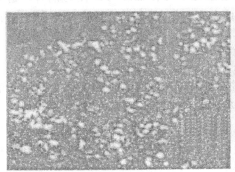 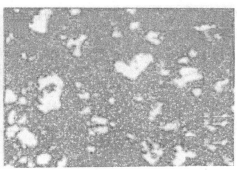

(a) 快淬速率12m/s，TEM暗场像　　(b) 快淬速率26m/s，TEM暗场像

图 4.20　纳米双相耦合 $Nd_2Fe_{14}B/Fe$ 的 TEM 图

4.6　磁性材料的物理效应

4.6.1　磁致伸缩效应

铁磁体在外磁场作用下，沿磁化方向发生长度的伸长或缩短，称为磁致伸缩效应。除去外磁场后，又恢复原来的长度。可用磁致伸缩系数 λ 表示。

$$\lambda=(l-l_0)/l_0 \tag{4.21}$$

式中，l_0 为材料的原长度。磁致伸缩系数 λ 在强磁场作用下达到饱和的值 λ_s 称为磁致伸缩常数。由于磁致伸缩材料在磁场作用下，其长度发生变化，可发生位移而做功或在交变磁场作用下发生反复伸张与缩短，从而产生振动或声波，这种材料可将电磁能转换成机械能或声能，相反也可以将机械能转换成电磁能，它是重要的能量与信息转换功能材料。在声呐的水声换能器技术、电声换能器技术、微位移驱动等高技术领域有广泛的应用前景。

磁致伸缩材料主要有三大类：①磁致伸缩的金属与合金，如镍基 Ni-Co 合金，Ni-Co-Cr 合金和铁基合金 Fe-Ni 合金等，其中 Fe-Co-V 合金的 $\lambda_s=70\times10^{-6}$；②铁氧体磁致伸缩材料，如铁氧体材料 $\lambda_s=-200\times10^{-6}$ 等；③近期发展的稀土金属间化合物磁致伸缩材料，它具有磁致伸缩系数大，响应时间短，工作频率宽和稳定性好等特点，$\lambda_s=2450\times10^{-6}$，具有广阔的应用前景。

4.6.2　磁各向异性

磁各向异性是指晶体物质的磁性随方向而变的现象，磁各向异性来源于磁晶体的各向异性，由于各向异性的存在，在磁性材料内部存在易磁化方向与难磁化方向。易磁化方向是能量最低的方向，所以形成磁畴的磁矩易取这些方向。微观机制主要有以下几种：①磁偶极相互作用，只对非立方晶体引起各向异性；②各向异性交换作用，来自轨道-自旋作用对交换作用的影响，存在于某些稀土离子及低对称化合物中；③单离子各向异性，为晶体电场和轨道-自旋作用的联合效应，对铁氧体和一些稀土离子，它的贡献是主要的；④巡游电子各向异性，来自轨道-自旋对能带的影响，适用于 3d 金属及合金。

4.6.3 磁声效应

磁性材料内部由于磁振子和声子发生相互作用，在两者之间产生能量交换或互相激发的现象称为磁声效应（magnetoacoustic effect）。它来源于磁化强度与弹性的耦合，这种耦合也导致磁致伸缩。受到交变磁场作用的强磁性体会发生相应的机械振动，此原理已经应用于超声换能器中。

4.6.4 磁光效应

磁光效应（magneto-optical effect）是指磁性材料与光之间发生相互作用而引起的各种现象，包括法拉第效应、克尔效应、塞曼效应和科顿－穆顿效应。

（1）法拉第效应　线偏振光透过磁场中的透明物质，沿着磁场方向传播时，光的偏振面发生旋转的现象，称为法拉第效应。法拉第旋转角 θ 和样品长度 L、磁感应强度 B 有如下关系：

$$\theta = VLB \tag{4.22}$$

式中，V 是与物质性质、光的频率有关的常数。许多微波、光的隔离环形器、开关就是用旋转角大的材料制作的，利用法拉第效应还可以实现光的显示、调制等许多重要应用。

（2）克尔效应　线偏振光入射到磁化介质表面反射出去时，偏振面发生旋转的现象，叫做克尔磁光效应或克尔磁光旋转。这是继发现法拉第效应后，英国科学家 J. 克尔于 1876 年发现的第二个重要的磁光效应。

按磁化强度和入射面的相对取向，克尔磁光效应分极向克尔磁光效应、横向克尔磁光效应和纵向克尔磁光效应。三种克尔磁光旋转都正比于样品的磁化强度。通常极向克尔旋转最大、纵向次之。偏振面旋转的方向与磁化强度方向有关。横向克尔磁光效应中实际上没有偏振面的旋转，只是反射率有微小的变化。克尔磁光效应的物理基础和理论处理与法拉第效应的相同，只是前者发生在物质表面，后者发生在物质体内；前者出现于仅有自发磁化的物质中，后者在一般顺磁体中也可观察到。

克尔磁光效应最重要的应用就是观察铁磁材料中难以捉摸的磁畴。因不同磁畴区磁化强度的不同取向使入射偏振光产生方向、大小不同的偏振面旋转，再经过检偏器就出现了与磁畴相应的明暗不同的区域。利用现代技术，不但可进行静态观察，还可进行动态研究。这些都导致一些重要发现和关于磁畴、磁学参数的有效测量。

（3）科顿-穆顿效应　又称磁双折射效应，1907 年 A. 科顿和 H. 穆顿发现当光的传播方向与磁场垂直时，平行于磁场方向的线偏振光的相速不同于垂直于磁场方向的线偏振光的相速而产生双折射现象。其相位差正比于两种线偏振光的折射率之差，同磁场强度的二次方成正比：

$$(n_p - n_s)d/\lambda = DdH^2 \tag{4.23}$$

式中，n_p 与 n_s 分别是垂直和平行于外磁场的线偏振光的折射率；d 是样品厚度；λ 是光波长；D 是科顿-穆顿常数。

当光的传播方向与外磁场方向垂直时，媒质对偏振方向不同的两种光的吸收系数也可不同。这就是磁的线偏振光的二向色性，称磁线二向色性效应。对这些效应的测量除能得到物质中能级结构的信息外，还能用于微弱磁性变化（单原子层的磁性）的研究。

（4）塞曼效应　光照射物质后，物质磁性（如磁化率、磁晶各向异性、磁滞回线等）发生变化的现象。1931 年就有光照引起磁化率变化的报道，但直到 1967 年 R. W. 蒂尔等人在掺硅的钇铁石榴石（YIG）中发现红外光照射引起磁晶各向异性变化之后才引起人们的重视。这些效应多与非三价离子的代换有关，这种代换使亚铁磁材料中出现了二价铁离子，光照使电子在二、三价铁离子间转移，从而引起磁性的变化。因此，光磁效应是光感生的磁性变化，也称光感效应。当然这只是一种机制，其他机制的光磁效应在光存储、光检测、光控器件方面的应用还在研究之中。

4.6.5　磁电效应

磁化强度和电极化强度之间存在耦合作用，外加电场可以改变介质的磁学性质，或者外加磁场能够改变介质的电极化性质，这种效应称作磁电效应（magnetoelectric effect），具有这种性质的材料被称为磁电材料或磁电体，是近年来磁性材料研究的热点。

磁电效应可以分为正磁电效应，即磁场诱导介质电极化 $P=\alpha H$；逆磁电效应，即电场诱导介质磁极化 $M=\alpha E$，其中 P 和 M 分别为诱导电极化强度和磁化强度，H 和 E 为外加磁场和电场，α 是线性（逆）磁电耦合系数。磁电效应的机理可以分为两类：一是原子位移型；二是电子移动型。前者涉及晶格运动，后者晶格几乎保持不变。

（1）原子位移型　对磁电效应而言，外层电子的状态如自旋可以被外磁场改变，通过自旋轨道耦合作用能够把这种改变传导到带电离子实构成的晶格上，从而使晶格伸缩或畸变，并可能导致电极化状态的改变，而对逆磁电效应来说，带电离子实在电场作用下发生位移，可能导致磁性原子间磁相互作用（如电子交换能）的变化，从而引起材料磁性变化。

（2）电子移动型　当金属处于外部电场中时，金属内部的自由电子会移动到金属表面以屏蔽外电场，因此外电场只能透入金属表面很小的深度，这是经典物理的金属屏蔽效应。但是对于铁磁性金属而言，这种屏蔽效应会引起新的物理现象，这是由于铁磁金属中自由电子的自旋取向存在自发极化，即自旋向上态和自旋向下态的占据数不同，于是屏蔽电子在金属表面的积累就会直接导致表面磁性的变化，即产生了磁电效应。由于这种效应仅发生在表面，称为表面磁电效应。

基于磁电效应的磁电传感器、多态存储器、非易失性和高速度的多铁性内存、能大大提高硬盘存取速度的磁读电写硬盘，能减少功耗，极具发展潜力。

4.6.6　巨磁阻效应

磁场对材料中的载流子产生作用，使电阻值发生变化的现象称为磁电阻效应。

$$\frac{\Delta\rho}{\rho}=\frac{\rho_B-\rho_0}{\rho_0} \qquad (4.24)$$

式中，ρ_B 和 ρ_0 分别为有磁场和无磁场时的电阻率。

如果磁性材料的电阻率在很弱的外磁场作用时比无外磁场作用时存在巨大的变化，变化的幅度比通常高十几倍，称为巨磁阻效应（giant magnetoresistance）。产生巨磁阻效应的材料是由铁磁薄膜和非铁磁薄膜交替叠合而成。当铁磁层的磁矩相互平行时，材料有最小的电阻；当铁磁层的磁矩反平行时，材料的电阻最大。法国的阿尔贝·费尔和德国的彼得·格林贝格尔因 1988 年发现巨磁阻效应获得 2007 年的诺贝尔物理奖。根据该效应开发的小型大容量硬盘已经得到广泛应用，例如常见的笔记本电脑、数码相机、MP3 等数码电子产品中的硬盘，容量已经达到 1000Gb 以上。

4.6.7　磁致温差效应

磁性材料在外磁场作用下发生磁化状态改变时，伴随产生的可逆温度变化现象，称为磁致温差效应，又称为磁热效应。由热力学理论可以证明，当外磁场绝热改变 ΔH 时，在磁性材料中引起的可逆温度变化 ΔT 与材料的定磁场热容 C、磁化强度 M 的温度变化率和温度 T，在绝热等熵过程中有如下关系：

$$\frac{\Delta T}{\Delta H} = -\frac{T}{C}\left(\frac{\partial M}{\partial T}\right)_H$$

(4.25)

根据这一关系，利用绝热退磁方法，将顺磁或强磁材料在等温过程中外加磁场磁化，然后在绝热过程中去掉外磁场，可使材料的温度降低，这一效应在相变点附近最显著。利用强磁材料的绝热退磁效应，可获得室温和低温区的磁致冷却；利用顺磁材料的绝热退磁效应，已经得到毫开（mK）级的超低温，例如利用绝热退磁效应，已经获得 38mK 的超低温。

习题与思考题

1. 当正型尖晶石 $CdFe_2O_4$ 掺入反型晶石如磁铁矿 Fe_3O_4 时，Cd 离子仍保持正型分布。试计算 $Cd_xFe_{3-x}O_4$ 的磁矩：(a)$x=0$；(b)$x=0.1$；(c)$x=0.5$。

2. 试述下列反型尖晶石结构的单位体积饱和磁矩，以玻尔磁子数表示：

$$MgFe_2O_4 \qquad CoFe_2O_4 \qquad Zn_{0.2}Mn_{0.8}Fe_2O_4$$

3. 导致铁磁性和亚铁磁性物质的离子结构有什么特征？

4. 为什么含有未满电子壳层的原子组成的物质中只有一部分具有铁磁性？

参考文献

[1] 关振铎，张中太，焦金生. 无机材料物理性能. 北京：清华大学出版社，1992.

[2] 吴月华，杨杰. 材料的结构与性能. 合肥：中国科学技术大学出版社，2001.

[3] 王从曾. 材料性能学. 北京：北京工业大学出版社，2001.

[4] 钟文定. 技术磁学（上、下册）. 北京：科学出版社，2009.

[5] 黄维刚，薛冬峰. 材料结构与性能. 上海：华东理工大学出版社，2010.

[6] 孙光飞，强文江. 磁功能材料. 北京：化学工业出版社，2008.

[7] 王秀峰，史永胜，宁青菊，谈国强. 无机材料物理性能. 北京：化学工业出版社，2010.

[8] 段纯刚. 磁电效应研究进展. 物理学进展，2009，29（3），215-238.

[9] 李雪，张俊喜，刘国平，颜立成. 锰锌铁氧体结构性能的研究及发展概况. 材料导报，2008，22（8），9-13.

[10] 严密. 磁学基础与磁性材料. 杭州：浙江大学出版社，2006.

[11] 彭长宏，李艳，朱云，陈带军. 中南大学学报，2012，43（5），1616-1621.

[12] 李兴华，侯强等. 人工晶体学报，2012，41（5），1376-1380.

[13] 杨森，李山东等. 中国稀土学报，2002，20（特刊），71-75.

第5章 材料结构与电导

在材料的许多应用中，电导性能是十分重要的。导电材料、电阻材料、电热材料、半导体材料、超导材料和绝缘材料等都是以材料的电导性能为基础的。由于材料电导性能的差异，材料被应用在不同的领域。

电流是电荷的定向运动，电荷的载体称为载流子，在金属、半导体和绝缘体中携带电荷的载流子是电子，而在离子化合物中，携带电荷的载流子则是离子。材料导电的前提是存在自由移动的载流子，即可以自由移动的带有电荷的物质微粒。如金刚石不能导电，而石墨能导电；金属中存在自由电子所以能够导电。一般情况下离子晶体不导电，但在高温、熔融状态或形成溶液能够导电。大多数无机非金属材料；大多数高分子材料不能导电，但经过聚合掺杂能够导电，如聚乙炔材料。

要正确选择和使用材料的导电性能，就必须理解材料的导电性是怎样产生的，必须理解材料工艺和使用环境对材料的导电性能有些什么影响。

控制材料的导电性能实际上就是控制材料中的载流子的数量和这些载流子的移动速率。

对于金属材料来说，载流子的移动速率特别重要。而对于半导体材料来说，载流子的数量更为重要。

5.1 材料导电的本质

材料能够导电，必须存在能够自由移动的载流子。因此，物体的导电现象，其微观本质是载流子在电场作用下的定向迁移。

欧姆定律一定程度上能够解释材料的电导性能。若在材料两端加电压 V 时，材料中有电流经 I 通过，这种现象称为导电，电流 I 值可用欧姆定律表示，即：

$$I = \frac{V}{R} \tag{5.1}$$

式中，R 为材料的电阻，试验表明材料电阻的大小不仅与材料的性质有关，还与材料的长度 L 及截面积 S 有关，有：

$$R = \rho \frac{L}{S} \tag{5.2}$$

式中，ρ 为材料的电阻率。

为讨论的方便，式(5.1)中可写成：

$$J = \frac{1}{\rho} E \tag{5.3}$$

式中，J 为电流密度，E 为电场强度。

由于电阻率 ρ 只与材料的本性有关，而与几何尺寸无关，因此评定材料的导电性常用电阻率 ρ 而不用电阻 R。定义：电阻率的倒数为电导率，用 σ 表示，即：

$$\sigma = \frac{1}{\rho} \tag{5.4}$$

式(5.3)可写成

$$J = \sigma E \tag{5.5}$$

式(5.5)是欧姆定律的微分形式，微分式说明导体中某点的电流密度正比于该点的电场，比例系数为电导率 σ。

电导率 σ 的大小反映物质输送电流的能力。设横截面为单位面积，在单位体积内载流子数为 n，每一载流子的荷电量为 q，则单位体积内参加导电的自由电荷为 nq。如果介质处在外电场中，则作用于每一个载流子的力等于 qE。在这个力作用下，每一载流子在 E 方向发生漂移，其平均速度为 v。则单位时间通过单位截面的电荷量为

$$J = nqv \tag{5.6}$$

由欧姆定律的微分形式，得

$$\sigma = \frac{J}{E} = \frac{nqv}{E} \tag{5.7}$$

定义：$\mu = \dfrac{v}{E}$ 为载流子的迁移率（mobility）。其物理意义为载流子在单位电场中的迁移速度。式中，v 为在电场强度 E 作用下载流子的漂移速度。

则，式(5.7)的电导率表达式可写成

$$\sigma = nq\mu \tag{5.8}$$

对于存在多种载流子的材料其电导率的一般表达式为

$$\sigma = \sum_i \sigma_i = \sum n_i q_i \mu_i \tag{5.9}$$

式(5.9)反映电导率的微观本质，即宏观电导率 σ 与微观载流子浓度 n（数量）、每一种载流子的电荷量 q 以及每种载流子的迁移率 μ 的关系。

5.2 金属材料的电导

从上一节我们已经知道载流子的种类、浓度和迁移率的不同，材料有着不同的导电性能。不同的材料载流子不同，下面根据载流子性质，我们首先对金属材料的电导性能进行一些简要的认识。

金属材料的自由电子量子化特征不明显。利用经典自由电子理论，讨论金属的电导率。

若材料的电场强度为 E，单位体积内的自由电子数，即载流子浓度为 n_e，价电子的两次碰撞的平均时间为 τ，价电子的漂移速度为 v_d，则价电子的受力 f 为：

$$f = m\frac{v_d}{\tau} = -eE \tag{5.10}$$

整理得到：

$$v_d = \frac{-e\tau E}{m} \tag{5.11}$$

电流密度：

$$j = -n_e e v_d = \frac{n_e e^2 \tau E}{m} \tag{5.12}$$

比较欧姆定律的微分形式，有电阻率为电导率的倒数从而金属的电导率和电阻率有：

$$\sigma = \frac{n_e e^2 \tau}{m} \text{和} \rho = \frac{m}{n_e e^2 \tau} \tag{5.13}$$

考虑 τ 由电子与声子的碰撞的时间 τ_s 和电子与同晶体缺陷的碰撞 τ_i 组成，且 $\dfrac{1}{\tau} = \dfrac{1}{\tau_s} + \dfrac{1}{\tau_i}$

这样电阻率的表达式可以为：$\rho=\rho_s(T)+\rho_i$　　　　　　　　　　　　　　　　　(5.14)

式中，$\rho_s(T)$ 为热声子引起的电阻，而 ρ_i 是那些破坏晶格周期性的多维的静态缺陷对电子波散射而引起的电阻率。这一规律又称为马基申（Matthiesen）定律。在通常情况下，也即缺陷浓度不算大时，ρ_i 通常不依赖于缺陷数目，而又不依赖于温度，并且在一定温度范围内电子的浓度不会发生变化。温度的升高引起晶格振动的加剧，使其与晶格的碰撞概率增加。从式(5.14)可见金属材料的电阻率与温度近呈正比，温度越大电阻率越大。金属的加工、合金化及热处理等对金属的导电性能有影响。

5.3　离子材料的电导

5.3.1　离子电导率

离子晶体的电导主要是离子电导。离子电导（ionic conduction）分为两类，一类是以热缺陷（空位、离子）作为载流子的本征电导（也叫固有电导），这种电导在高温下十分显著；另一类是以固定较弱的离子（主要是杂质离子）作为载流子的杂质电导。由于杂质离子是弱联系离子，故在较低温度下其电导也表现得很显著。离子晶体的电导主要为离子电导。

（1）载流子浓度　固有电导（本征电导）中，载流子由晶体本身的热缺陷提供。晶体的热缺陷主要有两类：弗仑克尔缺陷和肖特基缺陷。弗仑克尔缺陷中填隙离子和空位的浓度是相等的。

根据玻尔兹曼统计规律，肖特基缺陷和弗仑克尔缺陷的浓度分别为：

$$N_s=N\exp\left(-\frac{E_s}{2kT}\right)\tag{5.15}$$

$$N_f=N\exp\left(-\frac{E_f}{2kT}\right)\tag{5.16}$$

式中，E_s 为离解一个阳离子和一个阴离子到达到表面所需能量；E_f 为形成弗仑开尔缺陷所需能量。低温下，$kT<E_s$ 或 E_f，故 N_s 与 N_f 都较低。只有在高温下，热缺陷的浓度才明显增大，亦即固有电导在高温下才会显著地增大。

N_s 与 N_f 与晶体结构有关，一般的 $N_s<N_f$，只有结构很松，离子半径很小的情况下，才容易形成弗仑克尔缺陷。杂质离子载流子的浓度取决于杂质的数量和种类。杂质离子的存在，不仅增加了载流子数目，且使点阵发生畸变。杂质离子离解化能一般来说较小，故低温下，离子晶体的电导主要由杂质载流子浓度决定。

离子电导的微观机构为载流子-离子的扩散。离子处于平衡位置时，受周边离子的作用（半稳定位置）。如要从一个平衡位置跃入另一个平衡位置，需克服高度为 U_0 的势垒完成一次跃迁，这种扩散过程就构成了宏观的离子"迁移"。

由于热运动（无电场作用），间隙离子单位时间沿某一方向跃迁的次数符合玻尔兹曼统计规律，即

$$P=\frac{1}{6}\nu_0\exp\left(-\frac{U_0}{kT}\right)\tag{5.17}$$

式中，U_0 为实现跃迁需克服的势垒；ν_0 为间隙离子在半稳定位置上振动的频率。

施加外加电场 E 时，由于电场力的作用，晶体中间隙离子的势垒不再对称，如图 5.1

所示。对于正离子，受电场力 $F=qE$ 的作用，F 与 E 同方向，因而正离子顺电场方向"迁移"容易，反电场方向"迁移"困难。则单位时间正离子顺电场方向和逆电场方向跃迁次数分别为

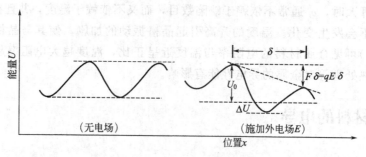

图 5.1 晶体中间隙离子的势垒示意

$$P_{顺}=\frac{1}{6}\nu_0\exp\left(-\frac{U_0-\Delta U}{kT}\right) \tag{5.18}$$

$$P_{逆}=\frac{1}{6}\nu_0\exp\left(-\frac{U_0+\Delta U}{kT}\right) \tag{5.19}$$

式中，ΔU 为电场在 $\delta/2$ 距离上造成的位势差；δ 为相邻半稳定位置间的距离（每跃迁一次的距离），等于晶格距离，$\Delta U=\dfrac{F\delta}{2}=\dfrac{qE\delta}{2}$。

则载流子沿电场方向的迁移速度 v 为

$$v=(P_{顺}-P_{逆})\delta=\frac{1}{6}\nu_0\exp\left(-\frac{U_0}{kT}\right)\left[\exp\left(\frac{\Delta U}{kT}\right)-\exp\left(\frac{-\Delta U}{kT}\right)\right] \tag{5.20}$$

当电场强度不太大，即 $\Delta U\ll kT$ 时，式(5.20)可近似视为

$$v=\frac{1}{6}\nu_0\times\frac{2\Delta U}{kT}\exp\left(-\frac{U_0}{kT}\right)=\frac{\delta^2\nu_0 qE}{6kT}\exp\left(-\frac{U_0}{kT}\right) \tag{5.21}$$

故，载流子沿电场方向的迁移率为

$$\mu=\frac{v}{E}=\frac{\delta^2\nu_0 q}{6kT}\exp\left(-\frac{U_0}{kT}\right) \tag{5.22}$$

式中，q 为电荷数；U_0 为无外电场时的间隙离子的势垒。需要说明的是，不同类型的载流子在不同的晶体结构中扩散时所需克服的抛垒是不同的。通常空位扩散能比间隙离子扩散能小许多，对于碱卤晶体的电导主要是空位电导。

载流子浓度及迁移率确定后，根据电导率 $\sigma=nq\mu$ 公式，则离子型电导的电导率可以写成如下形式

$$\sigma=A_1\exp\left(-\frac{W}{kT}\right)=A_1\exp\left(-\frac{B_1}{T}\right) \tag{5.23}$$

式中，A_1 为常数；$B_1=\dfrac{W}{k}$，为与势垒有关的常数，包括缺陷形成能和缺陷迁移能。从上面的讨论可以看出，离子电导是在电场作用下离子的扩散现象。因此离子的扩散系数大，离子电导率就高，能斯特-爱因斯坦（Nernst-Einstein）方程表明了离子电导率与其扩散系数之间的这一关系，其方程为

$$\sigma=D\times\frac{nq^2}{kT} \tag{5.24}$$

式中，n 为载流子单位体积浓度；q 为离子荷电量；D 为扩散系数（diffusion coefficient）；k 为玻尔兹曼常数。

将 $\sigma=nq\mu$ 代入式(5.24)可得离子扩散系数与离子迁移率 μ 的关系式，即

$$D=\frac{\mu}{Q}kT=BkT \tag{5.25}$$

式中，B 为离子绝对迁移率，$B=\dfrac{\mu}{q}$。

（2）影响离子电导率的因素

① 温度。呈指数关系，随温度升高，电导率迅速增大。

② 晶体结构。活化能大小取决于晶体间各粒子结合力。而晶体结合力受如下因素影响。

a. 一般离子半径小，结合力大，因而活化能也大。

b. 离子电荷，电价高，结合力大，因而活化能也大。

c. 堆积程度，结合愈紧密，可供移动的离子数目就少，且移动也要困难些，可导致较低的电导率。

③ 晶体缺陷。具有离子电导的固体物质称为固体电解质，两个要具备的条件如下。

a. 电子载流子的浓度小。

b. 离子晶格缺陷浓度大并参与电导。故离子性晶格缺陷的生成及其浓度大小是决定离子电导的关键所在。

影响晶格缺陷生成和浓度的主要原因是：热激励生成晶格缺陷（肖特基与弗仑克尔缺陷）；不等价固溶掺杂形成晶格缺陷；离子晶体中正负离子计量比随气氛的变化发生偏离，形成非化学计量比化合物，同时产生缺陷。

5.3.2　固体电解质的结构与基本性能

从上面的内容可知离子晶体通常为绝缘体，但是当离子晶体结构中存在着非密堆积或一定量的空位、间隙离子等缺陷，则可借助这些缺陷实现某些离子的扩散。在外电场作用下，这些离子晶体可通过上述离子的迁移而导电，其导电性能与强电解质液相近，故称固体电解质，或快离子导体。这些物质或因其晶体中的点缺陷或因其特殊结构而为离子提供快速迁移的通道，在某些温度下具有高的电导率（$1\sim10^{-6}\,\mathrm{S/cm}$）。表 5.1 为离子电导材料的类型、特性及应用。

固体电解质的分类如下。

（1）根据传导离子种类　阳离子导体，银离子、铜离子、钠离子、锂离子、氢离子等；阴离子导体，氟离子、氧离子。

（2）按材料的结构　根据晶体中传导离子通道的分布有一维、二维、三维。

（3）从材料的应用领域　储能类、传感器类。

（4）按使用温度　高温固体电解质、低温固体电解质。

表 5.1　离子电导材料的类型、特性及应用

类型	特性及应用
银离子导体	卤化物或其他化合物(最基本的是 AgI)。用银离子导体制作长寿命电池，目前已进入实用阶段
铜离子导体	铜的价格及储存量均优于银，但由于其电子导电成分太大，难于优化，因此只限于作为混合型导体用于电池的电极

类型	特性及应用
钠离子导体	以 Na-β-Al₂O₃ 为主的固体电解质。β-Al₂O₃ 非常容易获得。在 300℃ 左右,材料结构上的变化使得钠离子较容易在某一特定结构区域中运动。其电子导电率非常低,因而在储能方面应用是非常合适的材料。目前美日德致力于用其开发牵引动力用的高能量密度可充电电池
锂离子导体	由于锂比钠轻,而且电极电位也更负,因而用它制作电池更容易获得高能量密度和高功率密度。其结构异常复杂,锂电池已获广泛应用
氢离子导体	工作温度较低,可用作燃料电池中的隔膜材料、氢离子传感器或质子交换膜燃料电池等电化学器件中
氧离子导体	以 ZrO₂、ThO₂ 为主。常制作氧传感器,在冶金、化工、机械中广泛用于检测氧含量和控制化学反应,以及固体氧化物燃料电池
氟离子导体	以 CaF₂ 为主,F⁻ 是最小的阴离子,易于迁移,结构简单,便于合成与分析,并且其电子电导很低,制作电池时具有非常显著的优点,但在高温下对电极会起腐蚀作用

5.3.3 典型的离子电导材料的结构与性能

从上面的讨论可知,在经典的离子导体中,离子的迁移是由于点缺陷的存在。尽管肖特基空位能形成能比弗仑克尔空位形成能较低,但是肖特基空位和弗仑克尔缺陷之间的重要差别之一,在于前者的生成需要一个像晶界、位错或表面之类的晶格混乱区域,使得内部的质点能够逐步移到这些区域,并在原来的位置上留下空位,但弗氏缺陷的产生并无此限制。因此具有弗仑克尔缺陷的晶体比具有肖特基缺陷的晶体具有更高的离子电导率。事实上离子电导还与离子晶体的结构密切相关。当离子晶体的电导率比上述两类缺陷晶体的电导率高的多时,又称为快离子电导或固体电解质。

银离子、铜离子导体是固体电解质材料中研究最早的一部分,并成功地取得了广泛的应用,如纽扣电池。同时对它们的研究促进了固体电解质学科的发展。银离子导体的化学稳定性较差,且价格高。银离子导体最典型的是 AgI 晶体,其 146℃ 时转变成 α 相（146～555℃）,电导率提高了三个数量级,达到 1.3S/cm。α-AgI 是一种碘离子按体心立方堆积,晶体中有八面体空隙、四面体空隙和三角双锥空隙。Ag 离子主要分布于四面体空隙中,但也可以进入其他空隙,故在电场作用下可阻力较小的迁移而导电。铜离子导体和银离子导体性质相近,但价格便宜。例如,1979 年发现的 Rb₄Cu₁₆Cl₁₃I₇ 是目前室温电导率最高的固体电解质材料。具有 β-Mn 型结构,属于复杂的体心立方晶系,其中 Cu 离子占据四面体空隙中的一小部分,大部分四面体空隙是空的。四面体的共有面构成离子传导的通道,Cu 离子在其中可以自由移动。另外,Cu 离子的极化率异常大,也是构成高电导率的原因。银离子、铜离子导体的晶体结构分别是体心立方和面心立方结构。根据它们的结构特点,原有晶体结构的基础上进行离子置换得到许多类似结构的银铜离子导体。离子置换是银离子、铜离子导体的一个重要化学特性,是寻找常温下银铜离子导体的主要方法之一。人们得到了很多高导电率的银铜离子导体,但它们的缺点是分解电压较低。

钠离子导体在固体电解质中占有重要比重,其中 β-Al₂O₃ 更具有重要的理论意义和实践意义。β-Al₂O₃ 是一种铝酸钠材料,它们的理论式分别是:

β-Al₂O₃（Na₂O · 11Al₂O₃）   β"-Al₂O₃（Na₂O · 5.33Al₂O₃）

β‴-Al₂O₃（Na₂O · 4MgO · 15Al₂O₃）   β""-Al₂O₃（Na₁.₆₉Mg₂.₆₇Al₁₄.₃₃O₂₅）

它们的理想晶体结构特点是氧离子呈立方密堆积,铝离子占据其中八面体和四面体间隙位置。由四层（β-Al₂O₃）或六层（β"-Al₂O₃）密堆积氧离子和铝离子构成的基块被称为尖晶石基块，尖晶石基块之间是由钠氧离子构成的疏松堆积的钠氧层。通过尖晶石基块中的铝离子和钠氧层中的氧离子使尖晶石基块连接起来。钠离子可以在层间迁移。β-Al_2O_3 的钠离子很容易与熔盐中的多种离子进行交换，各种离子导电的β-Al_2O_3 中，其离子电导率变化很大，因为各种离子置换钠离子后，β-Al_2O_3 的 c 轴晶格尺寸变化不大，钠氧层的高度变化不大，而置换离子的半径有很大的不同。锂离子的半径比钠离子的小，它将位于钠氧层的一边，因而受静电引力较大，迁移需要较大能量。钠离子半径大于锂离子，由于上下两层电子云的斥力使钠离子保持在钠氧层中间位置，迁移时不需要附加的能量，因而活化能低。大于 Na^+ 的 K^+、Rb^+、Ag^+ 等，会受到上下层的更大斥力，迁移时需要更大的活化能。

　　钠离子导体材料中最有实际意义的是三维骨架结构的 NASICON 系统（Na Super Ionic Conductor）。这种硅酸盐（$Na_5GdSi_4O_{12}$ 和 $Na_3Zr_2Si_2PO_{12}$）的电导活化能与 Na-β-Al_2O_3 相近；它们的活化能分别为 0.28eV 和 0.30eV。$Na_4Zr_2Si_3O_{12}$ 和 $NaZr_2P_3O_{12}$ 是两个具有相同结构的化合物，但它们的钠离子位置都被占满，钠离子不能移动。用这两种化合物制成 $Na_{1+x}Zr_2Si_xP_{3-x}O_{12}$ 固溶体，使得钠离子部分占据两种间隙位置，使钠离子迁移活化能降低，电导率升高。

　　锂离子导体是近年来研究的最热的一种快离子导体。随着固体电解质应用的发展，特别是高能量密度的锂电池和锂离子电池研究的进展，人们对锂离子导体的研究集中了很大的注意。一是因为锂是最轻的金属元素；二是因为锂的电极电位最负，若用锂作为电池的负极材料，与适合的正极匹配，可以获得更高的电动势；更高的能量密度。研究过的锂离子导体很多，但性能好的（电导率高、化学稳定性好、适合做锂电池电解质材料的）较少。

　　锂离子电池的构成主要有正极、负极、非水电解质和隔膜四个部分，两个能可逆脱嵌的锂离子化合物构成正负极。锂离子电池目前有液态锂离子电池（LIB）和聚合物锂离子电池（PLIB）两类。其中，液态锂离子电池是指锂离子嵌入化合物为正、负极的二次电池。正极采用锂化合物 $LiCoO_2$、$LiNiO_2$ 或 $LiMnO_2$，负极采用锂碳层间化合物 Li_xC_6。电解质溶液为锂盐溶液（$LiPF_6$、$LiAsF_6$）。在充、放电过程中，锂离子在两个电极之间往返嵌入和脱嵌。聚合物锂离子电池的正极和负极与液态锂离子电池相同，是原来的液态电解质改为含有锂盐的凝胶聚合物电解质。目前正在研究和开发的电池正极也采用聚合物的锂离子电池。

　　锂离子电池工作原理图如图5.2(b)所示，充电时锂离子从正极材料中脱出，通过隔膜经电解质溶液向负极迁移，同时电子在外电路从正极流向负极，锂离子在负极得到电子后被还原成金属锂，嵌入负极晶格中；而在放电时，负极的锂会失去电子成为锂离子，通过隔膜

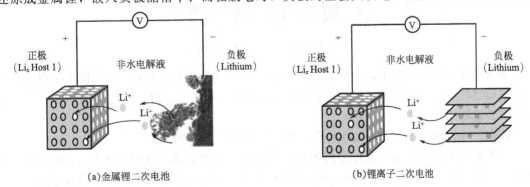

图 5.2　锂离子电池工作示意
（图中枝晶照片直接由原位扫描电镜拍出）

经电解质溶液向正极方向迁移并进入正极材料中储存。正负两极间不仅有锂离子在迁移，为保持电荷平衡，相同数量的电子经外电路也在正负两极之间传递，使正负两极发生氧化还原反应，并保持一定电位。

锂离子电池用正极材料的选择，应符合以下要求。相对锂的电极电位高，正极材料组成不随电位变化，离子电导率和电子电导率高，有利于降低电池内阻。锂离子嵌入脱嵌可逆性好，伴随反应的体积变化小，锂离子扩散速率快，以便获得良好的循环特性和大电流特性。与有机电解质和黏结剂接触性能好，热稳性好，有利于延长电池寿命和提高安全性能。

至今，已发现符合上述要求的正极材料主要有二维层状结构 TiS_2；零维非晶体材料 α-V_2O_5；三维骨架结构的 TiO_2；层状结构的过渡金属氧化物 $LiCoO_2$、$LiNiO_2$；尖晶石结构的 $LiMnO_2$。

以目前已经商业化的锂离子电池为例，正极采用 $LiCoO_2$ 材料，负极采用碳材料，内部隔膜为电池隔膜，$LiPF_6$ 的碳酸乙烯酯（EC）、碳酸二乙酯（DEC）或碳酸二甲酯（DMC）溶液为电解液，充电过程中发生的正负两极的电极反应可表示如下。

正极反应：$LiCoO_2 \Longrightarrow Li(1-x)CoO_2 + xLi^+ + xe^-$

负极反应：$C + xLi^+ + xe^- \Longrightarrow Li_xC$

电池总反应：$LiCoO_2 + C \Longrightarrow Li(1-x)CoO_2 + Li_xC$

作为正极的 $LiCoO_2$ 的理想结构为六方层状晶体，它属于 α-$NaFeO_2$ 型层状结构的。其中氧离子具有立方密堆积，钴阳离子位于阴离子密堆积形成的八面体空隙中，锂离子寄宿在阴离子密堆积形成的八面体空隙中。锂和中心过渡金属原子分别形成与（111）面氧原子层平行的单独层，通过它们的相互层叠堆积，形成六方晶系的超格子。如图 5.3 所示。

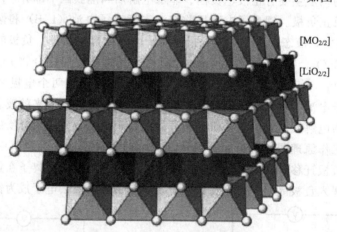

$[MO_{2/2}]$

$[LiO_{2/2}]$

图 5.3　$LiCoO_2$ 的二维晶体结构

基于结构与性能的关系，不同的制备方法以及烧结工艺对 $LiCoO_2$ 的结构影响很大。研究表明适宜的粒径分布有助于提高 $LiCoO_2$ 电极的循环稳定性，过大的比表面积会使电极循环稳定性急剧下降。

锂离子导体按离子通道类型可分为一维、二维和三维导体。

β 锂霞石和 $Li_xNb_xW_{1-x}O_3$ 是典型的一维锂离子导体材料；β 锂霞石的 Li 离子的通道是平行 c 轴。$Li_xNb_xW_{1-x}O_3$ 存在三个四方钨青铜亚晶胞；在四方钨青铜的钨氧骨架内，在 c 轴方向存在有锂离子的迁移通道。

二维锂离子导体一般为层状结构，Li-β-Al_2O_3 和 Li_3N 是性能比较好的两种。β-Al_2O_3 中

尖晶石基块间的离子通道尺寸相对于锂离子半径较大。导致锂离子靠近尖晶石基面的一边，由于静电引力的加大，迁移需要较大能量，因此 Li-β-Al_2O_3 的电导率较低。Li_3N 是德国固体研究所发现的一种室温电导率较高的锂离子导体。为六方晶系，它的晶体结构中包括了垂直于 c 轴的 Li_2N 层和 Li 层；在 N、Li 原子共同构成的六角双锥中，N 原子被 8 个 Li 原子包围；一部分 Li 原子处于双锥的顶点，形成纯 Li 层。另一部分 Li 原子与 N 原子形成 Li_2N 层。据 X 射线研究表明：室温下，Li 层的锂离子位置完全有序，Li_2N 层的锂离子空位只有 2%；温度升高到 400℃时，Li_2N 层的锂离子空位有 4%～5%；600℃时，空位增加到 15%。说明温度升高时，Li_2N 层的锂离子受激振动加剧，405℃时已形成沿 Li_2N 层的二维网络通道。锂离子的受激振动以垂直于 c 轴方向为主，锂离子沿 c 轴迁移需要通过带正电的锂层，阻力很大，所以活化能（0.49eV）要比垂直于 c 轴方向移动的活化能（0.29eV）大得多。Li_3N 晶体是二维锂离子导体。Li_3N 的优点是：锂离子电导率高；样品制备容易；对金属锂化学稳定性好。其缺点是生成自由能低，分解电压只有 0.44V（25℃），高温下更易分解。

在某些骨架型结构的化合物中，锂离子可以在三维方向上移动，其中传导性最好的典型材料是 LISICON[$Li_{14}Zn(GeO_4)_4$]和正尖晶石型 $LiMn_2O_4$（Fd3m）化合物。其中 LISICON[$Li_{14}Zn(GeO_4)_4$]的传导性最好。此种材料的锂离子传导性能远远超过锂 β-氧化铝等锂离子导体，这一方面是因为 LISICON 中锂离子的通道相互邻近，另一方面，LISICON 中每一个氧原子都被四个阳离子结合形成强的共价键，削弱了氧离子与迁移离子的相互作用，降低了迁移锂离子的活化能，$E_a = 0.24eV$，因而提高了电导率。$Li_{14}Zn(GeO_4)_4$ 是以 $Li_8Mg_2Si_3O_{12}$ 为基，按 $Li_{16-2x}D_x(TO_4)_4$ 式（D 为二价离子，T 为四价离子），用 Ge^{4+} 置换 Si^{4+}、用 Zn^{2+} 置换 Mg^{2+}，形成 Li^+ 迁移通道的最佳化合物。

正尖晶石型 $LiMn_2O_4$（Fd3m）化合物的每个晶胞包含 8 个 $LiMn_2O_4$ 分子。其中的 32 个氧离子构成立方密堆积，形成 64 个四面体间隙和 32 个八面体间隙；锂离子位于 1/8 的四面体间隙位；锰离子位于 1/2 的八面体间隙位。其余 7/8 的四面体间隙位以及 1/2 的八面体间隙位为全空。锂离子占据的四面体间隙和空的四面体位及八面体间隙空位是共面的；形成连续的锂离子通道。使锂离子可以在电场力的作用下可逆的在正尖晶石型 $LiMn_2O_4$（Fd3m）化合物晶格中嵌入和脱出。由于锰是变价金属元素，不可避免具有电子导电，但因此可成为好的电极材料。

氧化钇稳定的氧化锆固溶体是典型的氧离子导体材料。该材料中晶格中存在大量的氧空位，确定了它是氧离子导电。目前氧离子导体在工业上已经得到实际应用，应用氧化锆的电学性能制造出的氧化锆固体电解质的氧测量仪具有工作温度范围（550～1800℃）宽、测量范围广、响应快、精度高、结构简单等优点，在冶金、化学、电力、原子能、机械工业中已广泛用于监测钢、铜、银、钠及其熔融金属中的氧含量；还用于控制电站锅炉和内燃机的空气-燃料比，使燃烧达到最佳化以及控制热处理（渗碳炉）气氛和监测超纯气体的微量氧等；除此以外，氧离子导体还用作高温燃料电池、再生氧、真空检测和氧泵等的隔膜材料，磁流体发电装置和高温电极，氧化气氛下的高温加热元件等。

5.4　电子电导

5.4.1　电子电导基本理论

电子电导的载流子是电子或空穴。电子电导主要发生在导体和半导体中。在电子电导的材料中，电子与点阵的非弹性碰撞引起电子波的散射是电子运动受阻的原因之一。本节的第一部分已经讨论了金属材料也即导体的电导。显然这里讨论的是半导体材料的电导。

能带理论给出了材料电的良导体、半导体以及绝缘体的本质区别。本章将在最后部分给大家引入能带理论。本节不探讨这一理论，但为讨论问题的方便，这里给出一个形象化的解释。每一固体材料都含有电子，关于电导率的重要问题是电子对外电场如何响应。根据能带理论（如图 5.4 所示），晶体中的电子不是连续分布而是分布在各个能带上，这些能带之间间隔着不存在类电子轨道的能量区域，这种禁区称为禁带会带隙。表示电子全部填满某个允带，称为满带，而其上面的允带是空的，称为空带，具有这样能带结构的固体称为绝缘体；电子部分填充某一个或更多的允带，称为价带，具有价带结构的固体则是电的良导体。如果除了一个或两个能带几乎空着或几乎填满以外，其余的能带是满带或空带，具有这样结构的物体就是半导体。根据能带理论，晶体中并非所有电子，也并非所有价电子都参与导电，只有导带中的电子或是价带顶（E_V）部的空穴才能参与导电。如图 5.4 所示，导体中导带和价带之间没有禁区，电子进入导带不需要能量，因此导电电子浓度很大。在绝缘体中价带和导带隔着一个宽的禁带（E_g），电子由价带到导带需要外部能量激发电子，实现电子由价带到导带的跃迁，因此通常导带中导电电子浓度很小。半导体的能带结构与绝缘体相似，只是半导体的禁带比绝缘体窄，电子跃迁所需激发能量较低，跃迁相对比较容易。

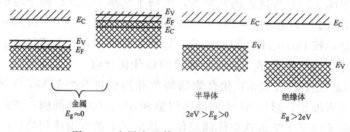

图 5.4　金属半导体和绝缘体的能带结构

（1）本征半导体及其掺杂　半导体的价带和导带之间隔着一个禁带 E_g，在绝对零度下，无外界能量时，半导体价带中的电子不可能跃迁到导带中去。如果存在外界作用（如热、光辐射），则价带中的电子获得能量，可能跃迁到导带中去。这样，不仅在导带中出现了导电电子，而且在价带中出现了电子空穴。如图 5.5 所示，在外电场作用下，电子价带中的电子可以逆电场方向运动到这些空位上来，而本身又留下新的空位，即空位顺电场方向运动，所以称此种导电为空穴导电。空穴好像一个带正电的电荷，因此，空穴导电是属于电子电导的一种形式。本征半导体是指空带中的电子导电和价带中的空穴导电同时存在，载流子电子和空穴的浓度是相等的。它们是由半导体晶格本身提供，是由热激发产生的，其浓度与温度呈指数关系。杂质对半导体的导电性能影响极大。在本征半导体中掺入某种特定的杂质（掺杂），成为杂质半导体后，可以使其导电性能发生质的变化。实践证明不同品种的杂质有不同的效果，有的杂质接进去，使半导体中自由电子增加。有的杂质掺入后则使半导体中空穴增多，成为空穴导电的半导体。掺杂能够控制和改变导电类型，这一点的意义是特别重大的。根据所掺元素的不同，又可将掺杂后的半导体分为 n 型半导体（提供电子）和 p 型半导体（吸收电子造成空穴）。如图 5.6 所示，n 型半导体的载流子主要为导带中的电子又称为多子，此时空穴数量变少又称为少子。p 型半导体的载流子主要为能导电的空穴。

在周期表中第Ⅴ族杂质在硅、锗中电离时，由于其电离能小于半导体的禁带宽度，能够施放电子而产生导电导子并形成正电中心，称它们为"施主杂质"或"n 型杂质"，它们释放电子的过程叫做"施主电离"，掺杂施主杂质的半导体主要依靠导带电子导电。相反Ⅲ族杂质在硅、锗中能够接受电子而产生导电空穴，并形成负电中心，称它们为"受主杂质"或"p 型杂质"半导体，对于化合物半导体进行类似的掺杂也能达到同样的效果。

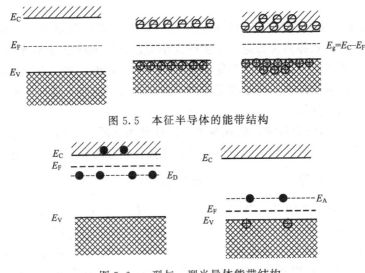

图 5.5　本征半导体的能带结构

图 5.6　n 型与 p 型半导体能带结构

（2）霍尔效应　电子电导材料都具有霍尔效应现象，霍尔效应是指沿试样 x 轴方向通入电流 I（电流密度 J_x），z 轴方向上加一磁场 H_z（磁感应强度 B），那么在 y 轴方向上将产生一电场 E_y（图 5.7），这一现象称为霍尔效应。所产生的电场为

$$E_y = R_H J_x H_z \qquad (5.26)$$

式中，R_H 为霍尔系数（Hall coefficient），与霍尔迁移 μ_H 之间的关系为 $\mu_H = R_H \sigma$。

为说明霍尔效应的起因，我们先假设样品温度是均匀的，也并不考虑载流子的统计分布问题，即认为载流子以相同的速度漂移，这样的假设旨在说明问题。对于电子来说当施加电场 E_x 后电子在电场力下沿 x 方向以速度 v_x 移动，在垂直电场方向的 B_z 作用下产生洛伦兹力而向 y 方向偏转，产生横向电荷积累。设此磁感应强度为 B，则 $B = \mu H$。

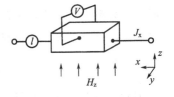

图 5.7　霍尔效应示意

也可由式（5.24）定义霍尔系数：

$$R_H = \frac{E_y}{j_x B} \qquad (5.27)$$

当电流稳定时有：$eE_y = ev_x B$，利用式（5.12）

则得：

$$R_H = -\frac{1}{n_e e} \qquad (5.28)$$

可见载流子的浓度愈低，霍尔系数绝对值愈大。对于空穴可视为具有有效质量的正电荷。因此测量霍尔系数是确定载流子种类和浓度的一种重要手段。

（3）半导体载流子浓度及其电导率　对于本征半导体其载流子只由半导体晶格本身提供，此时根据费米（Fermi）统计理论，导带中电子浓度和价带中的空穴浓度为：

$$n_e = n_h = N \exp\left(-\frac{E_g}{2kT}\right) \qquad (5.29)$$

式中，N 为等效状态密度，$N = 2\left(\dfrac{2\pi kT}{h^2}\right)^{\frac{3}{2}} (m_e^* m_h^*)^{\frac{3}{4}}$；其中 m_e^* 和 m_h^* 分别为电子和空穴的有效质量。

在继续介绍半导体载流子浓度之前，先给出初学者（第一次接触者）遇到的两个难以理解的概念。

① 带隙或能隙：通常是指导带的最低点和价带的最高点的能量之差。导带的最低点称为导带边，价带的最高点称为价带边。带隙的大小可以通过光吸收法等光学实验方法计算，还利用密度泛函、赝势法、第一性原理等方法可以理论计算出。对于半导体材料，我们通过式（5.29）可以看出本征载流子的浓度受带隙对温度之比的控制，这一比值越大本征载流子浓度越低，电导率也会变低。

② 有效质量。根据量子力学，微观粒子的运动可用物质波来描述。显然这就涉及实物粒子的质量与物质波的质量。例如：光子不但有能量，还有质量（m），但光子的静止质量为零。按相对论质能联系定律，$\varepsilon mc^2 = mc^2$，光子的质量为 $m = \dfrac{\varepsilon}{c^2} = \dfrac{h\nu}{c}$，所以不同频率的光子有不同的质量。根据德布罗意关系公式可知光子的波长 $\lambda = h/m\nu$。从这里我们可以这样理解 $1/m$ 为波长为 λ 的光子的有效质量或者认为波长为 λ 的波是具有质量为 $1/m$ 的一个粒子。对于微观粒子，可以把微观粒子看成是具有动量 $P = \hbar k$（k 为波矢）和具有能量为 $E = P^2/2m^*$ 的粒子。有 $m^* = P^2/2E$，可以把此时的物质波看成质量为 m^* 的粒子，也即该粒子的有效质量为 m^*。对于空穴可以认为是"一个带有正电荷的 q"，那么它就具有了质量。

③ 等效状态密度。我们首先需要明白什么是状态密度，量子力学已经告诉我们电子的能量不是连续分布的，状态密度是指能量介于 $E \sim E + \Delta E$ 之间的量子态数目 ΔZ 与能量差 ΔE 之比，即单位频率间隔之内的模数。为计算的方便在状态密度的基础上乘以占据概率和有效质量，使之变成了一个计算因子。

在知道本征载流子浓度以后，掺杂后的载流子浓度又会如何？无论怎样掺杂，整体材料都必须保证电中性条件，由此可以证明在一定温度范围下，不管半导体中有多少杂质，它的导电电子的浓度和空穴的浓度的乘积总是保持一定的，同该温度下的本征载流子浓度的平方相等，即：

$$n_e n_k = n_0^2$$

因此，室温下 n 型半导体少子的浓度为：

$$n_e = (N_C N_D)^{\frac{1}{2}} \exp\left(-\frac{E_C - E_D}{2kT}\right) \tag{5.30}$$

而 p 型半导体少子的浓度为

$$n_h = (N_V N_A)^{\frac{1}{2}} \exp\left(-\frac{E_A - E_V}{2kT}\right) \tag{5.31}$$

式中，N_C、N_V 分别为导带、价带的有效状态密度；N_D、N_A 分别为施主、受主杂质浓度；E_D、E_A 分别为施主、受主杂质能级；E_C、E_V 分别为导带底部、价带顶部能级。

由式（5.29）～式（5.31）可见，半导体的载流子浓度与温度的关系符合指数规律。

我们已知，材料的电导率取决于它的载流子浓度和迁移率，关于半导体载流子浓度上面已经讨论。而迁移率主要取决于载流子在运动中的散射。我们先探讨一下引起载流子散射的因素，再讨论电导率。一般半导体中引起载流子散射的，主要有下列几方面的原因。

a. 晶格散射：晶格热振动实际是原子的热振动，对于硅、锗原子晶体半导体，纵声学波会引起原子密度的变化，进而引起禁带宽度的变化，这就使得价带底和导带顶发生变化，破坏了原有的周期性，引起载流子的散射。对于离子型半导体光学波引起电极化，产生附加电场，从而引起载流子的散射。随着晶格热振动的加强，载流子遭到的散射也更加频繁，随着温度的升高，半导体中载流子的迁移率下降。

b. 杂质散射：杂质电离后形成正电中心或负电中心，引起半导体内出现局部的附加电势。当载流子运动到电中心附近时，就会受到它们的静电作用力，这个静电作用力会改变载流子原有运动速度的方向和大小，这就是杂质散射。电离杂质散射的影响显然与掺入杂质的浓度有关。掺杂越多，载流子和电离杂质相遇而较散射的机会也就越多，即电离杂质散射是随着掺杂浓度而增加的。电离杂质散射的强弱也和温度有关。因为载流子的热运动速度随温度升高而增大，所以载流子的动能也就大。对于同样的电中心的静电作用，如果载流子的动能越大，则所受影响相对来说就越小。因此，温度越低，载流子运动越慢，电离杂质散射作用就越强。

c. 其他散射：掺杂是晶体缺陷的一种，显然晶体缺陷破坏了晶体的周期性，引起载流子的散射。

既然半导体材料同时存在电子和空穴两种载流子，其导电是两种载流子共同作用的表现。由于导电电子位于导带中而空穴位于价带中，在相同电场强度下，电子的迁移率高于空穴的迁移率。

本征电导率：

$$\sigma = n_e e \mu_e + n_h e \mu_h = N\exp(-E_g/2kT)(\mu_e + \mu_h)e \qquad (5.32)$$

n 型半导体电导率：

$$\sigma = N\exp(-E_g/2kT)(\mu_e + \mu_h)e + (N_C N_D)^{1/2}\exp(-E_i/2kT)\mu_e e \qquad (5.33)$$

低温时，$E_h > E_i$，杂质电导起主要作用；高温时，杂质已全部离解，本征电导起作用。

本征半导体或高温时的杂质半导体的电导率与温度的关系为：

$$\sigma = \sigma_0 \exp(-E_g/2kT) \qquad (\ln\sigma\ 与\ 1/T\ 呈直线关系)$$

$$\rho = \rho_0 \exp(E_g/2kT) \qquad (\ln\rho\ 也与\ 1/T\ 呈直线关系)$$

p 型半导体电导率：

$$\sigma = N\exp(-E_g/2kT)(\mu_e + \mu_h)e + (N_V N_A)^{1/2}\exp(-E_i/2kT)\mu_e e \qquad (5.34)$$

实际晶体的导电机构比较复杂。感兴趣的同学可以参考专门资料。

5.4.2　典型的光电材料的结构与性能简介

光电材料就是以光子、电子为载体处理、存储和传递信息的材料，主要应用在光电子技术领域，如我们常见的光纤光学作用晶体材料、光电存储和显示材料等。光电子材料在光电子技术中起着基础和核心的作用，光电子材料将使信息技术进入新纪元。常见的光电材料是通过光电效应将光能转换成电能，通常用于制作太阳能电池。光电转换材料的工作原理是将相同的材料或两种不同的半导体材料做成 pn 结电池结构，当太阳光照射到 pn 结电池结构材料表面时，形成新的空穴-电子对，在 pn 结电场的作用下，空穴由 n 区流向 p 区，电子由 p 区流向 n 区，接通电路后就形成电流。这就是光电材料的工作原理。制作太阳能电池主要是以半导体材料为基础，对太阳能电池材料的要求一般有：①半导体材料的禁带不能太宽；②要有较高的光电转化效率；③材料本身对环境不造成污染；④材料便于工业化生产且材料性能稳定。硅材料是半导体工业中最重要且应用最广泛的材料，是光电材料工业的基础材料。硅材料有多种晶体形式，包括单晶硅、多晶硅和非晶硅。硅的单晶体是具有基本完整的点阵结构的晶体。不同的方向具有不同的性质,是一种良好的半导材料。高纯硅的纯度要求达到 99.9999999% 以上。超纯的单晶硅是本征半导体。在超纯单晶硅中掺入微量的ⅢA族元素(如硼),可提高其导电的程度,而形成 p 型硅半导体;如掺入微量的 VA 族元素(如磷或砷),也可提高导电程度,形成 n 型硅半导体。硅单晶硅的制法通常是先制得多晶硅或无定形硅,然后用直拉法或悬浮区熔法从熔体中生长出棒状单晶硅。多晶硅是单质硅的一种形态。熔融的单质硅在过冷条件下凝固时,硅原子以金刚石晶格形态排列成许多晶核,如这些晶核长成晶面取向不同的晶粒,则这些晶粒结合起来,就结晶成多晶硅。多晶硅可作拉制单晶硅的原料,多晶硅与单晶硅的差异主要表现在物理性质方面。例如,在力学性质、光学性质和热学性质的各向异性方面,远不如单晶硅明显;在电学性质方面,多晶硅晶体的导电性也远不如单晶硅显著,甚至于几乎没有导电性。非晶硅不具有晶体结构,谈不上存在晶体缺陷。由于晶体缺陷的影响比杂质影响大,显然非晶硅相比晶体硅有以下特定优势:①大的禁带宽度,更能有效地利用太阳能;②有较大的光吸收系数,是制造大面积的太阳能电池的理想材料;③掺杂改性好。

光电材料颗粒处于纳米尺度范围内时,会显示出与块体不同的光学和电学性质,其原因是随着粒径的减小而产生量子化的结果。由于半导体的载流子限制在一个小尺寸的势阱中,在此条件下,导带和价带过渡为分立的能级,因而有效带隙增大,吸收光谱阈值向短波方向移动,这种效应就称为量子尺寸效应。量子尺寸效应不仅造成超微粒的光学性质发生变化,而且它的电学性质也有明显的不同,随着颗粒粒径的减少,有效带隙增大,其光生电子与块体相比具有更负的电位,相应地具有更强的还原性,而光生空穴因具有更正的电位而具有更强的氧化性。纳米半导体的另一个显著特性就是表面效应,粒子表面原子所占的比例增大。例如,一个 $5cm^2$ CdS 粒子约有 15% 的原子位于粒子表面,当表面原子数增加到一定程度,粒子性能更多地由表面原子而不是由晶格上的原子决定。表面原子数的增多,原子配位不满以及高的表面能,导致了纳米微粒表面存在许多缺陷,使这些表面具有很高的活性。因此,纳米光电材料体现出比块体光电材料更高的光催化活性。

5.5　材料的超导电性

所谓超导体(superconductor)就是在较低温度下,具有零电阻导电现象的物质。这是一种固体材料内特有的电子现象。超导体的研究与发现开始于金属及其化合物,继而的研究在氧化物中发现了超导体,高临界陶瓷超导材料及其超导薄膜、超导线材相继问世。现已发现有 28 种元素和几千种合金和化合物可以成为超导体。

5.5.1　超导体的两个基本特性

(1)完全导电性　超导材料处于超导态时电阻为零,能够无损耗地传输电能。如果用磁场在超导环中引发感生电流,这一电流可以毫不衰减地维持下去。这种"持续电流"已多次在实验中观察到。

(2)完全抗磁性　即迈斯纳效应,当材料处于超导状态时,只要外加磁场不超过一定值,磁力线不能透入超导材料内。超导体内磁感应强度为零的现象,人们还曾做过这样一个实验,在一个浅平的锡盘中,放入一个体积很小磁性很强的永久磁铁,然后把温度降低,使锡出现超导性。这时可以看到,小磁铁竟然离开锡盘表面,飘然升起,与锡盘保持一定距离后,便悬空不动了。这是由于超导体的完全抗磁性,如图 5.8 所示。

图 5.8　完全抗磁性

5.5.2　超导材料的三个参数

（1）临界温度　外磁场为零时超导材料由正常态转变为超导态（或相反）的温度，以 T_c 表示。T_c 值因材料不同而异。已测得超导材料的最低 T_c 是钨，为 0.012K。到 1987 年，临界温度最高值已提高到 100K 左右。

（2）临界磁场　使超导材料的超导态破坏而转变到正常态所需的磁场强度，以 H_c 表示。H_c 与温度 T 的关系为 $H_c = H_0[1-(T/T_c)2]$，式中 H_0 为 0K 时的临界磁场。

（3）临界电流和临界电流密度　通过超导材料的电流达到一定数值时也会使超导态破态而转变为正常态，以 I_c 表示。I_c 一般随温度和外磁场的增加而减少。单位截面积所承载的 I_c 称为临界电流密度，以 J_c 表示。

5.5.3　超导体的分类及类型

根据成分超导材料可分为以下 4 类。

（1）超导元素　在常压下有 28 种元素具超导电性，其中铌（Nb）的 T_c 最高，为 9.26K。

（2）合金材料　超导元素加入某些其他元素作合金成分，可以使超导材料的全部性能提高。如最先应用的铌锆合金（Nb-75Zr），其 T_c 为 10.8K，H_c 为 8.7T。

（3）超导化合物　超导元素与其他元素化合常有很好的超导性能。如已大量使用的 Nb_3Sn，其 $T_c = 18.1K$，$H_c = 24.5T$。

（4）超导陶瓷　20 世纪 80 年代初，米勒和贝德诺尔茨开始注意到某些氧化物陶瓷材料可能有超导电性，他们的小组对一些材料进行了试验，于 1986 年在镧-钡-铜-氧化物中发现了 $T_c = 35K$ 的超导电性。1987 年，中国、美国、日本等国科学家在钡-钇-铜氧化物中发现 T_c 处于液氮温区有超导电性，使超导陶瓷成为极有发展前景的超导材料。

依照超导体对磁场的反应，可将其分为两种类型。

① Ⅰ类超导体在超导状态下是抗磁性的，即不被外界磁场磁化。但是在低于临界温度 T_c 时外磁场大于临界磁场强度 H_c 后，材料由超导状态转变为常导状态，磁力线也由绕过物体到穿过物体。

② Ⅱ类超导体则在磁场大于 H_{c_1} 后开始能被磁力线穿越，到 H_{c_2} 后则处于常导状态，能完全被磁力线穿越。这类超导材料由于有较高的 T_c，故更有实用意义一些。

5.5.4 约瑟夫逊效应

1962年，剑桥（Cambridge）大学的博士后约瑟夫逊（B D Josephson）从理论上预测了超导电子的隧道效应，即超导电子（电子对）能在极薄的绝缘体阻挡层中通过。后来实验证实了这个预言，并把这个量子现象称为 Josephson 效应。图 5.9 为 Josephson 效应元件，由两块超导体中间夹一层绝缘体构成。

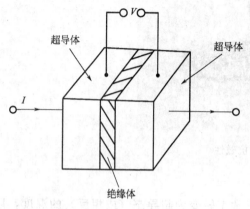

图 5.9　约瑟夫逊效应元件

约瑟夫逊效应主要用于以下方面。

① 用约瑟夫逊效应制成高灵敏度磁强计，灵敏度达 10G，可测量人体心脏跳动和人脑内部的磁场变化，作出"心磁图"和"脑磁图"。在物理研究和地质探矿等方面也得到应用。

② 在计量方面，20 世纪 70 年代初期研制出电压基准监视系统。约瑟夫逊效应还用于制作高精度检流计、电压比较仪、电流比较仪和用于射频电压、电流、功率及衰减的精密测量。

③ 用作毫米波、亚毫米波的检波器和混频器，其优点是噪声低、频带宽、损耗小。

④ 约瑟夫逊结可用作计算机中的开关和记忆元件。开关速度已达到 10ps，功耗也很小。

5.5.5 超导材料应用

超导材料具有的优异特性使它从被发现之日起，就向人类展示了诱人的应用前景。但要实际应用超导材料又受到一系列因素的制约，这首先是它的临界参量，其次还有材料制作的工艺等问题（例如脆性的超导陶瓷如何制成柔细的线材就有一系列工艺问题）。到 20 世纪 80 年代，超导材料的应用主要有：①利用材料的超导电性可制作磁体，应用于电机、高能粒子加速器、磁悬浮运输、受控热核反应、储能等；可制作电力电缆，用于大容量输电（功率可达 10000MVA）；可制作通信电缆和天线，其性能优于常规材料。②利用材料的完全抗磁性可制作无摩擦陀螺仪和轴承。③利用约瑟夫森效应可制作一系列精密测量仪表以及辐射探测器、微波发生器、逻辑元件等。利用约瑟夫森结作计算机的逻辑和存储元件，其运算速度比高性能集成电路的快 10～20 倍，功耗只有其 1/4。

超导材料的理论研究还不够统一，目前比较成功的理论是 BCS 理论，BCS 理论并无法成功地解释所谓第二类超导或高温超导的现象。有兴趣的同学可阅读相关资料或专著。

5.6 能带理论初步

在讨论能带问题之前，我们先思考这样一个问题，即电子在金属材料内部是如何"潜行"的？任何物质都是运动着的，金属材料内部的自由电子当然也不例外。这里用的"潜行"二字，一是金属内部的价电子具有"自由性"；二是它可以偷偷地从材料的一端跑到另一端。现在问题的实质在于它是如何偷偷地在各个离子之间游走呢？

5.6.1 无限深势阱或自由电子论

为了能给上面这个问题一个较为明确的解释我们先把问题简化。既然是"自由"的，不妨进行这样的假设：①忽略电子间的相互作用。②忽略电子与离子间的相互作用。这样做的目的仅是给解决问题带来方便，使我们暂不再考虑一个复杂的系统，仅考虑一个电子足够了。下面考虑到电子的运动势场，电子始终在金属内部运动，它不能跑到金属外面去。而且在金属内部它受到的吸引势是处处均匀的。先看一下一维问题。那么这个问题可以简化为这样一个数学模型：一个质量为 m 的粒子在一维空间（x 方向）运动，当粒子处在 0 到 a 之间时，势能 $V=0$；粒子处在其他地方，势能为无穷大，如图 5.10 所示。

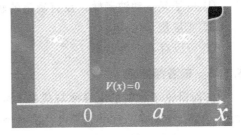

图 5.10　一维势阱模型

$$V(x)=0(0<x<1);V(x)=\infty(x\leqslant0,x\geqslant a)$$

粒子在阱内自由运动，不能到阱外。

① 势函数。

阱内 $V(x)=0(0<x<a)$

阱外 $V(x)=\infty(x\leqslant0,x\geqslant a)$

② 哈密顿量。

$$\hat{H}=-\frac{\hbar^2}{2m}\frac{d^2}{dx^2}+V(x)$$

③ 定态薛定谔方程。

阱外：$\left[-\frac{\hbar^2}{2m}\frac{d^2}{dx^2}+\infty\right]\Phi_2(x)=E\Phi_2(x)$

$$-\frac{\hbar^2}{2m}\frac{d^2}{dx^2}\Phi_1(x)=E\Phi_1(x)$$

④ 分区求通解。

a. 阱外：$\left[-\frac{\hbar^2}{2m}\frac{d^2}{dx^2}+\infty\right]\Phi_2(x)=E\Phi_2(x)$

根据波函数有限的条件，阱外 $\Phi_2(x)=0(x\geqslant a,x\leqslant0)$

b. 阱内：$-\frac{\hbar^2}{2m}\frac{d^2}{dx^2}\Phi(x)=E\Phi(x)$（为了方便将波函数脚标去掉）

令 $k^2=\frac{2mE}{\hbar^2}$，将方程写成 $\Phi''(x)+k^2\Phi(x)=0$

通解：$\Phi(x)=A\cos kx+B\sin kx$。

式中，A 和 B 是待定常数。

⑤ 由波函数标准条件和边界条件定特解，通解是 $\Phi(x)=A\cos kx+B\sin kx$。

a. 解的形式 $x=0$ 处，$\Phi(0)=\Phi_2(0)=0\Rightarrow A=0$，解的形式是 $\Phi(x)=B\sin kx$。

b. 能量取值 $x=a$ 处，$\Phi(a)=\Phi_2(a)=0\Rightarrow B\sin ka=0$。

$B\sin ka=0$，A 已经为零了，B 不能再为零了，即 $B\neq0$，只能 ka 等于零。

要求：$ka=n\pi,(k\neq0),k=\frac{n\pi}{a},(n=1,2,3,\cdots)$

但 $k^2=\frac{2mE_n}{\hbar^2}=\frac{n^2\pi^2}{a^2}$（由上式）

故能量可能值 $E_n=\frac{\pi^2\hbar^2}{2ma^2}n^2(n=1,2,3,\cdots)$

从上面的讨论可以看出：

① 电子是运动波函数，没有确定的轨迹，只有概率分布；

② 能量量子化；

③ 可以存在多种状态。

5.6.2 布洛赫定理

前面讨论了材料的电导率与载流子浓度相关，但是实验发现，对有两个价电子的元素，如 Be、Zn、Cd 等，每个原子可提供 2 个价电子，它们的金属电导率却比 1 个价电子的元素（如 Au、Ag 等）低。为什么有金属、半导体、绝缘体之分？为什么会存在空穴导电？显然自由电子论不能够给出这些问题的解释。这又如何解释？既然提到能带，事实理论如何？

根据前面讨论的自由电子模型，电子（具有波动性）可用一波函数来描述。当电子运动到离子实前，必然受到离子实的反作用力而被散射。可以将离子实组成的晶格看成"镜面"，那么它必然能够反射电子波。当然，这种反射不可能像光的镜面反射那样处理。被反射回的电子波与入射电子波，具有相同的频率和波长，这样反射波与入射波就会叠加形成驻波，此时电子波的群速为零，设电子为自由电子，由行波：

$$\exp(i\pi x/a) = \cos(\pi x/a) \pm i \sin(\pi x/a)$$

可以构成两个不同的驻波：

$$\psi(+) = \exp(i\pi x/a) + \exp(-i\pi x/a) = 2\cos(\pi x/a)$$

$$\psi(-) = \exp(i\pi x/a) - \exp(-i\pi x/a) = 2i\sin(\pi x/a)$$

驻波使得电子在空间上的分布不均匀，从而便得两个驻波的势能有差别，这就可以导致能隙。根据波函数的意义，考虑正波：

$$\rho(+) = |\psi(+)|^2 \propto \cos^2 \pi x/a$$

这个函数是电子聚集的中心，与正离子实的位置重合，使电子的势能降低。而负波

$$\rho(-) = |\psi(-)|^2 \propto \sin^2 \pi x/a$$

在电子聚集的中心与离子实的之间，使电子的势能升高。

能隙大小：设电子在晶格中的势能为（其实只要周期势场就足够了）

$$U(x) = U\cos 2\pi x/a$$

两驻波的一级能量差：

$$E_g = \int dx U(x) \left[|\psi(+)|^2 - |\psi(-)|^2 \right] = U$$

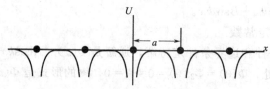

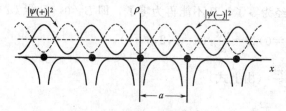

图 5.11　波函数示意图

这恰好等于晶体势能的傅里叶分量。

用量子力学来解决多体问题是非常复杂的，而且严格解是不可能的。要解决这些问题，只能抓住主要矛盾，建立模型，作充分的近似，才可以求解。其中把多体问题简化为单电子问题，需要经过多次简化。第一步是把原子核与核外内层电子考虑成一个整体——离子实，使原子中的多体问题简化为离子实与外层电子的问题；第二步是绝热近似，考虑到离子实的质量比较大，离子运动速度相对慢，位移相对小，在讨论电子问题时，可以认为离子是固定在瞬时的位置上，这样，多种粒子的问题就简化成多电子问题；第三步，忽略电子之间的相互作用（理想电子气），这样多电子问题简化为单电子问题，每个电子是在固定的离子势场和其他电子的平均场中运动；第三步的简化是认为所有离子势场和其他电子的平均场是周期性势场。于是有：

$$\begin{cases} \left[-\dfrac{\hbar^2}{2m}\nabla^2+V(\vec{r})\right]\psi_k(\vec{r})=E\psi_k(\vec{r}) \\ V(\vec{r}+\vec{R}_{\mathrm{m}})=V(\vec{r}) \end{cases}$$

式中，$\vec{R}_{\mathrm{m}}=n_1\vec{a}_1+n_2\vec{a}_2+n_3\vec{a}_3$；$V(\vec{r})=V_1(\vec{r})+V_2(\vec{r})$；$\vec{k}$ 是用来表征电子状态的量子数。

如果，$V(\vec{r})=0$，$\psi_k(\vec{r})=\dfrac{1}{\sqrt{V}}e^{i\vec{k}\vec{r}}$

$$|\vec{k}|=\dfrac{2\pi}{\lambda},\quad E=\dfrac{\hbar^2 k^2}{2m},$$

这就回到自由电子模型（索末菲模型）。

对实际晶体，$V(\vec{r})$ 是个周期势场，那么电子的运动状况又该如何？布洛赫证明：

$$\psi_{\vec{k}}(\vec{r})=e^{i\vec{k}\vec{r}}u_{\vec{k}}(\vec{r})$$

$$u_{\vec{k}}(\vec{r})=u_{\vec{k}}(\vec{r}+\vec{R}_{\vec{k}})$$

或 $\psi_{\vec{k}}(\vec{r}+\vec{R}_{\vec{k}})=e^{i\vec{k}R}\psi_{\vec{k}}(\vec{r})$

从上面的结果可以得出以下结论。

① 电子不再是属于局域的特定原子，而是扩展于整个晶体，$\psi_{\vec{k}}(\vec{r})$ 为电子的晶体轨道。因子 $e^{i\vec{k}\vec{r}}$ 反映了电子公有化运动，如果令 $\vec{r}=\vec{a}_1$，则 $\vec{k}\vec{r}=\vec{k}\vec{a}_1$ 为相邻原子波函数的位相差，反映公有化运动状态。这表现在：布洛赫波在严格的周期场下是可以传播的，且波的空间分布也是周期性的；在实空间波（电子态）的重叠程度，重叠程度越大，公有化运动状态越强。

② 电子的波函数 $\psi_{\vec{k}}(\vec{r})$ 是一个被周期函数所调制的平面波或被平面波调制的周期函数。

③ 布洛赫波函数中的 $\vec{k}$ 是波矢量，可用它来标记电子的状态。

5.6.3　简并微扰法与禁带宽度

在能带论中，通常选取某个具有布洛赫函数形式的完全集合（正交归一），把晶体电子态的波函数用此函数集合展开，然后代入薛定鄂方程，确定展开式的系数所必须满足的久期方程，据此可求得能量本征值。不同的方法在于选取不同的函数集合，由于其近似程度不同，收敛的速度也有很大不同。实际的能带计算要复杂得多，由计算机来完成，且已有不少专业化的能带计算软件包。

作为能带论的介绍，有三种陈述方法。

① 建立中心方程，解中心方程的系数方程，即久期方程，则可转化为代数方程，用计算机求解；这条途径实际操作性强。把电子波函数 ψ 按某一正交，归一，完备的函数集展开（傅里叶展开）。

② 电子波函数和势场都不展开。

③ 对 $V(x)$ 展开，但电子波函数不展开，这种方法在陈述上较为简单，便于理解，但无论是方法②或是方法③，在处理简并微扰时，都要把电子波函数按另一正交完备的函数集展开。

$$V(x) = V_0 + \sum_n{}^1 V_n e^{i\frac{2x}{a}nx}$$

式中，V_0 为势能的平均值，求和号带撇表示累加时不包括 $n=0$ 的项，势能是实数，要求级数的系数有关系式：

$$V_{-n} = V_n{}^*$$

简单起见，只考虑一维晶体。根据衍射理论电子波的波长为 $k = n\pi/a$ 和 $k' = -n\pi/a$，一个是前进波，一个是反射波，两个状态的能量相等，属于简并态的情况，只能用简并微扰讨论。零级近似波函数应该是这两个波的线性组合。

$$\psi_{z/a}(x) = A\psi_{z/a}^{(0)}(x) + B\psi_{-z/a}^{(0)}(x)$$

$$\psi_{z/a}^{(0)}(x) = \frac{1}{\sqrt{L}} e^{ikx}$$

$$\psi_{-z/a}^{(0)}(x) = \frac{1}{\sqrt{L}} e^{-ikx}$$

其中：

$$\left[-\frac{\hbar^2}{2m}\frac{d^2}{dx^2} + V(x)\right]\psi_{z/a}(x) = E\psi_{z/a}(x)$$

$$\left[-\frac{\hbar^2}{2m}\frac{d^2}{dx^2} + V\right]A\psi_{z/a}^{(0)} + \left[-\frac{\hbar^2}{2m}\frac{d^2}{dx^2} + V\right]B\psi_{-z/a}^{(0)} = EA\psi_{z/a}^{(0)} + EB\psi_{-z/a}^{(0)}$$

$$\int_0^L \psi_{z/a}^{(0)}{}^* \left\{\left[-\frac{\hbar^2}{2m}\frac{d^2}{dx^2} + V\right]A\psi_{z/a}^{(0)} + \left[-\frac{\hbar^2}{2m}\frac{d^2}{dx^2} + V\right]B\psi_{-z/a}^{(0)}\right\}dx = EA + EB\int_0^L \psi_{z/a}^{(0)}{}^* \psi_{-z/a}^{(0)} dx$$

其中：$V=0$。对左边第二项：

$$= B\int_0^L V(x)\psi_{z/a}^{(0)}{}^* \psi_{-z/a}^{(0)} dx = V_1 B$$

$$A\frac{\hbar^2}{2m}\left(\frac{\pi}{a}\right)^2 + BV_1 = EA$$

类似：$AV_1^* + B\frac{\hbar^2}{2m}\left(-\frac{\pi}{a}\right)^2 = EB$

$$\begin{cases} -V_1^* A + \left[E - \frac{\hbar^2}{2m}\left(\frac{\pi}{a}\right)^2\right]B = 0 \\ \left[E - \frac{\hbar^2}{2m}\left(\frac{\pi}{a}\right)^2\right]A - V_1 B = 0 \end{cases}$$

要 A、B 不同时为零，

$$\left[E - \frac{\hbar^2}{2m}\left(\frac{\pi}{a}\right)^2\right]^2 - V_1^2 = 0$$

$$E = \frac{\hbar^2}{2m}\left(\frac{\pi}{a}\right)^2 \pm |V_1|$$

$$E_g = 2|V_1|$$

同理有：

$$E_{ng}=2|V_n|$$

亦即能隙的大小等于势能的傅里叶分量，这与前面所估计的结果一致。从以上讨论可知禁带发生在什么位置以及禁带究竟多宽，取决于晶体的结构和势场的函数形式。

习题与思考题

1. 实验测出离子型电导体的电导体率与温度的相关系数，经数学回归分析得出关系式为：

$$\lg\sigma=A+B\frac{1}{T}$$

(1) 试求在测量温度范围内的电导活化能表达式。

(2) 若给出 $\begin{matrix}T_1=500\text{K 时}，\sigma_1=10^{-9}\text{S/cm}\\T_2=1000\text{K 时}，\sigma_2=10^{-6}\text{S/cm}\end{matrix}$，计算电导活化能的值。

2. 本征半导体中，从价带激发至导带的电子和价带产生的空穴参与电导。激发的电子数 n 可近似表示为：

$$n=N\exp(-E_g/2kT)$$

式中，N 为状态密度；k 为玻尔兹曼常数；T 为热力学温度。

试回答以下问题：

(1) 设 $N=10^{23}\text{cm}^{-3}$，$k=8.6\times10^{-5}\text{eV/K}$ 时，$Si(E_g=1.1\text{eV})$、$TiO_2(E_g=3.0\text{eV})$ 在室温 20℃ 和 500℃时所激发的电子数（cm^{-3}）各是多少？

(2) 半导体的电导率 σ　S/cm 可表示为

$$\sigma=ne\mu$$

式中，n 为载流子浓度，cm^{-3}；e 为载流子电荷（电子电荷 $1.6\times10^{-19}\text{C}$）；$\mu$ 为迁移率$[\text{cm}^2/(\text{V}\cdot\text{s})]$。当电子（e）和空穴（h）同时为载流子时，

$$\sigma=n_ee\mu_e+n_he\mu_h$$

假设 Si 的迁移率 $\mu_e=1450\text{cm}^2/(\text{V}\cdot\text{s})$，$\mu_h=500\text{cm}^2/(\text{V}\cdot\text{s})$，且不随温度变化。求 Si 在室温 20℃ 和 500℃时的电导率。

3. 根据费米-狄拉克分布函数，半导体中电子占有某一能级 E 的允许状态概率 $f(E)$ 为：

$$f(E)=[1+\exp(E-E_f)/kT]^{-1}$$

E_f 为费米能级，它是电子存在概率的 $\frac{1}{2}$ 的能级。

如下图所示的能带结构，本征半导体导带中的电子浓度 n，价带中的空穴浓度 p 分别为

$$n=2\left(\frac{2\pi m_e^* kT}{h^2}\right)^{3/2}\exp\left(-\frac{E_c-E_f}{kT}\right)$$

$$p=2\left(\frac{2\pi m_h^* kT}{h^2}\right)^{3/2}\exp\left(-\frac{E_f-E_v}{kT}\right)$$

式中，m_e^*、m_h^* 分别为电子和空穴的有效质量；h 为普朗克常数。

试回答以下问题：

(1) 本征半导体中 $n=p$，利用上两式写出 E_f 的表达式。

(2) 当 $m_e^*=m_h^*$ 时，E_f 位于能带结构的什么位置。通常 $m_e^*<m_h^*$，E_f 位置将如何变化。

(3) 令 $n=p=\sqrt{np}$，$E_g=E_C-E_V$，试求 n 随温度变化的函数关系（含 E_g 的函数）。

(4) 如图 5.12 所示，施主能级为 E_D，施主浓度 N_D，E_f 在 E_C 和 E_D 之间，电离施主浓度 n_D 为：

$$n_D=N_D\exp\left(-\frac{E_f-E_D}{kT}\right)$$

若 $n=n_D$，试写出 E_f 的表达式。当 $T=0$ 时，E_f 位于能带结构的什么位置。

(5) 令 $n = n_D = \sqrt{nn_D}$，试写出 n 随温度变化的关系式。

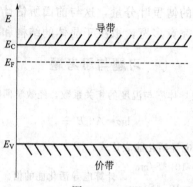

图 5.12

4. pn 结的能带结构如图 5.13(a) 所示，如果只考虑电子的运动，那么在热平衡状态下，p 区的极少量电子由于势垒的降低而产生一定的电流（饱和电流 I_0）与 n 区的电子由于势垒的升高 V_d，靠扩散产生的电流（扩散电流 I_d）相抵消。I_d 可表示为

$$I_d = A\exp(-eV_d/kT)$$

式中，A 为常数，当 pn 结上加偏压 V，能带结构如图 5.13(b)，势垒的高度为 $(V_d - V)$。

求：(1) 此时的扩散电流 I_d' 的表达式。

(2) 试证明正偏压下电子产生的净电流公式为

$$I = I_0[\exp(eV/kT) - 1]$$

(3) 设正偏压为 V_1 时的电流为 I_1，那么电压为 $2V_1$ 时，电流 I_2 为多少（用含 I_1 的函数表示）？

(4) 负偏压下，施加电压极大时（$V \to \infty$），I 的极限值为多少？但是实际上当施加电压至某一值（$-V_B$）时，电流会突然增大，引起压降，试定性描述 pn 结在正负偏压时的 V-I 特性。

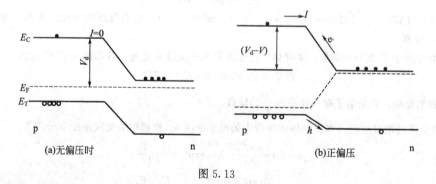

图 5.13

第 6 章　材料的结构与介电性能

在电场作用下，物质带电质点发生短距离位移产生极化，以感应而非传导的方式呈现的电学性能，称为介电性能，能建立极化的物质称为介电体或者电介质。电介质的特征是以正、负电荷重心不重合的电极化方式传递、存储或记录电的作用和影响，例如电致伸缩、压电性，热释电性、铁电性等，都与晶体的内在结构、束缚电荷的运动等有密切的关系。描写电极化性质的重要参数之一是介电常数，介电常数的大小反映了材料的极化强度对外电场的响应，即介电常数越大，同样大小的电场所引发的极化强度就越大。本章主要介绍材料一般的介电性能，例如介质的极化、介质的损耗、介电强度和材料的铁电压电性等，以及其与材料结构之间的关系，这是了解无机材料介电性能的基础。

6.1　材料的结构与介质的极化

6.1.1　材料在电场中的极化现象与介电常数

（1）电极化　在电介质中，原子、分子或离子中的正负电荷以共价键或离子键的形式被相互强烈的束缚着，称为束缚电荷。在电场作用下，这些束缚电荷只能在微观尺度上做相对位移，而不能做定向运动。由于正负电荷间的相对偏离，在原子、分子或离子中产生了感应偶极矩。这时就电介质整体来看形成了感应宏观偶极矩。电介质内部分子偶极矩的矢量和就不再是零，整个电介质对外感生出了宏观偶极矩。这种在外电场作用下，在电介质内部感生偶极矩的现象，称为电介质的极化。

由两个相距为 l，分别带有 $+q$ 和 $-q$ 电量的点电荷所组成的系统，称为偶极子（图 6.1），并以偶极矩 $\mu = ql$ 来度量。规定其方向由负电荷指向正电荷，即电偶极矩的方向与外电场 E 的方向一致。

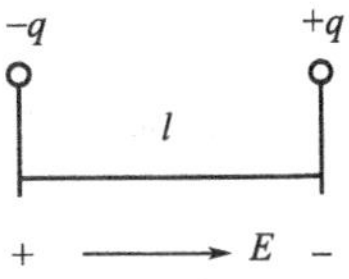

图 6.1　偶极子

电介质在电场作用下的极化程度用极化强度矢量 P 来表示，极化强度 P 是电介质材料单位体积内的感生偶极矩。它可以表示如下：

$$P = \lim_{\Delta v \to 0} \frac{\sum \mu}{\Delta V} \tag{6.1}$$

式中，μ 为极化粒子的感应偶极矩；ΔV 为体积元。在国际制中，极化强度的单位是 C/m^2。

（2）电介质的介电常数　实验结果表明，在各向同性的线性电介质中，极化强度 P 与电场强度 E 成正比，并且方向相同

$$P = \chi \varepsilon_0 E \tag{6.2}$$

式中，χ 为电介质的极化率，对于均匀电介质 χ 是常数，对于非均匀电介质则是空间坐标的函数。χ 定量地表示电介质被电场极化的能力，是电介质宏观极化参数之一。

令
$$D = \varepsilon_0 E + P \tag{6.3}$$

式中，D 称为电位移，其单位与极化强度的单位一致，C/m^2。

将式(6.2)代入式(6.3)有

$$D = \varepsilon_0 E + P = \varepsilon_0 E + \chi \varepsilon_0 E = (1+\chi) \varepsilon_0 E \tag{6.4}$$

令

$$(1+\chi)\varepsilon_0 = \varepsilon_0 \varepsilon_r = \varepsilon \tag{6.5}$$

$$(1+\chi) = \varepsilon_r = \frac{\varepsilon}{\varepsilon_0} \tag{6.6}$$

则有

$$D = \varepsilon E \tag{6.7}$$

应该注意，式(6.7)是电位移 D 的一般定义式，对于各类电介质都适用；而式(6.3)仅适用于各向同性的线性电介质，这时 D 与 E 同向。

上列公式中的 ε 和 ε_r 分别为电介质的介电常数和相对介电常数（常简称介电常数）。ε_r 没有量纲。ε 和 ε_r 是描述电介质极化性能的基本宏观参数，它们是电介质中从微观上来看足够大的区域内极化性能的平均值。介电常数是宏观参数，对于均匀电介质来说，ε 和 ε_r 为常数。电介质的介电常数 ε 恒大于真空的介电常数 ε_0，因此电介质的相对介电常数 ε_r 恒大于1。

（3）电介质极化的宏观参数与微观参数　从宏观介电行为来看，电介质与真空的唯一区别是它的介电常数比真空大，是真空的 ε_r 倍。这相当于把电介质看成是连续均匀的一片。电介质实际上是不连续不均匀的，它是由原子、分子或离子等微粒所组成。因此，从微观上来讲，极化强度 P 应定义如下：极化强度是电介质单位体积中所有极化粒子偶极矩的向量和。若单位体积中有 n_0 个极化粒子，各个极化粒子偶极矩的平均值为 μ，则有

$$P = n_0 \mu \tag{6.8}$$

对于线性极化，μ 与电场强度成正比：

$$\mu = \alpha E_{loc} \tag{6.9}$$

式中，E_{loc} 为作用在各原子、分子或离子等微粒上的局域电场，称为有效电场；α 为比例系数，是微观质点的极化率，$F \cdot m^2$。α 是表征电介质极化性质的微观极化参数。

将式(6.9)带入式(6.8)有：

$$P = n_0 \alpha E_{loc} \tag{6.10}$$

注意到式(6.2)$P = \chi \varepsilon_0 E$，其中 E 为介质中的宏观平均电场，可得

$$P = \chi \varepsilon_0 E = (\varepsilon_r - 1) \varepsilon_0 E = n_0 \alpha E_{loc} \tag{6.11}$$

或者

$$\varepsilon_r = 1 + \frac{n_0 \alpha E_{loc}}{\varepsilon_0 E} \tag{6.12}$$

以上两式表示了电介质中与极化有关的宏观参数（χ、ε_r、E）与微观参数（n_0、α、E_{loc}）之间的关系。

6.1.2　电极化的微观机构

电介质的极化现象归根到底是电介质中的微观荷电粒子，在电场作用下，电荷分布发生变化而导致一种宏观统计平均效应。一个粒子对极化率 α 的贡献有：电子云畸变引起的负电荷中心位移贡献 α_e，离子位移贡献 α_i，固有电偶极矩取向作用的贡献 α_d，总的微观极化率为各种贡献部分的总和，即

$$\alpha = \alpha_e + \alpha_i + \alpha_d \tag{6.13}$$

按照微观机制，电介质的极化可以分为两大类，弹性位移极化和松弛极化，弹性位移极化是一种弹性的、瞬时完成的极化，不消耗能量，弹性位移极化包括电子弹性位移极化和离子弹性位移极化两类；松弛极化与热运动有关，完成这种极化需要一定的时间，并且是非弹

性的，因而消耗一定的能量，电子松弛极化、离子松弛极化属这种类型。

（1）电子位移极化　现在先来介绍一个原子或离子在电场作用下因电子云畸变而产生的电子极化率 α_e。电介质中任何粒子在电场作用下都能感生一个沿电场方向的感应偶极矩，这是由于在电场作用下，粒子中的电子云相对于原子核发生位移而引起的，因此称为电子位移极化。在离子中发生相对位移的电子主要是价电子，这是因为这些电子在轨道的最外层和次外层，离核最远，受核束缚最小的缘故。

电子位移极化对外场的响应时间也就是它建立或消失过程所需的时间，是极短的，在 $10^{-16} \sim 10^{-14}$s 范围。这个时间可与电子绕核运动的周期相比拟。这表明，如所加电场为交变电场，其频率即使高达光频，电子位移极化也来得及响应，因此电子位移极化又有光频极化之称。

在电场作用下，任何电介质都有电子位移极化发生。一个原子、分子或离子的电子位移极化所产生的感应偶极矩 μ_e，根据式（6.9）可表示为

$$\mu_e = \alpha_e E_e \tag{6.14}$$

式中，E_e 为作用在极化粒子上的电场，即有效电场；α_e 为原子、分子或离子的电子位移极化率。

电子位移极化强度 P_e 可表示为

$$P_e = n_0 \mu_e = n_0 \alpha_e E_e \tag{6.15}$$

式中，α_e 为表征电介质电子位移极化的微观参数，与物质的结构有关。

下面我们将通过球状原子模型来讨论电子位移极化率。

如图 6.2 所示，这个模型把原子核看成是一个电量为 $+q$ 的点电荷，把核外总电量为 $-q$ 的所有电子看成是电荷均匀分布的球状电子云。其球心在原子核，半径为 R。显然，球状原子的正负电荷重心重合，其固有偶极矩为零。在电场作用下，电子云和原子核分别受到沿电场方向大小相等方向相反的电场力 F_1 和 F_2 的作用，并有

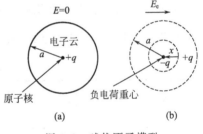

图 6.2　球状原子模型

$$F = F_1 = -F_2 = -qE_e \tag{6.16}$$

在电场力 F 的作用下，使球状电子云相对于原子核移动一个微小的距离 X，使原子达到了一个新的平衡状态，这样原子中就产生了感应偶极矩 μ_e。

$$\mu_e = -qX = -qxx^0 \tag{6.17}$$

式中，x^0 为 X 方向的单位矢量，并有 $X = xx^0$。电子云相对于原子核位移而建立起感应偶极矩的现象就是电子位移极化。电场力通常不足以改变原子核的位置，也不足以改变电子云的形状。

球状电子云在电场力 F 的作用下，一旦离开原来的平衡位置，立即就要受到原子核库仑引力 F' 的作用，直到两者达到平衡，即

$$F' = -F \tag{6.18}$$

这就是新的平衡状态。如果把电子云看成是集中在球心的负点电荷，由图 6.2(b)可见，根据高斯定理可得，原子核对球中半径介于 q 与 x 之间那部分电子云的作用力为零，因为这时闭合面内所包围的电荷总量为零。在半径为 x 的小球内的电子云则受原子核库仑引力的

作用，因此 F' 有：

$$F' = \frac{1}{4\pi\varepsilon_0} \times \frac{(+q)\left[-q\dfrac{\frac{4\pi}{3}x^3}{\frac{4\pi}{3}a^3}\right]}{x^2}x^0 = -\frac{q^2}{4\pi\varepsilon_0 a^3}xx^0 = -KX \tag{6.19}$$

式(6.19)中 $\dfrac{q^2}{4\pi\varepsilon_0 a^3} = K$ 是一个常数。由此可见 F' 与位移量 X 成正比，并与它的方向相反，因此 F' 是一种弹性恢复力，电子位移极化属于弹性位移极化。

将式(6.16)和式(6.19)带入式(6.18)，可得球状电子云的位移量 $X = \dfrac{-qE_e}{K}$，将其带入式(6.17)可得

$$\mu_e = 4\pi\varepsilon_0 a^3 E_e \tag{6.20}$$

由式(6.20)可见，电子位移极化感生偶极矩 μ_e 与电场强度 E_e 成正比，并与它的方向一致。

将式(6.20)与式(6.14)比较即可得到原子的电子位移极化率

$$\alpha_e = 4\pi\varepsilon_0 a^3 \tag{6.21}$$

式(6.21)表明原子的电子位移极化率与原子半径 a 的立方成正比。以上分析也适用于离子的电子位移极化及其极化率。采用圆周轨道模型处理该问题可以得到一致的结果。R 的数量级为 10^{-10} m，因此 α_e 的数量级为 10^{-40} F·m²，与实验结果相符。

表 6.1 为离子的电子极化率，其物理量采用 CGS 单位制（cm³），如要化为 SI 单位制，则应乘以 $\dfrac{1}{9}\times 10^{-15}$，单位为 F·m²。

表 6.1　离子的电子极化率 　　　　　　　　单位：10^{-15} cm²

			He 0.201	Li⁺ 0.029 0.029	Be²⁺ 0.008	B³⁺ 0.003	C⁴⁺ 0.0013
Pauling JS							
Pauling JS-(TKS)	O²⁻ 3.88 (2.4)	F⁻ 1.04 0.858	Ne 0.390	Na⁺ 0.179 0.290	Mg²⁺ 0.094	Al³⁺ 0.052	Si⁴⁺ 0.0165
Pauling JS-(TKS)	S²⁻ 10.2 (5.5)	Cl⁻ 3.66 2.947	Ar 1.62	K⁺ 0.83 1.133	Ca²⁺ 0.47 (1.1)	Sc³⁺ 0.286	Ti⁴⁺ 0.185 (0.19)
Pauling JS-(TKS)	Se²⁻ 10.5 (7.0)	Br⁻ 4.77 4.091	Kr 2.46	Rb⁺ 1.40 1.679	Sr²⁺ 0.86 (1.6)	Y³⁺ 0.55	Zr⁴⁺ 0.37
Pauling JS-(TKS)	Te² 14.0 (9.0)	I 7.10 6.116	Xe 3.99	Cs⁺ 2.42 2.743	Ba²⁺ 1.55 (2.5)	La³⁺ 1.04	Ce⁴⁺ 0.73

注：表中数值引自 L. Pauling. *Proc. Roy. Boc.*. (London) A114.181 (1927)；S. S. Jaswal *and* T. P. sharma. *J. Phys. chem. solids*, 34.509 (1973) 及 J. Tessman. A. Kahn *and* W. Shockloy, *Phys. Rev.*, 92, 890 (1953)．
JS 和 TKS 给出的极化率是使用钠的 D 线频率得到的结果。

（2）离子位移极化　　在离子晶体和玻璃等无机电介质中，正负离子处于平衡状态，其偶极矩的矢量和为零。但这些离子在电场作用下，除离子内部产生电子位移极化以外，离子本身还将发生可逆的弹性位移。正离子沿电场方向移动，负离子沿反电场方向移动，形成感应偶极矩。这就是离子弹性位移极化，简称离子位移极化。

离子位移极化对外场的响应时间也极短，为 $10^{-13} \sim 10^{-12}$ s，比电子位移极化慢 2~3 个数量级。这个时间相当于离子固有振动周期，也相当于红外光周期。

在电场作用下，离子晶体中一对正负离子位移产生的感应偶极矩 μ_i，根据式（6.9）为

$$\mu_i = \alpha_i E_e \tag{6.22}$$

式中，α_i 为离子位移极化率。为概念清晰起见，我们首先取孤立正负离子对（图 6.3）来研究，估算其离子位移极化率。设离子的电荷为 $\pm q$，正负离子在电场作用下的相对位移为 $x = x_+ + x_-$，其中 x_+ 和 x_- 分别为正负离子的位移量，这样其感应偶极矩 μ_i 为

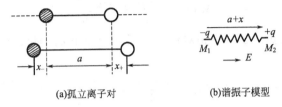

(a)孤立离子对　　　　　　　　　(b)谐振子模型

图 6.3　孤立正负离子对及其谐振子模型

$$\mu_i = qx = \alpha_i E_e \tag{6.23}$$

当位移量 x 不大，远小于晶格常数 $a(x \leqslant a)$ 时，可把离子间的恢复力看成是弹性力。这时 x 可由电场力 $F = qE_e$ 和恢复力 $F' = -Kx$ 的平衡方程确定：

$$qE_e = Kx \tag{6.24}$$

其中 K 是恢复力常数。由以上两式可得

$$\alpha_i = \frac{q^2}{K} \tag{6.25}$$

与电子位移极化的情况相似，关键在于求得离子间的恢复力常数 K。

由于正负离子间的恢复力是一种弹性力，因此可以用谐振子模型来确定力常数。谐振子模型的振动方程为：

$$\frac{\mathrm{d}^2 x}{\mathrm{d}t^2} + \frac{K}{m}x = 0 \tag{6.26}$$

式中，m 为谐振子的折合质量，若正负离子的质量分别为 m_1 和 m_2，则它们的折合质量 m 为：

$$\frac{1}{m} = \frac{1}{m_1} + \frac{1}{m_2} \qquad m = \frac{m_1 m_2}{m_1 + m_2} \tag{6.27}$$

根据振动方程可知，谐振子的固有角频率 ω_0 和固有谐振频率 f_0 为：

$$\omega_0 = 2\pi f_0 = \sqrt{\frac{K}{m}} \tag{6.28}$$

$$K = 4\pi^2 f_0^2 m = 4\pi^2 f_0^2 \frac{m_1 m_2}{m_1 + m_2} \tag{6.29}$$

注意到 $f_0 = c/\lambda$，$m_1 = M_1/N_0$，$m_2 = M_2/N_0$，则有

$$K = \frac{4\pi^2 c^2 M_1 M_2}{\lambda^2 N_0 (M_1 + M_2)} \tag{6.30}$$

式中，M_1 和 M_2 分别为正负离子的原子量；N_0 为阿伏伽德罗常数；c 为光速；λ 为吸收波长。λ 可由离子对的吸收光谱求出，其他量均为已知常数。将式（6.30）带入式（6.25），即得到谐振子模型的离子位移极化率。此外，离子对之间的恢复力常数 K 还可以根据离子

间的互作用能来推算。正负离子间互作用能 $W(r)$ 是静电库仑吸引能和电子云间的排斥能之和，

$$W(r) = -\frac{q^2}{4\pi\varepsilon_0 r} + \frac{b}{4\pi\varepsilon_0 r^n} \tag{6.31}$$

式中，r 为正负离子间的距离；n 为排斥项势能指数；b 为常数。当正负离子对处于平衡状态时，有 $r=a$，这时 $W(r)$ 应为极小值，于是有 $\partial W(r)/\partial r \mid_{r=a} = 0$，由此可得 $b = q^2 a^{n-1}/n$。将 b 带入式(6.31)可得：

$$W(r) = \frac{-q^2}{4\pi\varepsilon_0 r} + \frac{q^2 a^{n-2}}{4\pi\varepsilon_0 n r^n} \tag{6.32}$$

在电场作用下，正负离子发生相对位移 x 后，$r=a+x$。如果将 $W(r)$ 在 a 处用泰勒级数展开，则有，

$$W(r) = W(a) + (r-a)W'(a) + \frac{(r-a)^2}{2}W''(a) + \cdots + \frac{(r-a)^m}{m!}W^{(m)}(a) + \cdots \tag{6.33}$$

由于离子对在电场中的能量远小于互作用能，因此，$x \ll a$，这样就可以略去级数中 $r-a=x$ 的高次项，得

$$W(r) \approx W(a) + (r-a)W'(a) + \frac{(r-a)^2}{2}W''(a) \tag{6.34}$$

由于 $W'(a)=0$，于是有

$$W(r) = W(a) + \frac{1}{2}Kx^2 \tag{6.35}$$

式中

$$K = \frac{\partial^2 W(r)}{\partial r^2}\Big|_{r=a} = \frac{(n-1)q^2}{4\pi\varepsilon_0 a^3} \tag{6.36}$$

是个常数。这时正、负离子间的恢复力

$$F'(x) = -\frac{\partial W(r)}{\partial r} = -Kx \tag{6.37}$$

由式可见 K 为恢复力常数，将式(6.36)代入式(6.25)可得

$$\alpha_i = \frac{q^2}{K} = \frac{4\pi\varepsilon_0 a^3}{n-1} \tag{6.38}$$

由于晶体内做密堆积，因此有 $a \approx r^+ + r^-$，式中 r^+，r^- 分别为正负离子半径，将其代入式(6.38)有

$$\alpha_i = \frac{4\pi\varepsilon_0 (r^+ + r^-)^3}{n-1} \tag{6.39}$$

以上是从一孤立正负离子对推算得到的离子位移极化率。对于离子在空间做三维分布的晶体来说，则必须考虑被考察离子周围所有正负离子对它的作用。各种类型的晶体，结合其晶体结构，按照上述原则都可进行推算。例如可以求得 NaCl 晶体中离子的位移极化率为：

$$\alpha_i = \frac{q^2}{K} = 4\pi\varepsilon_0 \frac{3a^3}{A(n-1)} = \frac{4\pi\varepsilon_0 a^3}{0.58(n-1)} \tag{6.40}$$

式中，A 为马德龙常数，它是一个与晶体结构有关的参数。对于一定的晶体，A 是一个常数，可以通过计算获得，NaCl 晶体的 $A=1.75$。比较式(6.39)和式(6.40)可以看出，周围其他离子的作用只是改变了 α_i 公式中的系数。

以上讨论表明，离子位移极化率与正负离子半径和的立方成正比，它与电子位移极化率

有大体相同的数量级。随着温度的升高，离子间距离增大，相互作用减弱，力常数 K 减小。因此离子位移极化率随温度升高而增大，但增加甚微。

（3）松弛极化　有一种极化，虽然也由于电场作用造成，但是它还与质点的热运动有关。例如，当材料中存在着弱联系电子、离子和偶极子等松弛质点时，热运动使这些松弛质点分布混乱，而电场力图使这些质点按电场规律分布，最后在一定的温度下发生极化。这种极化具有统计性质，叫做热松弛极化。松弛极化的带电质点在热运动时移动的距离，可与分子大小相比拟，甚至更大。并且质点需要克服一定的势垒才能移动，因此这种极化建立的时间较长（可达 $10^{-2} \sim 10^{-9}$ s），并且需要吸收一定的能量，因而与弹性位移极化不同，它是一种非可逆的过程。松弛极化包括离子松弛极化、电子松弛极化和偶极子松弛极化，多发生在晶体缺陷区或玻璃体内。

① 离子松弛极化。在完整的离子晶体中，离子处于正常结点（即平衡位置），能量最低最稳定，离子牢固的束缚在结点上，称为强联系离子。它们在电场作用下，只能产生弹性位移极化，即极化质点仍束缚于原平衡位置附近。但是在玻璃态物质、结构松散的离子晶体中以及晶体的杂质和缺陷区域，离子本身能量较高，易被活化迁移，称为弱联系离子。弱联系离子的极化可以从一个平衡位置到另一个平衡位置，当去掉外电场时，离子不能回到原来的平衡位置，因而是不可逆的迁移。这种迁移的行程可与晶格常数相比较，因而比弹性位移距离大。但是离子松弛极化的迁移又和离子电导不同。离子电导是离子做远程迁移，而离子松弛极化质点仅作有限距离的迁移，它只能在结构松散区或缺陷区附近移动，需要越过势垒 $U_{松}$，如图 6.4 所示。由于 $U_{松} < U_{电导}$，所以离子参加极化的概率远大于参加电导的概率。

设缺陷区域有两个平衡位置 1 及 2（图 6.5），当离子热运动超过位垒 U 时，离子就会从 1 转移到 2，或者从 2 转移到 1。设单位体积的介质中弱联系离子总数为 n_0，则沿 x 轴向热运动的离子数为 $n_0/3$，沿 x 轴正向热运动的离子数为 $n_0/6$，沿 x 轴负向热运动的离子数也为 $n_0/6$。

设单位体积内占有位置 1 和 2 的离子数分别为 n_1、n_2，则

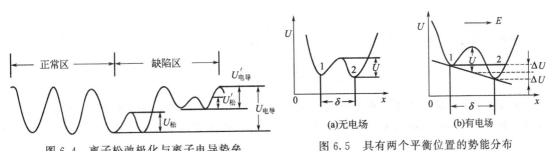

图 6.4　离子松弛极化与离子电导势垒　　　　图 6.5　具有两个平衡位置的势能分布

$$n_1 + n_2 = \frac{n_0}{3} \tag{6.41}$$

当有外电场 E 作用时，离子从 1 到 2 与从 2 到 1 所克服的势垒不同，分别为 $(U - \Delta U)$，$(U + \Delta U)$，这样沿 x 轴正向转移的离子数就会大于沿 x 轴负向转移的离子数。平衡时，设位置 1 减少 Δn，则位置 2 的离子数增加 Δn，因而，

$$n_2 - n_1 = 2\Delta n \tag{6.42}$$

与离子电导过程类似，单位时间内由 1 到 2 的离子数应为 $n_1 \gamma e^{-(U - \Delta U)/kT}$，由 2 到 1 的

离子数应为 $n_2 \gamma e^{-(U+\Delta U)/kT}$，$\gamma$ 为离子的固有振动频率，则 dt 时间内，n_1 的变化为，

$$dn_1 = [-n_1 \gamma e^{-(U-\Delta U)/kT} + n_2 \gamma e^{-(U+\Delta U)/kT}] dt \tag{6.43}$$

式(6.43)中负号表示对位置1来说为减少。为了积分的方便，把 n_1，n_2 写成变量 Δn 的表达式，由式(6.41)和式(6.42)解出，

$$n_1 = \frac{1}{2}\left(\frac{n_0}{3} - 2\Delta n\right) \tag{6.44}$$

$$n_2 = \frac{1}{2}\left(\frac{n_0}{3} + 2\Delta n\right) \tag{6.45}$$

n_0 为定值，Δn 为变量，把 n_1，n_2 带入式(6.43)得，

$$\frac{d(\Delta n)}{dt} = \gamma e^{-\frac{U}{kT}}\left(\frac{1}{6}n_0 e^{\frac{\Delta U}{kT}} - \Delta n e^{\frac{\Delta U}{kT}} - \frac{1}{6}n_0 e^{-\frac{\Delta U}{kT}} - \Delta n e^{-\frac{\Delta U}{kT}}\right) \tag{6.46}$$

当 $\Delta U \ll kT$ 时，

$$e^{\pm\frac{\Delta U}{kT}} \approx 1 \pm \Delta U/kT \tag{6.47}$$

于是式(6.46)可变为

$$\frac{d(\Delta n)}{dt} = -2\Delta n \gamma e^{-\frac{U}{kT}} + \frac{1}{3}n_0 \times \frac{\Delta U}{kT}\gamma e^{-\frac{U}{kT}} \tag{6.48}$$

设极化过程中 ΔU 不变，并令

$$\tau = e^{U/kT} \times \frac{1}{2\gamma} \tag{6.49}$$

则

$$\frac{d(\Delta n)}{dt} = -\frac{\Delta n}{\tau} + \frac{n_0 \Delta U}{6kT\tau} \tag{6.50}$$

积分得

$$\Delta n = C e^{-t/\tau} + n_0 \Delta U/(6kT) \tag{6.51}$$

式中，C 是常数，如果 $t=0$，Δn 也等于 0，则 $C = -n_0 \Delta U/(6kT)$，所以

$$\Delta n = \frac{n_0 \Delta U}{6kT}(1 - e^{-t/\tau}) \tag{6.52}$$

电场作用下，由于 $F = qE$，$\Delta U = F \times \frac{\delta}{2} = \frac{1}{2}qE\delta$，则

$$\Delta n = \frac{n_0 qE\delta}{12kT}(1 - e^{-t/\tau}) \tag{6.53}$$

式中，τ 为弱联系离子的松弛时间；Δn 实际上为 $+x$ 方向转移的净离子数。从式(6.53)可以看出，$t \to \infty$ 时，Δn 才稳定。实际上，$t = 3\tau$ 时，极化就基本完成了。

$$\Delta n_{t \to \infty} = \frac{n_0 qE\delta}{12kT} \tag{6.54}$$

由于 Δn 引起介质中弱联系离子分布不对称，产生的偶极矩总和为 $\Delta nq\delta$，因为极化强度 P 为：

$$P_{t \to \infty} = \Delta n_{t \to \infty} q\delta = \frac{n_0 q^2 \delta^2}{12kT} \times E \tag{6.55}$$

式中，E 为局部电场，因而热松弛极化率为：

$$\alpha_T = \frac{q^2 \delta^2}{12kT} \tag{6.56}$$

温度越高，热运动对质点的规则运动阻碍增强，因而 α_T 减小。由计算可知，离子松弛极化率比电子位移极化率以及离子位移极化率大一个数量级，因而导致较大的介电常数。

松弛极化 P 与温度的关系中往往出现极大值。这是由于，一方面，温度升高，τ 减小，松弛过程加快，极化建立的更充分些，这时，ε 可升高；另一方面，温度升高，极化率 α_T 下降，使 ε 降低，所以在适当温度下，ε 有极大值。一些具有离子松弛极化的陶瓷材料，其 $\varepsilon\text{-}T$ 关系中未出现极大值，这是因为参加松弛极化的离子数随温度连续的增加。

离子松弛极化随频率的变化，在无线电频率下就比较明显。由于一般松弛时间长达 $10^{-5}\sim10^{-2}\,\mathrm{s}$，所以在无线电频率下（$\gamma=10^6\,\mathrm{Hz}$）离子松弛极化来不及建立，因而介电系数随率升高明显下降。频率很高时，无松弛极化，只存在电子和离子位移极化（ε 趋近于 ε_∞）。

② 电子松弛极化。电子松弛极化是由弱束缚电子引起的极化。晶格的热振动、晶格缺陷、杂质的引入、化学组成的局部改变等因素都能使电子能态发生改变，出现位于禁带中的局部能级，形成弱束缚电子。如"F-心"就是由一个负离子空位俘获了一个电子所形成。"F-心"的弱束缚电子为周围结点上的阳离子所共有，在晶格热振动下，吸收一定的能量由较低的局部能级跃迁到较高的能级而处于激发态，连续地由一个阳离子结点转移到另一个阳离子结点，类似于弱联系离子的迁移。外加电场力图使弱束缚电子的运动具有方向性，这就形成了极化状态。这种极化与热运动有关，也是一个热松弛过程，所以叫电子松弛极化。电子松弛极化的过程是不可逆的，必然有能量的损耗。

电子松弛极化和电子弹性位移极化不同，由于电子是弱束缚状态，所以极化作用强烈得多，即电子轨道变形厉害得多，而且因吸收一定的能量，可作短距离迁移。但弱束缚电子和自由电子也不同，不能自由运动，即不能远程迁移。因此电子松弛极化和电导不同，只有当弱束缚电子获得更高的能量时，受激发跃迁到导带成为自由电子，才形成电导。由此可见，具有电子松弛极化的介质往往具有电子电导特性。

电子松弛极化主要是折射率大、结构紧密、内电场大和电子电导大的电介质的特性。一般以 TiO_2 为基础的电容器陶瓷很容易出现弱束缚电子，形成电子松弛极化。含有 Nb^{5+}、Ca^{2+}、Ba^{2+} 杂质的钛质瓷和以铌、铋氧化物为基础的陶瓷，也具有电子松弛极化。

电子松弛极化建立的时间 $10^{-9}\sim10^{-2}\,\mathrm{s}$，当电场频率高于 $10^9\,\mathrm{Hz}$ 时，这种极化形式就不存在了。因此具有电子松弛极化的陶瓷，其介电常数随频率升高而减小，类似于离子松弛极化。同样，ε 随温度的变化中也有极大值。和离子松弛极化相比，电子松弛极化可能出现异常高的介电常数。

（4）自发极化　以上介绍的极化机构是介质在外电场作用下引起的，没有外加电场时，这些介质的极化强度等于 0。还有一种极化状态并非由外电场引起，而是由晶体内部结构造成每一个晶胞里存在固有电矩，称为自发极化。各种极化的综合比较见表 6.2 及图 6.6。

表 6.2　各种极化形式的比较

极化形式	具有此种极化的电介质	发生极化的频率范围	和温度的关系	能量消耗
电子位移极化	发生在一切陶瓷介质中	直流—光频	无关	没有
离子位移极化	离子结构介质	直流—红外	温度升高，极化增强	很微弱
离子松弛极化	离子结构的玻璃、结构不紧密的晶体及陶瓷	直流—超高频	随温度变化有极大值	有

续表

极化形式	具有此种极化的电介质	发生极化的频率范围	和温度的关系	能量消耗
电子松弛极化	钛质瓷,以高价金属氧化物为基的陶瓷	直流—超高频	随温度变化有极大值	有
自发极化	温度低于居里点的铁电材料	直流—超高频	随温度变化有显著极大值	很大

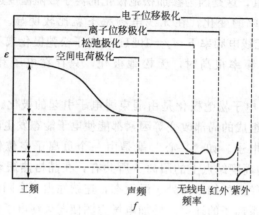

图 6.6 各种极化的频率范围及其对介电常数的贡献

6.2 高介晶体的结构与极化

大部分离子晶体,例如碱卤晶体、碱土金属的氧化物和硫化物的相对介电系数 ε_∞ 为 $1.6 \sim 3.5$,ε 为 $5 \sim 12$。但是有少数晶体,如金红石（TiO_2）和钙钛矿（$CaTiO_3$）型晶体,其相对介电常数 ε_∞ 和 ε 都相当高,金红石多晶体的 $\varepsilon_\infty = 7.8$,$\varepsilon = 110 \sim 114$；钙钛矿晶体的 $\varepsilon_\infty = 6.3$,$\varepsilon = 150$。这类材料的介电常数与温度和频率的关系不大,没有松弛极化的特征；其位移极化率与其他晶体材料相差不大,因此不是基本的位移极化率造成介电常数高。主要原因是晶体结构比较特殊,在外电场作用下,引起强烈的内电场,内电场使这类材料具有异常高的介电常数。随着电子技术的发展,这些介电常数大的材料是有着广阔发展前景的电子材料。研究这些材料的介电常数与组成和结构的关系就具有很重要的意义。

6.2.1 特殊晶体结构的内电场

作用在被考察的离子上的局部电场强度 E_{loc} 为:

$$E_{loc} = E_宏 + E_洛 + E_内 \tag{6.57}$$

式中,$E_宏$ 为平均宏观电场强度；$E_洛$ 为洛伦兹电场,即洛伦兹空球表面极化电荷作用在被考察的离子（位于球心上）上的电场强度；$E_内$ 是洛伦兹球内的极化离子作用在被考察的离子上的内电场强度。在 SI 制单位中,$E_洛 = \dfrac{1}{3\varepsilon_0} P$,$P$ 为介质的宏观极化强度。

在金红石和钙钛矿型晶体中,$E_内$ 不但不等于零,而且有很大的数值。如果认为金红石和钙钛矿的点阵内离子的电子壳是球形,则可认为电场内的晶体点阵由点电荷构成,离子在电场作用下发生极化后所形成的感应电矩也可看成是点偶极矩。设被考察的离子位于洛伦兹球心上,则作用在被考察离子上的内电场强度 $E_内$ 应该是洛伦兹球内所有离子在外电场作用下所形成的点偶极矩 μ 在球心处所建立的电场的矢量和。设外电场方向沿晶体 z 轴,则洛伦兹球内离子的感应偶极矩在球心所造成的内电场（沿 z 轴分量）为：

$$E_{内} = \sum_{i=1}^{n} \frac{2z_i^2 - (x_i^2 + y_i^2)}{(x_i^2 + y_i^2 + z_i^2)^{5/2}} \alpha_i E_i \times \frac{1}{4\pi\varepsilon_0} \tag{6.58}$$

式中，α_i 为周围离子的极化率；E_i 为作用于每一个周围离子上的局部电场强度；z_i、y_i、z_i 为是周围离子相对于球心离子的坐标；i 是周围离子；n 是洛伦兹球内的周围离子数。

通常，晶体中总存在着好几种性质和相互位置不同的离子。为了研究方便起见，有必要把它们所建立的附加内电场区分开来。如果晶体中共有 m 种性质不同的离子，设第 k 种离子的感应偶极矩 $\mu_k = \alpha_k E_k$，第 j 种离子的感应偶极矩为 $\mu_j = \alpha_j E_j$，则所有第 k 种离子的感应偶极矩作用在某一被考察的第 k 种离子上的内电场为：

$$E_{内kk} = \alpha_k E_k \sum_{i=1}^{n_k} \frac{2z_i^2 - (x_i^2 + y_i^2)}{(x_i^2 + y_i^2 + z_i^2)^{5/2}} \times \frac{1}{4\pi\varepsilon_0} \tag{6.59}$$

即
$$E_{内kk} = \alpha_k E_k C_{kk} \tag{6.60}$$

式(6.60)中设各 k 种离子的 α_k 和 E_k 都一样，因而 $\alpha_k E_k$ 可放在连加号外面。同样第 j 种离子作用在某一被考察的第 k 种离子上的内电场为

$$E_{内kj} = \alpha_j E_j C_{kj} \tag{6.61}$$

式(6.59)中 n_k 为洛伦兹球内第 k 种离子的总数。

C_{kk}、C_{kj} 分别为同种离子间、不同种离子间的内电场结构系数。它们仅取决于晶胞参数。结构系数可能是正的，也可能是负的。它表示被参考离子周围晶格内其他离子的影响。例如在图 6.7 中，如果离子 A 周围处于 B 位置上的离子占优势，则感应电矩作用在离子 A 上的附加内电场与外电场的方向相同，此时附加内电场加强了外电场的作用，结构系数就是正的。反之，如果处于 C 位置上的离子占优势，则附加内电场与外电场反向，削弱了外电场的作用，结构系数就是负的。

如果晶体点阵中含有 m 种不同性质和不同相对位置的离子，则结构系数的数目为 m^2。m 种离子中的每一种离子除了受其他种类离子的影响外，还受到同种离子的作用。从图 6.8 可见，金红石型晶体中只有两类离子，钛和氧离子，并且它们只有一种相对位置（一个 Ti^{4+} 与六个 O^{2-} 相连；一个 O^{2-} 与三个 Ti^{4+} 相连，一边一个，一边两个），所以 $m=2$，结构系数有四个。如果计及被参考离子周围 150 个离子的作用时，由结构系数计算公式所得的结果见表 6.3。

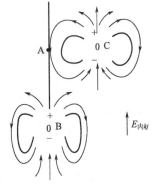

图 6.7　内电场示意

表 6.3　金红石型晶体的内电场结构系数

中心离子	周围离子	
	Ti^{4+}	O^{2-}
Ti^{4+}	$C_{11} = -\dfrac{0.8}{a^3}$	$C_{12} = +\dfrac{36.3}{a^3}$
O^{2-}	$C_{21} = +\dfrac{18.15}{a^3}$	$C_{22} = -\dfrac{12.0}{a^3}$

表 6.4 中结构系数的准确度为 $1\% \sim 2\%$，如果计及更多离子的影响，则准确度可更高一些。在钙钛矿型晶体中，有三种不同离子。但在离子间的相对位置来看，氧离子有两类 $O_{(3)}$ 和 $O_{(4)}$，如图 6.9 所示，因此 $m=4$，结构系数有 16 个，如表 6.4 所示。

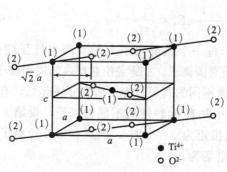

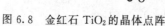

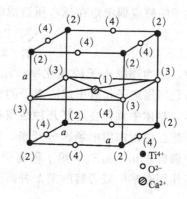

图 6.8 金红石 TiO_2 的晶体点阵	图 6.9 $CaTiO_3$ 晶体点阵

结构系数表示被参考离子周围晶格内其他离子的影响，它仅取决于晶胞参数，可能是正，也可能是负的。

表 6.4 钙钛矿晶体的内电场结构系数

中心离子	周围离子			
	Ca^{2+}	Ti^{4+}	$O^{2-}_{(3)}$	$O^{2-}_{(4)}$
Ca^{2+}	$C_{11}=0$	$C_{12}=0$	$C_{13}=+\dfrac{7.7}{a^3}$	$C_{14}=+\dfrac{4.1}{a^3}$
Ti^{4+}	$C_{21}=0$	$C_{22}=0$	$C_{23}=+\dfrac{28.0}{a^3}$	$C_{24}=-\dfrac{14.1}{a^3}$
$O^{2-}_{(3)}$	$C_{31}=-\dfrac{7.7}{a^3}$	$C_{32}=+\dfrac{28.0}{a^3}$	$C_{33}=0$	$C_{34}=+\dfrac{4.1}{a^3}$
$O^{2-}_{(4)}$	$C_{41}=+\dfrac{7.7}{a^3}$	$C_{42}=-\dfrac{28.0}{a^3}$	$C_{43}=+\dfrac{7.7}{a^3}$	$C_{44}=-\dfrac{5.7}{a^3}$

注：1. 表内数值的单位为 c.g.s 制，如化为 SI 制应乘以 $1/(4\pi\varepsilon_0)$。
2. Ca^{2+} 用下标 "1"，Ti^{4+} 用下标 "2"，$O^{2-}_{(3)}$ 用下标 "3"，$O^{2-}_{(4)}$ 用下标 "4" 分别表示。a 为晶体棱长，$CaTiO_3$ 的 $a=3.8\times10^{-10}$ m。

6.2.2 金红石晶体介电常数的计算

对于金红石型晶体介电常数的计算，CkaHaBU 曾经提出了一个概念很清楚的近似公式。在金红石晶体中，有两类离子，其中钛离子在电场 E_1 的作用下相对平衡位置位移了 ΔZ_1，氧离子在电场 E_2 的作用下相对于平衡位置位移了 ΔZ_2。在近似的讨论中，可以无需仔细地划分究竟钛离子和氧离子各位移了多少，只需注意钛离子相对于氧离子位移了 $\Delta Z=\Delta Z_1+\Delta Z_2$。假定一个 TiO_2 "分子" 在点阵中的离子位移极化系数是 α_i，则当考虑作用在氧离子上的真实电场强度时，可以近似地假定氧离子没有发生位移，全部位移考虑作用在钛离子上的真实电场强度时，我们又假定钛离子没有发生位移，全部位移均由氧离子完成，由于一个 TiO_2 "分子" 中有两个氧离子，因此每个氧离子的等效位移极化系数为 $\alpha_i/2$。钛离子和氧离子实际上各自在电场 E_1 和 E_2 下发生位移，但当我们把全部相对位移均折算成由钛离子或氧离子完成时，只能近似地假定钛离子和氧离子既不是在电场 E_1 下移动，也不是在电场 E_2 下移动，而是在电场 $(E_1+E_2)/2$ 地作用下移动。上面所述只是一个近似地假定。根据这一假定，设钛离子和氧离子的电子极化率分别为 α_1、α_2，计算离子位移极化时，作用在钛离子和氧离子上的局部电场强度分别为

$$E_1=E+\frac{1}{3\varepsilon_0}\times P+\alpha_1 E_1 C_{11}+\alpha_2 E_2 C_{12}+\frac{\alpha_i}{2}\times\frac{E_1+E_2}{2}\times C_{12} \tag{6.62}$$

$$E_2 = E + \frac{1}{3\varepsilon_0} \times P + \alpha_1 E_1 C_{21} + \alpha_2 E_2 C_{22} + \alpha_i \times \frac{E_1 + E_2}{2} \times C_{21} \tag{6.63}$$

两式相减并略加整理可得：

$$\frac{E_2}{E_1} = \frac{1 + \alpha_2 (C_{12} - C_{22})}{1 - \alpha_1 (C_{11} - C_{21})} \tag{6.64}$$

将 $E = \dfrac{P}{\varepsilon_0 (\varepsilon_r - 1)}$ 代入式(6.62)得：

$$E_1 = \frac{1}{3\varepsilon_0} \times P \times \frac{\varepsilon_r + 2}{\varepsilon_r - 1} + \alpha_1 E_1 C_{11} + \alpha_2 E_2 C_{12} + \frac{\alpha_i}{2} \times \frac{E_1 + E_2}{2} \times C_{12} \tag{6.65}$$

将 $P = n\alpha_1 E_1 + 2n\alpha_2 E_2 + n\alpha_i \times \dfrac{E_1 + E_2}{2}$ 代入式(6.65)得

$$E_1 = \frac{1}{3\varepsilon_0} \times n \times \frac{\varepsilon_r + 2}{\varepsilon_r - 1}(\alpha_1 E_1 + 2\alpha_2 E_2 + \alpha_i \frac{E_1 + E_2}{2}) + \alpha_1 E_1 C_{11} + \alpha_2 E_2 C_{12}$$
$$+ \frac{\alpha_i}{2} \times \frac{E_1 + E_2}{2} \times C_{12} \tag{6.66}$$

整理得

$$\frac{\varepsilon_r - 1}{\varepsilon_r + 2} = \frac{1}{3\varepsilon_0} \times n \times \frac{\alpha_1 E_1 + 2\alpha_2 E_2 + \alpha_i \times \dfrac{E_1 + E_2}{2}}{E_1 - \alpha_1 E_1 C_{11} - \alpha_2 E_2 C_{12} - \dfrac{\alpha_i}{4} \times C_{12}(E_1 + E_2)} \tag{6.67}$$

或

$$\frac{\varepsilon_r - 1}{\varepsilon_r + 2} = \frac{1}{3\varepsilon_0} \times n \times \frac{\alpha_1 \dfrac{E_1}{E_2} + 2\alpha_2 + \dfrac{1}{2}\alpha_i \times \dfrac{E_1}{E_2} + \dfrac{1}{2}\alpha_1}{\dfrac{E_1}{E_2} - \alpha_1 C_{11} \times \dfrac{E_1}{E_2} - \alpha_2 C_{12} - \dfrac{1}{4}\alpha_i C_{12} \times \dfrac{E_1}{E_2} - \dfrac{1}{4}\alpha_i C_{12}} \tag{6.68}$$

将式(6.65)代入式(6.68)并略去含有极化系数乘积的各项得：

$$\frac{\varepsilon_r - 1}{\varepsilon_r + 2} \simeq \frac{n}{3\varepsilon_0} \times \frac{\alpha_1 + 2\alpha_2 + \alpha_i}{1 - \alpha_1 C_{11} - \alpha_2 C_{22} - \alpha_i C_{21}} \tag{6.69}$$

注意到金红石型晶体中 $|C_{11}| \ll |C_{12}|$，则得

$$\frac{\varepsilon_r - 1}{\varepsilon_r + 2} \simeq \frac{n}{3\varepsilon_0} \times \frac{\alpha_1 + 2\alpha_2 + \alpha_i}{1 - \alpha_2 C_{22} - \alpha_i C_{21}} \tag{6.70}$$

当离子位移极化不存在时，$\alpha_i = 0$，则得纯电子极化时的公式为

$$\frac{\varepsilon_r - 1}{\varepsilon_r + 2} \simeq \frac{n}{3\varepsilon_0} \times \frac{\alpha_1 + 2\alpha_2}{1 - \alpha_2 C_{22}} \tag{6.71}$$

比较式(6.70)和式(6.71)，可见，只要加入不大的离子极化率 α_i，ε_i 比起 ε_∞ 来就剧增，因为这时右边不仅分子增大，而且分母减小。

根据式(6.69)计算出金红石晶体的 ε_r 为 170，与实验值 173 很接近。

从以上结果可以看出，金红石晶体的介电常数 ε_r 很高，并不是由于其 α_i 很大（TiO_2 的 α_i 与其他晶体的很相近），主要原因是其晶体结构很特殊，其附加内电场特别大。从表 6.4 中看出，表示钛离子和氧离子本身相互作用的内电场结构系数 C_{11} 和 C_{22} 均为负值，这表明同种离子之间都有削弱外电场的作用。反之，表示钛离子和氧离子之间相互作用的内电场结构系数 C_{12} 和 C_{21} 相当大，并且都是正值，这表明异种离子之间都有加强外电场的作用。其结果使氧离子和钛离子的极化加强，而且这种加强远远超过了同种离子削弱外电场作用，这就使得晶体的介电常数很大。

以上分析也适用于钙钛矿晶体，不过应注意到相对于钛离子而言，氧离子有两类，这里不拟详细讨论。

综上所述，介电常数大的晶体所具备的条件是：有比较特殊的点阵结构，而且还含有尺寸大、电荷小、电子壳层易变形的阴离子（如氧离子）以及尺寸小、电荷大、易产生离子位移极化的阳离子（如 Ti^{4+}）。在外电场作用下，这两类离子通过晶体内附加内电场产生强烈的极化，因而导致相当高的介电常数。

6.3　无机材料的极化

6.3.1　混合物法则

随着电子技术的发展，需要一系列具有不同介电常数和介电常数的温度系数也不同的材料。因此，有两个成分，即由结构和化学组成不同的两种晶体所制成的多晶多相材料，或介电常数小的有机材料和介电常数大的无机固体细碎材料所组成的复合材料，愈来愈引起人们的兴趣。

多晶多相系统的介电常数取决于各相的介电常数、体积浓度以及相与相之间的配置情况。下面我们讨论只有两相的简单情况。设两相的介电常数分别为 ε_1 和 ε_2，浓度分别为 x_1 和 $x_2(x_1+x_2=1)$。当两相并联时，系统的介电常数 ε 可以利用并联电容器的模型表示为：

$$\varepsilon=x_1\varepsilon_1+x_2\varepsilon_2 \tag{6.72}$$

当两相串联时，系统的介电常数 ε 可以利用串联电容器的模型表示为：

$$\varepsilon^{-1}=x_1\varepsilon_1^{-1}+x_2\varepsilon_2^{-1} \tag{6.73}$$

当两相混合分布时，情况比较复杂，在最简单的情况下可以把系统看成是既不倾向并联也不倾向串联，此时系统的介电常数，用下式表示：

$$\varepsilon^k=x_1\varepsilon_1^k+x_2\varepsilon_2^k \tag{6.74}$$

其中两相并联时 $k=1$；两相串联时 $k=-1$，因此在两相混合分布时 $k\to0$。

对式(6.74)求 ε 的全微分可得：

$$k\varepsilon^{k-1}\mathrm{d}\varepsilon=x_1k\varepsilon_1^{k-1}\mathrm{d}\varepsilon_1+x_2k\varepsilon_2^{k-1}\mathrm{d}\varepsilon_2 \tag{6.75}$$

两边除以 k，当 $k\to0$ 时得：

$$\frac{\mathrm{d}\varepsilon}{\varepsilon}=x_1\frac{\mathrm{d}\varepsilon_1}{\varepsilon_1}+x_2\frac{\mathrm{d}\varepsilon_2}{\varepsilon_2} \tag{6.76}$$

对式(6.76)积分得两相混合物的介电常数 ε 为：

$$\ln\varepsilon=x_1\ln\varepsilon_1+x_2\ln\varepsilon_2 \tag{6.77}$$

式(6.77)只适用于两相的介电常数相差不大，而且均匀分布的场合。

当介电常数为 ε_d 的球形颗粒均匀地分散在介电常数为 ε_m 的基相中时，Maxwell 推导出如下一个计算该混合物介电常数 ε 的一般关系式：

$$\varepsilon=\frac{x_m\varepsilon_m(\frac{2}{3}+\frac{\varepsilon_d}{3\varepsilon_m})+x_d\varepsilon_d}{x_m(\frac{2}{3}+\frac{\varepsilon_d}{3\varepsilon_m})+x_d} \tag{6.78}$$

复合介质的介电常数也可以根据式(6.78)进行调节。表6.5列出了根据式(6.77)计算的结果，其数值与实验值也比较接近。

表 6.5　复合材料的介电常数

成分	体积浓度/%	根据式(6.77)计算	测量结果		
			10^2 Hz	10^6 Hz	10^{10} Hz
TiO_2 + 聚二氯苯乙烯	41.9 65.3 81.4	5.2 10.2 22.1	5.3 10.2 23.6	5.3 10.2 23.0	5.3 10.2 23.0
$SrTiO_3$ + 聚二氯苯乙烯	37.0 59.5 74.8 80.6	4.9 9.6 18.0 28.5	5.20 9.65 18.0 25.0	5.18 9.61 16.6 20.2	4.9 9.36 15.2 20.2

6.3.2　陶瓷介质的极化

陶瓷介质一般为多晶多相材料，其极化机构可以不止一种。一般都含有电子位移极化和离子位移极化。介质中如有缺陷存在，则通常存在松弛极化。

电子陶瓷按其极化形式可分为如下几类。

① 主要是电子位移极化的电介质，包括金红石瓷、钙钛矿瓷以及某些含锆陶瓷。

② 主要是离子位移极化的材料，包括刚玉、斜顽辉石为基础的陶瓷以及碱性氧化物含量不多的玻璃。

③ 具有显著离子松弛极化和电子松弛极化的材料，包括绝缘子瓷、碱玻璃和高温含钛陶瓷。一般折射率小、结构松散的电介质，如硅酸盐玻璃、绿宝石、堇青石等矿物，主要表现为离子松弛极化；折射率大、结构紧密、内电场大、电子电导大的电介质，如含钛瓷，主要表现为电子松弛极化。

表 6.6 列出了一些无机材料的 ε_r 数值，它们都反映了不同的极化性质。

表 6.6　部分无机材料的相对介电常数

材料	ε_r	材料	ε_r
LiF	9.00	BaO	34
MgO	9.65	金刚石	5.68
KBr	4.90	多铝红柱石	6.60
NaCl	5.90	Mg_2SiO_4	6.22
TiO_2(∥c 轴)	170	熔凝石英玻璃	3.78
TiO_2(⊥c 轴)	85.8	Na-Li-Si 玻璃	6.90
Al_2O_3(∥c 轴)	10.55	高铅玻璃	19.0
Al_2O_3(⊥c 轴)	8.6	$CaTiO_3$	130
		$SrTiO_3$	200

6.3.3　介电常数的温度系数

根据介电常数与温度的关系，电子陶瓷可分为两大类：一类是介电常数与温度呈典型非线性的陶瓷介质。属于这类介质的有铁电陶瓷和松弛极化十分明显的材料。另一类是介电常数与温度呈线性关系的材料。这类材料可用介电常数的温度系数来描述其与温度的关系。

介电常数的温度系数是指随温度变化，介电常数的相对变化率，即

$$TK\varepsilon = \frac{1}{\varepsilon}\frac{d\varepsilon}{dT} \tag{6.79}$$

实际工作中采用实验方法求 $TK\varepsilon$

$$TK\varepsilon = \frac{\Delta\varepsilon}{\varepsilon_0 \Delta t} = \frac{\varepsilon_t - \varepsilon_0}{\varepsilon_0(t - t_0)} \tag{6.80}$$

式中，t_0 为原始温度，一般为室温；t 为改变后的温度；ε_0、ε_t 分别为介质在 t_0，t 时的介电常数。生产上经常通过测量 TKC 来代表 $TK\varepsilon$，实际上是一种近似。

如果电介质只有电子式极化，因为温度升高，介质密度降低，极化强度降低，这类材料的介电常数的温度系数是负的。以离子极化为主的材料，随温度升高其离子极化率增加，并且对极化强度的影响超过了密度降低对极化强度的影响，因此这类材料的介电常数的温度系数是正的。

由上述分析可知，以松弛极化为主的材料，其 ε 和 T 的关系有可能出现极大值，因而 $TK\varepsilon$ 可正、可负；但是大多数此类材料在广阔的温度范围内，$TK\varepsilon$ 为正值。

6.4 电介质的介质损耗

6.4.1 介质损耗

（1）介质损耗的形式　电介质在恒定电场作用下所损耗的能量与通过其内部的电流有关。加上电场后通过介质的全部电流包括：

① 由样品的几何电容的充电所造成的电流；

② 由各种介质极化的建立所造成的电流；

③ 由介质的电导（漏导）造成的电流。

第一种电流简称电容电流，不损耗能量；第二种电流引起的损耗称为极化损耗；第三种电流引起的损耗称为电导损耗。

极化损耗主要与极化的弛豫（松弛）过程有关。电介质在恒定电场作用下，从建立极化到其稳定状态，一般说来要经过一定时间。建立电子位移极化和离子位移极化，到达其稳态所需时间为 $10^{-16} \sim 10^{-12}$ s，这在无线电频率（5×10^{12} Hz 以下）范围仍可认为是极短的，因此这类极化又称为无惯性极化或瞬时位移极化。这类极化几乎不产生能量损耗。另一类极化，如偶极子转向极化和空间电荷极化，在电场作用下则要经过相当长的时间（10^{-10} s 或更长）才能达到其稳态，所以这类极化称为有惯性极化或弛豫极化。这种极化损耗能量。

（2）复介电常数　考虑一个在真空中的容量为 $C_0 = \varepsilon_0 S/d$ 的平行平板式电容器，如果把交变电压 $U = U_0 e^{i\omega t}$ 加在这个电容器上，则在电极上出现电荷 $Q = C_0 U$，并且与外电压同相位。该电容上的电流为：

$$I_0 = \dot{Q} = i\omega C_0 U \tag{6.81}$$

它与外电压相差 $90°$ 的相位，如图 6.10 所示，是一种非损耗性的电流。

当两电极间充以非线性的完全绝缘的材料时，$C = \varepsilon_r C_0 (\varepsilon_r > 1$，为介质的相对介电常数），则电流变为：

$$I = \dot{Q} = i\omega C U = \varepsilon_r I_0 \tag{6.82}$$

它比 I_0 大，但与外电压仍相差 90°相位。

如果试样材料是弱导电性的，或是极性的，或兼有此两种特性，那么电容器不再是理想的，电流与电压的相位不恰好相差 90°。这是由于存在一个与电压相位相同的很小的电导分量 GU，它来源于电荷的运动。如果这些电荷是自由的，则电导 G 实际上与外电压频率无关；如果这些电荷是被符号相反的电荷所束缚，如振动偶极子的情况，则 G 为频率的函数。

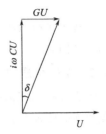

图 6.10　电容器上的电流

在上述两种情况下，合成电流为：

$$I = (i\omega C + G)U \tag{6.83}$$

设 G 是自由电荷产生的纯电导，则 $G = \sigma S/d$。由于 $C = \varepsilon S/d$，故电流密度 j 为：

$$j = (i\omega\varepsilon + \sigma)E \tag{6.84}$$

$i\omega\varepsilon E$ 项为位移电流密度 D，σE 项为传导电流密度，ε 为绝对介电系数。

于是可以由 $j = \sigma^* E$ 定义复电导率 σ^*：

$$\sigma^* = i\omega\varepsilon + \sigma \tag{6.85}$$

也可以由 $j = i\omega\varepsilon^* E$ 定义复介电常数 ε^*：

$$\varepsilon^* = \frac{\sigma^*}{i\omega} = \varepsilon - i\frac{\sigma}{\omega} \tag{6.86}$$

损耗角（图 6.10 中的 δ）由下式定义

$$\tan\delta = \frac{损耗项}{电容项} = \frac{\sigma}{\omega\varepsilon} \tag{6.87}$$

只要电导（或损耗）不完全由自由电荷产生，也由束缚电荷产生，那么电导率 σ 本身就是一个依赖于频率的复量，所以 ε^* 的实部不是精确地等于 ε，虚部也不是精确地等于 $\frac{\sigma}{\omega}$。

复介电常数最普遍地表示式是：

$$\varepsilon^* = \varepsilon' - i\varepsilon'' \tag{6.88}$$

这里，ε'，ε'' 是依赖于频率的量。所以：

$$\tan\delta = \frac{\varepsilon''}{\varepsilon'} \tag{6.89}$$

由此可知，损耗由复介电常数的虚部 ε'' 引起。通常电容电流由实部 ε' 引起，ε' 相当于测得的介电常数 ε（即绝对介电常数。以下如不说明，ε 系指绝对介电常数）。

（3）介质损耗的表示法　电介质在电场作用下，单位时间内损耗的电能叫介质损耗。在直流电压下，介质损耗仅由电导引起，损耗功率为

$$P_w = IU = GU^2 \tag{6.90}$$

式中，G 为介质的电导，S。

定义单位体积的介质损耗为介质损耗率 p，则：

$$p = \frac{P_w}{V} = \frac{GU^2}{V} = \sigma E^2 \tag{6.91}$$

式中，V 为介质体积；σ 为纯自由电荷产生的电导率，S/m。由此可见，在一定的直流电场下，介质损耗率取决于材料的电导率。

在交变电场下，介质损耗不仅与自由电荷的电导有关，还与松弛极化过程有关，所以 δ 不仅取决于自由电荷电导，还由束缚电荷产生，它与频率有关。由式(6.87)可得

$$\sigma = \omega \varepsilon \tan\delta \tag{6.92}$$

当外界条件（外施电压）一定时，介质损耗只与 $\varepsilon\tan\delta$ 有关。$\varepsilon\tan\delta$ 仅由介质本身决定，称为损耗因素。

6.4.2 无机介质的结构与损耗

含有气孔的固体介质在外电场强度超过了气孔内气体电离所需的电场强度时，由于气体电离而吸收能量，造成损耗。这种损耗称为电离损耗。电离损耗的功率可以用下式近似计算：

$$P_w = A\omega(U - U_0) \tag{6.93}$$

式中，A 为常数；ω 为频率；U 为外施电压；U_0 为气体的电离电压。该式只有在 $U > U_0$ 时才适用。$U > U_0$ 时，$\tan\delta$ 剧烈增大。固体电介质内气孔引起的电离损耗，可能导致整个介质的热破坏和化学破坏，应尽量避免。

在高频、低温下，与介质内部结构的紧密程度密切相关的介质损耗称为结构损耗。结构损耗与温度的关系很小，损耗功率随频率升高而增大，但 $\tan\delta$ 则和频率无关。实验表明，结构紧密的晶体或玻璃的结构损耗都是很小的，但是当某些原因（如杂质的掺入，试样经淬火急冷的热处理等）使它的内部结构变松散了，会使结构损耗大为提高。一般材料，在高温、低频下，主要为电导损耗，在常温、高频下，主要为松弛极化损耗，在高频、低温下主要为结构损耗。

（1）离子晶体的损耗 各种离子晶体根据其内部结构的紧密程度，可以分为两类：一类是结构紧密的晶体；另一类是结构不紧密的离子晶体。前一类晶体的内部，离子都堆积得十分紧密，排列很有规则，离子键强度比较大，如 $\alpha\text{-}Al_2O_3$、镁橄榄石晶体，在外电场作用下很难发生离子松弛极化，只有电子式和离子式的弹性位移极化，所以无极化损耗，仅有的一点损耗是由漏导引起（包括本征电导和少量杂质引起的杂质电导）。在常温下热缺陷很少，因而损耗也很小。这类晶体的介质损耗功率和频率无关。而 $\tan\delta$ 随频率的升高而降低。因此以这类晶体为主晶相的陶瓷往往用在高频的场合。如刚玉瓷、滑石瓷、金红石瓷、镁橄榄石瓷等，它们的 $\tan\delta$ 随温度的变化呈现出电导损耗的特征。

另一类是结构不紧密的离子晶体，如电瓷中的莫来石（$3Al_2O_3 \cdot 2SiO_2$）、耐热瓷中的堇青瓷（$2MgO \cdot 2Al_2O_3 \cdot 5SiO_2$）等，这类晶体的内部有较大的空隙或晶格畸变，含有缺陷或较多的杂质，离子的活动范围扩大了。在外电场的作用下，晶体中的弱联系离子有可能贯穿电极运动（包括接力式的运动），产生电导损耗。弱联系离子也可能在一定范围内来回运动，形成热离子松弛，出现极化损耗。所以这类晶体的损耗较大，由这类晶体作主晶相的陶瓷材料不适用于高频，只能应用于低频。

另外，如果两种晶体生成固溶体，则因或多或少带来各种点阵畸变和结构缺陷，通常有较大的损耗，并且有可能在某一比例时达到很大的数值，远远超过两种原始组分的损耗。例如 ZrO_2 和 MgO 的原始性能都很好，但将两者混合烧结，MgO 溶进 ZrO_2 中生成氧离子不足的缺位固溶体后，使损耗大大增加，当 MgO 含量约为 25%（摩尔分数）时，损耗有极大值。

（2）玻璃的损耗 无机材料除了结晶相外，还有含量不等的玻璃，一般可含 $20\% \sim 40\%$，有的甚至可达 60%（如电工陶瓷），通常电子陶瓷含的玻璃相不多。无机材料的玻璃相是造成介质损耗的一个重要原因。复杂玻璃种的介质损耗主要包括三个部分：电导损耗、松弛极化损耗和结构损耗。哪一种损耗占优势，取决于外界因素——温度和外加电压的频率。在工程频率和很高的温度下，电导损耗占优势；在高频下，主要是由联系弱的离子在有限范围内的移动造成的松弛损耗；在高频和低温下，主要是结构损耗，其损耗机理目前还不清楚，大概与结构的紧密程度有关。

一般简单纯玻璃的损耗都是很小的，例如石英玻璃在 $50\sim10^6$ Hz 时，$\tan\delta$ 为 $2\times10^{-4}\sim3\times10^{-4}$，硼玻璃的损耗也相当低。这是因为简单玻璃中的"分子"接近规则排列，结构紧密，没有联系弱的松弛离子。在纯玻璃中加入碱金属氧化物后，介质损耗大大增加，并且损耗随碱性氧化物浓度的增大按指数增大。这是因为碱性离子属于网络外体，对玻璃网络起断键作用，不能保证相邻单元间的连接，因此，玻璃中碱性氧化物浓度愈大，玻璃结构就愈疏松，离子就有可能发生移动，造成电导损耗和松弛损耗，使总的损耗增大。

这里值得注意的是：在玻璃电导中出现"双碱效应"和"压碱效应"，在玻璃的介质损耗方面也同时存在，即当碱离子的总浓度不变时，由两种碱性氧化物组成的玻璃，$\tan\delta$ 大大降低，而且有一最佳的比值。例如 Na_2O-K_2O-B_2O_3 系玻璃的 $\tan\delta$ 与组成的关系，其中 B_2O_3 数量为 100，Na^+ 和 K^+ 的总量为 60。当两种碱同时存在时，$\tan\delta$ 总是降低，而最佳比值约为等分子比。这可能是两种碱性氧化物加入后，在玻璃中形成微晶结构，玻璃由不同结构的微晶所组成。可以设想，在碱性氧化物的一定比值下，形成的化合物中，离子与主体结构较强地固定着，实际上不参加引起介质损耗的过程；在离开最佳比值的情况下，一部分碱金属离子位于微晶的外面，即在结构的不紧密处，使介质损耗增大。

在含碱玻璃中加入二价金属氧化物，特别是重金属氧化物时，压抑效应特别明显。因为二价离子有两个键能使松弛的碱玻璃的结构网巩固起来，减少松弛极化作用，因而使 $\tan\delta$ 降低。例如含有大量 PbO 及 BaO、少量碱的电容器玻璃，在 1×10^6 Hz 时，$\tan\delta$ 为 $6\times10^{-4}\sim9\times10^{-4}$。制造电容器的玻璃含有大量 PbO 和 BaO，$\tan\delta$ 可降低到 4×10^{-4}，并且可使用到 250℃ 的高温。

（3）陶瓷材料的损耗　陶瓷材料的损耗主要来源于电导损耗、松弛质点的极化损耗及结构损耗。因此无机材料表面气孔吸附水分、油污及灰尘等造成表面电导也会引起较大的损耗。

以结构紧密的离子晶体为主晶相的陶瓷材料，损耗主要来源于玻璃相。为了改善某些陶瓷的工艺性能，往往在配方中引入一些易熔物质（如黏土），形成玻璃相，这样就使损耗增大。如滑石瓷、尖晶石瓷随黏土含量的增大，其损耗也增大。因而一般高频瓷，如氧化铝瓷、金红石瓷等很少含有玻璃相。

大多数电工陶瓷的离子松弛极化损耗较大，主要原因是：主晶相结构松散，生成了缺陷固溶体，多晶形转变等。如果陶瓷材料中含有可变价离子，如含钛陶瓷，往往具有显著的电子松弛极化损耗。

因此，陶瓷材料的介质损耗是不能只按照陶瓷成分中纯化合物的性能来推测的。在陶瓷烧结过程中，除了基本物理化学过程外，还会形成玻璃相和各种固溶体。固溶体的电性能可能不亚于，也可能不如各组分成分。这是在估计陶瓷材料的损耗时必须考虑的。

上面我们分析了陶瓷松弛材料中的各种损耗形式及其影响因素，概括起来可以这样说：介质损耗是介质的电导和松弛极化引起的。电导和极化过程中带电质点（弱束缚电子和弱联系离子，并包括空穴和缺位）移动时，将它在电场中所吸收的能量部分地传给周围"分子"。使电磁场能量转变为"分子"的热振动，能量消耗在使电介质发热效应上。因此降低材料的介质损耗应从考虑降低材料的电导损耗和极化损耗入手。

① 选择合适的主晶相。根据要求尽量选择结构紧密的晶体作为主晶相。

② 在改善主晶相性能时，尽量避免发生缺位固溶体或填隙固溶体，最好形成连续固溶体。这样弱联系离子少，可避免损耗显著增大。

③ 尽量减少玻璃相。为了改善工艺性能引入较多玻璃相时，应采用"双减效应"和"压碱效应"，以降低玻璃相的损耗。

④ 防止产生多晶转变，因为多晶相转变时晶格缺陷多，电性能下降，损耗增加。如滑石转变为原顽辉石时析出游离方石英：

$$Mg_3(Si_4O_{10})(OH)_2 \longrightarrow 3(MgO \cdot SiO_2) + SiO_2 + H_2O$$

游离方石英在高温下会发生晶形转变产生体积效应，使材料不稳定，损耗增大。因此往往加入少量（1%）的 Al_2O_3，使 Al_2O_3 和 SiO_2 生成硅线石（$Al_2O_3 \cdot SiO_2$）来提高产品的机电性能。

⑤ 注意焙烧气氛。含钛陶瓷不宜在还原气氛中焙烧。烧成过程中升温速度要合适，防止产品急冷急热。

⑥ 控制好最终烧结温度，使产品"正烧"，防止"生烧"和"过烧"，以减少气孔率。此外，在工艺过程中应防止杂质的混入，坯体要致密。

在表 6.7～表 6.9 中列出一些常用瓷料的损耗数据供参考。

表 6.7　常用装置瓷的 $\tan\delta$ 值

瓷料	莫来石（$\times10^{-4}$）	刚玉瓷（$\times10^{-4}$）	纯刚玉瓷（$\times10^{-4}$）	钡长石瓷（$\times10^{-4}$）	滑石瓷（$\times10^{-4}$）	镁橄榄石瓷（$\times10^{-4}$）
$\tan\delta(293K\pm5K)$	30～40	3～5	1.0～1.5	2～4	7～8	3～4
$\tan\delta(253K\pm5K)$	50～60	4～8	1.0～1.5	4～6	8～10	5

注：$f=10^6Hz$。

表 6.8　电容器瓷的 $\tan\delta$ 值

瓷料	金红石瓷	钛酸钙瓷	钛酸锶瓷	钛酸镁瓷	钛酸锆瓷	锡酸钙瓷
$\tan\delta(\times10^{-4})$	4～5	3～4	3	1.7～2.7	3～4	3～4

注：$f=10^6Hz$，$T=(293\pm5)K$。

表 6.9　电工陶瓷介质损耗的分类

损耗的主要机构	损耗的种类	引起该类损耗的条件
极化介质损耗	离子松弛损耗	①具有松散晶格的单体化合物晶体，如堇青石、绿宝石
		②缺陷固溶体
		③玻璃相中,特别是存在碱性氧化物
	电子松弛损耗	破坏了化学组成的电子半导体晶格
	共振损耗	频率接近离子(或电子)固有振动频率
	自发极化损耗	温度低于居里点的铁电晶体
漏导介质损耗	表面电导损耗	制品表面污秽,空气湿度高
	体积电导损耗	材料受热温度高,毛细管吸湿
不均匀结构介质损耗	电离损耗	存在闭口空隙和高电场强度
	由杂质引起的极化和漏导损耗	存在吸附水分、分开空隙吸潮以及半导体杂质等

6.5　材料的介电强度

固体电介质的介电性能是指在一定的电场强度范围内的材料特性，当电场强度超过某一临界值时，介质便由介电状态变为导电状态，从而丧失介电性能，这种现象称为介质的击穿。相应的临界电场强度称为介电强度。换句话说，固体电介质的击穿就是在电场作用下伴随着热、化学、力等的作用而丧失其绝缘性能的现象。通常将介质的击穿类型分为三种：热击穿、电击穿和局部放电击穿。

6.5.1　热击穿

当固体电介质在电场作用下，由介质损耗所产生的热量超过试样散发的热量时，试样中的热平衡就被破坏，介质的温度将越来越高，最终造成介质永久性的热破坏，这就是热击穿。显然，热击穿除与所加电压的大小、类型、频率和介质的电导、损耗有关外，还与材料的热传导、热辐射以及试样的形状、散热情况、周围媒质温度等一系列因素有关。

为了定量地研究介质在什么条件下发生热击穿，获得热击穿判据，首先要建立介质在电场作用下的发热和散热的临界平衡方程，从而得到在各项条件下的热击穿电压。在电场作用下，如试样的发热功率为 W_1，散热功率为 W_2，临界热平衡方程即为：

$$W_1(T_m) = W_2(T_m) \tag{6.94}$$

式中，T_m 为介质达到临界热平衡时的最高极限温度，与 T_m 相应的电压就是热击穿电压。实际上要建立临界热平衡解析式是相当复杂的。下面仅以一种最简单的情况为例，建立比较明确的概念。

设对面积为 A、厚度为 d 的试样施加直流电压 U，在这种情况下介质中只有漏导电流产生的热量。若介质的电导率为 σ，则试样的电导 $G = \sigma A/d$，这时介质的发热功率 W_1 为：

$$W_1 = GU^2 \tag{6.95}$$

前面已经指出介质的电导率 σ 随温度的上升呈指数式增加，其关系式可表示为：

$$\sigma = A' e^{-\frac{E}{T}} \tag{6.96}$$

将式(6.96)代入式(6.95)可得

$$W_1 = \frac{AA'}{d} U^2 e^{-E/T} = W_1(U, T) \tag{6.97}$$

式(6.97)表明，W_1 是电压 U 和介质温度 T 的函数，并随温度 T 增加指数式上升，图 6.11 给出了在不同的电压 U_1、U_2、U_3…下，W_1 与 T 关系的曲线族。

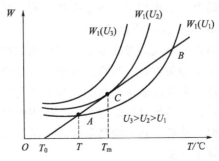

图 6.11　在电压作用下固体电介质的发热与散热曲线

介质中所产生的热量，一方面使试样本身的温度升高，另一方面通过热传导和热对流向周围散发热量。如环境温度为 T_0，散热功率 W_2 与温差（$T-T_0$）成正比，则

$$W_2 = \beta(T-T_0) = W_2(T) \tag{6.98}$$

式中，β 为与热传导和热对流有关的散热系数，可以把 β 看成是一个与温度无关的常数。由式(6.98)可见，散热功率 W_2 与介质温度 T 是线性关系，如图 6.11 所示。①当外加电压 U_1 较小时，发热曲线 $W_1(U_1)$ 与散热曲线 W_2 在 A 点相交。这表明，在 A 点发热功率 W_1 等于散热功率 W_2，介质处于热平衡，这时试样的温度为 T，电压可持续作用，温度不再升高；②若外加电压 U_3 较高，这时发热功率 W_1 恒大于散热功功率 W_2，曲线 $W_1(U_3)$ 与直线 W_2 不可能相交，这表明介质在任何温度下都不会达到热平衡，这就使介质温度不断地升高，最后导致热击穿；③在一定电压 U_2 下，曲线 $W_1(U_2)$ 与直线 W_2 相切于 C 点，相应于 C 点介质的温度为 T_m。这就是介质达到临界热击穿时的最高极限温度。因为当 $T<T_m$ 时，发热功率 W_1 大于散热功率 W_2，温度将继续上升至 T_m，而当 $T>T_m$，$W_1>W_2$，介质温度将不断上升，最后导致热击穿。发热曲线 $W_1(U_2)$ 是介质热稳定与不稳定状态的临界曲线，电压 U_2 就是固体电介质热击穿电压，以 U_c 表示。由于热击穿电压不仅取决于固体电介质的本质，同时还取决于一系列外界因素，因此，热击穿电压往往不作为表征介质特性的参数。

显然，当发热曲线 W_1 与散热曲线 W_2 相切时，切点 C 应满足以下条件：

$$W_1(U,T)|_{T=T_m} = W_2(T)|_{T=T_m} \tag{6.99}$$

$$\frac{\partial W_1}{\partial T}\bigg|_{T=T_m} = \frac{\partial W_2}{\partial T}\bigg|_{T=T_m} \tag{6.100}$$

这就是固体电介质的热击穿判据。当固体电介质临界热击穿最高极限温度 T_m 超过材料的最高工作温度时，由于介质发热，材料在低于 T_m 的温度下，就可能失效。例如当 T_m 大于晶体材料的熔化温度，或高于高聚物的玻璃化温度或软化温度时的情况就是如此。对于介质损耗较高的固体介质材料，在高频下的主要击穿形式是热击穿。

6.5.2 电击穿

当固体电介质承受的电压超过一定的数值 U_B 时，就使其中有相当大的电流通过，使介质丧失绝缘性能，这个过程就是电击穿。一般采用介电强度 E_B 来描述各种材料在电场中的击穿现象。

$$E_B = U_B/d \tag{6.101}$$

式中，d 为试样的厚度；通常 E_B 被认为是介质承受电场作用的一种量度，是材料的介电特性之一。

（1）电击穿过程　当电场强度升高至接近于介电强度时，材料中流过的大电流主要是电子型的。引起导电电子倍增的方式，也即击穿的主要机制有：碰撞电离理论和雪崩理论，此外有时也可能发生齐纳（Zener）击穿，或称隧道击穿。

在碰撞电离理论中，碰撞机制一般应考虑电子与声子的碰撞，同时也应该计及杂质和缺陷对自由电子的散射。若外加电场足够高，当自由电子在电场中获得的能量超过失去的能量时，自由电子便可在每次碰撞后积累起能量，最后发生电击穿。在处理自由电子的运动时，可以采用单电子近似，也可以计入传导电子之间的相互作用而采用集体自由电子近似。这种理论在量子力学基础上可近似地估算一些结构简单的离子晶体的介电强度。在数量级上它和实验结果一致，不过数学计算十分复杂。

Seitz 提出以电子"崩"传递给介质的能量足以破坏介质晶体结构作为击穿判据，他用

如下方法来计算介电强度：设电场强度为 $10^8\,\text{V/m}$，电子迁移率 $u=10^{-4}\,\text{m}^2/(\text{V}\cdot\text{s})$。从阴极出发的电子，一方面进行"雪崩"倍增，另一方面向阳极运动。与此同时，也在垂直于电子"崩"的前进方向进行浓度扩散，如扩散系数 $D=10^{-4}\,\text{m}^2/\text{s}$，则在 $t=1\mu\text{s}$ 的时间中，"崩头"扩散长度为 $r=\sqrt{2Dt}=10^{-5}\,\text{m}$。近似认为，在这个半径为 r，长 1cm 的圆柱形中（体积为 $\pi\times10^{-12}\,\text{m}^3$）产生的电子都给出能量。该体积中共有原子约 10^{17} 个。松散晶格中一个原子所需能量约为 10eV，则总共需要"崩"内有 10^{12} 个电子就足以破坏介质晶格。已知碰撞电离过程中，电子数以 2^n 关系增加。设经 a 次碰撞，共有 2^a 个电子，那么当：

$$2^a=10^{12},\quad a=40$$

时，介质晶格就破坏了。也就是说，由阳极出发的初始电子，在其向阳极运动的过程中，1cm 内的电离次数达 40 次，介质便击穿。Seitz 的上述估计虽然粗糙，但概念明确，因此一般用来说明"雪崩"击穿的形成，并被称之为"四十代理论"。更严格的数学计算，得出 $a=38$，说明 Seitz 的估计误差是不太大的。

由"四十代理论"可以推断，当介质很薄时，碰撞电离不足以发展到四十代，电子崩已进入阳极复合，此时介质不能击穿，即这时的介电强度将要提高。这就定性地解释了薄层介质具有较高介电强度的原因。

当外加电场足够高时，由于量子力学的隧道效应，禁带电子就可能进入导带。在强电场作用下，自由电子被加速，引起电子碰撞电离。这种电子雪崩过程同样引起很大的电流，但这并不导致晶体的破坏。导致晶体击穿的原因是由于隧道电流的增加，晶体局部温度升高，致使晶体局部熔融而破坏。这个机理首先是由齐纳提出的，称为齐纳击穿。研究表明，当禁带宽度狭窄时，隧道效应就比较显著。对电介质来说，禁带宽度大，一般在 4eV 以上，因而在 $10^2\,\text{MV/m}$ 时，齐纳击穿的可能性不大。但不能排除介质中因局部电场的集中而引起出现大隧道电流的可能性。

（2）固体电介质的结构对介电强度的影响　很多固体电介质结构是不均匀的。材料结构的不均匀性在电击穿过程中往往对介电强度产生非常显著的影响，而使均匀介质电击穿的许多规律不完全适用。图 6.12、图 6.13 和表 6.10、表 6.11 分别给出无机和有机固体材料厚度和击穿电压的关系。由以上图表可见，在不均匀介质中，随着试样厚度的增加材料的 E_B 值显著下降。薄试样的 E_B 值比厚试样的要高得多，这是由于薄试样比较均匀的缘故。

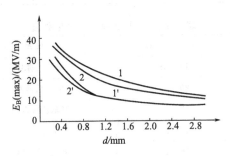

图 6.12　刚玉瓷和金红石瓷的介电强度与试样厚度的关系（$f=50\text{Hz}$）

1，$1'$—刚玉瓷在均匀电场和不均匀电场下的 E_B 值；

2，$2'$—金红石瓷在均匀电场和不均匀电场下的 E_B 值

（3）电压的波形和频率对介电强度的影响　电压的波形和频率对材料的介电强度也有明显的影响，大部分材料在直流电压作用下的介电强度比交流电压作用下的要高。随着电场频率的

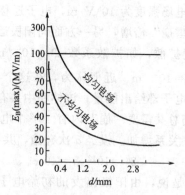

图 6.13 硅酸盐玻璃的介电强度与试样厚度的关系（$f = 50\text{Hz}$）

提高，介电强度下降的很快。这是由于在直流电压作用下，试样内部的局部放电因空间电荷的作用比在交流电压作用下容易自灭，此外直流电场下的介质损耗比交流电场下要小。随着频率的升高，局部放电的破坏过程加剧，导致介电强度进一步下降，并且材料的介电常数越大，介电强度下降得越多。在脉冲电压作用下，由于电压作用时间短，局部造成的破坏和热的效应还来不及形成，因此，击穿电压一般比直流的还高。由于工频电压对电介质的考验要比直流和脉冲电压严格，因此在工程上，电介质的介电强度通常是指工频电压下的介电强度。

表 6.10 玻璃和陶瓷材料的介电强度与试样厚度、电场均匀程度的关系

材料名称	试样厚度/mm	介电强度 $E_B(\text{max})/(\text{MV/m})$, $f = 50\text{Hz}$	
		在油中试验	在磷酸三甲酚酯中试验
金红石瓷	0.3	270	310
	1.5	105	105
	3.0	85	90
刚玉瓷	0.3	360	385
	1.5	170	200
	3.0	110	120
电工陶瓷	3.5	120	135
硅碱玻璃	0.01	—	3000
	0.10	1000	3000
	1.15	250	570
	1.80	208	55

表 6.11 一些高聚物的介电强度

高聚物	$E_B/(\text{MV/m})$	高聚物	$E_B/(\text{MV/m})$
聚乙烯	18～28	聚乙烯薄膜	40～60
聚丙烯	20～26	聚丙烯薄膜	100～140
聚甲基丙烯酸甲酯	18～22	聚苯乙烯薄膜	50～60
聚氯乙烯	14～20	聚酯薄膜	100～130
聚苯醚	16～20	聚酰亚胺薄膜	80～110
聚砜	17～22	芳香聚酰胺薄膜	70～90
酚醛树脂	12～16	环氧树脂	16～20

6.5.3 无机材料的击穿

（1）不均匀介质中的电压分配 无机材料常常为不均匀介质，有晶相、玻璃相和气孔存

在，这使无机材料的击穿性质与均匀材料不同。不均匀材料最简单的情况是双层介质。设双层介质具有各不相同的电性质，ε_1，σ_1，d_1 和 ε_2，σ_2，d_2 分别代表第一层、第二层的介电常数、电导率、厚度。若在此系统上加直流电压 U，则各层内的电场强度 E_1、E_2 都不等于平均电场强度 E：

$$\begin{cases} E_1 = \dfrac{\sigma_2(d_1+d_2)}{\sigma_1 d_2 + \sigma_2 d_1} \times E \\ E_2 = \dfrac{\sigma_1(d_1+d_2)}{\sigma_1 d_2 + \sigma_2 d_1} \times E \end{cases} \tag{6.102}$$

式(6.102)表明：电导率小的介质承受场强高，电导率大的介质承受场强低。在交流电压下也有类似的关系。如果 σ_1 和 σ_2 相差甚大，则必然其中一层的电场强度将大于平均场强 E，这一层可能首先达到介电强度而被击穿。一层击穿以后，增加了另一层的电压，且电场因此大大畸变，结果另一层也随之击穿。由此可见，材料的不均匀性可能引起介电强度的降低。陶瓷中的晶相和玻璃相的分布可看成多层介质的串联和并联，上述的分析方法同样适用。

（2）电-机械-热击穿　材料中含有气孔时，因气孔的 ε 及 σ 很小，根据不均匀介质上的电压分配可知气孔上承受的电场较高，而气泡的击穿强度比固体介质要低得多（空气的 E_B $\approx 33\text{kV/cm}$，陶瓷的 $E_B \approx 80\text{kV/cm}$），所以首先气泡击穿，引起气体放电（电离），产生大量的热，容易引起整个介质击穿。由于在产生热量的同时，形成相当高的内应力，材料也易丧失机械强度而别破坏，这种击穿成为电-机械-热击穿。

气泡中的放电实际上是不连续的。可以把含气孔的介质看成电阻、电容串并联等效电路。由电路充放电理论分析可知，在交流 50 周情况下，每秒至少放电 200 次，可想而知，在高频下内电离的后果是相当严重的。这对在高频、高压下使用的电容陶瓷是值得重视的问题。

大量的气泡放电，一方面导致介电-机械-热击穿；另一方面介质内引起不可逆的物理化学变化，使介质击穿电压下降，这种现象称为电压老化或化学击穿。

（3）表面放电和边缘击穿　固体介质处于周围气体媒质中，常发现有火花掠过它的表面，这就是表面放电，但介质本身并未击穿。固体介质的表面击穿电压总是低于没有固体介质时的空气击穿电压，其降低的程度视介质材料的不同、电极接触情况以及电压性质而定。

① 固体介质材料不同，表面放电电压也不同。陶瓷介质由于介电常数大、表面吸湿等原因，引起离子式高压极化（空间电荷极化），使表面电场畸变，降低表面击穿电压。

② 固体介质与电极接触不好，则表面击穿电压降低，尤其当不良接触在阴极处时更是如此。其机理是空气隙介电常数低，根据夹层介质原理，电场畸变，气隙易放电。材料介电常数愈大，此效应愈显著。

③ 电场的频率不同，表面击穿电压也不同。随频率升高，击穿电压降低。这是由于气体正离子的迁移率比电子小，形成正的体积电荷。频率高时，这种现象更为突出。固体介质本身也因空间电荷极化导致电场畸变，因而表面击穿电压下降。

总之，表面放电与电场畸变有关系。电极边缘常常电场集中，因而击穿常在电极边缘发生，即边缘击穿。表面放电与边缘击穿取决于电极周围媒质以及电场的分布，还取决于材料的介电系数、电导率，因而表面放电和边缘击穿电压并不能表征材料的介电强度，它与装置条件有关。

为消除表面放电，防止边缘击穿，应选用电导率或介电常数较高的媒质，同时媒质本身介电强度要高，通常选用变压器油。在瓷介表面施釉，可保持介质表面清洁，而且釉的电导率较大，对电场均匀化有好处，如果在电极边缘施以半导体釉，则效果更好。

6.6 铁电性与结构的关系

6.6.1 晶体的铁电性

（1）铁电性的概念　在一定温度范围内含有能自发极化，并且自发极化方向可随外电场作可逆转动的性质称为铁电性。具有铁电性的晶体称为铁电体。很明显，铁电晶体一定是极性晶体，但并非所有的极性晶体都具有这种自发极化可随外电场转动的性质，只有某些特殊的晶体结构，在自发极化改变方向时，晶体构造不发生大的畸变，才能产生以上的反向转动。铁电体就具有这些特殊的晶体结构。

在外电场作用下，如果介质的极化强度与宏观电场 E 成正比，这类介质称为线性介质。如果介质的极化强度和外施加电压的关系是非线性的，称为非线性介质。铁电体就是一种典型的非线性介质。

（2）铁电体的分类　铁电晶体可区分为两大类：有序-无序型铁电体和位移型铁电体。前者的自发极化同个别离子的有序化相联系，后者的自发极化同一类离子的亚点阵相对于另一类亚点阵的整体位移相联系。典型的有序-无序型铁电体是含有氢键的晶体。这类晶体中质子的有序运动与铁电性相联系，例如 KH_2PO_4 就是如此。位移型铁电体的结构大多同钙钛矿结构及钛铁矿结构紧密相关。

（3）铁电体的电滞回线　在铁电态下，晶体的极化与电场的关系见图6.14，这个回线称为电滞回线，它是铁电态的一个标志。图中 P_s 称为饱和极化强度，P_r 为剩余极化强度，E_c 为矫顽场。同铁磁体具有磁滞回线一样，所以人们把这类晶体称为"铁电体"，其实晶体中并不含铁。

（4）居里温度　在某一温度下，铁电体中自发极化消失而引起介电系数的显著变化，该温度称为居里点温度。在居里点以下具有自发极化称为铁电态，居里点以上无自发极化称为顺电态。$BaTiO_3$ 晶体的介电常数与温度的关系见图6.15。实验发现，当温度高于居里点120℃时，介电常数随温度的变化遵从居里-外斯定理：

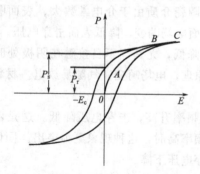
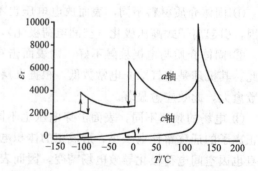

图6.14　铁电电滞回线　　　图6.15　$BaTiO_3$ 相对介电常数与温度的关系

$$\varepsilon_r = \frac{C}{T-\theta_0} + \varepsilon_\infty \qquad (6.103)$$

式中，C 为居里温度；θ_0 为特征温度。对 $BaTiO_3$ 来说，T_c 略大于 θ_0，$C=1.7\times10^5 K$。ε_∞ 代表电子位移极化对介电常数的贡献。由于 ε_∞ 的数量级为 1，故在居里点附近 ε_∞ 可忽略。式(6.103)可写为

$$\varepsilon_r = \frac{C}{T-\theta_0} \tag{6.104}$$

一些铁电晶体的性质列于表 6.12 中。

表 6.12　部分铁电晶体性能

化学式	相转变温度/℃	自发极化 P_n/($\times10^{-2}C/m^2$)
$BaTiO_3$	120, 5, −90	26
$PbTiO_3$	490	57
$KNbO_3$	435, 225, −10	30
$LiNbO_3$	1210	71
$LiTaO_3$	665	50
$BiFeO_3$	860	约 60*
$Ba_2NaNb_5O_{15}$	560, 300	40
$KH_2PO_4(KDP)$	−150	4.8

6.6.2　铁电体的结构与自发极化的微观机理

（1）含氧八面体的铁电体（钙钛矿型铁电体）　钙钛矿型铁电体是为数最多的一类铁电体，其通式为 ABO_3，AB 的价态可为 $A^{2+}B^{4+}$ 或 $A^{1+}B^{5+}$。钙钛矿结构可用简立方晶格来描写，每个格点代表如图 6.16 所示的一个结构单元，显然它也是一个化学式单元。顶角为较大的 A 离子占据，体心为较小的 B 离子占据，六个面心则为氧离子占据。这些氧离子形成氧八面体，B 离子处于其中心。整个晶体可看成由氧八面体共顶点连接而成，各氧八面体之间的空隙则由 A 离子占据。A 和 B 的配位数分别为 12 和 6。

正氧八面体有 3 个四重轴、4 个三重轴和 6 个二重轴，如图 6.17 所示。钙钛矿铁电体和其他一些含氧八面体铁电体的自发极化主要来源于 B 离子偏离八面体中心的运动。B 离子偏离中心的位移通常沿这 3 个高对称性方向之一，故自发极化也是沿这 3 个方向之一。

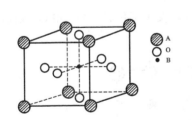

图 6.16　钙钛矿结构的一个结构单元

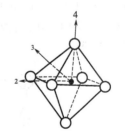

图 6.17　正氧八面体及二重、
三重和四重旋转对称轴

$BaTiO_3$ 是最早发现的一种钙钛矿铁电体。在 120℃ 以上为顺电相，晶体为立方晶系，无自发极化，空间群 Pm3m。在 120℃ 发生顺电-铁电相变进入铁电相，为四方晶系，自发极化沿 C 轴 [001] 方向，空间群为 P4mm，自发极化沿四重轴。在 5℃ 发生铁电-铁电相变，空间群变为 Amm2，自发极化沿二重轴沿 [011] 方向。在 −90℃ 发生另一铁电-铁电相变，

空间群成为 R3m，自发极化沿三重轴沿 [111] 方向。图 6.18 示出了 $BaTiO_3$ 在 3 个铁电相的晶胞和自发极化的方向。在四方相、正交相和三角相中，自发极化的主要来源分别是 Ti 离子偏离中心沿四重轴、二重轴和三重轴的位移。在立方相，Ti 离子位于氧八面体中心，整个晶体无自发极化，是顺电相。各个铁电相都可认为是顺电相演变而来的，故常称顺电相为原型相。可以看出，铁电相的晶体结构对称性要比顺电相的对称性低。

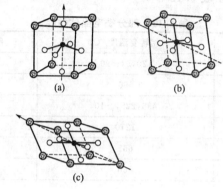

图 6.18　$BaTiO_3$ 在四方相（a）、正交相（b）和三角相（c）的晶胞以及自发极化的方向

$BaTiO_3$ 在顺电相的晶胞变长约为 0.4nm，每个晶胞含一个化学式单元，各原子的坐标如下。

Ba：$(0, 0, 0)$

Ti：$(1/2, 1/2, 1/2)$

3O：$(1/2, 1/2, 0)$；$(1/2, 0, 1/2)$；$(0, 1/2, 1/2)$

室温时晶胞参量为 $a=0.3992nm$，$c=0.4036nm$。因为晶体已经转变为四方相，3 个氧原子的位置对称性不再相同。根据位置对称性，氧原子有两种类型。记 Ti 原子上下的氧原子为 O_I，其他氧原子为 O_{II}，各原子坐标如下。

Ba：$(0, 0, 0)$

Ti：$(1/2, 1/2, 1/2+0.0135)$

O_I：$(1/2, 1/2, -0.0250)$

$2O_{II}$　$(1/2, 0, 1/2-0.0150)$；$(0, 1/2, 1/2-0.0150)$

这表明，相对于顺电相的结构来看，Ti 沿 $+c$ 方向发生了位移，O_I 和 O_{II} 则沿 $-c$ 方向发生了，如图 6.19 所示。

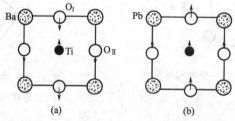

图 6.19　$BaTiO_3$(a)和 $PbTiO_3$(b)四方晶胞在 a 面上的投影（与 Ti 重叠的 O_{II} 未画出）

$KNbO_3$ 的结构与 $BaTiO_3$ 的相似，而且与 $BaTiO_3$ 一样，降温过程中分别发生 m3m→4mm 的顺电-铁电相变（435℃）和两个铁电-铁电相变：4mm→mm2（225℃）和 mm2→3m（−10℃）。

  $PbTiO_3$ 是另一种典型的钙钛矿铁电体。在 490℃ 以上为顺电相, 空间群为 $Pm3m$, 晶胞边长约为 0.4nm。490℃ 以下为铁电相, 空间群为 $P4mm$。室温时晶胞参量为 $a=0.3902nm$, $c=0.4156nm$。$PbTiO_3$ 和 $BaTiO_3$ 四方晶胞在 a 面上的投影示于图 6.19, 图 6.19 中用箭头显示了各原子沿 c 轴的位移。

  固溶体锆钛酸铅 $PbZr_xTi_{1-x}O_3$ ($0<x<1$) 也呈钙钛矿结构。顺电相点群为 $m3m$, 铁电相点群随 x 不同而不同, $x<0.53$ 时为 $4mm$, $x>0.53$ 时为 $3m$。

  与钙钛矿型铁电体有关的另一类铁电体是铋层与类钙钛矿层交替形成的复合氧化物, 其通式为 $A_{n-1}B_nO_{3n+3}$, 其中 A=Bi, Ba, Sr, Ca, Pb, K 或 Na 等, B=Ti, Nb, Ta, Mo, W 或 Fe 等。类钙钛矿层与铋层分别以 $(A_{n-1}B_nO_{3n+1})^{2-}$ 和 $(Bi_2O_2)^{2+}$ 表示, 层面与氧八面体的四重轴垂直, 每隔 n 个类钙钛矿氧八面体层出现一个铋层。显然, 这种层状结构可看成一种天然的铁电超晶格。A=Bi, B=Ti, $n=3$ 给出 $Bi_4Ti_3O_{12}$, 若 A=Ba, B=Ti, $n=4$, 则为 $BaBi_4Ti_4O_{15}$。该类铁电体在室温呈单斜或正交对称, 但由于其单斜晶胞很接近于正交对称, 所以也常用正交晶胞来描写。a 和 b 一般为 0.55nm 左右, c 随 n 的增大而增大, 例如 $BiMoO_6$, $SrBi_2Ta_2O_9$, $Bi_4Ti_3O_{12}$ 和 $BaBi_4Ti_4O_{15}$ 的 c 分别为 1.624mm, 2.502mm, 3.284mm 和 4.178nm。正交晶胞的 (001) 面即单斜晶胞的 (010) 面。该类铁电体一般都有很高的居里点, 其中研究最多的是 $Bi_4Ti_3O_{12}$, 居里点为 675℃, 近年发现, $SrBi_2Ta_2O_9$ 和 $SrBi_2Nb_2O_9$ 铁电薄膜的疲劳特性优异, 特别适合于制造基于极化反转的铁电存储器。

  (2) 含氢键的铁电体 (KDP 系列晶体) KDP (KH_2PO_4) 是熟知的含氢键的铁电体。该晶体的顺电相空间群为 $1\bar{4}2d$, 铁电相空间群为 $Fdd2$, 居里温度为 123K。室温晶格常数为 $a=1.0534nm$, $c=0.6959nm$, 116K 时, $a=1.044nm$, $b=1.053nm$, $c=0.690nm$, 晶胞如图 6.20 所示。P 位于氧四面体内部, 顺电相时四面体 PO_4 的四重旋转反演轴与 c 轴平行。每个晶胞含四个化学式单元。晶胞的顶角和体心各有一个 PO_4, 2 个 a 面和 2 个 b 面上也各有一个 PO_4, K 的排列与 PO_4 相同, 只是较 PO_4 沿 c 轴错开 $c/2$。图 6.20 中示出的是体心晶胞, 包含两个格点, 每个格点代表两个化学式单元。

  四面体的每个顶角氧原子都通过氢键与邻近的四面体相联系。在图 6.20 中, 仅示出了与位于体心的四面体有关的四个氢键, 可以看到, 该四面体的 2 个 "上" 氧原子分别与 a 面上 2 个四面体的 "下" 氧原子相联系。2 个 "下" 氧原子则分别与 b 面上 2 个四面体的 "上" 氧原子相联系。图 6.21 示出了晶胞在 c 平面上的投影。

  图 6.21 中略去了 K, 以带点的圆表示 "上" 氧原子, 带叉的圆表示 "下" 氧原子。P

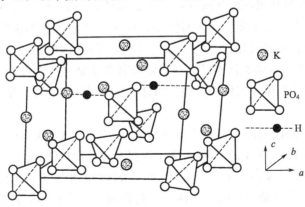

图 6.20 KDP 的一个晶胞

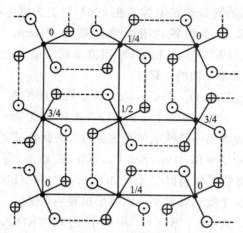

图 6.21   KDP 晶胞在 c 平面上的投影（K 未画出，虚线代表氢键）

原子旁边的数字表示其 z 坐标。虚线代表氢键，每个四面体的"上"氧原子都是与邻近四面体的"下"氧原子相联系，反之亦然。由于 PO_4 近似为正四面体，c 轴近似等于四个四面体的高度，所以有氢键联系的 2 个氧原子近似在同一平面上，即氢键与 z 轴近似垂直。

该类晶体中的氢键连接的 2 个氧原子间距离约为 0.25nm，氢键中质子的 2 个可能位置对称地分布于氢键中心的两侧，相距 0.034～0.045nm。顺电相时，质子在其 2 个可能位置的概率相等，晶体无自发极化。铁电相时，质子择优分布于两个可能位置之一。质子有序化虽然发生在 c 平面内，但由于静电相互作用，K 和 P 原子将沿 c 轴发生静态位移，使晶胞中出现沿 c 轴的电偶极矩。中子衍射表明，P 和 K 分别沿 c 轴位移了 ＋0.008nm 和 －0.004nm。质子有序化的结果，氢键的两端不再等效，故四重旋转反演轴不复存在，晶体点群由 $\bar{4}2m$ 变为 mm2。

与 KDP 结构相同的铁电体有 RbH_2PO_4，KH_2AsO_4，CsH_2AsO_4 以及他们的氘化物等，反铁电体 $NH_4H_2PO_4$ 也有相同的结构，它们统称为 KDP 系列。

（3）含氟八面体的铁电体   氟化物的化学稳定性远不及氧化物的化学稳定性，许多氟化物在高温时容易水解，所以氟化物铁电体比氧化物铁电体少得多。另外，氟化物铁电体的自发极化一般较小。1969 年才发现第一组氟化物铁电体 $BaM^{2+}F_4$，其中 M＝Mg，Mn，Fe，Co，Ni 或 Zn。

表 6.13 列出了几种代表性的含氟八面体的铁电体。$BaMnF_4$ 是 $BaM^{2+}F_4$ 的代表，其结构特征是 MnF_6 八面体共点连接形成八面体层，层面与八面体的四重轴垂直。Ba 位于八面体之间较大的空隙中。自发极化沿八面体的二重轴，铁电点群为 mm2，对自发极化负责的主要原子运动是 Ba 沿二重轴的位移以及八面体绕其四重轴（与二重轴垂直）的转动。该组铁电体的特点之一是直到熔点仍保持极性，因此无法测得居里温度。室温自发极化为0.05～0.10C/m²。

$SrAlF_5$ 是 ABF_5 的代表，其中 A 为 Sr 时，B 可为 Al，Cr 或 Ga，A 为 Ba 时，B 可为 Ti，V 或 Fe。其结构特征是 AlF_6 八面体共点连接形成八面体链，链轴与八面体的四重轴平行。对自发极化负责的主要原子运动是 Al 偏离八面体中心沿四重轴的位移，铁电点群为 4。

$Sr_3Fe_2F_{12}$ 的结构特点是，FeF_6 八面体共点连接形成八面体链，链轴与八面体的四重轴平行。对自发极化负责的主要原子运动是 Fe 偏离八面体中心沿四重轴的位移，铁电点群为 4。属于这一组的铁电体还有 $Pb_3M_2F_{12}$，其中 M＝Ti，V，Cr，Fe 或 Ga。

表 6.13　几种代表性的含氟八面体的铁电体

晶体	T_c/K	顺电点群	铁电点群	结构特征	导致自发极化的原子运动
$BaMnF_4$			mm2	八面体层	Ba 在层面内的位移
$SrAlF_5$	695	4/m	4	八面体链	Al 偏离八面体中心的位移
$Sr_3Fe_2F_{12}$	700	4/m	4	八面体链	Fe 偏离八面体中心的位移
$Pb_5Cr_3F_{19}$	555	4/mmm	4mm	八面体链	Cr 偏离八面体中心的位移
$K_3Fe_5F_{15}$	490	4/mmm	mm2	畸变的钨	Fe 偏离八面体中心的位移
Na_2MgAlF_7	725	4/mmm	4mm	青铜结构	

注：1. $BaMnF_4$ 的居里点高于熔点。
　　2. 表中各顺电点群是假定的点群。

$Pb_5Cr_3F_{19}$ 是 $A_5M_3F_{19}$ 的代表，其中 A＝Pb，Ba，Sr，M＝Al，Ti，V，Cr，Fe 或 Ga。结构特征也是八面体共点连接形成链轴与极轴平行的八面体链，但还有一些孤立的氟八面体。对自发极化负责的主要原子运动是 M 偏离八面体中心沿四重轴的位移，铁电点群为 4mm。

6.6.3　铁电体的相变

铁电体的自发极化是由于晶胞的电矩通过偶极-偶极相互作用而产生的有序排列。有序化参数为极化强度 P。当温度升高时，晶体中的离子的热运动增强，当达到某个临界温度时，电矩的有序排列被热运动摧毁，自发极化便消失了。晶体由低温的铁电相转变为高温的非铁电相（顺电相），这一临界转变温度为居里温度（T_c）。晶体由铁电相转变为非铁电相是由于晶体的结构发生改变造成的，因此是一种结构相变。

绝大部分铁电体，除了少数几种以外，在熔化或分解以前都将发生铁电-顺电转变。铁电体的自发极化能被外电场重新定向，这表明分隔极化取向不同的这两种状态之间的势垒相当低。从晶体结构来看，只有当极化反转涉及的结构变化非常微小时，这种结构变化才能在外场作用下实现，非铁电的热释电体就是由于极化反转要涉及比较大的结构调整，因而才难于在外电场的作用下实现。既然铁电体的极化反转所涉及的结构变化很微小，那么完全可以设想铁电-顺电转变所涉及的结构变化也不会很大。非极性的顺电状态的稳定性只不过稍低于铁电状态，因此只要温度稍微升高一些，便能实现这种转变。

从热力学的观点来看，在平衡条件下，系统的稳定状态是自由能最小的状态。对于机械自由的晶体，在热力学温度 T 时的吉布斯自由能 G 为

$$G=U-TS-PE \tag{6.105}$$

式中，U 为内能；S 为熵。当晶体中的电矩沿着外场定向时，极化能 PE 增大使 G 减小，使系统趋于稳定。但是根据统计力学，熵 S 定义为

$$S=k\ln\omega \tag{6.106}$$

式中，k 为玻尔兹曼常数；ω 为热力学概率，即在宏观状态能量不变的条件下，微观状态的排列方式数。晶体中的电矩沿着外场定向使得 ω 减小，因而熵 S 也减小，其结果是使得 G 上升，系统趋于不稳定。因此电矩定向究竟是使系统趋于稳定还是不稳定要看自由能 G 中 TS 项和 PE 项哪一项占优势，热运动使定向的电矩从电场的束缚下解放出来，自发极化消失，自由能反而下降。这时非极性的顺电状态反而是稳定状态，这一转变的临界温度便是居里温度。

　　按照相变的热力学特征，铁电相变可分为一级相变和二级相变两大类，此外，对于多种离子复合取代的铁电固溶体还会发生扩散相变。一级相变铁电体在相变点上，序参数 P 发生不连续的变化，自发极化强度从 P_s 突变到零。在相变点上，铁电相与非铁电相两相共存。此外，相变伴随着潜热和热滞现象。钛酸钡（BT）等钙钛矿结构的铁电体为一级相变。二级相变铁电体在相变点上，序参数 P 是连续的，自发极化强度 P_s 连续地下降到零，相变没有潜热和热滞。磷酸二氢钾（KDP）等水溶性铁电相发生二级相变。扩散相变铁电体的铁电-顺电转变不是发生在某一固定温度下，而是发生在一定的温度区域内，称为居里区。这种材料的自发极化强度在这一温度区域内缓慢而连续地下降到零。铌镁酸铅（PMN）等复合取代钙钛矿固溶体为扩散相变固溶体。图 6.22 为这三种相变的序参数 P 与温度的关系。

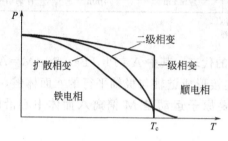

图 6.22　铁电体的自发极化强度与温度的关系

　　晶体在发生铁电-顺电相变或其他极化状态发生变化的结构相变时，晶体的一系列物理性质发生反常变化。晶体在相变点附近发生的各种反常变化通称为临界现象，晶体的临界现象中包含了晶体的结构和晶体内部物理过程的许多重要信息，因此是物理学家非常感兴趣的课题。

6.6.4　电畴结构

　　铁电体的自发极化是能被电场重新定向的，那么晶体内部在退极化电场的作用下，就会分裂出一系列自发极化方向不同的小区域，使其各自所建立的退极化电场互相补偿，直到整个晶体对内、对外均不呈现电场为止。这些由自发极化方向相同的晶胞所组成的小区域称为电畴，分隔相邻电畴的界面称为畴壁。

　　在铁电体中电畴是不能在空间中任意取向的，只能沿着晶体的某几个特定晶向取向。每一种铁电晶体中，铁电畴所能允许的晶向取决于该种铁电体原型结构的对称性，即在铁电体的原型结构中与铁电体极化轴等效的轴向。例如钛酸钡在室温下为四方结构，4mm 点群。其自发轴为 c 轴 [001] 或 [00$\bar{1}$] 方向。钛酸钡的四方铁电相是由高温下的立方非铁电相原型 m3m 点群退化而成。在 m3m 点群中与 [001] 和等效的晶向尚有 [010]、[0$\bar{1}$0] 和 [100]、[$\bar{1}$00] 等，这些晶向在立方非铁电相退化为四方铁电相时，也是自发极化可能出现的轴向，因而也是四方钛酸钡铁电相中电畴可能的取向。这样，在室温下钛酸钡晶体中的电畴只有两大类：相邻电畴的自发极化方向反平行的 180° 电畴和相互垂直的 90° 电畴。如图 6.23 所示。

　　反平行电畴之间的界面称为 180° 畴壁，而互相垂直的电畴之间的界面则为 90° 畴壁。在低温下，钛酸钡的正交铁电相中，相邻电畴自发极化强度之间的夹角，除了反平行的以外，还有 60° 和 120°；在钛酸钡的三方铁电相中，则有 71° 和 109°。

　　电畴壁的内部情况比较复杂。实验与理论分析表明，电畴壁很薄，只有几个晶胞厚度。钛酸钡晶体中的 180° 畴壁大约只有 5～20Å，相当于 1～5 个晶胞厚度。90° 畴壁上的晶胞要发生反常的应变，其厚度稍大，为 50～100Å，相当于 10～20 个晶胞厚度。有关畴壁能的估计比较复杂，不同研究者所得的结果不太一致。一般认为对畴壁能的主要贡献是来自相邻电

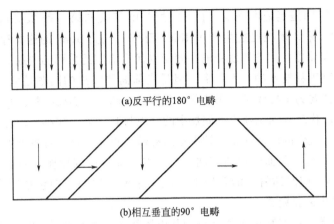

(a)反平行的180°电畴

(b)相互垂直的90°电畴

图 6.23　钛酸钡晶体中的电畴示意

畴的静电相互作用和弹性应变能。

铁电体中的畴结构是很复杂的，各种类型的电畴常常同时并存。图 6.24 就是钛酸钡晶体中 180°电畴和 90°电畴同时并存的情况。在复杂的畴结构中，相邻电畴的自发极化矢量往往是首尾相连的，以便保持畴壁界面上自发极化强度矢量的连续性，即相邻两个电畴自发极化强度垂直于畴壁的分量应该相等。否则，由于极化的不连续，在畴壁上便有自由电荷积聚。但在特殊的条件下也会出现首-首相接和尾-尾相接的对接电畴。实际晶体中的畴结构取决于一系列复杂的因素，例如晶体的对称性、晶体中的杂质和缺陷、晶体中的电导率、晶体的弹性和自发极化的数值等。此外畴结构还要受到晶体制备过程中的热处理、机械加工以及样品几何形状等因素的影响。

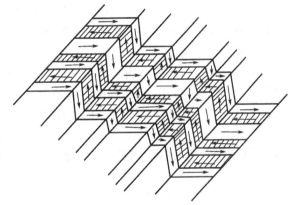

图 6.24　复杂的电畴结构

6.6.5　铁电材料应用案例

（1）铁电存储器　铁电薄膜在存储器件上的应用是铁电体最重要的应用，也是推动铁电薄膜研究的主要推动力。目前铁电薄膜在存储器件上的应用主要有三种形式：一是非挥发性铁电存储器，二是动态随机存储器以及铁电场效应晶体管。

非挥发铁电存储器是利用铁电材料固有的双稳态极化状态，即电滞回线，来制备永久性（又称为非挥发性）存储器。在这种存储器中，作为数值计算基础的布尔代数中的"1"和"0"两个状态分别用铁电薄膜电容器中的两个极化状态表示。一组这样的电容器排成矩阵就构成了一个铁电非挥发存储器，在每个铁电存储单元中含有一个晶体管和一个铁电电容器。与其他存储器相比，非挥发铁电存储器的显著特点是非挥发性和记忆基于自发极化的取向，因而即使切断外加电源记忆也不会丢失；抗辐射损失能力强；存取速度快，可达到 10ns 量级（理论上可达到 1ns），能耗低；制备工艺基本上与现有的半导体工艺兼容。非挥发铁电存储器近期应用主要是在要求耗电少的手机、智能卡和遥控装置等电信产品；从中长期看将大量用于计算机，特别是笔记本电脑。自 20 世纪 90 年代初第一条 256kbit 非挥发铁电存储器商业生产线问世以来，现在已能生产 1Mbit、存取时间为 60ns 的这类存储器。

铁电动态随机存储器：用非挥发铁电存储器取代目前广泛采用的普通的动态随机存储器或者硬盘，将是计算机工程技术的一大革命。但是当前需要解决的问题是大容量 FRAM 成套技术和这种新型存储器要为半导体工业所接受，要做到这两点，需要时日。目前，利用铁电薄膜高介电常数的特性取代现有动态随机存储器中的介电材料，大大缩小了动态随机存储器中电容器的尺寸，已引起了人们的广泛注意，铁电动态存储器正是在这一背景下发展起来的。

铁电场效应晶体管：前面讨论的存储器件都有破坏性读取操作，一个存储器或许只能写 10^6 次，但是铁电场效应晶体管可能要读 10^{12} 次。这种复位操作中包括很多在非破坏性读取操作中可以避免的开关和疲劳。

(2) 铁电制冷器　目前制冷设备（空调和电冰箱等）普遍采用的制冷物质是氟利昂，其是消耗大气臭氧层和增加温室效应的主要有害物质之一。为了保护人类的生存环境，发展不含氟利昂的制冷设备就成为摆在科学家和工程技术人员面前的一个刻不容缓的重大课题。

铁电制冷利用的是铁电材料的电卡效应（electrocaloric effect）。电卡效应是指在绝热条件下，对铁电体施加电场时温度发生改变的现象，即若绝热施加电场使铁电材料、极化铁电材料的温度将会升高；反之，若绝热施加反向电场使铁电材料去极化，铁电材料的温度会降低。前者称为绝热极化加热，后者称为绝热去极化制冷。绝热去极化制冷是利用电场的变化来改变材料的有序熵。

$Pb(Sc_{1/2}Ta_{1/2})O_3$ 铁电固溶体在室温附近具有较大的电卡效应，这类材料的工作温度在室温附近（210～310K），而且当外加电场为 20～30kV/cm 时，基于绝热去极化制冷可以获得的温度变化为 $\Delta\theta \approx 1.0～1.8K$，因此可望在室温附近进行绝热去极化制冷实验。

6.7　压电性与材料结构的关系

压电性，就是某些晶体材料按所施加的机械应力成比例地产生电荷的现象。1880 年，居里兄弟在 ε 石英晶体上最先发现了压电效应。同年，居里兄弟证实了这类压电晶体具有可逆的性质，即按所施加的电压成比例地产生几何应变（或应力）。近年来，压电陶瓷发展较快，在不少场合已经取代了压电单晶，它在电、磁、光、声、热和力等交互效应的功能转换中得到了广泛的应用。

6.7.1　压电效应

(1) 压电效应和压电常数　对石英晶体在一定方向上施加机械应力时，在其两端表面上会出现数量相等、符号相反的束缚电荷；作用力反向时，表面电荷性质亦反号，而且在一定范围内电荷密度与作用力成正比。反之，石英晶体在一定方向的电场作用下，则会产生外形尺寸的变化，在一定范围内，其形变与电场强度成正比。前者称为正压电效应，后者称为逆压电效应，统称为压电效应。具有压电效应的物体称为压电体（piezoelectrics）。

晶体的压电效应的本质是因为机械作用（应力与应变）引起了晶体介质的极化，从而导致介质两端表面内出现符号相反的束缚电荷。其机理可用图 6.36 加以解释。图 6.25(a)表示压电晶体中质点在某方向上的投影。此时晶体不受外力作用，正电荷重心与负电荷重心重合，整个晶体总电矩为 0（这里简化了假定），因面晶体表面无荷电，但是，当沿某一方向对晶体施加机械力时，晶体由于形变导致正、负电荷重心不重合，即电矩发生变化，从而引起晶体表面荷电；图 6.25(b) 为晶体在压缩时荷电的情况；图 6.25(c) 是拉伸时的荷电情况。在后两种情况下，晶体表面电荷符号相反。如果将一块压电晶体置于外电场中，由于电场作用，晶体内部正、负电荷重心产生位移。这一位移又导致晶体发生形变，这个效应即为逆压电效应。

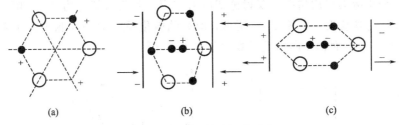

(a)　　　　(b)　　　　(c)

图 6.25　压电效应机理示意

在正压电效应中，电荷与应力成比例，用介质电位移 D（单位面积的电荷）和应力 T 表达如下：

$$D=dT \qquad (6.107)$$

式中，D 为介质电位移，C/m^2；T 为应力，N/m^2；d 为压电常数，C/N。对于逆压电效应，其应变 S 与电场强度 E（V/m）的关系为：

$$S=dE \qquad (6.108)$$

对于正压电和逆压电效应，比例常数 d 在数值上是相同的

$$d=D/T=S/E \qquad (6.109)$$

在以上表示式中，D、E 为矢量，T、S 为张量（二阶对称）。完整地表示压电晶体的压电效应中其力学量(T,S)和电学量(D,E)关系的方程式叫压电方程。下面介绍只有一个力学量或电学量作用的情况。

（2）压电效应的方程式　先讨论正压电效应，根据定义可写出方程式：

$$\left.\begin{array}{l}D_1=d_{11}T_1+d_{12}T_2+d_{13}T_3+d_{14}T_4+d_{15}T_5+d_{16}T_6\\D_2=d_{21}T_1+d_{22}T_2+d_{23}T_3+d_{24}T_4+d_{25}T_5+d_{26}T_6\\D_3=d_{31}T_1+d_{32}T_2+d_{33}T_3+d_{34}T_4+d_{35}T_5+d_{36}T_6\end{array}\right\} \qquad (6.110)$$

式中，d 的第一个下标代表电的方向，第二个下标代表机械的（力或形变）方向。

实际使用时由于压电陶瓷的对称性，脚标可简化，压电常数的矩阵是：

$$\begin{bmatrix}0&0&0&0&d_{15}&0\\0&0&0&d_{24}&0&0\\d_{31}&d_{32}&d_{33}&0&0&0\end{bmatrix}$$

举例证明如下：

假设有一极化方向为轴 3 向的压电陶瓷，如图 6.26 所示。当仅施加应力 T_3 时（电场 E 为恒量，下同），有压电效应：

$$D_3=d_{33}T_3 \qquad (6.111)$$

虽然在 T_3 作用下，介质在轴 1 和轴 2 方向产生应变 S_1 和 S_2，但轴 1 和轴 2 方向是不呈现极化现象的，因此：

$D_1=d_{13}T_3=0$；$D_2=d_{23}T_3=0$，即 $d_{13}=d_{23}=0$

若仅仅施加应力 T_2，类似地可得到：

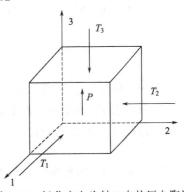

图 6.26　极化方向为轴 3 向的压电陶瓷

$$D_3 = d_{32}T_2, \quad D_1 = D_2 = 0, \quad 即 \; d_{12} = d_{22} = 0$$

若仅仅施加应力 T_1，同样可得 $D_3 = d_{31}T_1$，$D_1 = D_2 = 0$，即 $d_{11} = d_{21} = 0$。

从对称关系可知 T_2 和 T_1 的作用是等效的，即 $d_{31} = d_{32}$。

以上是 3 个正应力作用情况。现讨论切应力作用。若仅有切应力 T_4 作用，法线方向为轴 1 向的平面产生切应变，如图 6.27 所示，原来的极化强度 P 发生偏转。不考虑正应力作用，$D_3 = 0$，$d_{34} = 0$，而轴 2 向出现了极化分量 P_2，因而有：

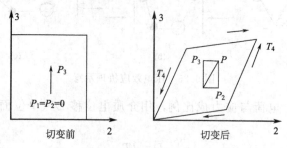

图 6.27 切应力 T_4 引起的压电效应

$D_2 = d_{24}T_4$，轴 1 向也无变化，即 $D_1 = 0$，$d_{11} = 0$。

显然，T_5 的效应与 T_4 类同，因此有：

$$D_1 = d_{15}T_5$$
$$D_2 = d_{25}T_5 = 0$$
$$D_3 = d_{35}T_5 = 0$$

即 $d_{25} = d_{35} = 0$。而且，T_4 与 T_5 作用类似，即 $d_{24} = d_{15}$。

考虑仅有 T_6 的作用情况。切应力 T_6 作用面垂直于轴 3 方向，轴 3 方向极化强度并无改变；由于原极化是在轴 3 方向，故应变前后，轴 1，2 方向极化分量都为零，即：

$$D_1 = D_2 = D_3 = 0, d_{16} = d_{26} = d_{36} = 0$$

根据以上分析，压电常数只有 3 个独立参量，即 d_{31}，d_{33}，d_{15}，因而式（6.110）变为：

$$\left.\begin{array}{l} D_1 = d_{15}T_5, \\ D_2 = d_{15}T_4 \\ D_3 = d_{31}T_1 + d_{31}T_2 + d_{33}T_3 \end{array}\right\} \quad (6.112)$$

此即简化的正压电效应方程式。

现在再来讨论逆压电效应的情况。极化方向仍为轴 3 方向，若仅施加电场 E（应力 T 为恒定），E 的分量分别为 E_1、E_2、E_3，见图 6.28（a）。先考虑 E_3 的效应，它导致应变 S_1、S_2、S_3，而不产生切应变，所以有：

$$S_1 = d_{31}E_3$$
$$S_2 = d_{32}E_3$$
$$S_3 = d_{33}E_3$$

而且，$S_1 = S_2$，所以，$d_{31} = d_{32}$。

若只考虑 E_2 的作用，由于 E_2 的方向垂直于极化方向 P，因此不产生伸缩变形。但 E_2 的作用使极化强度 P 的方向发生偏转，产生了 P_2 分量，见图 6.28（b），有了切应变 S_4：

$$S_4 = d_{24}E_2$$

若仅考虑 E_1 的作用，它与 E_2 类似，只产生切应变 S_5：

$$S_5 = d_{15}E_1$$

从对称关系可知 $d_{15}=d_{24}$，因此逆压电效应的方程式可归纳为：

$$\left.\begin{array}{l} S_1=d_{31}E_3 \\ S_2=d_{31}E_3 \\ S_3=d_{33}E_3 \\ S_4=d_{15}E_2 \\ S_5=d_{15}E_1 \end{array}\right\} \tag{6.113}$$

在逆压电效应中，常数 d 的第一下标也是"电的"分量，第二个下标是机械形变或应力的分量。

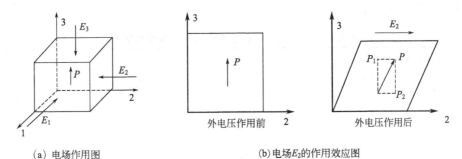

(a) 电场作用图　　　　　　　　　　　(b) 电场 E_2 的作用效应图

图 6.28 压电体的电场作用分析

如果同时考虑力学参量 (T,S) 和电学参量 (D,E) 复合作用，可用简式表示如下：

$$\begin{cases} D=dT+\varepsilon^T E \\ S=S^E T+dE \end{cases} \tag{6.114}$$

式中，ε^T 为在恒定应力（或零应力）下测量出的机械自由介电常数；S^E 为电短路情况下测得的弹性常数。由于压电材料沿极化方向的性质与其他方向性质不一样，所以其弹性、介电常数各个方向也不一样，并且与边界条件有关。

6.7.2　压电振子及其参数

压电振子是最基本的压电元件，它是被覆激励电极的压电体。样品的几何形状不同，可以形成各种不同的振动模式（见表 6.15）。表征压电效应的主要参数，除以前讨论的介电常数、弹性常数和压电常数等压电材料的常数外，还有表征压电元件的参数，这里重点讨论谐振频率、频率常数和机电耦合系数。

（1）谐振频率与反谐振频率　若压电振子是具有固有振动频率 f_r 的弹性体，当施加于压电振子上的激励信号频率等于 f_r 时，压电振子由于逆压电效应产生机械谐振，这种机械谐振又借助于正压电效应而输出电信号。压电振子谐振时，输出电流达最大值，此时的频率为最小阻抗频率 f_m。当信号频率继续增大到 f_n 时，输出电流达最小值，f_n 叫做最大阻抗频率，如图 6.29 所示。

根据谐振理论，压电振子在最小阻抗频率 f_m 附近，存在一个使信号电压与电流同位相的频率，这个频率就是压电振子的谐振频率 f_r，同样在 f_n 附近存在另一个使信号电压与电流同位相的频率，这个频率叫压电振子的反谐振频率 f_a。只有压电振子在机械损耗为零的条件下，$f_m=f_r$，$f_n=f_a$。

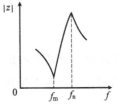

图 6.29　压电振子的阻抗特性曲线示意

材料结构与性能

（2）频率常数　压电元件的谐振频率与沿振动方向的长度的乘积为一常数，称为频率常数 N（kHz·m）。例如陶瓷薄长片沿长度方向伸缩振动的频率常数 N_1 为：

$$N_1 = f_r l \tag{6.115}$$

因为 $f_r = \dfrac{1}{2l}\sqrt{\dfrac{Y}{\rho}}$，$Y$ 为弹性模量，ρ 为材料的密度，所以：

$$N_1 = \frac{1}{2}\sqrt{\frac{Y}{\rho}} \tag{6.116}$$

由此可见，频率常数只与材料的性质有关。若知道材料的频率常数即可根据所要求的频率来设计元件的外形尺寸。

表 6.15　压电陶瓷的振动方式及其机电耦合系数

样品形状	振动方式	机电耦合系数
薄圆片（极化方向，电极面） 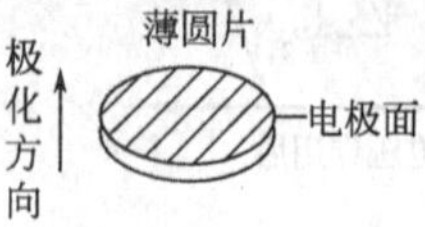	沿径向伸缩振动 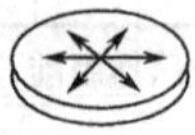	平面机电耦合系数 κ_0
圆柱体（极化方向，电极面） 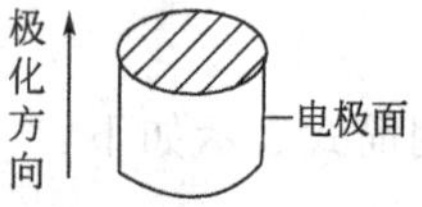	沿轴向伸缩方向 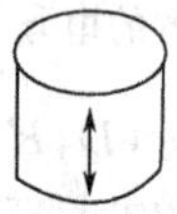	纵向机电耦合系数 κ_{22}
薄片（极化方向，电极面） 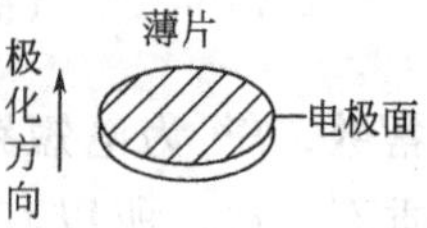	沿厚度方向径伸缩振动 	厚度机电耦合系数 κ_1
薄长片（极化方向，电极面） 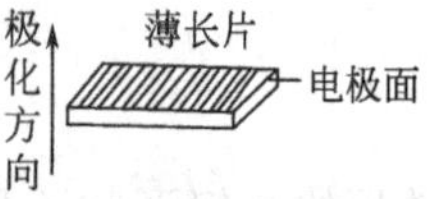	沿长度方向伸缩振动 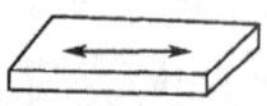	横向机电耦合系数 κ_{21}
长方片（电极面，极化方向） 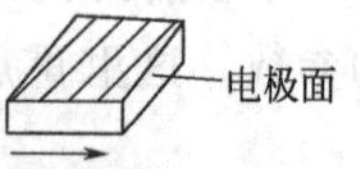	厚度切变振动 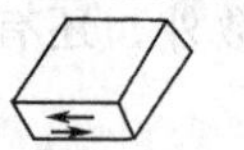	厚度切变机电耦合系数 κ_{23}

（3）机电耦合系数　机电耦合系数 k 是综合反映压电材料性能的参数。它表示压电材料的机械能与电能的耦合效应，定义为：

$$k^2 = \frac{由机械能转换的电能}{输入的总机械能} \tag{6.116}$$

或

$$k^2 = \frac{由电能转换的机械能}{输入的总机械能} \tag{6.117}$$

由于压电元件的机械能与它的形状和振动方式有关，因此不同形状和不同振动方式所对应的机电耦合系数也不相同。表 6.14 给出了常用的几种机电耦合系数。由定义可推证：

$$k = d\sqrt{\frac{1}{\varepsilon^T S^E}} \tag{6.118}$$

198

详细证明如下：当施加 E_3 时，产生电位移 $D_3 = \varepsilon_{33}^T E_3$，单位体积输入电能：

$$U_E = \frac{1}{2} D_3 E_3 = \frac{1}{2} \varepsilon_{33}^T E_3^2 \tag{6.119}$$

根据逆压电效应，E_3 引起应变 $S_1 = d_{31} E_3$，则应变能（即由电能转换的机械能）U_M 为：

$$U_M = \frac{1}{2} S_1 T_1 = \frac{1}{2} d_{31} E_3 \frac{S_1}{S_{11}^E} = \frac{1}{2} \times \frac{d_{31}^2}{S_{11}^E} E_3^2 \tag{6.120}$$

所以，

$$k_{31} = \sqrt{\frac{U_M}{U_E}} = d_{31} \sqrt{\frac{1}{S_{11}^E \varepsilon_{33}^T}} \tag{6.121}$$

压电材料的参数可通过谐振试验测量谐振频率、反谐振频率计算出来。

6.7.3　压电性与晶体结构的关系

（1）晶体的对称性和压电效应　压电效应与晶体的对称性有关。由图 6.25 看出，压电效应的本质是对晶体施加应力时，改变了晶体内的电极化，这种电极化只能在不具有对称中心的晶体内才有可能发生。具有对称中心的晶体都不具有压电效应，因为这类晶体受到应力作用后，内部发生均匀变形，仍然保持质点间的对称排列规律，并无不对称的相对位移，因而正、负电荷重心重合，不产生电极化，没有压电效应。如果晶体不具有对称中心，质点排列并不对称，在应力作用下，它们就受到不对称的内应力，产生不对称的相对位移，结果形成新的电矩，呈现出压电效应。

在 32 种宏观对称类型中，不具有对称中心的有 21 种，其中有一种（点群 43）压电常数为零，其余 20 种都具有压电效应。

（2）热电性和极性　含有固有电偶极矩的晶体叫极性晶体，在 21 种无对称中心的晶体中，有 10 种是极性晶体。极性晶体除了由于应力产生电荷以外，由于温度变化也可以引起电极化状态的改变，因此，当均匀加热时，这类晶体能够产生电荷。这种偶极子的效应称为热电性，具有热电性的物体叫热电体（pyroelectrics）。通常，在热电体宏观电矩正端表面将吸引负电荷，负端表面吸引正电荷，直到它的电矩的电场完全被屏蔽为止。但当温度变化时，宏观电极化强度改变，使屏蔽电荷失去平衡，多余的屏蔽电荷便释放出来，因此从形式上把这种效应称为热释电效应。在 20 种压电晶体类型中，有 10 种是含有一个唯一的极性轴（电偶极矩）的晶体，它们都具有热释电效应。

前已所述，铁电体是一种极性晶体，属于热电体。它的结构是非中心对称的，因而也一定是压电体。必须指出，压电体必须是介电体。电介质、压电体、热电体、铁电体的关系如图 6.30 所示。

（3）铁电、压电陶瓷　自然界中虽然具有压电效应的压电体很多，但是制成陶瓷材料以后，却不具有压电性能。这是因为陶瓷是一种多晶体，由于其中各细小晶体的紊乱取向，各晶粒间压电效应会互相抵消，宏观不呈现压电效应。铁电陶瓷中虽存在自发极化，但各晶粒间自发极化方向紊乱，因此宏观无极性。若将铁电陶瓷预先经强直流电场作用，使各晶粒的自发极化方向都择优取向成为有规则的

图 6.30　电介质、压电体、热电体和铁电体的关系

排列（这一过程称为人工极化），当直流电场去除后，陶瓷内仍能保留相当的剩余极化强度，则陶瓷材料宏观具有极性，也就具有了压电性能。因此，铁电陶瓷只有经过"极化"处理，才能具有压电性；一般采用铁电体制备压电陶瓷，铁电陶瓷在外电场作用下，使电畴运动转向，达到"极化"的目的，成为铁电压电陶瓷。

图 6.31 是 $(K_xNa_{1-x})_{0.97}Li_{0.03}Nb_{0.80}Ta_{0.20}O_3$（KNLNT-0.03）压电陶瓷在不同烧结条件下，$x=0.45$ 和 $x=0.60$ 时陶瓷样品表面的扫描电镜照片，可以看出，随着温度升高，陶瓷样品的晶粒尺寸略有增大，但是晶粒形状没有明显变化；而随着保温时间延长，陶瓷晶粒出现明显的增大，立方状晶粒的边缘变得比较圆滑，晶粒之间有少量液相产生。

表 6.16 是 KNLNT-0.03 压电陶瓷样品的介电、压电性能参数的比较。可以看出，随着温度的提高，陶瓷材料的密度、压电性能参数稍有增加，但没有明显的差别。延长烧结时间到 8h，陶瓷的致密度、压电常数和机电耦合系数明显提高，损耗则降低。材料性能的变化结果与图 6.31 所示的陶瓷显微结构形貌特征的变化情况相吻合，即晶粒尺寸增大，压电常数和机电耦合系数增大，损耗降低。由此可见，组成相同的情况下，陶瓷材料的压电性能取决于显微结构。

表 6.16　KNLNT-0.03（$x=0.45$ 和 $x=0.60$）陶瓷不同烧结条件下的性能比较

性能参数	$x=0.45$			$x=0.60$		
	1120℃,2h	1140℃,2h	1120℃,8h	1120℃,2h	1140℃,2h	1120℃,8h
密度 $\rho/(g/cm^3)$	4.63	4.65	4.78	4.73	4.72	4.76
压电应变常数 $d_{33}/(PC/N)$	181	185	233	198	199	229
介电损耗/%	3.13	3.20	2.87	2.61	2.58	2.27
平面机电耦合系数 k_p/%	41.6	43.1	48.1	40.4	39.8	45.4
厚度伸缩振动机电耦合系数 k_t/%	38.0	39.2	41.9	34.9	31.4	36.4

6.7.4　压电材料的应用

（1）压电滤波器　压电滤波器是压电铁电材料应用的一大领域。它是利用压电晶体谐振器或者压电晶体谐振器与 LRC 电路组合起来实现频率选择的一种器件。目前，广泛用来做滤波器的压电晶体材料是压电陶瓷、压电石英、铌酸锂和钽酸锂等。为了区分起见，常常将压电陶瓷谐振器做成的滤波器叫做陶瓷滤波器。用石英、铌酸锂和钽酸锂谐振器做成的滤波器叫做晶体滤波器。这种压电滤波器比之 LC 滤波器来说，其主要特点是：滤波器的元件数量大幅度减少，可靠性、品质因数、温度稳定性大大提高。

（2）压电振荡器　压电陶瓷振荡器的频率稳定性介于石英晶体振荡器和 LC 振荡器之间，有较宽的频率调整范围，工艺简单，成本低廉。陶瓷压控调频振荡器在室温下可有 10^{-5} 量级的频率稳定度和 2% 的频偏，可供调频发射机使用。钽酸锂晶体振荡器的频率稳定性比压电陶瓷振荡器高，又有较宽的频率调节范围，是一种新型的压电晶体振荡器，已成功地作为高音质无线话筒的宽带压控调频振荡器。但钽酸锂晶体振荡器的产品尚不多见，推广不快的原因有人认为是切型研究尚未十分成熟。

（3）压电换能器　压电换能器是利用压电体的压电效应，将一种形式的能量转换成另一种形式的能量的器件。其种类繁多，使用广泛，分类不一。日常生活中所接触的收音机、电

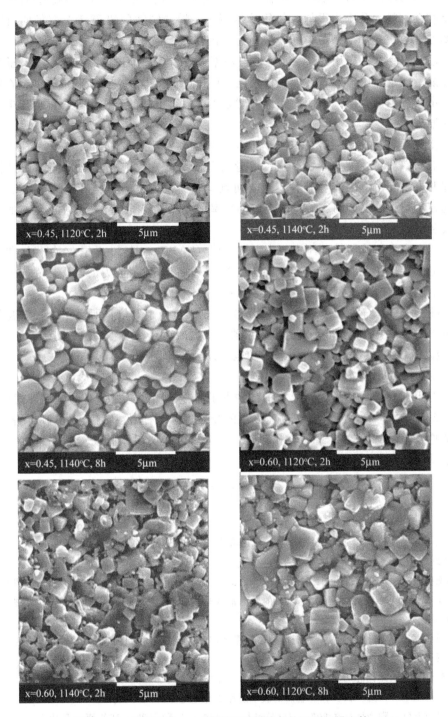

图 6.31　KNLNT-0.03 陶瓷不同烧结条件下的扫描电镜

视机、电唱机、电话机和录音机等，他们的电声能量转换，可用压电换能器来完成。压电电声换能器主要分为发射型换能器和接收型换能器两大类。发射型换能器是把电能转换成声能的器件，主要有扬声器、耳机和蜂鸣器等。接收型压电换能器又称受波器或受话器，主要有微音器、拾音器等。

（4）压电高压发生器　压电变压器是 20 世纪 50 年代开始研制的一种新型压电器件。早期使用钛酸钡材料，升压比很低，使用价值不大。随着锆钛酸铅等高 k_r（径向机电耦合系数）和高 Q_m（机械品质因数）压电陶瓷材料的出现，压电变压器的研制取得了显著的进展。目前已能够生产升压比大于 300，输出功率 50W 以上的压电变压器。输入压电陶瓷片的电振动能量通过逆压电效应转换成机械能，再通过正压电效应又转变成电能，在能量的这两次转换中实现阻抗变换，从而在瓷片的谐振频率上获得高的输出电压，此即压电变压器的基本工作原理。

压电变压器和绕线变压器在结构、工作原理和特性等方面都不同。压电变压器主要适用于高压、低功率和正弦波变换的情况。在这种情况下，它具有输出电压高、重量轻、体积小、无泄漏电磁场、不燃烧等独特优点，而且安装简便。目前压电变压器已用于电视显像管、雷达显示器、静电印刷、静电除尘、小功率激光器、离子发生器和压电材料的极化等所需高压设备中。

（5）压电声表面波器件　压电声表面波器件（SAWD）是 20 世纪 70 年代初期才出现的一种新型电子器件，发展较快，迄今它已经作为一种很有竞争能力的电子器件投入使用，而且已经对电子工业产生了重大影响。压电 SAWD 具有如下特点。

① 体积小，重量轻。因为 SAWD 的声速比电磁波慢十万倍，所以作为电磁波器件的声学模拟物-SAWD 的尺寸比同频率的电磁波器件大大减小。

② 能以简单的方式完成各种电子学功能，并且设计灵活。

③ 重复性、一致性好，易于大量生产。

SAWD 几乎能完成迄今为止已有的各种电子器件的功能，如信号的延迟、滤波、振荡、编码以及各种变换。在数字计算机高速发展的今天，似乎有用数字信号处理取代各种模拟信号处理的趋势。但是，迄今 SAWD 在实时、高可靠、低功耗和低成本等方面的优点仍是数字技术难以比拟的。

习题与思考题

1. 金红石（TiO_2）的介电常数是 100，求气孔率为 10% 的一块金红石陶瓷的介电常数。

2. 一块 1cm×4cm×0.5cm 的陶瓷介质，其电容为 $2.4^{-6}\mu F$，损耗因子 $\tan\delta$ 为 0.02。求 （1）相对介电常数；（2）损耗因素。

3. 镁橄榄石（Mg_2SiO_4）瓷的组成为 45% SiO_2，5% Al_2O_3 和 50% MgO，在 1400℃，烧成并急冷（保留玻璃相），陶瓷的 $\varepsilon_r=5.4$。由于 Mg_2SiO_4 的介电常数是 6.2，估算玻璃的介电常数 ε_r（设玻璃体积浓度为 Mg_2SiO_4 的 1/2）。

4. 如果 A 原子的原子半径为 B 原子的两倍，那么在其他条件都相同的情况下，原子 A 的电子极化率大约是 B 原子的多少倍？

5. 试解释为什么碳化硅的介电常数和其折射率的平方 n^2 相等。

6. 从结构上解释，为什么含碱土金属的玻璃适用于介电绝缘？

7. 细晶粒金红石陶瓷样品在 20℃，100Hz 时，$\varepsilon_r=100$，这种陶瓷 ε_r 高的原因是什么？如何用实验来鉴别各种起作用的机制。

8. 叙述 $BaTiO_3$ 典型电介质中在居里点以下存在的四种极化机制。

9. 画出典型的铁电体的电滞回线，用有关机制解释引起非线性关系的原因。

10. 根据压电振子的谐振特性和交流电路理论画出压电振子的等效电路图，并计算当等效电阻为零时，各等效电路的参数（用谐振频率和反谐振频率表示）。

参 考 文 献

[1]　关振铎．无机材料物理性能．北京：清华大学出版社，1992.

[2]　张良莹，姚熹．电介质物理．西安：西安交通大学出版社，1991.

[3]　方俊鑫，殷之文．电介质物理学．北京：科学出版社，1989.

[4]　王春雷等．压电铁电物理．北京：科学出版社，2009.

[5]　铁电体物理学．钟维烈著．北京：科学出版社，1996.

第7章　材料的结构与光学性能

材料在与光的相互作用中表现出来的性能称为材料的光学性能，它是制备和应用光学材料的基础。材料的光学性能具有多样性和复杂性，主要包括对光的折射、反射、吸收、散射和透射特性、非线性光学效应等诸多方面。因此，光学性能对材料的应用非常重要，尤其是激光技术出现以后，光通信及光机电一体化技术得到飞速发展，对材料的光学性能提出了更高的要求，光学性能对多数材料的重要性不言而喻。本章介绍了非线性光学性能产生的条件、结构和性能之间的关系等；重点介绍线性光学性能，包括光的折射、反射、吸收、散射和透射等；线性光学性能在材料中的应用及其影响；材料的颜色与陶瓷颜料以及其他光学性能的应用；材料的负折射等。

7.1　材料的非线性光学性能

1960年，美国人Maiman成功制造出世界上第一台红宝石激光器。由于激光具有传统光源所不可比拟的高强度和相干性，所以很快激起人们对强光与物质相互作用性质的研究。1961年，Franken等人将红宝石晶体所产生的激光束入射到石英晶体上，首次观察到了位于紫外区的倍频辐射。倍频现象的发现，开辟了非线性光学及其材料这一新的研究领域。其后，激光技术的飞速发展和广泛应用，强有力地推动了非线性光学及其晶体材料科学的发展。

非线性光学（Nonlinear Optics，NLO）是现代光学的一个新领域，是指在外部强光、电场和应变场的作用下物质的响应与场强呈现的非线性关系的科学，这些光学效应称为非线性光学效应，具有非线性光学效应的晶体称为非线性光学晶体。

光的频率转换是最基本和最重要的非线性光学效应之一。可以利用非线性光学材料将一固定频率的激光通过倍频、和频、差频或光学参量放大等过程转变为不同频率的各种激光，从理论上来说，可以获得从红外到紫外、远红外乃至亚毫米波段的特定频率或可调频率的激光，而其实现则完全取决于非线性光学材料的发展。目前，研究人员不断发展新材料和新技术，扩展激光波段，为现代经济社会发展及科学技术提供了丰富多彩的激光光源。

7.1.1　非线性光学的概述

激光问世之前，光学基本上是研究弱光束在介质中的传播，确定介质光学性质的折射率和极化率是与光强无关的常量，介质的极化强度与光波的电场强度成正比，光波叠加时遵守线性叠加原理。在上述条件下研究的光学问题称为线性光学。对很强的激光，例如当光波的电场强度可与原子内部的库仑场相比拟时，光与介质的相互作用将产生非线性效应，反映介质性质的物理量（如极化强度等）不仅与场强 E 的一次方有关，而且还取决于 E 的更高幂次项，从而导致线性光学中不明显的许多新现象。对于非线性光学过程，当入射光频率远离介质共振区或入射光场比较弱，介质极化率 P 与场强的关系可写成：

$$P = \varepsilon_0 (\chi^{(1)} E + \chi^{(2)} E^2 + \chi^{(3)} E^3 + \cdots) \qquad (7.1)$$

式中，$\chi^{(1)}$ 为介质的线性电极化率；$\chi^{(2)}$、$\chi^{(3)}$ 分别为介质的二阶、三阶极化率，统称为非线性极化率。基于电场强度 E 的 n 次幂所诱导的电极化效应就称之为 n 阶非线性光学效应，如式中等式右边第一项表示线性光学效应；第二、三项分别表示二次、三次非线性光学效应。$\chi^{(2)}$ 可引起二次谐波、光混波、光参量放大与振荡、线性电光效应和光整流等，$\chi^{(3)}$ 可引起三次谐波、二次电光效应等。

产生非线性光学性能必须具备以下三个条件。

(1) 入射光为强光 普通光源的光强为 $1 \sim 10 W/cm^2$，光电场强度为 $0.1 \sim 10 V/cm$，而原子内电场约 $10^9 V/cm$。因此，普通光源发出的光入射到晶体上时仅能观察到线性效应，激光属于强光范围，光强度可达 $10^{10} W/cm^2$，光电场强度可达 $10^7 V/cm$ 以上，所以，强激光中的光频电场强度已接近原子内电场强度。式(7.1)中高次项的贡献已不能忽略，正是这些高次项产生了各类非线性光学效应。

(2) 晶体的对称性要求（点群范围） 晶体的极化特性与晶体对称性有关。三维空间里，介质的极化率是张量，其中线性极化率是二阶张量，一般情况下有 9 个元素；二阶极化率是三阶张量，一般情况下有 27 个元素；三阶极化率是四阶张量，一般情况下有 81 个元素……r 阶极化率是 $(r+1)$ 阶张量。由于晶体结构具有空间对称性，这种空间对称性对极化率张量给予限制，导致极化率张量的非零元素大大减少。晶体的对称性越高，非零元素数目越少。在 32 种点群中，具有中心对称的有 11 种，非中心对称的有 21 种，其中，432 点群晶类对称性很高，通常也不显压电、线性电光、二次非线性等特性，只有不具备中心对称的晶体，其偶阶非线性效应才能不为零，才有可能出现非线性光学效应（属压电体类）。故而非线性晶体只能存在于 1，2，3，4，6，222，32，422，622，23，m，mm2，$\bar{4}$，$\bar{4}$m2，4m2，4mm，3m，$\bar{6}$，$\bar{6}$m2，6mm，$\bar{4}\,\bar{3}\,\bar{m}$ 点群晶类中。

(3) 位相匹配 基频光射入非线性光学晶体，不同时刻在晶体中的不同部位所发射的二次谐波，在晶体内传播的过程中要发生相干现象，相干的结果决定着输出光的强度。如果位相一致（位相差为零），则二次谐波得到不断加强；如果位相差不一致，则二次谐波将相互抵消；位相差为 180℃时，不会有任何二次谐波的输出。晶体倍频效应的位相匹配条件为倍频光的折射率与基频光的折射率相等。满足这一条件时，基频光沿途诱发出的倍频光，因具有相同位相而相互加强，此时，受到基频光波激发的晶体，犹如一个同步振荡的偶极矩列阵，有效地辐射出倍频光。

考虑上述晶体位相匹配的要求，属于立方晶系的晶体，因不具有折射率的各向异性，这类晶体不可能实现角度调谐位相匹配。这样，上述可能具有非线性光学效应的点群中，只剩下 16 种点群具有非零的二阶非线性光学系数。在这 16 种无对称中心的点群中，有 5 种点群属于光学双轴晶，11 种点群晶体属于光学单轴晶。

7.1.2 非线性光学材料的结构和性能的关系

随着非线性光学材料的迅速发展，新的问题和现象不断出现，这就要求不断有新的理论来解释这些现象，并为材料的设计和制备提供理论依据。对此，人们做了大量的工作，提出了若干理论模型，其中影响较大的有：非谐振子模型、键参数模型、双能级模型、键电荷模型和电荷转移模型等。相比之下，电荷转移模型和双能级模型应用更为广泛，连同我国科技人员提出的理论，下面摘要进行介绍。

（1）电荷转移理论　　1970 年 Davvdov 等提出电荷转移理论，认为每个有机分子是产生非线性光学效应的基元。若有机分子在电子跃迁时伴随着偶极矩的改变而有很大变化，则这种分子对非线性光学系数的贡献最大，这种理论主要应用于具有共轭 π 电子体系的有机化合物。具有电荷转移性质的共轭分子具有有机非线性材料中最有效的成分。这不仅是对电荷转移模型理论的证实，也为寻找新型有机非线性光学材料指明了方向。

（2）阴离子基团理论　　阴离子基团理论是陈创天院士于 1976 年提出的，解释了各种主要类型非线性光学晶体的结构与性能的相互关系，并对探索新型非线性光学晶体起到了一定的积极作用。该理论指出：晶体的非线性光学效应是一种局域化效应，产生非线性光学效应的结构基元是阴离子基团而与阳离子无关。晶体的非线性光学效应是入射波与各个阴离子基团中的电子相互作用的结果，晶体的宏观倍频系数是阴离子基团微观倍频系数的几何叠加，而阴离子基团的微观倍频系数可用基团的局域化电子轨道通过二级微扰理论进行计算。利用这一理论，陈创天等对新型紫外倍频晶体材料 β-BaB_2O_4（BBO）作了定量计算，倍频系数的计算值经校正同实验值符合得较好。

阴离子基团理论的局限性在于：一是它只是针对氧化物型晶体提出的理论模型，二是并没有考虑阳离子在晶体中对非线性极化率的贡献，因而在处理实际问题时，对含有离子半径大、电荷分布易于变形的阳离子的体系有时会产生较大的偏差，或出现难以克服的困难。

（3）双能级模型　　主要用于具有四面体配位的晶体的二阶非线性光学系数计算，能与实验值较好地吻合。主要思想是采用导带和价带之间的平均能隙 E_g 来近似计算非线性光学系数。

（4）双基元结构模型　　双重基元结构模型是许东、蒋民华等人通过总结非线性光学晶体的无机畸变氧多面体，结合有机不对称共轭分子基团理论而提出的结构模型。其基本思想是将无机非线性材料中的畸变氧八面体同有机非线性材料中的共轭体系相结合，在几何八面体的顶点上选择性地配置有机和无机基团并通过中心离子与它们之间的电子相互作用形成有利于提高非线性效应的结构。如果在各矢量取向一致的情况下，体系的倍频效应会得到极大的增强。

应用该模型成功地设计了 Cd（Tu)$_2$Cl$_2$（Tu 为硫脲)，其粉末二次谐波发生（SHG）应高于磷酸二氢钾（KDP)，并能得到合理的解释。但缺乏理论计算的证明和支持，是该理论模型的令人遗憾之处。

（5）簇模型理论　　簇模型理论是卢嘉锡等人为了克服阴离子基团模型在处理实际问题时所遇到的困难而发展的计算方法。该方法主要考虑了以下 3 种因素：

① 结构基元在晶体中的密度数；

② 晶体环境中其他原子或结构基元对所选择的结构基元的作用可用 Lorent-Lorentz 局域场近似描述；

③ 所选结构基元在晶体环境中受到其他结构基元偶极电场作用而产生取向重新分布，这种分布通常用 Maxwell-Boltzman 统计平均方法处理。

利用簇模型理论计算的 BBO 晶体的最大分量的二阶极化率 χ_{yyy} 与实验结果相接近，研究表明：BBO 二阶极化率的贡献主要来自于 O^{2-} 的 2p 轨道到 Ba^{2+} 的电荷转移。这一理论对其他氧化物型 NLO 晶体的解释也是比较成功的。

这些理论模型尽管都有一定的局限性，但它们对非线性光学材料的研制提供了一定的理论依据，减少了材料制备研究的弯路，对 NLO 材料的发展功不可没。它们也将成为未来的更为完善的理论体系的基础。

7.1.3　非线性光学材料分类及性能

根据化合物的化学性质来分，NLO 材料可分为无机材料、有机材料、高分子材料和有机金属络合物材料等；根据非线性性质来分，可分为二阶非线性光学材料（即倍频材料）和三阶非线性光学材料；就加工器件而言，又可以分为晶体、薄膜、块材、纤维等多种形式。

最早非线性光学材料的研究主要集中在无机晶体材料上，有的已得到了实际应用，如磷酸二氢钾（KDP）、铌酸锂（LiNbO$_3$）、磷酸钛氧钾（KTP）等晶体在激光倍频方面都得到了广泛的应用，并且正在光波导、光参量振荡和放大等方面向实用化发展。具体而言，NLO 已用于制造开关、调制器、光倍频器、有源光束转向元件、限幅器、放大器、整流透镜和换能器等。

用钛酸钡（BaTiO$_3$）和钛酸锂（Li$_2$TiO$_3$）已成功地制出电光调制器，并用于工业和部队用护目装置、立体三维电视与一维的光存储器。磷酸二氢钾和磷酸二氢胺材料性能较稳定，在加热和冷却时不易破裂，不易产生光致折射率不均匀，在近紫外、可见光和近红外区域都有较好地透过特性，是较好的紫外倍频材料，能量转换率可达 20% 以上。

铌酸锂/铌酸钡钠铁电晶体，其非线性光学系数比 KDP 高一个数量级，可在室温以上实现 90°相位匹配，产生较强的二次谐波。在 0.5～5μm 波段有较高的透过率，因而能用于可见光和近红外光学倍频，转换率达 50%～70%。

继无机材料之后，人们又发现了有机非线性光学材料。有机非线性光学材料主要有三大类：一是有机分子晶体，如尿素及其衍生物、硝基苯胺及苯胺类衍生物、硝基吡啶类、染料类；二是液晶型有机材料，如芳香族聚酰胺、双取代苯乙烯基二乙炔等；三是以丁二炔为主链，接不同侧基的有机聚合物晶体，这类材料的二阶非线性光学系数高，结构可变，有希望合成出一大批结晶材料。我国晶体工作者发明了 L-精氨酸（LAP），该晶体具有良好的非线性光学性质，非线性光学系数比 KDP 大 3～5 倍，抗光损伤能力与 DKDP（四方相磷酸二氘钾晶体）相当，透光波段为 0.19～2.6μm，能实现位相匹配，并且很容易从水溶液中培育出高质量的大单晶。有机非线性光学材料具有无机材料所无法比拟的优点：①有机化合物非线性光学系数要比无机材料高 1～2 个数量级；②响应时间快；③光学损伤阈值高；④可以根据要求进行分子设计。但也有不足之处：如机械强度低、热稳定性及化学稳定性差、可加工性不好，这是有机 NLO 材料实际应用的主要障碍。

高分子非线性光学材料和金属有机非线性光学材料就是针对有机 NLO 材料的热稳定性低、可加工性不好等不足应运而生的。高分子非线性光学材料应用最多的是聚乙炔、聚二乙炔、聚苯并二噻吩、聚亚苯基亚乙烯、聚甲基苯基硅烷等聚合物。高分子 NLO 材料在克服有机材料的加工性能不好和热稳定性差等方面是十分有效的，若在非线性效应方面再得以优化，将是一类很有前景的新材料。金属有机 NLO 材料的研究始于 1986 年，随后陆续报道了有关工作，但遗憾的是有些非线性效应很好的材料透光性不好。金属有机化合物结构类型主要有 π-芳基三羰基金属型、二茂铁衍生物型、平面四方型、吡啶羰基配合物等。总的来说其非线性效应介于有机和无机非线性光学材料之间，这一将有机化合物和无机化合物的特性集于一身的设计思想对人们在改良非线性光学材料的性质方面是有很大启发性的。

7.2　材料的线性光学性能

在激光技术出现以前，描述普通光学现象的重要公式常表现出数学上的线性特点，在解释介质的折射、散射和双折射等现象时，均假定介质的电极化强度 P 与入射光波中的电场 E 成简单的线性关系，即

$$P = \varepsilon_0 \chi E \tag{7.2}$$

式中，χ 为介质的极化率。由此可以得出，单一频率的光入射到非吸收的透明介质中时，其频率不发生任何变化；不同频率的光同时入射到介质中时，各光波之间不发生互相耦合，也不产生新的频率；当两束光相遇时，如果是相干光，则产生干涉，如果是非相关光，则只有光强叠加，即服从线性叠加原理。因此，上述这些特性称为线性光学性能，即传统意义上的光学性能。

7.2.1　材料的结构与折射率

当光从真空进入较致密的材料时，其速度降低。光在真空和材料中的速度之比为此材料的折射率。

$$n = \frac{v_{真空}}{v_{材料}} = \frac{c}{v_{材料}} \tag{7.3}$$

如果光从材料 1 通过界面传入材料 2 时，与界面法向所形成的入射角、折射角与两种材料的折射率 n_1 和 n_2 有下述关系

$$\frac{\sin i_1}{\sin i_2} = \frac{n_2}{n_1} = n_{21} = \frac{v_1}{v_2} \tag{7.4}$$

式中，v_1 及 v_2 分别表示光在材料 1 及材料 2 中的传播速度，n_{21} 为材料 2 相对于材料 1 的相对折射。

介质的折射率永远是大于 1 的正数。如空气的 $n = 1.0003$，固体氧化物 $n = 1.3 \sim 2.7$，硅酸盐玻璃 $n = 1.5 \sim 1.9$。不同组成、不同结构的介质折射率是不同的。影响 n 值的因素有下列四方面。

（1）构成材料元素的离子半径　根据麦克斯韦尔电磁波理论，光在介质中的传播速度应为

$$v = \frac{c}{\sqrt{\varepsilon\mu}} \tag{7.5}$$

式中，c 为真空中的光速；ε 为介质的介电常数；μ 为介质的磁导率。根据式（7.3）和式（7.5）可得

$$n = \sqrt{\varepsilon\mu} \tag{7.6}$$

在无机材料这样的介质中，$\mu = 1$，
则

$$n = \sqrt{\varepsilon} \tag{7.7}$$

亦即介质的折射率随介质的介电常数 ε 的增大而增大。ε 与介质的极化现象有关。当光的电磁辐射作用到介质上时，介质原子受到外加电场的作用而极化，正电荷沿着电场方向移动，负电荷沿着反电场方向，这样正负电荷的中心发生相对位移。外电场越强，原子正负电荷中心距离越大。由于电磁辐射和原子的电子体系的相互作用，光波被减速了。

由此可以推论，大离子可以构成高折射率的材料，如 PbS 的 $n = 3.912$，用小离子得到

低折射率的材料，如 $SiCl_4$ 的 $n=1.412$。

（2）材料结构、晶型和非晶态　折射率除与离子半径有关外，还和离子的排列密度相关。像非晶态（无定形体）和立方晶体这些各向同性的材料，当光通过时，光速不因传播方向改变而改变，材料只有一个折射率，称之为均质介质。但是除立方晶体以外的其他晶型，都是非均质介质。光进入非均质介质时，一般都要分为振动方向相互垂直、传播速度不等的两个波，他们分别构成两条折射光线，这个现象称为双折射。双折射是非均质晶体的特性，这类晶体的所有光学性能都和双折射有关。

上述两条折射光线，平行于入射面的光线的折射率，称为常光折射率 n_0，不论入射光的入射角如何变化，n_0 始终为一常数，因而常光折射率严格服从折射定律。另一条与之垂直的光线所构成折射率，则随入射线方向的改变而变化，称为非常光折射率 n_e。它不遵守折射定律，随入射光的方向而变化。当光沿晶体光轴方向入射时，只有 n_0 存在，与光轴方向垂直入射时，n_e 达最大值，此值为材料特性。石英的 $n_0=1.543$，$n_e=1.552$；方解石的 $n_0=1.658$，$n_e=1.486$；刚玉的 $n_0=1.760$，$n_e=1.768$。总之，沿着晶体密堆积程度较大的方向 n_e 较大。

（3）材料所受的内应力　有内应力的透明材料，垂直于受拉主应力方向的 n 大，平行于受拉主应力方向的 n 小。

（4）同质异构体　在同质异构材料中，高温时的晶型折射率较低，低温时存在的晶型折射率较高。例如常温下的石英玻璃，$n=1.46$，数值最小。常温下的石英晶体，$n=1.55$，数值最大；高温时的鳞石英，$n=1.47$；方石英，$n=1.49$。至于普通钠钙硅酸盐玻璃，$n=1.51$，比石英的折射率小。提高玻璃折射率的有效措施就是掺杂铅和钡的氧化物，例如，含 PbO 90%（体积分数）的铅玻璃的 $n=2.1$。在表 7.1 列出了各种玻璃和晶体的折射率。

表 7.1　各种玻璃和晶体的折射率

	材料	平均折射率	双折射
玻璃	由正长石（$KAlSi_3O_8$）组成的玻璃	1.51	—
	由钠长石（$NaAlSi_3O_8$）组成的玻璃	1.49	—
	由霞石正长岩组成的玻璃	1.50	—
	氧化硅玻璃	1.458	—
	高硼硅酸盐玻璃（90% SiO_2）	1.458	—
	钠钙硅玻璃	1.51～1.52	—
	硼硅酸盐玻璃	1.47	—
	重燧石光学玻璃	1.6～1.7	—
	硫化钾玻璃	2.66	—
	四氯化硅	1.412	—
	氟化锂	1.392	—
	氟化钠	1.326	—
	氟化钙	1.434	—
	刚玉（Al_2O_3）	1.76	0.008
	方镁石（MgO）	1.74	—
	石英	1.55	0.009

	材料	平均折射率	双折射
玻璃	尖晶石 $MgAl_2O_4$	1.72	—
	锆英石 $ZrSiO_4$	1.95	0.055
	正长石 $KAlSi_3O_8$	1.525	0.007
	钠长石 $NaAlSi_3O_8$	1.529	0.008
	钙长石 $CaAl_2Si_2O_8$	1.585	0.008
	硅线石 $Al_2O_3 \cdot SiO_2$	1.65	0.021
晶体	莫来石 $3Al_2O_3 \cdot 2SiO_2$	1.64	0.010
	金红石 TiO_2	2.71	0.287
	碳化硅	2.68	0.043
	氧化铅	2.61	—
	硫化铅	3.912	—
	方解石 $CaCO_3$	1.65	−0.172
	硅	3.49	
	碲化镉	2.74	
	硫化镉	2.50	
	钛酸锶	2.49	
	铌酸锂	2.31	
	氧化钇	1.92	
	硒化锌	2.62	
	钛酸钡	2.40	

7.2.2 材料的折射率与入射光频率的关系

折射率除了与上文所述的材料本质的因素有关，还与入射光的频率有光。材料的折射率随入射光的频率的减小（或波长的增加）而减小的性质，称为折射率的色散。几种材料的色散如图 7.1 所示。

在给定入射光波长的情况下，材料的色散为

$$色散 = \frac{dn}{d\lambda} \tag{7.8}$$

据式(7.8)，介质的色散值可以直接由图 7.1(a)、(b)中曲线上各点切线的斜率确定，其中部分介质的色散值随波长的变化曲线示于图 7.1(c)。然而最实用的方法是用固定波长下的折射率来表达，而不是去确定完整的色散曲线。最常用的数值是倒数相对色散，即色散系数。

$$\gamma = \frac{n_D - 1}{n_F - n_C} \tag{7.9}$$

式中，n_D、n_F 和 n_C 分别以钠的 D 谱线、氢的 F 谱线和 C 谱线（589.3nm，486.1nm 和 656.3nm）为光源测得的折射率 [分别在图 7.1(a)中标出]。描述光学玻璃的色散还用平均色散（$n_F - n_C$）。由于光学玻璃一般都或多或少具有色散现象，因而使用这种材料制成的单片透镜，成像不够清晰，在自然光的透过下，在像的周围环绕一圈色带。克服的方法是用不同牌号的光学玻璃，分别磨成凸透镜和凹透镜组成复合镜头，就可以消除色差，这叫做消色差镜头。

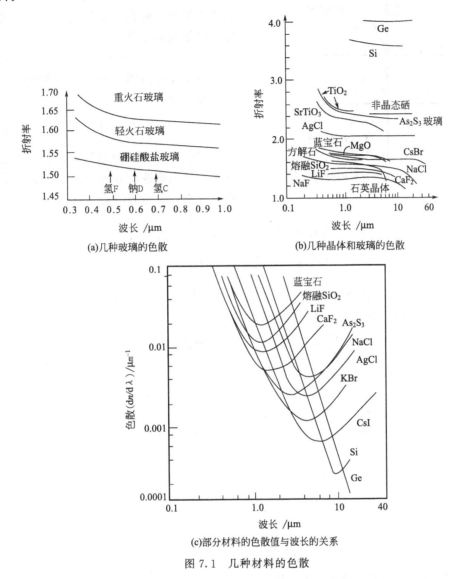

(a)几种玻璃的色散

(b)几种晶体和玻璃的色散

(c)部分材料的色散值与波长的关系

图 7.1　几种材料的色散

7.3　材料的表面特征与光泽

7.3.1　表面反射率与折射率的关系

当光线由介质 1 入射到介质 2 时，光在介质面上分成了反射光和折射光，如图 7.2 所示。这种反射和折射，可以连续发生。例如当光线从空气进入介质时，一部分反射出来了，另一部分折射进入介质。当遇到另一界面时，又有一部分发生反射，另一部分折射进入空气。

由于反射，使得透过部分的强度减弱。需要知道光强度的这种反射损失，使光尽可能多地透过。

设光的总能量流 W 为

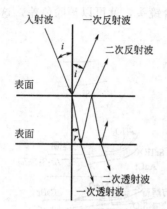

图 7.2　光通过透明介质分界面时的反射与透射

$$W = W' + W'' \tag{7.10}$$

式中，W、W'、W'' 分别为单位时间通过单位面积的入射光、反射光和折射光的能量流。根据波动理论

$$W \propto A^2 v S \tag{7.11}$$

由于反射波的传播速度及横截面积都与入射波相同，所以

$$\frac{W'}{W} = \left(\frac{A'}{A}\right)^2 \tag{7.12}$$

式中，A'、A 分别为反射波、入射波的振幅。把光波振动分为垂直于入射面的振动和平行于入射面的振动，Fresnel 推导出

$$\left(\frac{W'}{W}\right)_{\perp} = \left(\frac{A'_S}{A_S}\right)^2 = \frac{\sin^2(i-r)}{\sin^2(i+r)} \tag{7.13}$$

$$\left(\frac{W'}{W}\right)_{/\!/} = \left(\frac{A'_P}{A_P}\right)^2 = \frac{\tan^2(i-r)}{\tan^2(i+r)} \tag{7.14}$$

自然光在各方向振动的机会均等，可以认为一半能量属于同入射面平行的振动，另一半属于同入射面垂直的振动，所以总的能量流之比为

$$\frac{W'}{W} = \frac{1}{2}\left[\frac{\sin^2(i-r)}{\sin^2(i+r)} + \frac{\tan^2(i-r)}{\tan^2(i+r)}\right] \tag{7.15}$$

当角度很小时，即垂直入射

$$\frac{\sin^2(i-r)}{\sin^2(i+r)} = \frac{\tan^2(i-r)}{\tan^2(i+r)} = \frac{(i-r)^2}{(i+r)^2} = \frac{\left(\frac{i}{r}-1\right)}{\left(\frac{i}{r}+1\right)}$$

因介质 2 对于介质 1 的相对折射率 $n_{21} = \dfrac{\sin i}{\sin r}$，故

$$n_{21} = \frac{i}{r}$$

$$\frac{W'}{W} = \left(\frac{n_{21}-1}{n_{21}+1}\right)^2 = m \tag{7.16}$$

m 称为反射系数，根据能量守恒定律

$$\frac{W''}{W} = 1 - \frac{W'}{W} = 1 - m \tag{7.17}$$

式中，$(1-m)$ 称为透射系数。由式(7.16)可知，在垂直入射的情况下，光在界面上的反射的多少取决于两种介质的相对折射率 n_{21}。

如果介质 1 为空气，可以认为 $n_1 = 1$，则 $n_{21} = n_2$。如果 n_1 和 n_2 相差很大，那么界面反射损失就严重；如果 $n_1 = n_2$，则 $m = 0$，因此在垂直入射的情况下，几乎没有反射损失。

设一块折射率 $n = 1.5$ 的玻璃，光反射损失为 $m = 0.04$，透过部分为 $1-m = 0.96$。如果透过光又从另一界面射入空气，即透过两个界面，此时透过部分为 $(1-m)^2 = 0.922$。如果连续透过 x 块平板玻璃，则透过部分应为 $(1-m)^{2x}$。

由于陶瓷、玻璃等材料的折射率较空气的大，所以反射损失严重。如果透镜系统由许多玻璃组成，则反射损失更可观。为了减小这种界面损失，常常采用折射率和玻璃相近的胶将它们粘在一起，这样，除了最外和最内的表面是玻璃和空气的相对折射率外，内部各界面都是玻璃和胶的较小的相对折射率，从而大大减小了界面的反射损失。

7.3.2　镜面反射与漫反射

上面各节所分析的光的反射，是指材料表面光洁度非常高的情况下的反射，反射光线具有明确的方向性，一般称之为镜反射或镜面反射。在光学材料中利用这个性能达到各种应用目的。例如雕花玻璃器皿，在希望强折射率的基础上，还要求高的反射率。这种玻璃含铅量高，折射率高，因而反射率约为普通钠钙硅酸盐玻璃的两倍，达到装饰效果。同样，宝石的高折射率使之具有强折射和高反射性能。玻璃纤维作为通信的光导管时，有赖于光束总的内反射。这是用一种可变折射率的玻璃或用涂层来实现的。

有的光学应用中，希望得到强折射和低折射相结合的玻璃产品。这可以在镜片上涂一层折射率为中等、厚度为光波长 1/4 的涂层来实现。所指光的波长可采用可见光谱的中部波长（即 $0.6\mu m$ 左右）。这样，当光线射至带有涂层的玻璃上时，其一次反射波刚好被涂层与玻璃接触平面反射的大小相等、位相相反的二次反射波涂层抵消。在大多数显微镜和许多其他光学系统中都采用这种涂层的物镜。同样的系统被用来制作"可见光"的窗户。

陶瓷中大多数表面并不是十分光滑的，因此当光照射到粗糙不平的材料表面上时，发生相当的漫反射。对一不透明的材料，测量单一入射光束在不同方向上的反射能量，得到图7.3的结果。漫反射的原因是由于材料表面粗糙，在局部地方的入射角参差不一，反射光的方向也各式各样，致使总的反射能量分散在各个方向上，形成漫反射。材料表面越粗糙，镜反射所占的能量分数越小，漫反射越严重。

图 7.3　粗糙度增加的镜反射、漫反射能量

7.3.3　釉表面结构与光泽

要对光泽下个精确的定义是困难的，但它与镜反射和漫反射的相对含量密切相关。表面光泽与反射影像的清晰度和完整性，即与镜反射光带的宽度和强度的关系最为密切。这些因素主要由折射率和表面光洁度决定，折射率决定了光从表面反射的强度。

材料表面的光泽是指材料表面对光的反射的能力。光泽的强弱用 R 来表示，即光在一个光滑表面垂直入射时，反射强度与入射强度之比。

$$R=\frac{(n-1)^2+n^2k^2}{(n-1)^2+n^2k^2} \tag{7.18}$$

式中，n 为折射率；k 为吸收率。对于透明的材料，$k=0$，因此 R 只取决于 n，低折射率的固体大约只有 2% 的光线被反射，因此有一种类似玻璃的外观。金刚石的反射率高（$n=2.41$，$R=17\%$），从而赋予金刚钻以十分明亮夺目的光泽。

表 7.2 比较了不同固体的光泽。大多数离子固体折射率低，具有玻璃似的光泽。共价键成分越多，折射率也越大，从而有着类似金刚石的光泽。金属的吸收系数大，因而反射率高。

表 7.2 几种光泽类型的反射系数

晶体类型	光泽	R
透明晶体	半玻璃光泽	$<4\%$
	玻璃光泽	$4\%\sim8\%$
	亚金刚石光泽	$8\%\sim14\%$
	金刚石光泽	$14\%\sim21\%$
	亮金刚光泽	$>21\%$
不透明晶体	亚金属光泽	$<20\%$
	金属光泽	$20\%\sim50\%$
	亮金属光泽	$>50\%$

从表 7.2 可以看出金属光泽在所有光泽中反射系数最大，呈现出强烈的光泽，冲击人的视觉。因此将其应用到陶瓷制品的釉面产生色调和光泽等外观类似某种金属的陶瓷光泽釉，称为金属光泽釉，具有金属般高雅、华丽和金碧辉煌的外观效果，广泛用于建筑装饰行业。近年来陶瓷釉研究者不断探索并研制出不同系列的金属光泽釉，如：仿黄金光泽釉、仿银光泽釉和仿铜光泽釉等，并对釉层微观结构进行分析，探讨了金属光泽的产生机理。张振禹等探讨了仿铜金属光泽釉产生金属光泽的机理：尖晶石类晶体在釉层表面大量析出，而且尖晶石晶体呈定向生长，其晶体结构中原子密度较大的 {111} 晶面与釉层表面平行，从而对光线产生强烈反射作用的结果，在釉层表面镀炭后进行扫描电子显微镜观察，发现样品中晶体几乎全是保持一定形状呈规则的排列，呈六边形如图 7.4(a) 所示，呈三角形如图 7.4(b) 所示，呈树枝状集合体以及其组成的三角形如图 7.4(c) 所示，或呈明暗相间的六边形如图 7.4(d) 所示。

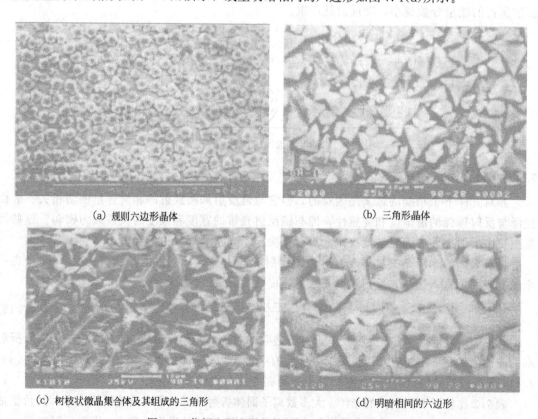

(a) 规则六边形晶体　　　　　　　　　　　　(b) 三角形晶体

(c) 树枝状微晶集合体及其组成的三角形　　　　(d) 明暗相间的六边形

图 7.4 仿铜金属光泽釉的扫描电子显微镜照片

王超等对银色金属光泽釉的研制及微观结构分析发现：釉层中存在大量亚微米级甚至纳米级片状晶体，晶体尺寸均匀；釉层中大量沿坯体表面平行生长的片状晶体容易对光线造成强烈的镜面反射（见图 7.5），是造成釉面出现高亮度银色金属光泽的主要原因之一。

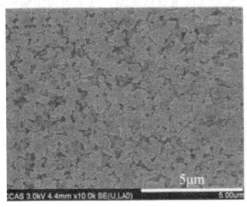 

(a)×10000　　　　　　　　　　　　　　(b)×30000

图 7.5　釉面的场发射扫描电子显微镜

已经发现表面光泽与反射影像的清晰度和完整性，亦即与镜反射光带的宽度和它的强度有密切的关系。这些因素主要由折射和表面光洁度决定。为了获得高的表面光泽，需要采用铅基的釉或搪瓷组分，烧到足够高的温度，使釉铺展而形成完整的光滑表面。为了减小表面光泽，可以采用低折射率玻璃相或增加表面粗糙度，例如采用研磨和喷砂的方法，表面化学腐蚀的方法以及由悬浮液、溶液或者气相沉积一层细粒材料的方法产生粗糙表面。获得高光泽的釉和搪瓷的困难通常是由于晶体形成时造成表面粗糙、表面起伏或者气泡爆裂造成凹坑。

7.4　材料的结构与透光性能

7.4.1　材料对光的吸收

（1）吸收的一般规律　光作为一种能量流，在穿过介质时，引起介质的价电子跃迁或影响原子振动而消耗能量。此外，介质中的价电子当吸收光子能量而激发，当尚未退激而发出光子时，在运动中与其他分子碰撞，电子的能量转变成分子的动能亦即热能，从而构成光能的衰减。

即使在对光不发生散射的透明介质，如玻璃、水溶液中，光也会有能量的损失，即光的吸收。

设有一块厚度为 x 的平板材料（如图 7.6 所示），入射光的强度为 I_0，通过此材料后光强度为 I'。选取其中一薄层，并认为光通过此薄层的吸收损失 $-\mathrm{d}I$ 正比于在此处的光强度 I 和薄层的厚度 $\mathrm{d}x$，即 $-\mathrm{d}I = aI\mathrm{d}x$，则可得到光强度随厚度呈指数衰减规律，即朗伯特（Lambert）定律。

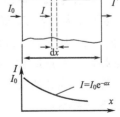

图 7.6　光通过材料时的衰减规律

$$I' = I_0 \mathrm{e}^{-ax} \qquad (7.19)$$

式中，a 为物质的吸收系数，cm^{-1}。a 取决于材料的性质和光的波长。a 越大材料越厚，光就被吸收得越多，因而透过后的光强度就越小。不同的材料 a 差别很大，空气的 a 约为 $10^{-5}\,\text{cm}^{-1}$，玻璃的 a 约为 $10^{-2}\,\text{cm}^{-1}$，金属的 α 则达每厘米几万到几十万，所以金属实际上是不透明的。

（2）光吸收与光波长的关系　如上所述，金属对光能吸收很强烈。这是因为金属的价电子处于未满带，吸收光子后即成激发态，不用跃迁到导带即能发生碰撞而发热。从图 7.7 中可见，在电磁波谱的可见光区，金属和半导体的吸收系数都是很大的，对可见光是不透明的。但是电介质材料，包括玻璃、非均相高聚物等无机材料的大部分在这个波谱区内都有良好的透光性，也就是说吸收系数小。这是因为电介质材料的价电子所处的能带是填满了的。它不能吸收光子而自由运动，而光子能量又不足以使价电子跃迁到导带，所以在一定的波长范围内，吸收系数很小。陶瓷材料一般为多晶多相体系，内含杂质、气孔、晶界微裂纹等缺陷，因此光通过陶瓷材料时将受到层层阻碍，他们不可能有单晶体或玻璃那样好的透过性，因此普通陶瓷材料看上去是不透明的。

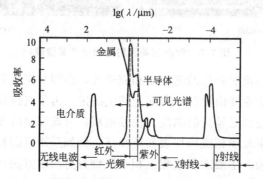

图 7.7　金属、半导体和电介质的吸收率随波长的变化

但是在紫外区出现了紫外吸收端，这是因为波长越短，光子能量越来越大。当光子能量大到电介质的禁带宽度（即 $h\nu = hc/\lambda = E_g$）时，电子就会吸收光子能量从满带跃迁到导带，此时吸收系数将骤然增大。此紫外吸收端相应的波长可根据材料的禁带宽度 E_g 求得。

$$E_g = h\upsilon = h \times \frac{c}{\lambda} \tag{7.20}$$

$$\lambda = \frac{hc}{E_g} \tag{7.21}$$

式中，h 为普朗克常数，$h = 6.63 \times 10^{-34}\,\text{J·S}$；$c$ 为光速。

从式中可见，禁带宽度大的材料，紫外吸收端的波长越短。电介质的禁带宽度一般在 10eV 左右，如 NaCl 的 E_g 为 9.6eV，因此吸收峰对应的波长 $\lambda = 0.129\mu\text{m}$，位于极远的紫外区。希望材料在电磁波谱的可见光区的透过范围大，这就希望紫外吸收端的波长要小，因此要求 E_g 尽可能大；若 E_g 很小，甚至可能在可见区也会被吸收而不透明。

另外，电介质材料在红外区存在明显的吸收峰，这主要是因为离子的弹性振动与光子辐射发生谐振消耗能量所致。要获得较宽的透明频率范围，则要使谐振点的波长尽可能远离可见光区，即吸收峰处的频率尽可能小，则需选择较小的材料热震频率 γ。此频率 γ 与材料其他常数呈下列关系：

$$\gamma^2 = 2\beta\left(\frac{1}{M_c} + \frac{1}{M_a}\right) \tag{7.22}$$

式中，β 为与力有关的常数，由离子间结合力决定；M_c 和 M_a 分别为阳离子和阴离子质量。为了有较宽的透明频率范围，最好有高的电子能隙值和弱的原子间结合力以及大的离子质量。对于高原子量的一价碱金属卤化物，这些条件都是最优的。表 7.3 列出一些厚度为 2mm 的材料的透光超过 10% 波长范围。

表 7.3　各种材料透光波长范围

材料	能透过的波长范围 $\lambda/\mu m$	材料	能透过的波长范围 $\lambda/\mu m$
熔融二氧化硅	0.16～4	氟化钠	0.14～15
铝酸钙玻璃	0.4～5.5	氟化钡	0.13～15
偏铌酸锂	0.35～5.5	硅	1.2～15
方解石	0.2～5.5	氟化铅	0.29～15
二氧化钛	0.43～6.2	硫化镉	0.55～16
钛酸锶	0.39～6.8	硒化锌	0.48～22
三氧化二铝	0.2～7	锗	1.8～23
蓝宝石	0.15～7.5	碘化钠	0.25～25
氟化锂	0.12～8.5	氯化钠	0.2～25
多晶氟化镁	0.45～9	氯化钾	0.21～25
氧化钇	0.26～9.2	氯化银	0.4～30
单晶氧化镁	0.25～9.5	氯化铊	0.42～30
多晶氧化镁	0.3～9.5	碲化镉	0.9～31
单晶氟化镁	0.15～9.6	氯溴化铊	1.4～35
多晶氟化钙	0.13～11.8	溴化钾	0.2～38
单晶氟化钙	0.13～12	碘化钾	0.25～47
氟化钡-氟化钙	0.75～12	溴碘化铊	0.55～50
三硫化砷玻璃	0.6～13	溴化铯	0.2～55
硫化锌	0.6～14.5	碘化铯	0.25～70

吸收还可分为选择吸收和均匀吸收。同一物体对某一种波长的吸收系数可以非常大，而对另一种波长的吸收系数可以非常小，这个现象称为选择吸收。透明材料的选择吸收使其呈不同的颜色。

如果介质的可见光范围对各种波长的吸收程度相同，则称为均匀吸收。在此情况下，随着吸收程度的增加，颜色从灰变到黑。

7.4.2　材料的散射与折射率

材料中如果有光学性能不均匀的结构，例如含有小颗粒的透明介质、光性能不同的晶界相、气孔或其他夹杂物，都会引起一部分光束被散射，从而减弱光束强度。

光波遇到不均匀结构产生的次级波，与主波方向不一致，与主波合成出现干涉现象，使光偏离原来的方向，从而引起散射。

由于散射，光在前进方向上的强度减弱了，对于相分布均匀的材料，其减弱的规律与吸收规律具有相同的形式

$$I = I_0 e^{-Sx} \tag{7.23}$$

式中，I_0 为光的原始强度；I 为光束通过厚度为 x 的试件后，由于散射在前进方向上的剩余强度；S 为散射系数，与散射（质点）的大小、数量以及散射质点与基体的相对折射率等因素有关（图 7.8），cm^{-1}。当光的波长约等于散射质点的直径时，散射系数出现峰值。如果将吸收定律与散射定律的式子统一起来。则可得到

$$I = I_0 e^{-(a+S)x} \tag{7.24}$$

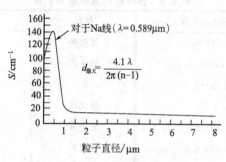

图 7.8　质量尺寸对散射系数的影响

对于图 7.8，所用光线为 Na_D 谱线（$\lambda = 0.589\mu m$），材料是玻璃，其中所含有 1%（体积分数）的 TiO_2 为散射质点。二者的相对折射率 $n_{21} = 1.8$。散射最强时质点的直径为

$$d_{max} = \frac{4.1\lambda}{2\pi(n-1)} = 0.48(\mu m) \tag{7.25}$$

显然，光的波长不同时散射系数达最大时的质点直径也有所变化。

从图 7.8 中可以看出，曲线由左右两条不同形状的曲线所组成，各自有着不同的规律。

若散射质点的体积浓度不变，当 $d < \lambda$ 时，则随着 d 的增加，散射系数 S 也随之增大；当 $d > \lambda$ 时，则随着 d 的增加，S 反而减小；当 $d \approx \lambda$ 时，S 达最大值。所以可根据散射中心尺寸和波长的相对大小，分别用不同的散射机制和规律进行处理，可求出 S 与其他因素有关。

当 $d > \lambda$ 时，基于 Fresnel 规律，即反射、折射引起的总体散射起主导作用。此时，由于散射质点和基体的折射率的差别，当光线碰到质点与基体的界面时，就要产生面反射和折射。由于连续的反射和折射，总的效果相当于光线被散射了。对于这种散射，可以认为散射系数正比于散射质点的投影面积。

$$S = KN\pi R^2 \tag{7.26}$$

式中，N 为单位体积内的散射质点数；R 为散射质点的平均半径；K 为散射因素，取决于基体与质点的相对折射率。当两者相近时，由于无界面反射，$K \approx 0$。由于 N 不好计算，设散射质点的体积含量为 V，则

$$V = \frac{4}{3}\pi R^3 N$$

则式（7.26）变为

$$S = \frac{3KV}{4R} \tag{7.27}$$

故

$$\frac{I}{I_0} = e^{-Sx} = e^{-3KV\frac{x}{4R}} \tag{7.28}$$

由式中可见，$d < \lambda$ 时，R 越小，V 越大，则 S 越大。这符合实验规律。同时 S 随相对折射率的增大而增大。

当 $d<\dfrac{1}{3}\lambda$ 时，可近似的采用 Rayleigh 散射来处理，此时散射系数

$$S=\frac{32\pi^4 R^3 V}{\lambda^4}\left(\frac{n^2-1}{n^2+2}\right)^2 \tag{7.29}$$

总之，不管在上述哪种情况下，散射质点的折射率与基体的折射率相差越大，将产生越严重的散射。

$d\approx\lambda$ 的情况属于 Mie 散射为主的散射，不在这里讨论。

7.4.3　材料的结构与透光性

我国古代赞誉瓷器所谓"薄如纸"，形成了传统的"薄胎瓷"，发展至今，薄胎瓷足可以与乳白玻璃媲美，用于灯具。这主要与材料的透明性有关，材料的透光性主要针对近年研究迅速发展起来的以高纯物质为原料、基本上为单一晶相的多晶材料——"透明陶瓷"。这类材料 1mm 厚的试片其透光率可以达到 80% 以上。透明陶瓷最早研制成功是透明氧化铝陶瓷。下面以透明陶瓷为例对材料的透光性进行介绍。

（1）透过性和透过率　材料对于可见光透明与否，除光在界面被反射外，材料的透明性还与光进入介质后被吸收和散射的情况有关。透光性是个综合指标，即光能通过材料后，剩余光能量（强度）所占入射光能量（强度）的百分比。光的能量（强度）可以用照度来代表，也可用一定距离外的光电池转换得到的电流强度来表示。按照图 7.9 所示，将光源照在一定距离之外的光电池上，测定其光电流强度 I'_0，然后在光路中插入一厚度为 x 的无机材料，同样测得剩余光电流强度 I'，按式(7.19)算出综合吸收系数。显然，算出的 a 内，除吸收系数外，实际还包括散射系数以及材料两个表面的界面损失 $(1-m)^2$。

光通过厚度为 x 的透明陶瓷片时，各种光能的损失如图 7.9 所示。强度为 I_0 的光束垂直地入射到陶瓷左表面。由于陶瓷片与左侧空间介质存在相对折射率 n_{21}，因而在表面上有反射损失①

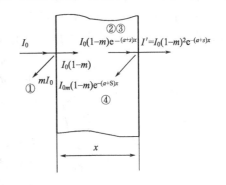

图 7.9　光通过陶瓷片的吸收损失与反射损失

$$I_1=mI_0=\left(\frac{n-1}{n+1}\right)^2 I_0 \tag{7.30}$$

透进材料中的光强度为 $I_0(1-m)$。这一部分光能穿过厚度为 x 的材料后，又消耗于吸收损失②和散射损失③。到达材料右表面时，光强度剩下 $I_0(1-m)\mathrm{e}^{-(a+S)x}$。

再经过材料的右表面时，一部分光能反射进材料内部，其数量为

$$I_{内反}=I_0 m(1-m)\mathrm{e}^{-(a+S)x} \tag{7.31}$$

另一部分传至右侧空间，其光强为 $I'=I_0(1-m)^2 \mathrm{e}^{-(a+S)x}$。显然 I'/I_0 才是真正的透光率。如此所得到的 I' 中并未包括反射回去的光能。再经左、右表面，进行二、三次反射之后，仍然会有一部光能从右侧表面传出。这部分光能显然与材料的吸收系数、散射系数有密切关系，也和材料表面光洁度、材料厚度以及光束入射角有关。影响因素复杂，无法具体算出数据。当然，如果考虑这一部分透射光，将会使整个透光率提高。实验观测结果往往偏高就是这个原因。

（2）透过性的影响因素及其改善措施　由前面分析可知，材料吸收系数、反射系数和散

射系数的高低直接决定了材料的透光性，但三者所起的作用大小不同。具体分析如下。

① 吸收系数。对于陶瓷、玻璃等电介质材料，材料的吸收率或吸收系数在可见光范围内是比较低的，如图 7.7 所示。所以，陶瓷材料的可见光吸收损失相对来说是比较小的，在影响透光率的因素中不占主要地位。

② 反射系数。材料对周围环境的相对折射率大，即反射系数较高时，由此引起的反射损失也就较大。另一方面，材料表面的光洁度也影响透光性能，光洁度差时会增大漫反射而影响透光性，这一点在后面界面反射一节中细述。

③ 散射系数。这一因素最影响材料的透光率，以陶瓷材料为例详细分析，有以下几个方面。

a. 材料的宏观及显微缺陷。材料中的夹杂物、掺杂物、晶界等对光的折射性能与主晶相不同，因而在不均匀界面上形成相对折射率。此值越大则反射系数（在界面上的，不是指材料表面的）越大，散射因子也越大，因而散射系数变大。

b. 晶粒排列方向的影响。如果材料不是各向同性的立方晶体或玻璃态，则存在双折射问题。与晶轴成不同角度的方向上折射率均不相同。这样，由多晶材料组成的无机材料，晶粒与晶粒之间，结晶的取向不见得都一致。因此，晶粒之间产生折射率的差别，引起晶界处的反射及散射损失。图 7.10 所示为一个典型的双折射引起的不同晶粒取向的晶界损失。图 7.10 中两个相邻晶粒的光轴相互垂直。设光线沿左晶粒的光轴方向入射，则在左晶粒中只存在常光折射率 n_0。右晶粒的光轴垂直于左晶粒的光轴，也就垂直于晶界处的入射光。由

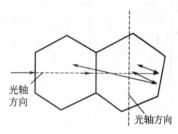

图 7.10 双折射晶体在晶粒界面产生连续的反射和折射

于此晶体有双折射现象，因而不但有常光折射率 n_0，还有非常光折射率 n_e。左晶粒的 n_0 与右晶粒的 n_0 相对折射率为 $n_0/n_e=1$，$m=0$，无反射损失，但左晶粒的 n_0 与右晶粒的 n_e 则形成相对折射率 $n_0/n_e\approx 1$。此值导致反射系数和散射系数，亦即引起相当可观的晶界散射损失。因此对多晶无机材料说，影响透光率的主要因素在于组成材料的晶体的双折射率。例如 $\alpha-Al_2O_3$ 晶体的 $n_0=1.760$，$n_e=1.768$。假设相邻晶粒的取向彼此垂直，则晶界面的反射系数 $m=5.14\times10^{-6}$，数值虽不大，但许多晶粒之间经多次反射损失

之后，光能仍有积累起来的可观损失。譬如材料厚 2mm，晶粒平均直径 $10\mu m$，理论上具有 200 个晶界，则除去晶界反射损失后，剩余光强占 $(1-m)^{200}=0.99897$，损失并不大。从散射损失来分析，散射损失也很小。这就是氧化铝陶瓷有可能制成透光率很高的灯管的原因。

同样可以证明，无论是石英玻璃还是微晶玻璃，透光率都是很高的。

但是，像金红石瓷那样的陶瓷材料则不能制成透明陶瓷。金红石晶体的 $n_0=2.854$，$n_e=2.567$，因而其反射系数 $m=2.8\times10^{-3}$。如材料厚度 3mm，平均晶粒直径 $3\mu m$，则剩余光能只剩下 $(1-m)^{1000}=0.06$ 了。此外，由于 n_{21} 较大，因之 K 较大，S 大，散射损失较大，故金红石瓷不透光。

MgO、Y_2O_3 等立方晶系材料，没有双折射现象，本身透明度较高。如果使晶界玻璃相的折射率与主晶相的相差不大，可望得到透光性较好的透明陶瓷材料。但这是相当不容易做到的。

多晶体陶瓷的透光率远不如同成分的玻璃大，因为相对来说，玻璃内不存在晶界反射和散射这两种损失。

c. 气孔引起的散射损失。存在于晶粒之内的以及在晶界玻璃相内的气孔、孔洞，从光

学上讲构成了第二相。其折射率 n_1 可视为 1，与基体材料之 n_2 相差较大，所以相对折射率 $n_{21}=n_2$ 也较大。由此引起的反射损失、散射损失远较杂质、不等向晶粒排列等因素引起的损失为大。

一般陶瓷材料的气孔直径大约在 $1\mu m$，均大于可见光的波长（$\lambda=0.39\sim0.79\mu m$），所以计算散射损失时应采用公式 $S=K\times 3V/4R$。

散射因子 K 与相对折射率 n_{21} 有关。上面已经说过，气孔与陶瓷材料的相对折射率几乎等于材料折射率 n_2，数值较大，所以 K 值也较大。气孔体积含量 V 越大，散射损失也越大。

实际上，材料可能因为内含杂质、气孔、晶界和微裂纹等缺陷，会对光波产生明显的散射，所以，不像单晶体和玻璃那样透光，多数不透明。因此，下面就主要从影响散射系数的相关因素方面加以讨论，并提出改善透光性的相应措施。

ⓐ 提高原材料纯度。在无机材料中杂质形成的异相，其折射率与基体不同，等于在基体中形成分散的散射中心，使 S 提高。杂质的颗粒大小影响到 S 的数值，尤其当其尺度与光的波长相近时，S 达到峰值。所以杂质的浓度以及与基体之间的相对折射率都会影响到散射系数的大小。

从材料的吸收损失角度，不但对基体材料，而且对杂质的成分也要求在使用光的波段范围内，吸收系数 α 不得出现峰值。这是因为不同波长的光，对材料及杂质的 α 值均有显著影响。特别是在紫外波段，吸收率 K 有一峰值，正像前面所述，要求材料及杂质具有尽可能大的禁带宽度 E_g，这样可使吸收峰处的光的波长尽可能过短一些，因而不受吸收影响的光的频带宽度可放宽。因此，在制备透光性很好的构件时，一般均要求其材料有很高的化学纯度。

ⓑ 掺加外加剂。表面看起来，掺加主成分以外的其他成分，虽然掺量很少，也会显著地影响材料的透光率，因为这些杂质质点，会大幅度地提高散射损失。但是，正如前面分析的那样，影响材料透光性的主要因素是材料中所含的气孔。气孔由于相对折射率的关系，其影响程度远大于杂质等其他结构因素。此处所说的掺加外加剂，目的是降低材料的气孔率，特别是降低材料烧成时的闭孔（大尺寸的闭孔称为孔洞），这是提高透光率的有力措施。

闭孔的生成是在烧结阶段。成瓷或烧结后晶粒长大，把坯体中的气孔赶至晶界，成为存在于晶界玻璃相中的气孔和相界面上的孔洞。这些气孔很难逸出。另外，在晶粒内部还有一个一个的圆形闭孔，与外界隔绝的很好。这些小气孔虽然对材料强度无多大影响，但对其光学性能特别是透光率影响颇大。

R. L. coble 提出在 Al_2O_3 中加入少量 MgO 来抑制晶粒长大，在新生成晶粒表面形成一层黏度较低的 $MgAl_2O_4$ 尖晶石相，一方面，在烧结后期阻碍 Al_2O_3 晶粒的迅速长大；另一方面，又使气泡有充分时间逸出，从而使透明增大。但是新生成的尖晶石的折射率 $n=1.72$，比 Al_2O_3 的折射率（1.76）小，使 Al_2O_3 与尖晶石的相界面上产生的相对折射率不等于 1，从而增加了反射和散射。所以 MgO 虽有排除气孔的作用，掺得过多也会引起透光率下降。适宜的掺量一般约为 Al_2O_3 总量的 $0.05\%\sim0.5\%$。

为了进一步提高 Al_2O_3 陶瓷的透光性，近年来，除了加入 MgO 以外，还加入 Y_2O_3、La_2O_3 等外加剂。这些氧化物溶于尖晶石中，形成固溶体。将它们固溶于尖晶石后，会使尖晶石的折射率接近于主晶相 Al_2O_3 的折射率（1.76），从而减少了晶相的界面反射和散射。

这是由于离子半径越大的元素，电子位移极化率也越大，折射率越高。

ⓒ 工艺措施。一般，采取热压法要比普通烧结法更便于排除气孔。因而是获得透明陶瓷较为有效的工艺。热等静压法效果更好。

几年前，有人采用热锻法使陶瓷织构化，从而改善其性能。这种方法就是在热压时采用较高的温度和较大的压力，使坯体产生较大的塑性变形。由于大压力下的流动变形，使得晶粒定向排列，结果大多数晶粒的光轴趋于平行。这样在同一方向上，晶粒之间的折射率就变得一致了，从而减少了界面反射。用热锻法制得的 Al_2O_3 陶瓷可以获得很好的透光性，就是因为如此。采用特定颗粒形貌的纳米粉体，制备透明陶瓷也与此相类似，即纳米颗粒在真空中烧结，形成微小单晶的聚合体，使多数晶粒的光轴趋于平行，从而保证了透明度。

7.4.4　材料的不透明性与乳浊

（1）材料的不透明　不透明性与材料对光波的反射性能和透射性能有关，光线在材料内部发生多次散射（包括多次漫反射）和折射，致使透射光线变得十分弥散，但散射作用十分强烈，以至于几乎没有光线透过时，材料看起来就不透明了。

引起材料内部散射的原因是多方面的，通常由折射率各向异性的微晶组成的多晶体是半透明或不透明的。光线在无序取向的微晶界面上必然发生反射和折射，经过无数次的折射和反射光线变得十分弥散。结晶高聚物一般是不透明的或半透明的。因为结晶高聚物是晶区和非晶区的两相体系，晶区和非晶区折射率不同，而且结晶高聚物多是晶粒取向无序的多晶体系，因此，光线通过结晶高聚物时易发生散射。

金属对可见光是不透明的，其原因在于金属的电子能带结构的特殊性。大部分被金属材料吸收的光又会从表面上以同样波长的光波发射出来，表现为反射光，还有一小部分能量以热的形式损失掉。

陶瓷材料如果是单晶体，一般是透明的，但大多数的陶瓷材料是多晶相体系，由晶相、玻璃相和气相（气孔）组成，因此陶瓷材料多是半透明或是不透明的。特别强调的是乳白玻璃、釉、搪瓷、瓷器等，它们的外观和用途很大程度上取决于它们对光的反射和透过性。

（2）材料的乳浊　对于透明的材料或不透明材料，由于各种原因造成的不透明现象，称为乳浊。在材料中有一些产品的形貌、质量和这种高度乳浊是联系在一起的，如陶瓷坯体表面的乳浊釉；或者形成人们需要的柔和光线，如乳白玻璃。

陶瓷坯体有气孔，而且色泽不均匀，颜色较深，缺乏光泽，因此常用釉加以覆盖。釉的主体为玻璃相，有较高的表面光泽和不透明性。搪瓷珐琅也是要求具有不透明性，否则底层的铁皮就要显露出来。

乳白玻璃也是利用光的散射效果，使光线柔和，釉、搪瓷、乳白玻璃和瓷器的外观和用途在很大程度上取决于它们的反射和透射性能。图 7.11 所示为釉或搪瓷以及玻璃板或瓷体中小颗粒散射的总效果。影响该效果的光学特性是：镜面反射光的分数（它决定光泽）；直接透射光的分数；入射光漫反射的分数以及入射光漫透射的分数。要获得高度乳浊（不透明性）和覆盖能力，就要求光在达到具有不同光学特性的底层之前被漫反射掉。为了有高的半透明性，光应该被散射。透射的光是扩散开的，但是大部分入射光应当透射过去而不是被漫反射掉。

正如以前所述，决定总散射系数从而影响两相系统乳浊度的主要原因是颗粒尺寸、相对折射率以及第二相颗粒的体积百分比。为了得到最大的散射效果，颗粒及基体材料的折射率

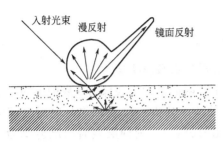
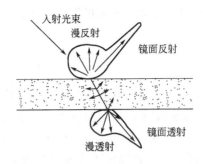

图 7.11　小颗粒散射总效果

数值应当有较大的差别，颗粒尺寸应当和入射波长略相等，并且颗粒的体积分数要高。

① 乳浊剂的成分。构成釉及搪瓷的主要成分的硅酸盐玻璃，其折射率限定在 1.49～1.65。作为一种有效的散射剂，加进玻璃内的乳浊剂必须具有和上述数值显著不同的折射率。此外，乳浊剂还必须能够在硅酸盐玻璃基体中形成小颗粒。

乳浊剂可以是与玻璃相完全不起反应的材料，也可以是在熔制时形成的惰性产物，或者是在冷却或再加热时从熔体中结晶出来的。后者是经常使用的，是获得所希望颗粒尺寸的最有效方法。釉、搪瓷和玻璃中常用的乳浊剂及其平均折射率见表 7.4。由表 7.4 中可见，最有效的乳浊剂是 TiO_2。由于它能够成核并结晶成非常细的颗粒，所以广泛地用于要求高乳浊度的搪瓷釉中。

表 7.4　适用于硅酸盐玻璃介质（$n_{玻}$）的乳浊剂

	乳浊剂	$n_{分散}$	$n_{晶}/n_{玻}$
惰性添加物	SnO_2	1.99～2.09	1.33
	$ZrSiO_4$	1.94	1.30
	ZrO_2	2.13～2.20	1.47
	ZnS	2.4	1.6
	TiO_2	2.50～2.90	1.8
熔制反应的惰性产物	气孔	1.0	0.67
	As_2O_5、$PbAs_2O_6$ 和 $Ca_4Sb_4O_{13}F_2$	2.2	1.47
玻璃中成核、结晶成的	NaF	1.32	0.87
	CaF_2	1.43	0.93
	$CaTiSiO_6$	1.9	1.27
	ZrO_2	2.2	1.47
	$CaTiO_3$	2.35	1.57
	TiO_2（锐钛矿）	2.52	1.68
	TiO_2（金红石）	2.76	1.84

② 乳浊机理。入射光被反射、吸收和透射所占的分数取决于釉层的厚度、釉的散射和吸收特性。对于无限厚的釉层，其反射率 m_∞ 等于釉层的总反射（入射光被漫反射和镜面反射）的分数。对于没有光吸收的釉层，吸收系数大的材料，其反射率低。好的乳浊剂必须具

有低的吸收系数，亦即在微观尺度上，具有良好的透射特性。m_∞取决于吸收系数和散射系数之比

$$m_\infty = 1 + \frac{a}{S} - \left(\frac{a^2}{S^2} + \frac{2a}{S}\right)^{\frac{1}{2}} \qquad (7.32)$$

也就是说，釉层的反射同等程度地由吸收系数和散射系数所决定。

但是，在实际的釉、搪瓷的应用中，釉层厚度是有限的，釉层底部与基底的界面，也会有反射上来的光线增加到总反射率中去。下面分两种情况分析：a. 设釉层与底材之间的反射率 $m = 0$（底材为一种完全吸收或完全透过入射光的材料），则釉层表面的反射率为 m_0；b. 与反射率为 m' 的底材相接触的釉层表面光反射率 m'_R 由 R. Kubelka 和 F. Munk 给出的公式计算

$$m_R = \frac{(1-m_\infty)(m'-m_\infty) - m_\infty(m'-1/m_\infty)\exp\left[Sx(1/m_\infty - m_\infty)\right]}{(m'-m_\infty) - (m'-1/m_\infty)\exp\left[Sx(1/m_\infty - m_\infty)\right]} \qquad (7.33)$$

这个方程的求解是困难的，但它表明，当底材的反射率、散射系数、釉层厚度以及釉层反射率增加时，实际反射率也增加。

釉层的覆盖能力和 m_0 与 m'_R 的比值有关。$C'_R = m_0/m'_R$ 称为对比度或乳浊能力。取基底的反射率 $m' = 0.8$ 比较方便，这样上式变为

$$C'_{0.08} = m_0/m_{0.08} \qquad (7.34)$$

式中，$m_{0.08}$ 是指基底反射率 0.08 时，釉层表面的反射率。用高的反射率、厚的釉层和高的散射系数或它们的某些结合，可以得到良好的乳浊效果。

③ 硅酸盐玻璃、釉中常用乳浊剂。前面所列的乳浊剂大都是折射率显著高于玻璃折射率的晶体，氟化物的折射率较低，但比起玻璃的折射率又不会低得太多，磷灰石的折射率与玻璃的相近。在乳白玻璃中它们多与其他乳浊剂合用才有较好的乳浊效果。但在玻璃中的乳浊机理有些不同，其中所含的氟或磷酐有促进其他晶体在玻璃中析出的作用，因而显出乳浊效果。

对于陶瓷坯体，为了充分覆盖表面缺陷，需要的涂层也较厚，一般约为 0.5mm。此外，通常采用的白色坯体反射能力非常高，因此，对于遮盖力的要求不像钢板搪瓷那样严格，但釉料的烧成周期长，釉中的淀析过程比搪瓷中的更难于控制，向釉料中掺假惰性的乳浊剂如 ZrO_2 和 SnO_2 等最为合适。

含锌的釉也有达到较好的效果的，可能是析出了锌铝尖晶石的晶粒。由于含锌化合物在釉中溶解度高，即使有乳浊作用，烧成温度分布也是窄的。TiO_2 的折射率特别高，但在釉和玻璃中都没有用作乳浊剂，这是由于高温，特别是在还原气氛下，会使釉着色。但在搪瓷中，TiO_2 却是良好的乳浊剂。由于烧搪瓷的温度仅为 973～1073K 的低温范围，不会出现变色情况，因而在搪瓷工业中 TiO_2 是一种良好遮盖能力的乳浊剂。Sb_2O_5 在釉和玻璃中有较大的溶解度，一般也不作为他们的乳浊剂，但却是搪瓷的主要乳浊剂之一。CeO 也是良好的乳浊剂，效果很好，但由于稀有而昂贵，限制了它的推广使用。ZnS 在高温时易溶于玻璃中，降温时从玻璃中析出微小的 ZnS 结晶而具乳浊效果，在某些乳白玻璃中常有使用。SnO_2 是另一种广泛使用的优质乳浊剂，在釉及珐琅中普遍使用，已有几十年的历史。在多种不同组成的釉中，含量一定的 SnO_2 都能保证良好的乳浊效果。其缺点是烧成时如遇还原气氛则还原成 SnO 而溶于釉中，乳浊效果消失。并且比较稀少，价格较贵，使得它的应用得到一定的限制。近年较深入地研究了锆化合物乳浊剂，推广使用效果很好。它的优点是乳

浊效果稳定,不受气氛影响。通常使用天然的锆英石 $ZrSiO_4$ 而不用它的加工制品 ZrO_2,这样成本要低得多。

7.4.5　半透明陶瓷的结构特征

半透明性是乳白玻璃和半透明陶瓷(包括半透明釉)的一个重要光学性质。除了有玻璃内部散射所引起的漫反射以外,入射光中漫透射的分数对于材料的半透明性起着决定作用。对于乳浊玻璃来说,最好是具有明显的散射而吸收最小,这样就会有最大的漫透射。最好的方法是在这种玻璃中掺入和基质材料的折射率相近的 NaF 和 CaF_2。这两种乳浊剂的主要作用不是乳浊剂本身的析出,而是起矿化作用,促使其他晶体从熔体中析出。例如,含氟乳白玻璃析出的主要晶相是方石英,有时也会有失透石($Na_2O \cdot 3CaO \cdot 6SiO_2$)和硅灰石。这些颗粒细小的析晶起着乳浊作用。有时在使用氟化物乳浊剂的同时,其组成中应增加 Al_2O_3 等的含量,目的是提高熔体的高温黏度,在析晶过程中生成大量的晶核,使得分散相的尺寸得以控制,从而获得良好的乳浊效果。

单相氧化物陶瓷的半透明性是它的质量标志。在这类陶瓷中存在的气孔往往具有固定的尺寸,因而半透明性几乎只取决于气孔含量。例如,氧化铝陶瓷的折射率比较高,而气相的折射率接近 1,相对折射率 $n_{21} \approx 1.80$。气孔的尺寸通常和原料的原始颗粒尺寸相当,一般是 $0.5 \sim 2.0 \mu m$,接近于入射光的波长,所以散射最大。因此,如图 7.12 所示,当气孔率增加到 3% 左右时,透射率将降低到 0.01%;而当气孔率降低到 0.3% 时,透射率仍然只有完全致密试件的 10%。这就是说,对于含有小气孔率的高密度单相陶瓷,半透明度是衡量残留气孔率的一种敏感的尺度,因而也是瓷品的一种良好的质量标志。

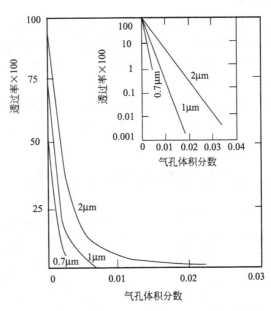

图 7.12　含有少量气孔的多晶 Al_2O_3 瓷的透射率

一些重要的工艺瓷,像骨灰瓷和硬瓷,半透明性是主要的鉴定指标。通常构成瓷体的相是折射率接近 1.5 的玻璃、莫来石和石英。在致密的玻化瓷的显微组织中,细针状莫来石结晶出现在具有较大的石英晶体的玻璃基体之中,这种石英晶体是未熔解的或部分熔解的。莫来石的折射率为 1.64,石英晶体的折射率为 1.55,石英晶粒大且折射率与基体玻璃相近,而莫来石是析出相，颗粒细小，其折射率与基体玻璃以及石英晶体的差值大，故而莫来石在陶瓷体内对于散射和降低半透明性起着主要作用。因此提高半透明性的主要方法是增加玻璃含量，减少莫来石的含量。实际上，提高长石对黏土的比例可实现此要求。

如前所述，气孔在瓷体中的存在会降低半透明性。只有把制品烧到足够的温度，使由黏土颗粒间的孔隙形成的细孔完全排除，才能得到半透明的瓷件。当制品成分中长石或熔块含量高，因而形成大量玻璃相的情况下可以制成这种制件。把制品加热到足够高的温度，因而致密化过程得以充分进行，这样可得到半透明瓷。获得高度半透明体的另一个方法是调整各个相的折射率使之有较好的匹配。但由于石英和莫来石的折射率相差较大，改变由这两种成分组成的瓷的配方效果不大。有人改变玻璃的折射率使之接近细颗粒的莫来石的折射率。有一种骨灰瓷，含有折射率约为 1.56 的液相，其折射率几乎等于出现的晶相的数值。利用这一措施，并结合低气孔率，使骨灰瓷具有很好的半透明性。液相折射率对陶瓷透光性的影响见图 7.13。

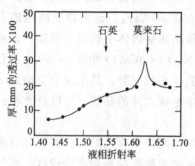

图 7.13 液相折射率对陶瓷半透明性的影响
（含 20%石英、20%莫来石、60%液相）

7.5 材料的颜色与呈色机理

7.5.1 三原色和材料的颜色

材料的颜色是吸收了外界特定的波的辐射光或放射光而产生的。从本质上讲某种物质对光的选择性吸收，是吸收了连续光谱中的特定波长的光子，以激发吸收物质本身原子的电子跃迁。在固体状态下由于原子的相互作用，能级分裂，发射光谱的谱线变宽。同理，吸收光谱的谱线也要变宽，成为吸收带或有较宽的吸收区域，剩下的就是较窄的，即色调较纯的反射或透射光。因此，材料的颜色是以一定光源发出的光透过材料后的光谱分布来表示的。即一个物体的颜色完全取决于透射在其上的光的颜色。物质吸收光的波长与呈现的颜色如表7.5 所示。

表 7.5 被吸收光的颜色和观察到的颜色

吸收光		观察到的颜色	吸收光		观察到的颜色
波长/nm	颜 色		波长/nm	颜 色	
400	紫	绿 黄	530～559	淡黄绿	紫
430	蓝 紫	黄	559～571	黄 绿	紫
430～460	紫 蓝	黄 橙	571～580	黄	蓝 紫
460～482	蓝	橙	580～587	黄 橙	紫 蓝
482～487	绿 蓝	橙 红	587～597	橙	蓝
487～493	蓝 绿	红	597～620	红 橙	绿 蓝
493～530	绿	玫 瑰	620～675	红	蓝 绿

　　而自然界中大多数颜色的光都能分解成红、绿、蓝三种光,各自对应的波长分别为700nm、546.1nm、435.8nm,称为色光的三原色,又称为基色,即用以调配其他色彩的基本色。原色的色纯度最高,最纯净、最鲜艳,可以调配出绝大多数色彩(理论上,三原色可以调配出所有的颜色),而其他颜色不能调配出三原色。这种光的三原色和物体的三原色是不同的,在美术、印刷范畴的颜料和其他不发光物体的三原色是指品红(相当于玫瑰红、桃红)、浅黄(相当于柠檬黄)和品青(相当于较深的天蓝、湖蓝)。色光加色法,是指两种以上的光混合在一起,光亮度会提高,混合色的总亮度等于相混各色光亮度之和。色料减色法是指色料的混合,在打印、印刷、油漆、绘画等场合,物体所呈现的颜色是光源中被颜料吸收后所剩余的部分,所以其成色的原理叫做减色法原理。色料减法混合的三原色是加法混合的三原色的补色,即绿色的补色是品红、蓝色的补色是黄色、红色的补色是品青。图 7.14(a)是色光的三原色:红、绿、蓝;图 7.14(b)是色料(颜料)的三原色:黄、品红、品青。彩色电视就是根据这种原理,用不同亮度的红、绿、蓝三种色光相配合,可以表现出自然界中大部分的颜色。有研究表明,色料三原色可以混合出多种多样的颜色,但是不能调配出黑色,只能混合出深灰色,因此彩色印刷中,除了使用的三原色外还要增加一版黑色才能得出深重的颜色。

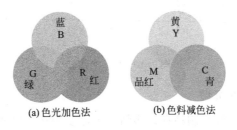

(a)色光加色法　　　　(b)色料减色法

图 7.14　色光加色法和色光减色法

　　色相、明度、饱和度是色彩的三种重要属性,色相是指色光由于光波长,频率的不同而形成的特定色彩性质,也有人把它叫做色调等。按照太阳光谱的次序把色相排列在一个圆环上,并使其首尾衔接,就称为色相环,再按照相等的色彩差别分为若干主要色相,这就是红、橙、黄、绿、青、紫等主要色相。明度是指物体反射出来的光波数量的多少,即光波的强度,它决定了颜色的深浅程度,某一色相的颜色,由于反射同一波长光波地数量不同而产生明度差别,例如粉红反射光波较多,其亮度接近浅灰的程度,比较起来大红反射的光波量较少,其亮度接近深灰的明度,他们的明度相同,色相却不同,这里还有一个因素影响色彩亮度,人类的正常视觉对不同色光的敏感程度是不一致的,人们对黄、橙黄、绿色的敏感程度高,所以感觉这些颜色浅亮,对蓝、紫、红色视觉敏感度低,所以觉得这些颜色比较暗,人们通常用从白到灰到黑的颜色画成若干明度不同的阶梯,作为比较其他各种颜色亮度的标准明度色阶。饱和度是指物体反射光波频率的纯净程度,单一或混杂的频率决定所产生颜色的鲜明程度,也有把它称为纯度。

　　对颜色的界定具有很大的主观性,因此,更精确的作定量的讨论,需在色度图中才能讲清楚。色度图是将颜色的色相和饱和度两者合在一起的图形,任何一种颜色均可由其在色度图上的位置来决定,但不能代表亮度,不同亮度的颜色,在色度图上都为同一位置。材料常用的颜色表达为 CIE 系统(见图 7.15CIE 色度图)。它是由国际照明委员会色度学委员会于1931 年制定的。

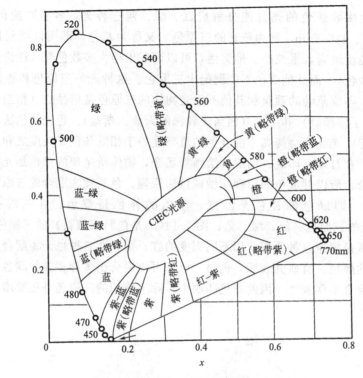

图 7.15　CIE 色度图

7.5.2　材料的着色与呈色机理

　　材料特别是无机非金属材料制品在许多情况下需要着色，如玻璃工业中的彩色玻璃和物理脱色剂，搪瓷上用的彩色珐琅罩粉和水泥生产中的彩色水泥。陶瓷使用颜料的范围最广，色釉、色料和色坯中都要使用颜料。玻璃或陶瓷釉的颜色是由于可见光透过材料时，不同波长透过程度不同而产生的。色料显色的原因是由于着色剂对光的选择性吸收而引起选择性反射或选择性透射。色彩的多样性受温度影响较大，一般在高温下，许多着色颜料不稳定，因此限制了颜料的应用，使其色彩单调。在着色实践中，除了要了解其与光谱的关系外，还要了解亮度（取决于透射光或反射光的强度）、色调（取决于反射光或透射光的主波长）和饱和度（亦称浓度或纯度，表示主波长在白光中所占的比例）三个参数。

　　在陶瓷坯釉中着色颜料可以分为两大类：分子（离子）着色剂和胶态着色剂。另外，形成色心也能着色。色心的出现不是我们所希望的（如黏土中做为杂质的氧化钛）。究其显色原因，和普通的颜料、染料一样，是由于着色剂对光的选择性吸收而引起选择性反射或选择性透射，从而显现颜色。但是，着色剂也会因环境的变化而发生改变，从而显示出不同的色彩格调。

　　（1）分子着色剂　在分子着色剂中，主要起作用的是其中的离子。或是简单离子本身可着色，或是复合离子才可以着色。

　　① 简单离子着色。对于简单离子来说，当外层电子是惰性气体型（2个或8个电子）或铜型（18个外电子）时，本身比较稳定，因此需要较大的能量才能激发电子进入上层轨道，这就需要吸收波长较短的量子来激发外层电子，因而造成了紫外区的选择性吸收，对可见光则无影响，因此往往是无色的。

过渡元素的次外层有未成对的 d 电子，镧系元素的第三外层含未成对 f 电子，它们较不稳定，能量较高，需要较少的能量即可激发，故能选择吸收可见光。常见的例子见表 7.6。

表 7.6　简单离子吸收可见光呈色

元素类型	简单离子	吸光呈色
过渡元素	Co^{2+}	吸收橙、黄和部分绿光，呈带紫的蓝色
	Cu^{2+}	吸收红、橙、黄和紫光，让蓝、绿光通过，呈蓝、绿色
	Cr^{2+}	呈黄色
	Cr^{3+}	吸收橙、黄着成鲜艳的紫色
稀土元素	Ce^{3+}	吸收蓝紫色，呈黄色
	Pr^{3+}	吸收蓝色，呈绿色
	Nd^{3+}	吸收橙、黄光，呈紫色
放射性元素	U^{6+}	吸收紫、蓝光，着成带绿荧光的黄绿色

对于在陶瓷中的应用，要求在高温保持稳定性，这就限制了可利用的颜色的调制。当稳定性提高时，稳定的颜色数目减少，结果高温瓷釉（1400～1500℃）的釉下彩也受到限制，而且 1800℃ 的明显色尚未得到；釉上彩、低温釉和搪瓷的颜色是很多的。釉和搪瓷的颜色或是由离子溶解于玻璃相来形成，或是类似于有色颗粒分散于油漆中的方式，由有色固体颗粒的分散系统来形成。

硅酸盐玻璃中离子的颜色主要取决于氧化状态和配位数。配位数相当于离子处于网络形成体或网络变体的位置。例如在普通硅酸盐玻璃中，Cu^{2+} 置换网络变体位置中的 Na^+，而被六个或更多的氧离子包围；通常 Fe^{3+} 和 Co^{2+} 在网络中形成 $[CoO_4]$ 和 $[FeO_4]$ 群。但是当基质玻璃的碱度变化时，这些离子的作用也发生变化，这些离子通过结构上的合作而成为一般的中间体类型。同时氧化状态也常有变化，因此，同一元素的离子在不同的基质玻璃中可以产生范围宽广的颜色。

② 复合离子着色。

a. 复合离子如其中有显色的简单离子则会显色。

b. 如全为无色离子，但互相作用强烈，产生较大的极化，也会由于轨道变形，而激发吸收可见光。如 V^{5+}、Cr^{6+}、Mn^{7+}、O^{2-} 均无色，但 VO_3^- 显黄色，CrO_4^{2-} 也呈黄色，MnO_4^- 显紫色。

化合物的颜色多取决于离子的颜色。离子有色则化合物必然有色。通常为使高温色料（如釉下彩料等）的颜色稳定，一般都先将显色离子合成到人造矿物中去。最常见的是形成尖晶石形式 $AO \cdot B_2O_3$，这里 A 是二价离子，B 是三价离子。因此只要离子的尺寸适合，则二价三价离子均可固溶进去。由于堆积紧密，结构稳定，所制成的色料稳定度高，此外，也有以钙钛矿型矿物为载体，把发色离子固溶进去而制成陶瓷高温色料的。

限制色料的晶粒大小是很重要的，因为晶体和熔体对光的相对折射率不同，所以光散射在很大程度上依赖于着色晶粒的大小，通过该方法可以得到范围较为广泛的颜色。本方法只能用于低温着色涂层类。因为在高温下，许多着色晶体溶解于熔体中，因此，玻璃和瓷釉的着色是通过溶解的离子来获得的。

对于更高温度烧成的坯体，如 1000～1250℃，广泛应用 ZrO_2 和 $ZrSiO_4$ 作载体。这些色料提高了对抗玻璃相腐蚀的能力，在这些色料中所采用的掺杂剂有钒（蓝色）、镨（黄色）

和铁（粉红色）。

（2）**胶体着色** 胶态着色剂最常见的有胶体金（红）、银（黄）、铜（红）以及硫硒化镉等几种。但金属与非金属胶体粒子有完全不同的表现。金属胶体粒子的吸收光谱或者说呈现的色调，取决于粒子的大小，而非金属胶体粒子则主要取决于它的化学组成，粒子尺寸的影响很小。例如，胶态金着色，在水溶液中，当 $d=20\sim50\mathrm{nm}$ 时，是最强烈的红色；但 $d<20\mathrm{nm}$ 时，溶液逐渐变成接近金盐溶液的弱黄色；而 $d=100\sim150\mathrm{nm}$ 时，则依次从红变到紫红再变到蓝色，透射呈蓝色，反射呈棕色，已接近金的颜色。说明这时已形成晶态金的颗粒。因此，以金属胶态着色剂着色的玻璃或釉，他的色调取决于胶体粒子的大小，而颜色的深浅则取决于粒子的浓度。但在非金属胶态溶液，如金属硫化物中，则颗粒尺寸增大对颜色的影响甚小，而当粒子尺寸达到 $100\mathrm{nm}$ 或以上时，溶液开始混浊，但颜色仍然不变。在玻璃中的情况也完全相同，最好的例子就是硫硒化镉胶体着色的著名的硒红宝石，总能得到色调相同、颜色鲜艳的大红玻璃。但当颗粒的尺寸增大至 $100\mathrm{nm}$ 或以上时，玻璃开始失去透明。通常含胶态着色剂的玻璃要在较低的温度下以一定的制度进行热处理显色，使胶体粒子形成所需要的大小和数量，才能出现预期的颜色。假如冷却太快，则制品将是无色的，必须经过再一次的热处理，方能显现出应有的颜色。

（3）**影响色料颜色的因素** 陶瓷坯釉、色料等的颜色，除主要取决于高温下形成的着色化合物的颜色外，还与下列因素有关。

① 加入的某些无色化合物如 ZnO，Al_2O_3 等对色调的改变也有作用。

② 烧成温度的高低，通常制品只有在正烧的条件下才能得到预期的颜色效果，生烧往往颜色浅淡，而过烧则颜色昏暗。成套餐具、成套彩色卫生洁具、锦砖等产品出现的色差，往往是烧成时温差引起的。这种色差会影响配套。

③ 气氛对颜色的影响更大。某些色料应在规定的气氛下才能产生指定的色调，否则将变成另外的颜色。如钧红釉是我国一种著名的传统的铜红釉，在强还原气氛下烧成，便能获得由于金属铜胶体粒子析出而着成的红色。但控制不好，还原不够或重新氧化，偶然也会出现红蓝相间，杂以多种中间色调的"窑变"制品，绚丽斑斓，异彩多姿，其装饰效果反而超过原来单纯的红色。温度的高低，对颜料所显颜色的色调影响不大，但与浓淡、深浅则直接有关。

7.6 新型光功能材料简介

随着新技术的发展，某些新材料的光学性能方面的运用，开拓了对无机材料化学和物理本质的深入认识。下面举几种常见的应用。

7.6.1 荧光材料

电子从激发能级向较低能级的衰变可能伴随有热量向周围传递，或者产生辐射，在此过程中，光的发射称为荧光或磷光，取决于激发物质和发射之间的时间。

荧光物质广泛地用于在荧光灯、阴极射线管及电视的荧光屏以及闪烁计算器中。荧光物质的光发射主要受其中的杂质影响，甚至低浓度的杂质即可起到激活剂的作用。

荧光灯的工作是由于在汞蒸气和惰性气体的混合气体的放电作用，使得大部分电能转变成汞谱线的单色光的辐射 $253.7\mathrm{nm}$。这种辐射激发了涂在放电管壁上的荧光剂，造成在可见光范围的宽频带发射。

例如，灯用荧光剂的基质，选用卤代磷酸钙，激活剂采用锑和锰，能提供两条在可见光区重叠发射带的激活带，发射出荧光颜色从蓝到橙和白。

用于阴极射线管时，荧光剂的激发是由电子束提供的，在彩色电视应用中，对应于每一种原色频率范围的发射，采用不同的荧光剂。在用于这类电子扫描显示屏幕仪器时，荧光剂的衰减时间是个重要的性能参数，例如用于雷达扫描显示器的荧光剂是 Zn_2SiO_4，激活剂用 Mn，发射波长为 530nm 的黄绿色光，其衰减至 10% 的时间为 $2.45 \times 10^{-2}s$。

7.6.2　激光材料

许多陶瓷材料用以作固体激光器的基质和气体激光器的窗口材料。固体激光物质是一种发光的固体，在其中，一个激发中心的荧光发射激发其他中心作同位相的发射。

红宝石激光器是由掺少量（$<0.05\%$）Cr 的蓝宝石单晶组成，呈棒状，两端面要求平行。激光棒沿着它的长度方向被闪光灯激发。大部分闪光灯的能量以热的形式散失，一小部分被激光棒吸收；而在 6943Å 处三价 Cr 离子以窄的谱线进行发射，构成输出的辐射，自激光棒的一端（部分反射端）穿出。

另一个重要的晶体激光物质是掺 Nd 的钇铝石榴石单晶（$Y_3Al_5O_{12}$），其辐射波长为 $1.06\mu m$。

某些陶瓷材料，以其在固定的波段具有高的透射率，因而应用于气体激光器的窗口材料。例如按波长的不同，分别选用 Al_2O_3 单晶材料，CaF_2 类碱土金属卤化物和各种 II 到 VI 族化合物如 ZnSe 或 CdTe。

7.6.3　光导纤维

当光线在玻璃纤维内部传播时，遇到纤维的表面出射到空气中时，产生光的折射。改变光的入射角 i，折射角 γ 也跟着改变。当 γ 大于 90° 时。光线全部向玻璃内部反射回来，对于典型玻璃 n 等于 1.50，按照公式：

$$\sin i_{crit} = \frac{1}{n} \tag{7.35}$$

临界入射角 i_{crit} 约为 42°。也就是说，在光导纤维内传播的光线，其方向与纤维表面的法向所成夹角，如果大于 42°，则光线全部内反射，无折射能量损失。因而一玻璃纤维能围绕各个弯曲之处传递光线而不必顾虑能量损失。

然而，从纤维一端射入的图像，在另一端仅看到近似于均匀光强的整个面积。如采用一束细纤维，则每根纤维只传递入射到它上面的光线，集合起来，一个图像就能以具有单根纤维直径那样的清晰度被传递过去。

光导纤维传输图像时损耗，来源于各个纤维之间的接触点，发生纤维之间同种材料的透射，对图像起模糊作用；此外，纤维表面的划痕、油污和尘粒，均会导致散射损耗。这个问题可以通过在纤维表面包覆一层折射率较低的玻璃来解决。在这种情况下，反射主要发生在由包覆层保护的纤维与包覆层的界面上，而不是在包覆层的外表面上，因此，包覆层的厚度大约是光波长的两倍左右以避免损耗。对纤维及包覆层的物理性能要求是相对热膨胀与黏性流动行为、相对软化点与光学性能的匹配。这种纤维的直径一般约为 $50\mu m$。由之组成的纤维束内的包覆玻璃可在高温下熔融，并加以真空密封，以提高器件效能，构成整体的纤维光导组件。

7.6.4　电光及声光材料

以激光技术为基础的系统，除了激光器和波导以外，还需要许多附加的硬件，例如频率的调剂、开关、调幅和转换装置，光学信号的程控及自控装置。这些需求促进了材料的发展，以便能以低的损耗来进行光的传输，而由电场、磁场或外加应力来调整这些材料的光学性能，使之按规定的方式与光学信号相互作用。在这些材料中占重要地位的是电光晶体及声光晶体。

当外加电场引起光学介电性能的改变时，产生电光效应，外加电场可能是静电场、微波电场或者光学电磁场。在有些晶体中，电光作用基本上来源于电子；在其他晶体中，电光作用主要与振荡模式有关。在有些情况下，电光效应随着外加电场而线性地变化；另一些情况下，它随场强的二次方变化。

如用单独的电子振子来描述折射率，则低频电场 E 的作用改变特征频率从 ν_0 到 ν:

$$\nu^2 - \nu_0^2 = \frac{2\nu e (\varepsilon_0 + 2) E}{3m\nu_0^2} \tag{7.36}$$

式中，ν 为非谐力常数；e 为电子电荷；m 为电子质量；ε_0 为低频介电常数。折射率 n 随 $(\nu^2 - \nu_0^2)^{-1}$ 而变化，因此上述方程直接表示折射率随电场呈线性变化。

主要的电光效应可以用半波的场强与距离的乘积 $(El)_{\lambda/2}$ 来描述，式中 E 是电场强度，l 是光程长度。这个乘积表示几何形状 $l/d = 1$ 时，产生半波延迟所需的电压，这里 d 是晶体在外加电场方向上的厚度。

重要的光电材料有 $LiNbO_3$、$LiTaO_3$、$CaNb_2O_7$、$Sr_xBa_{1-x}Nb_2O_6$、KH_2PO_4，$K(Ta_xNb_{1-x})O_3$ 及 $BaNaNb_5O_{15}$。在这些晶体中，其基本结构单元是 Nb 离子或 Ta 离子由氧离子八面体配位。由于折射率随电场而变，电光晶体可以应用在光学振荡器、频率倍增器、激光频振腔中的电压控制开关以及用在光学通信系统中的调制器。

除外加电场以外，晶体的折射率还可以由应变引起变化（所谓声光效应）。应变的作用是改变晶格的内部势能，这就使得约束弱的电子轨道的形状和尺寸发生变化，因而引起极化率及折射率的变化。应变对晶体折射率的影响取决于应变轴的方向以及光学极化相对于晶轴的方向。

当在晶体中激发一平面弹性波时，产生一种周期性的应变模式，其间距等于声波长。应变模式引起折射率的声光变化，它相当于体积衍射光栅。声光设备是根据光线以适当的角度入射到声光光栅时，发生部分衍射这一现象制成的。在这类设备中晶体的应用一般取决于压电耦合性，超声衰减以及各种声光系数。重要的声光晶体有 $LiNbO_3$、$LiTaO_3$、$PbNoO_3$ 以及 $PbMoO_5$。所有这些晶体的折射率都在 2.2 左右，而且在可见光区都是高度透明的。

7.7 材料的负折射和光子晶体

7.7.1 材料的负折射

(1) 负折射的提出及其理论解释　1968 年，俄国科学家 Veselago 首先提出了负折射现象：当电磁波从具有正折射率的材料入射到具有负折射率材料的界面时，光波的折射与常规折射相反，入射波和折射波将处于界面法线方向的同侧。Veselago 预言这种负折射现象将发生在同时具有负介电常数和负磁导率的左手性材料中（这种材料中电场、磁场和波矢方向遵守"左手"法则，而非常规的"右手"法则）。由于在自然界中未能找到天然的负折射介质，Veselago 的工作在很长一段时间里并没有引起人们的重视。1996～1999 年，英国的 Pendry 从理论上提出了一种由开路谐振金属环构成、具有等效的负介电常数和负磁导率的三维周期结构。不久，美国的 S. Smith 等研制出了相应的器件，并从实验上验证了负折射的存在。负折射和负折射材料的研究由此进入了实质性阶段。

折射是自然界最基本的电磁现象之一，电磁波由谐振的电场和磁场组成。电磁波在介质中的传播行为是由介质的介电常数 ε 和磁导率 μ 决定的。最终推导出折射率和介电常数、磁导率的关系如式(7.5)，事实上一般条件下式(7.5)是由 $n^2 = \varepsilon\mu$ 推导得来的。故有 $n = \pm\sqrt{\varepsilon\mu}$，考虑电磁波在无损各向同性介质中的传播，此时材料的 ε 和 μ 均为实数，根据 ε 和 μ 符合的取值，自然界的物质可以分为四类，如图 7.16 所示。自然界中的大部分物质均处于图 7.16 中材料空间的上半区，且 $\varepsilon > 0$ 和 $\mu > 0$ 的材料占多数，平面电磁波在该类物质中传播时，折射率 n 为正，因此电磁波可以在其中传播。对于 $\varepsilon < 0$ 和 $\mu > 0$，$\varepsilon > 0$ 和 $\mu < 0$ 的单负值介质，电磁波无法在该类材料中传播。但当材料的介电常数和磁导率同为负，即 $\varepsilon < 0$ 且 $\mu < 0$ 时，ε 和 μ 的乘积仍为正，折射率 n 仍为实数，电磁波可以在其中传播。

对于 ε 和 μ 都是负的材料，电场矢量 E、磁场矢量 H、波矢 k 之间不再满足通常的右手关系，而是服从左手规则，因而这类材料称为左手性材料（left handed materials，LHM），通常的材料则称为右手性材料。这时介质的折射率 n 为负数，所以左手性材料亦称负折射率材料。

（2）负折射现象和成像　光在正折射率和负折射率两种介质之间传播时，其折射仍满足斯涅耳定律 $n_1\sin\theta_1 = n_2\sin\theta_2$。由于这时两种介质的折射率符号相反，因此与通常的折射现象不同，折射光线与入射光线会居于法线的同侧，如图 7.17 所示。

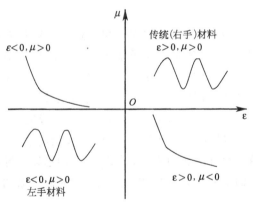

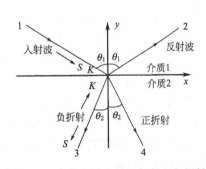

图 7.16　四类不同介质材料中电磁波的传播特性　　图 7.17　光在介质中的正折射和负折射

上述区别使得左手材料制成的光学器件与普通的右手材料器件在对光的传播的影响上有完全不同的效果。例如，以左手材料制作的凸透镜和凹透镜，分别起到了散光和聚光的作用（图 7.18）。

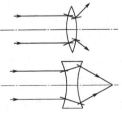

图 7.18　左手材料凹、凸透镜对光的作用

再如，用左手材料制成的平板器件会有类似普通凸透镜的聚光效果（图 7.19），而一般的平板光学器件对光既不会会聚，也不能发散。

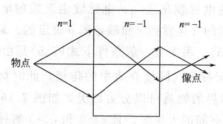

图 7.19　左手材料平板器件的聚光作用

在图 7.19 的情况下（如 $n_1 = n_3 = 1$，$n_2 = -1$，平板厚度足够大），负折射率平板器件能够对物点两次成像，一次在平板内，一次在平板外。

（3）负折射材料的性质　与传统的材料相比，负折射率材料具有非常奇特的性质，如反常光学成像、反常多普勒频移、反常辐射、反常光压等。负折射介质可以突破传统成像的衍射极限，实现对细微结构"完美成像"或"超透镜成像"，极大地提高成像的分辨率。如果使产生负折射的电磁波频段从微波波段扩展到光波段，会对如光存储、超大规模集成电路中的光刻技术等产生重大影响。具有负折射现象的特殊周期介质结构在新一代的谐振腔、纳米集成光路、发光增强探测、隐身、天线和波导等方面有很好的应用。负折射率材料的基本物理问题以及其新颖的应用前景吸引了国内外众多研究者的注意，已成为当今电磁波、光电子学、材料学等方面的一个热门研究课题。

7.7.2　光子晶体

光子晶体是在 1987 年由 S. John 和 E. Yablonovitch 分别独立提出，是将不同折射率的介质周期性排列，可以做成特殊的微结构材料，光子晶体即光子禁带材料，从材料结构上看，光子晶体是一类在光学尺度上具有周期性介电结构的人工设计和制造的晶体。与半导体晶格对电子波函数的调制相类似，光子带隙材料能够调制具有相应波长的电磁波——当电磁波在光子带隙材料中传播时，由于存在布拉格散射而受到调制，电磁波能量形成能带结构。能带与能带之间出现带隙，即光子带隙。所具能量处在光子带隙内的光子，不能进入该晶体。光子晶体和半导体在基本模型和研究思路上有许多相似之处，原则上人们可以通过设计和制造光子晶体及其器件，达到控制光子运动的目的。光子晶体的出现，使人们操纵和控制光子的梦想成为可能。

（1）光子晶体的结构　光子晶体分为一维、二维、三维三种光子晶体，分别对应于一维、二维、三维方向上电介质的周期性排列结构（图 7.20）。

一维光子晶体通常由两种介电常数的介质多层周期分布构成。也可以做成一维金属-介电光子晶体，它能够在可见波段透明，而在紫外、红外、微波波段不透明。

二维光子晶体一般为介电常数为 ε_a 的圆形或方形介质柱在介电常数为 ε_b 的介质中呈二维周期排列。这类光子晶体一般按六方晶系排列，介质 b 通常为空气（$\varepsilon_b = 1$）。也可以在介电常数为 ε_b 的介质板上钻孔（$\varepsilon_a = 1$）来得到二维周期排列。

三维光子晶体的结构应产生完全光子带隙，关键是布里渊区边界各个方向的频率带隙应当重叠。满足这一条件的结构如面心立方，其两个方向上的带隙重叠。

（2）光子晶体的特征

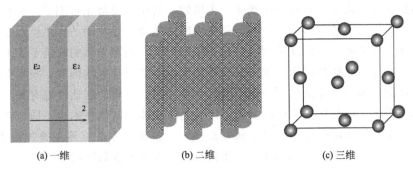

(a) 一维　　　　　(b) 二维　　　　　(c) 三维

图 7.20　三种类型的光子晶体结构

① 光子禁带。光子晶体最基本的特征是具有光子禁带，落在禁带中的电磁波无论传播方向如何都是禁止的。光子带隙依赖于光子晶体的结构和介电常数的配比。比例越大，带隙出现的可能也就越大。

光子的能带、能隙是指光子的频率与波矢的某种关系。在电子的能带结构中，存在被称作"布里渊区"的一些特定区域。在一个布里渊区内部，能量（或频率）随波矢连续变化，称作一个能带。在布里渊区的边界上，能量（或频率）作为波矢的函数发生突变，即出现能隙。类似地，对于存在光子能隙的介质来说，不是所有频率的光都能在其中传播。也就是说，那些频率落在光子能隙区域的光将不能通过介质。图 7.21 为光子和电子的带隙对比。

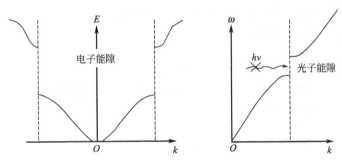

图 7.21　一维情况下电子和光子的 $\kappa\text{-}\omega$ 关系

② 自发辐射抑制。20 世纪 80 年代以前，自发辐射一直被人们认为是一个随机现象，不能人为地加以改变。1946 年，Purcell 提出自发辐射实际上是可以人为控制的观点，但并未受到重视，直到光子晶体的观点提出后，人们才改变观点。自发辐射不是物质的固有性质，而是物质与场相互作用的结果。自发辐射的概率由费米黄金定则给出：

$$W = \frac{2\pi}{\eta} |V|^2 \rho(\omega) \qquad (7.37)$$

式中，$|V|$ 为零点 Rabi 矩阵元；$\rho(\omega)$ 为光场态密度。式(7.37)表明，自发辐射概率与态密度呈正比，根据这个性质，我们可以利用光子晶体实现对自发辐射的人为控制，将原子放在光子晶体中，使其自发辐射频率刚好落在带隙中，则因带隙中该频率的光子态密度为零，自发辐射的概率也就下降为零，使得自发辐射受到抑制。反之，如果在光子晶体中掺入杂质，则光子带隙中会出现品质因子很高的缺陷态，具有很高的态密度，从而可以增强自发辐射。

③ 光子局域化。1987 年 John 提出，在无序介电材料组成的超晶格即光子晶体中，光子呈现很强的 Anderson 局域，如果在光子晶体中引入某种程度的缺陷，则和缺陷态频率相吻合的光有可能被局域在缺陷位置。一旦偏离缺陷处，光就迅速衰减，光子局域态的形状和

特性由缺陷的属性来决定。点缺陷相当于一个微腔，其作用类似于包围了一层全反射墙，可以将光限定在特定的位置，形成一个光能量密度的共振场。线缺陷的作用类似于波导管，光只能沿线缺陷方向传播，平面缺陷则类似于一个反射镜，光在局域的缺陷平面上。

（3）光子晶体的制作和应用　光子晶体的制作要考虑到众多的因素，技术上有较大的难度。光子晶体的带隙与晶体结构、介电常数比、填充率、介质的连通性等有关。另外，还要考虑缺陷态的引入。而且针对不同的波长范围，光子晶体的制作技术也不同。在实际的制作中，往往需要多种技术联合运用。目前研究较多的实验制作方法有逐层叠加技术、打孔法、微机械技术法、光学法、胶体晶体法、反蛋白石法、立体平板刻蚀法等。

光子晶体的应用非常广泛。利用光子晶体可以研制出一系列新型的光电子产品，如光子晶体光纤、光子晶体波导、低损耗反射镜、超棱镜、光子晶体微谐振腔、光子晶体滤波器、光子晶体偏振器、高效发光二极管等。由于光子晶体可以做到非常小的体积，在新的纳米技术、光计算机、芯片等领域有广阔的应用前景。

习题与思考题

1. 名词解释：折射，色散，透光性，双折射，反射，透射，系数，负折射，线性光学，非线性光学。
2. 影响折射率的因素包括哪些？分别介绍其影响机理。
3. 有一种禁带宽度为10eV的电介质材料，假设光子的能量能够被其全部吸收，试计算吸收峰对应的波长。
4. 影响材料透光性的因素有哪些，并说明改善透光性的措施。
5. 实际工程中如何控制瓷体的表面光泽。
6. 试阐述金属光泽釉的机理。
7. 列举一些典型的非线性光学材料，并说明其优缺点。
8. 简答不透明（乳浊）化的机理，并举例说明影响乳浊性能的工艺因素。
9. 试阐述陶瓷坯釉的着色类型和机理。
10. 简答材料的负折射现象。
11. 试比较石英晶体、石英玻璃与石英陶瓷的透光性。

参 考 文 献

[1] 关振铎，张中太，焦金生．无机材料物理性能．北京：清华大学出版社，1992.
[2] 刘剑虹，赵家林，梁敏．无机材料物性学．北京：中国建材工业出版社，2006.
[3] 贾德昌，宋桂明等．无机非金属材料性能．北京：科学出版社，2008.
[4] 吴林，赵波．非线性光学和非线性光学材料．大学化学，2002，12（6）：21-24.
[5] 张振禹．仿铜金属光泽釉产生金属光泽的机理研究．中国陶瓷，1991，6：5-8.
[6] 王超．银色金属光泽釉的研制及微观结构分析．人工晶体学报，2012，4：1138-1142.
[7] 田莳．材料物理性能．北京：北京航空航天大学出版社，2004.
[8] 付华，张光磊．材料性能学．北京：北京大学出版社，2010.
[9] 张希艳，刘全生，卢利平．无机材料性能．北京：兵器工业出版社，2007.
[10] Robert E. Newnham．结构与性能的关系．北京：科学出版社，1983.
[11] 林强，叶兴浩．现代光学基础与前沿．北京：科学出版社，2010.

第8章 材料表面结构与润湿性能

润湿是固液界面上的重要行为，在工业领域有广泛的应用。润湿性可以用固体表面与水的接触角来衡量，通常将接触角大于90°的称为疏水性，接触角大于150°的称为超疏水性。1997年 Wilhelm Barthlott 通过电镜对荷叶的观察，第一次揭示了荷叶的显微结构，荷叶的表面是由大小为5～15μm 的微突起与直径约为1nm 的蜡质结晶毛绒组成（图8.1）。由于荷叶双微观结构的存在，造成水滴在荷叶表面的接触角和滚动角分别为161°和2°，使水在荷叶表面具有滚动的效果，能把灰尘颗粒一起带走，具有自我洁净能力，称之为"荷叶效应"（lotus effect）。

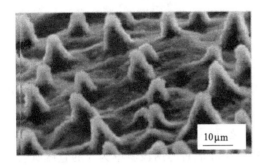

图8.1　荷叶表面电镜照片

超疏水表面独特的自清洁特性，在工业领域有着广泛的应用前景。例如用于汽车、飞机等挡风玻璃的防污处理、太阳能电池、热水器的外壳、太阳镜等的防污处理。在陶瓷材料如电瓷绝缘子表面涂覆一层疏水膜，则在阴雨天、大雾天或其他湿度较大的天气情况下，不易在其表面形成水膜，从而抑制了漏电电流的产生，减少了因"闪络"现象造成的停电事故。

8.1　疏水理论基础

8.1.1　静态接触角理论

从热力学观点看，液滴落在清洁平滑的固体表面上，当忽略液体的重力和黏度影响时，液滴在固体表面上的铺展是由固-气（SG）、固-液（SL）和液-气（LG）三个界面张力所决定。固体表面液滴的接触角是固、气、液界面间表面张力平衡的结果，液滴的平衡使得体系总能量趋于最小。光滑且均匀的固体表面上的液滴，其三相线上的接触角一般服从 Young's 方程：

$$\sigma_{SG} = \sigma_{SL} + \sigma_{LG}\cos\theta_e \tag{8.1}$$

式中，σ_{SG}、σ_{SL}、σ_{LG} 分别为固/气、固/液、液/气间的界面张力。如图8.2所示，此时的接触角 θ_e 称为材料的本征接触角。

$$F = \sigma_{LG}\cos\theta_e = \sigma_{SG} - \sigma_{SL} \tag{8.2}$$

式中，F 为润湿张力。显然，当 $\theta_e > 90°$ 则因润湿张力 F 小而不润湿；$\theta_e < 90°$ 则润湿；

而 $\theta_e = 0°$，润湿张力 F 最大，可以完全润湿。

（1）Wenzel 模型　当表面存在微细粗糙结构时，表面的表观接触角与本征接触角存在一定的差值。为了解释这种现象，Wenzel 认为粗糙表面的存在使得实际固液的接触面积要大于表观几何上观察到的面积，于是在几何上增强了疏水性（或亲水性），它假设液体始终能填满粗糙表面上的凹槽，如图 8.3 所示，称之为湿接触，其表面自由能：

$$dG = r(\sigma_{SL} - \sigma_{SG})dx + \sigma_{LG}dx cos\theta^* \tag{8.3}$$

式中，dG 为三相线有 dx 移动时所需要的能量，平衡时 $dG = 0$ 可得表观接触角 θ^* 和本征接触角 θ_e 之间的关系：

$$cos\theta^* = rcos\theta_e \tag{8.4}$$

式中，r 为实际的固/液界面接触面积与表观固/液界面接触面积之比。

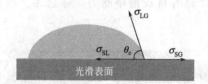

图 8.2　光滑表面上的液滴形态

图 8.3　Wenzel 模型示意

$cos\theta_e$ 与 $cos\theta^*$ 的变化趋势如图 8.4 中实线所示，斜率即为 r；因 $r \geq 1$，所以表面的粗糙度能使疏水的表面（$cos\theta_e < 0$）更疏水（$cos\theta^* < cos\theta_e$）；而使亲水的表面（$cos\theta_e > 0$）更亲水（$cos\theta^* > cos\theta_e$）。但因为 θ^* 也只能处于 0 到 180° 之间，故 $\theta_e > cos^{-1}(-1/r)$ 或 $\theta_e < cos^{-1}(-1/r)$ 时 θ^* 分别为 180° 和 0°，也就是图 8.4 中最左和最右的两段斜率为 0 的直线所表述的意义。

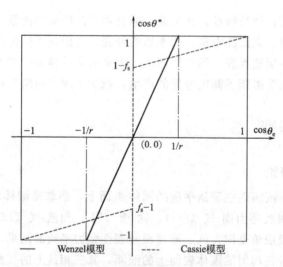

图 8.4　两种模型中表观接触角与本征接触角的关系

（2）Cassie 模型　Cassie 和 Baxte 在研究了大量自然界中超疏水表面的过程后，提出了复合接触角的概念，他们认为液滴在粗糙表面上的接触是一种复合接触。微细结构化的表面因为结构尺度小于表面液滴的尺度，当表面结构疏水性较强时，Cassie 认为在疏水表面上的液滴并不能填满粗糙表面上的凹槽，在液珠下将有截留的空气存在，于是表观上的液固接触面其实由固体和气体共同组成，见图 8.5，从热力学角度考虑：

$$dG = f_s(\sigma_{SL} - \sigma_{SG})dx + (1-f_s)\sigma_{LG}dx + \sigma_{LG}dx\cos\theta^* \quad (8.5)$$

平衡时 $dG=0$，可得：

$$\cos\theta^* = f_s(1+\cos\theta_e) - 1 \quad (8.6)$$

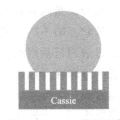

图 8.5　Cassie 模型示意

式中，f_s 为复合接触面中固体的面积分数，该值小于 1。在疏水区该值越小表观接触角越大，该方程也可以通过表观接触角 θ^* 和本征接触角 θ_e 之间的关系（图 8.4 中虚线）表示。

Cassie 与 Baxter 从热力学角度分析还得到了适合任何复合表面接触的 Cassie-Baxter 方程：

$$\cos\theta^* = f_1\cos\theta_1 + f_2\cos\theta_2 \quad (8.7)$$

式中，θ^* 为复合表面的表观接触角；θ_1、θ_2 分别为两种介质上的本征接触角；f_1、f_2 分别为这两种介质在表面的面积分数。当其中一种介质为空气时，其液/气接触角为 $180°$，也可以得到式(8.7)。

（3）两种模型的关系　通过实验数据得出：Wenzel 模型适用于中等疏水和中等亲水之间的曲线，见图 8.6。表面粗糙度也是调控表面接触角的主要因素，并对表面结构化改变表面润湿性能有了较好的解释。

Cassie 模型中表观接触角与本征接触角的关系曲线较好地解释了在接近超疏水区不符合 Wenzel 关系的那段直线，因此也可以看出，高疏水区域由于结构表面的疏水性导致液滴不易侵入表面结构而截留空气产生气膜，当表面足够疏水或者 r 足够大时，$f_s \to 0$，$\theta^* \to 180°$，液滴将"坐"在"针"尖上。因此有效的计算参数只是固液接触面上固体表面所占的分数而不是粗糙度。

对于高亲水部分不符合 Wenzel 线性关系的直线也可以采用 Cassie 的复合接触理论来解释，表面结构的微细化可以被看作一种多孔的材料，虽然这只是二维上的多孔，但也显示出了与平坦表面不同的性能：当表面具有这种微细结构且具有较好的亲水性能时，表面结构易产生毛

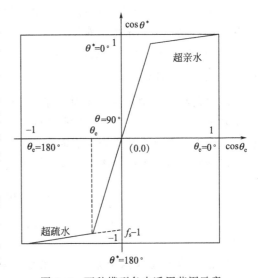

图 8.6　两种模型各自适用范围示意

细作用而使液体易渗入并堆积于表面结构之中，所以此种结构易产生吸液而在表面产生一层液膜（图 8.7）。

图 8.7　Cassie 模型亲水表面液滴示意

在 Wenzel 模型中，由额外的液-固界面提供额外的界面自由能，而在 Cassie 模型中，额外的表面自由能来自于额外的气-固界面，这正是粗糙度增加疏水性的原因。将式(8.4)与式(8.6)联立，可以得到两线的交点横坐标为：

$$\cos\theta_c = \frac{f_s - 1}{r - f_s} \quad (8.8)$$

式中，θ_c 称为临界接触角（图 8.6），$\theta_e > \theta_c$，空气容易被截留于结构中而产生复合接触。在中等及弱疏水区（$90° < \theta < \theta_c$）还有一条虚线，此线也符合 Cassie 模型，这说明在这

一区域应该是两种状态共存的。实验表明在微细结构疏水表面，液滴形成的方式不同也会导致所处状态的不同，通过过饱和蒸气在表面冷凝或通过喷溅法制得的一般为 Wenzel 状态，而通过表面沉积则通常符合 Cassie 模型；研究还发现，在 $90°<\theta<\theta_c$ 区域处于虚线上 Cassie 状态的液珠在受压后表观接触角会变小而处于 Wenzel 状态，这可能是由于结构中空气受挤压排除而产生湿接触，但往往不会完全排出而处于中间状态，这说明 Cassie 状态到 Wenzel 状态发生不可逆转变。两种模型都是使系统处于最稳态或亚稳态，但是在疏水区，由于液滴对粗糙表面上凹槽填充度的不同使得它们的接触角滞后现象有很大的区别，同时导致黏附属性有所差异，进而影响超疏水表面的自洁属性。Wenzel 模型表面对液滴的附着性显著增强，接触角滞后大，不利于超疏水表面的制备，所以一般要制备超疏水表面都要使表面处于 Cassie 区，且要求处于不易发生状态的不可逆转变的高疏水区。

从热力学的角度来分析，给定体积的水滴静置于固体表面上时，其 Gibbs 自由能满足方程：

$$\frac{G}{\sqrt[3]{9\pi}V^{2/3}\sigma_{LG}}=(1-\cos\theta^*)^{2/3}(2+\cos\theta^*)^{1/3} \tag{8.9}$$

式中，G 为水滴的 Gibbs 自由能；V 为水滴体积；σ_{LG} 为水的表面张力；θ^* 为表观接触角。可见，水滴的 Gibbs 自由能是表观接触角的单增函数，因此在表面结构相同的状态下，具有较小的表观接触角将是能量最小的状态。所以对于图 8.6 中的虚线可以认为其处于亚稳态，它与 Wenzel 模型的稳定态间存在一定能垒，即压缩空气需要外力做功。

8.1.2　滚动角理论

滚动角是指液滴在倾斜表面上即将发生滚动时，倾斜表面与水平面所形成的临界角度，以 α 表示，见图 8.8。固体表面的浸润性除了用静态接触角来衡量，还应该考虑它的动态过程。一个真正意义上的超疏水表面应该同时具有较大的静态接触角及较小的滚动角。Wolfram 等提出了一个描述液滴在各种光滑平面上的滚动角方程：

$$\sin\alpha=k\frac{2r\pi}{mg} \tag{8.10}$$

式中，α 为滚动角；r 为接触圆环的半径；m 为液滴的质量；g 为重力加速度；k 为比例常数。

Murase 等修改了这个方程，用来描述滚动角和接触角之间的关系：

$$k=\left[\frac{9m^2(2-3\cos\theta+\cos^3\theta)}{\pi^2}\right]^{\frac{1}{3}}\frac{\sin\alpha(g\rho^{\frac{1}{3}})}{6\sin\theta} \tag{8.11}$$

利用此方程，根据测到的 α、θ、m 值，可以算出任何平滑表面的常数 k。常数 k 与固液间的相互作用能有关。

Watanabe 等在此基础上，得到粗糙表面上的滚动角 α 和临界接触角 θ_c 的关系：

$$\sin\alpha=\frac{2rk\sin\theta_c(\cos\theta_c+1)}{g(r\cos\theta_c+1)}\times\left[\frac{3\pi^2}{m^2\rho(2-3\cos\theta_c+\cos^3\theta_c)}\right]^{\frac{1}{3}} \tag{8.12}$$

对于超疏水表面，随着接触角的增加，液珠与固体的接触面积减小，滚动角随之减小。滚动角小有利于液滴的运动，理想自洁表面的滚动角接近于 0。

Furmidge 提出了液滴在表面自发移动所需要倾角 α 的计算方程：

$$F=mg(\sin\alpha)/w=\sigma_{LG}(\cos\theta_R-\cos\theta_A) \tag{8.13}$$

式中，F 是用来使液滴在固体表面运动的作用力；w 是滑动液滴的宽度；θ_A、θ_R 分别是液滴在该表面的前进角和后退角，固液界面扩展后测量的接触角（前进角）与在固液界面回缩后的测量值（后退角）存在差别，前进角往往大于后退角，即 $\theta_A > \theta_R$，两者的差值（$\theta_A - \theta_R$）叫做接触角滞后（见图 8.8）。前进角和后退角也可以描述成：下滑时液滴前坡面所必须增加到的角度，否则不会发生运动；而后退角是指下滑时液滴后坡面所必须降低到的角度，否则后坡面不会移动。

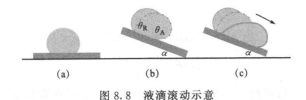

图 8.8　液滴滚动示意

图 8.8 为液滴滚动示意，对于自洁表面，一方面要研究其表面上液体的形态，另一方面要研究液滴如何带走表面上的污染物质。对于超亲水自洁作用，带走污染物的作用主要看液膜的流动，同时不能产生挂壁现象和被钉住的接触线。对于足够厚的液膜（几百纳米以上），液膜的流动是符合流体动力学的，挂壁可以避免。但是对于薄的液膜，在微观尺度上会有停滞层，受停滞层的影响在表面上最终会残留下液膜层，给自清洁性带来一定的问题。对于超疏水表面，液滴与表面以及空气间的一维三相线非常关键，因为随着接触角的增加，液珠与固体的接触面积就会收缩，如果这条三相线不容易瓦解的话，那么接触角滞后就会变得很小。接触角滞后小有利于液滴的运动，如果大的话会需要很大的外力或倾角才会使液珠滚动并滑落，否则只能通过蒸发的方式离开表面。含有污染物的液珠蒸发后在固体表面遗留下痕迹，在汽车表面上或者门窗玻璃上随处可见这种现象。

理想的自洁表面需要极小的接触角滞后，表面细微的纳米结构在自洁功能上也起着关键的作用。以荷叶为例，水珠与叶面接触的面积只占总面积的 2%～3%，若将叶面倾斜，则滚动的水珠会吸附起叶面上的污泥颗粒，一同滚出叶面，达到清洁的效果；相形之下，在同样具有疏水性的光滑表面，水珠只会以滑动的方式移动，并不会夹带灰尘离开，因此不具有自洁的能力，这可从图 8.9 中明显看出，滚动的液珠带走污物的能力要远强于滑动的液滴。当表面接触角达到 170°以上，即使黏性很大的液体都会从表面上滚落而非滑落，通过监视带气泡的黏性液珠在表面的运动，证实了上述结论。

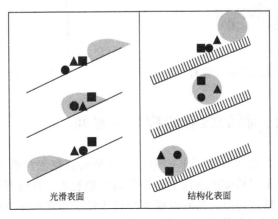

光滑表面　　　　结构化表面

图 8.9　两种疏水表面上液体运动带走表面物体的方式比较

8.1.3 表面粗糙度对润湿的影响

当液相在固体表面上铺展时，真实固体表面是粗糙的和被污染的，这些因素对润湿过程会发生重要的影响。从热力学考虑，当系统处于平衡时，界面位置的少许移动所产生的界面能净变化量应等于零。对于理想表面，假设界面在固体表面上从图 8.10(a)中的 A 点推进到 B 点，这时固液界面积扩大 δ_s，而固体表面减小了 δ_s，液气界面积则增加了 $\delta_s\cos\theta$。平衡时有：

$$\sigma_{SL}\delta_s + \sigma_{LG}\delta_s\cos\theta - \sigma_{SG}\delta_s = 0 \tag{8.14}$$

$$\cos\theta = \frac{\sigma_{SG} - \sigma_{SL}}{\sigma_{LG}} \tag{8.15}$$

实际表面具有一定的粗糙度如图 8.10(b)所示，真正表面积较表观面积为大（设大 n 倍）。如图 8.10(b)所示，界面位置同样由 A' 点移到 B' 点，使固液界面的表面积仍增大 δ_s，但此时真实表面积增大 $n\delta_s$，固气界面实际上也减小了 $n\delta_s$，而液气界面积则净增大了 $\delta_s\cos\theta$，于是：

$$\sigma_{SL}n\delta_s + \sigma_{LG}\delta_s\cos\theta_n - \sigma_{SG}n\delta_s = 0$$

$$\cos\theta_n = \frac{n(\sigma_{SG} - \sigma_{SL})}{\sigma_{LG}} = n\cos\theta$$

$$\frac{\cos\theta_n}{\cos\theta} = n \tag{8.16}$$

式中，n 为表面粗糙度系数；$\cos\theta_n$ 为对粗糙表面的表观接触角。由于 n 值总是大于 1，故 θ 和 θ_n 的相对关系如图 8.11 所示的余弦曲线，即 $\theta<90°$，$\theta>\theta_n$；当 $\theta=90°$，$\theta=\theta_n$；$\theta>90°$，$\theta<\theta_n$。由此得出结论：当真实接触角 $\theta<90°$ 时，粗糙度愈大，表观接触角愈小，就容易润湿。当 $\theta>90°$ 时，则粗糙度愈大，表观接触角愈大，就愈不利于润湿。

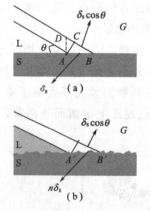

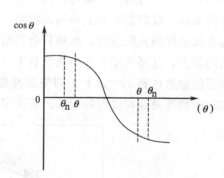

图 8.10 表面粗糙度对润湿的影响   图 8.11 θ 与 θ_n 的关系示意

8.2　C/SiO₂复合薄膜的微观结构与接触角

超疏水性表面可以通过两种途径来构建：一种是改变疏水材料表面的粗糙度和表面形态；另一种是在具有一定粗糙度的表面上修饰低表面能物质。在构建粗糙表面时，纳米结构与微米结构结合能产生低滚动角，这种双微观结构为仿生超疏水涂膜的制备提供了一种新的思路。

8.2.1 C/SiO₂复合薄膜的显微结构

表 8.1 是二氧化硅溶胶与酚醛树脂溶胶的质量比（S/F）、对应的接触角及其显微粗糙度。由表 8.1 可见当 S/F 质量比大于 0.1 时，C/SiO₂复合薄膜呈现超疏水性。图 8.12 为 C/SiO₂复合薄膜的原子力表面形貌、断面分析及接触角对应图。从图 8.12 可以看出，随着 SiO₂ 添加量的增加，C/SiO₂复合薄膜的微观结构发生很大的变化。图 8.12（a）为碳膜（CS₁）的原子力形貌图，纳米级的突起直径 50～70nm，高为 10～40nm，薄膜的接触角为 82.5°。图 8.12(b)为 C/SiO₂复合薄膜（CS₃）的原子力形貌图，由于二氧化硅的添加使得部分纳米结构的尺寸增大到直径约 120nm，高为 100nm，部分纳米突起仍保持在直径 50～70nm，高约 10nm，其对应的接触角增加到 120.6°。图 8.12(c)为 CS₅ 的原子力形貌图，在微米级的"小山"周围存在大量密集的"纳米针"（直径 2～3nm，高 20～25nm）。这是一种典型的超疏水结构表面，与水的接触角为 153.4°。图 8.12(d)为 CS₇ 的原子力形貌图，C/SiO₂复合薄膜呈现均匀、紧密排列的具有尖锐顶角的纳米结构，其底部直径和高度均为 100nm 左右，与水的接触角达 162.5°。

表 8.1 样品配比、接触角与纳米级粗超度

编号	CS₁	CS₃	CS₅	CS₇	CS₉
S/F 比例	0	0.05	0.1	0.3	0.5
接触角 θ	82.5°	120.6°	153.4°	162.5°	153.6°
显微突起直径/nm	50～70	120	2～3	100	150
显微突起高度/nm	10～40	100	20～25	100	200

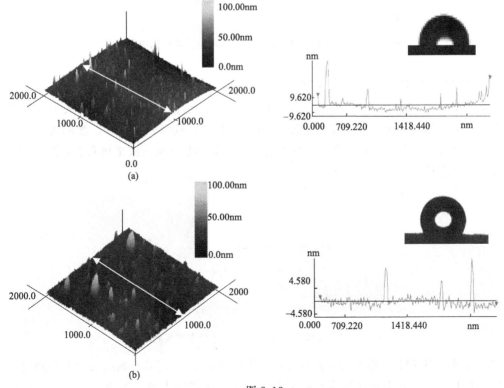

图 8.12

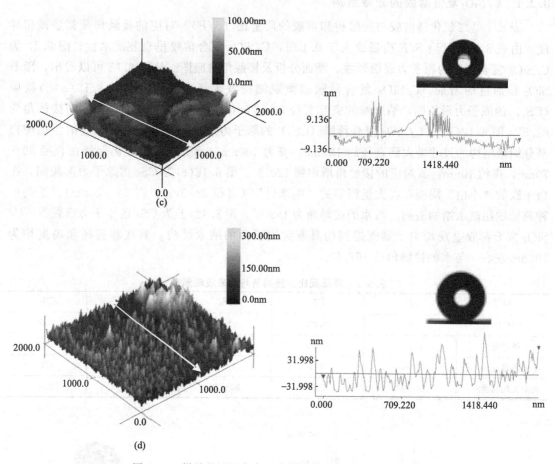

图 8.12　样品的原子力表面形貌、断面分析及接触角对应

8.2.2　C/SiO$_2$复合膜产生高接触角的机理

根据 Cassie 模型，在高疏水区域由于结构表面的疏水性导致液滴不易侵入表面结构而截留空气产生气膜，当表面足够疏水或者 r 足够大时，$f_s \rightarrow 0$，$\theta^* \rightarrow 180°$，液滴将"坐"在"针"尖上，理论模型如图 8.13 所示。因此有效的计算参数只是固液接触面上固体表面所占的分数而不是粗糙度。

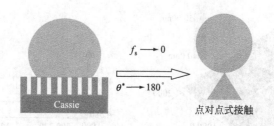

图 8.13　Cassie 模型固液接触面上点对点式接触示意

实验测得，用 TMCS 修饰的陶瓷片与水的接触角为 85°，而具有超疏水性能的薄膜样品的接触角大于 150°。在表面材料疏水的情况下，水滴不能进入到表面的大孔中，于是空气

就留在孔中，可以看作是固体和空气组成的复合表面。这种固体表面的接触角可以用式(8.7)计算，此时 $\theta_2 = 180°$：

$$\cos\theta_r = f_1\cos\theta - f_2 \tag{8.17}$$

式中，θ_r 与 θ 分别表示 TMCS 修饰的样品粗糙表面及陶瓷片表面的接触角；f_1 和 f_2 分别表示粗糙薄膜表面的固体和空气所占的比例，且 $f_1 + f_2 = 1$。可以看出，θ_r 随 f_2 值的增大而增大，即空气所占的比例越大，则表面的疏水性越强，因此表面空气所占的比例对超疏水性具有重要作用。将两个接触角值（θ_r 和 θ）代入式(8.11)，可以计算出粗糙薄膜表面的空气所占的比例。

样品 CS_5 中固体表面所占的比例为 9.73％，空气所占的比例为 90.27％。CS_7 样品中固体表面所占的比例为 4.26％，空气所占的比例为 95.74％。结合复合薄膜表面形貌，得出：薄膜表面均匀、紧密排列的具有尖锐顶角的纳米结构或紧密排列的"纳米针"结构，均有利于薄膜表面对空气的截留，使空气所占的比例大于 90％。

8.2.3　"纳米针"结构

经过以上 C/SiO_2 复合薄膜的原子力表面形貌研究，发现在样品 CSF_5 的表面上存在大量密集的"纳米针"（直径 2～3nm，高 20～25nm）。从 Cassie 的空气气垫模型出发，纳米针状的结构，更容易实现水滴与薄膜表面的点对点式的接触，是一种理想的超疏水表面。为进一步研究"纳米针"结构，以样品 CSF_5 为基础，在小范围内调节二氧化硅含量来研究超疏水性 C/SiO_2 "纳米针"的结构。

二氧化硅含量对复合薄膜表面形貌影响很大，"纳米针"结构只有在二氧化硅含量变化很小的范围内才能形成，因此以样品 CSF_5 为基础，调节二氧化硅溶胶与酚醛树脂溶胶的质量比分别为 0.09、0.1 和 0.11，样品分别标记为 CSF_5^-、CSF_5 和 CSF_5^+。

图 8.14 为样品 CSF_5^-、CSF_5 和 CSF_5^+ 在 500nm×500nm 范围内的原子力形貌、断面分析及与水的接触角对应图。其中二氧化硅溶胶与酚醛树脂溶胶的质量比分别为 0.09、0.1 和 0.11，且各样品经化学气相修饰后对应的接触角分别为 152.0°、153.4° 和 158.6°。图 8.14(a) 为样品 CSF_5^- 的原子力形貌图，其"纳米针"结构刚开始形成，"纳米针"稀疏，且直径较大，在 10nm 左右，高 20～40nm。图 8.14(b) 为样品 CSF_5^- 的原子力形貌图，在"小山"周围存在大量密集且规则排列的"纳米针"（直径 2～3nm，高 20～25nm）。图 8.14(c) 为样品 CSF_5^+ 的原子力形貌图，其"纳米针"结构不但密集出现，而且呈行列式规则排列，"纳米针"直径 3nm 左右，高 60nm。

用 Cassie 等提出的复合表面接触角的计算公式［式(8.7)］计算样品 CSF_5^+ 表面与水接触时固液接触面上固体表面所占的分数。已知 $\theta = 85°$，样品 CSF_5^+ 经化学气相修饰后对应的接触角 $\theta_r = 158.6°$，得固体表面所占的比例为 6.34％，而空气所占的比例为 93.66％。理论上，当 $f_s \rightarrow 0$，$\theta^* \rightarrow 180°$，液滴将"坐"在"针"尖上。实验中计算样品 CSF_5^+ 的固体表面所占的比例 $f_s = 0.0634$，虽然没有达到 $f_s \rightarrow 0$，但是，由于 C/SiO_2 复合薄膜表面呈密集的规则阵列排列的"纳米针"。当薄膜表面与水接触时，在水滴与薄膜表面的固液接触面上，"纳米针"的针尖与水滴呈点对点式接触，符合超疏水理论模型的理想超疏水表面。

但是，目前的超疏水表面还存在寿命短的问题，需要进一步探索时效条件下表面结构与组分随时间的变化规律。

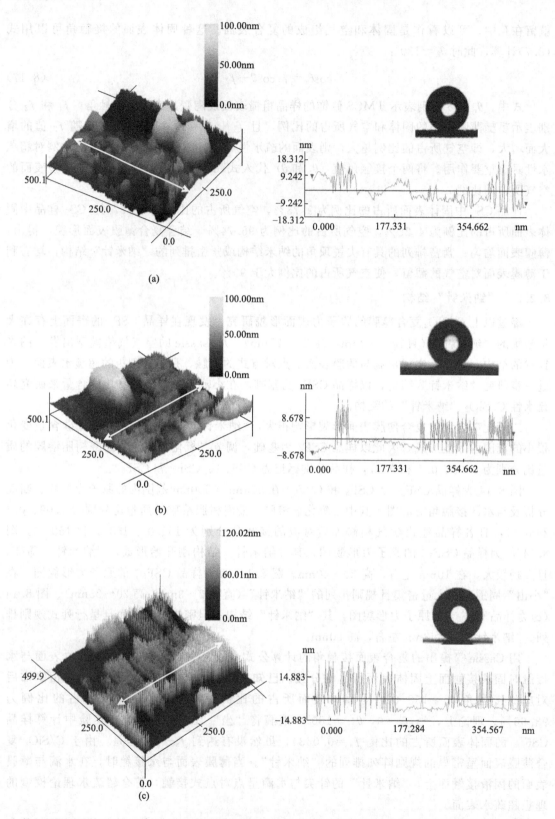

图 8.14　样品 CSF_5^-、CSF_5 和 CSF_5^+ 在 500nm×500nm 范围内的原子力形貌、断面分析及与水的接触角对应（对应的接触角分别为 152.0°、153.4°、和 158.6°）

8.3　浸润性转变（亲-疏水调控）

　　材料的浸润性是由表面的化学组成和微观几何结构共同决定的。材料表面的化学组成决定其表面自由能，微观几何结构提供粗糙结构，对其性能起到放大作用，既可以提高疏水表面的疏水性，也可以提高亲水表面的亲水性。

　　超疏水表面（接触角大于 150°）一般是通过降低表面能和在疏水表面上构建合适的粗糙结构来实现的，而超亲水表面（接触角小于 5°）一般是通过提高表面能和在亲水表面上构建合适的粗糙结构来实现的。

　　由此可见，具有粗糙结构的材料，通过修饰高表面能或低表面能物质可以制备超亲水表面或超疏水表面。而在超亲水表面嫁接低表面能物质，可以实现由超亲水转变为超疏水；同理，在超疏水表面嫁接高表面能物质，可以实现由超疏水转变为超亲水。

8.3.1　溶剂控制浸润性转变

　　通过化学沉积法制备氢氧化钴膜，该膜是由纳米针状氢氧化钴构成的花状微粒组成的（如图 8.15 所示）。该纳米级的针状结构和微米级的花状结构提供了制备超亲水和超疏水必需的粗糙结构。

图 8.15　超疏水(a)、(c)和超亲水(b)、(d)氢氧化钴膜的扫描电镜图及其放大图

　　将该氢氧化钴膜浸泡在十八酸的乙醇溶液中，得到超疏水性能，其接触角高达 165°，而且性能稳定。将该超疏水氢氧化钴膜浸入乙酸乙酯，由于乙酸乙酯可以溶解十八酸，得到超亲水的氢氧化钴膜，其接触角低于 5°。通过浸泡十八酸获得超疏水性能，通过浸入乙酸乙酯获得超亲水性能，这种超疏水-超亲水的转变经过多个循环，接触角和表面形貌都没有明显的变化（如图 8.16 所示）。

8.3.2　热响应浸润性转变

　　聚异丙基丙烯酰胺（PNIPAAm）是一种性能优异的热响应性聚合物，它具有约 32℃ 的临界溶解温度（LCST）。在 LCST 之下，它可以溶于水；而在 LCST 之上，则是不溶于水的。这主要是由于温度变化时其分子内氢键与分子间氢键的可逆转变过程导致了分子亲疏水性的变化。

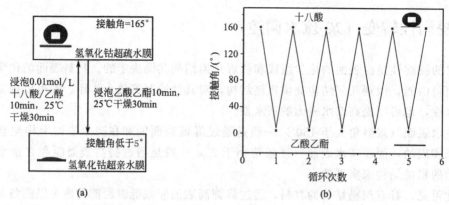

图 8.16 （a）氢氧化钴膜通过溶剂调控其超亲水-超疏水性能，插图是其接触角
的光学照片；（b）超亲水-超疏水循环图

将 PNIPAAm 接枝在平滑的硅基底上，当膜温度在 LCST 上下改变时，得到了约 30° 的接触角变化：设定温度为 25℃（低于 PNIPAAm 的临界温度）时，表面接触角为 63.5°，表现出比较亲水的性质；而当温度为 40℃（高于 PNIPAAm 的临界温度）时，表面接触角为 93.2°，表现出比较疏水的性质（如图 8.17 所示）。反复升温降温的实验结果表明，这种效应具有很好的可逆性。这表明通过控制环境的温度能很方便地控制表面的浸润性。这种温度响应浸润性变化的机理在于不同温度下 PNIPAAm 分子链的分子间氢键和分子内氢键的可逆竞争：在低温下，PNIPAAm 分子链表现出一种伸展构型，其上的 N—H 和 C ═O 等亲水基团能与水分子形成分子间氢键，因而有助于其表面的亲水性；而在高温下，PNIPAAm 分子链则表现出一种收缩的构型，N—H 和 C ═O 基团相互之间形成分子内氢键，因而亲水基团难与水分子接触，因而表现出一种比较疏水的性质。

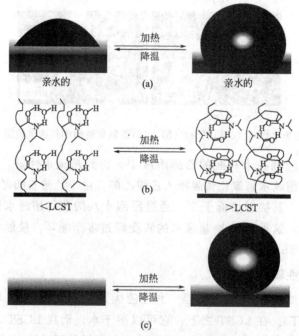

图 8.17 （a）样品在平面基底上的接触角随温变的变化；（b）样品的氢
键随温变的变化；（c）样品在粗糙基底上的接触角随温变的变化

将 PNIPAAm 接枝在粗糙的硅基底上（如图 8.18 所示），当表面温度从低温（25℃）到高温（40℃）变化时，其接触角从 0°变到 150°，实现了从超亲水到超疏水的转变（如图 8.17 所示），这种变化具有很好的可逆性，同时，样品的这种浸润性变化特性也具有很好的稳定性。

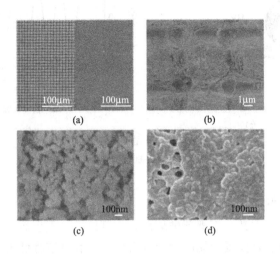

图 8.18　(a)样品在粗糙（左）和平面基底的扫面电镜图；(b)、(c)粗糙基底的放大图及(d)粗糙基底 PNIPAAm 修饰后的扫面电镜图

8.3.3　光响应浸润性转变

许多过渡金属氧化物，如 ZnO、TiO_2、WO_3、SnO_2、V_2O_5 等，具有紫外光照下可转化成超双亲（超亲水、超亲油）表面的性能，可以实现浸润性转变。下面以 V_2O_5 为例进行说明。

通过在十六胺的乙醇水溶液中水解三异丙醇氧钒，得到 V_2O_5 微粒，进而制备成膜。通过扫描电镜观察，发现制备的 V_2O_5 微粒像一个一个的"花蕾"状（roselike）3～5μm 的微球；通过进一步放大，可以发现每一个"花蕾"都是由许多的"花瓣"组成的，"花瓣"间的间隙大约 40nm（如图 8.19 所示）。

图 8.19　V_2O_5 膜的扫描电镜图(a)及其微粒的放大图(b)

由于 V_2O_5 微粒表面组装有十六胺，因此制备的 V_2O_5 膜处于超疏水状态，通过检测，发现其接触角在 156°左右（如图 8.20 所示）。将该 V_2O_5 膜放置在紫外光中照射 2h 后，再检测其接触角，发现其接触角接近 0°，处于超亲水状态。若将该膜在黑暗中储存一定时间后，可以恢复到原来的状态，即超疏水状态。这种通过紫外光调控的超疏水-超亲水的转变经过多个循环，接触角和表面形貌都没有明显的变化。

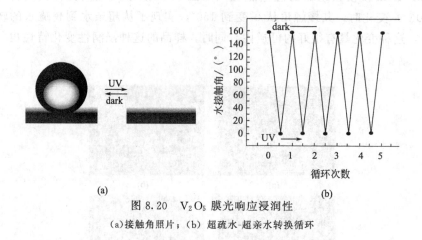

图 8.20　V_2O_5 膜光响应浸润性

(a)接触角照片；(b) 超疏水-超亲水转换循环

8.3.4　自修复超疏水表面

自然界的许多生物，在其表面遭到破坏后，都可以进行再生而修复其破损的功能。受此启发，人们开始研究具有自修复功能的超疏水表面。已有报道将低表面能的全氟辛酸装载在具有粗糙表面结构的阳极氧化铝内，制备了具有自修复功能的超疏水表面；利用层层自组装法制备的复合膜在化学蒸镀低表面能的全氟三乙氧基硅烷制备具有自修复能力超疏水表面；利用低表面能氟化物处理的织物，制备具有自修复性能的超疏水表面，及利用多孔二氧化硅通过填装十八胺制备具有自修复性能的超疏水表面。下面以最早报道的基于阳极氧化铝的自修复超疏水表面为例，介绍自修复超疏水表面。

通过阳极氧化法制备多孔的粗糙氧化铝（如图 8.21、图 8.22 所示），并通过化学蒸镀法装载全氟辛酸，这样就制备了具有自修复功能的超疏水表面。

当该超疏水表面受到破坏，例如用氧等离子体破坏其表层的全氟辛酸，该表面丧失超疏水性能，表现出超亲水性能；但放置一定时间（如 48h）后，该表面可以完全恢复其超疏水性能，如图 8.23 所示。这是由于多孔氧化铝的孔道内储存大量的全氟辛酸，当表层遭到破坏时，孔道内的全氟辛酸就会迁移至表层，自动修复受损的表层，恢复超疏水性能。

具有自修复性能的超疏水表面将有效延长超疏水表面的使用寿命，解决了寿命短的问题，促进了超疏水表面的广泛应用。

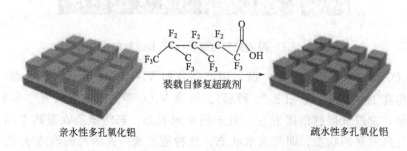

图 8.21　氧化铝基底装载全氟辛酸（低表面能材料，疏水）

图 8.22　无孔氧化铝基底(a)及其放大图(b)，多孔氧化铝基底(c)及其放大图(d)

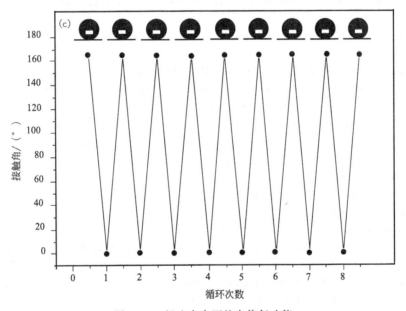

图 8.23　超疏水表面的自修复功能

习题与思考题

1. 什么是超疏水、超亲水？
2. 超疏水薄膜对表面结构与表面能有什么要求？
3. 简述 Wenzel 模型和 Casel 模型的不同。
4. 如何进行材料表面亲疏水调控？

251

参 考 文 献

课题组相关论文

［1］ 田辉，杨泰生，陈玉清. 疏水理论研究进展. 山东陶瓷，2008，31（3）：8-13.

［2］ 田辉，杨泰生，陈玉清. SiO_2超疏水薄的制备和性能表征. 化工进展，2008，27（9）：1435-1438.

［3］ synthesis and characterization of carbon/silica superhydrophobic multi-layer films, Hui Tian, Taisheng Yang, Yuqing Chen, Thin solid films, 2010, 518（18）5183-5187.

［4］ Preparation of superhydrophobic silica films with honeycomb-like structure by emulsion method, Taisheng Yang, Hui Tian, Yuqing Chen, J. Sol-Gel Sci Technol, 2009, 49, 243-246.

［5］ Fabrication and characterization of superhydrophobic thin films based on TEOS/RF hybrid, Hui Tian, Taisheng Yang, Yuqing Chen, Applied Surface Science, （2009）255（7），4289-4292.

［6］ Fabrication and characterization of superhydrophobic silica nanotrees, Hui Tian, Xingguo Gao, Taisheng Yang, Dawei Li, Yuqing Chen. J. Sol-Gel Sci Technol, （2008），48, 277-282.

［7］ Preparation of superhydrophobic silica films with visible light transmission using phase separation, Hefeng Hou, Yuqing Chen, J. Sol-Gel Sci Technol, （2007），43, 53-57.

［8］ 侯和峰，田辉，陈玉清. 相分离对SiO_2薄膜粗糙度的影响. 陶瓷学报，2006，27（3）：291-295.

［9］ 杨泰生，田辉，陈玉清. 电瓷绝缘子表面SiO_2疏水薄膜的制备. 陶瓷学报，2007，28：294-297.

［10］ 侯和峰，陈玉清. 高疏水纳米二氧化硅薄膜的制备. 化工科技，2007，第15卷第2期.

［12］ 侯和峰，陈玉清. 相分离对薄膜粗糙度的影响. 陶瓷学报，2006-9-1.

国内外相关论文

［1］ Öner D., McCarthy T. J.. Ultrahydrophobic surfaces：Effects of topography length scales on wettability. Langmuir, 2002, 16：7777-7782.

［2］ Barthlott W. Neinhuis C.. Purity of the sacred lotus, or escape from contamination in biological surfaces. Planta, 1997, 202：1-8.

［3］ 王庆军，陈庆民. 超疏水膜表面构造机构构造控制研究进展. 高分子通报，2005，2：63-69.

［4］ McHale G., Newton M. I.. Frenkel's method and the dynamic wetting of heterogeneous planar surfaces. Colloids and Surfaces A：Physicochemical and Engineering Aspects, 2002, 206：193-201.

［5］ Wenzel R. N.. Resistance of solid surfaces to wetting by water. Ind Eng Chem, 1936, 28：988-994.

［6］ Cassie A., Baxter S.. Wettability of porous surfaces. Trans. Faraday. Soc., 1944, 40：546-551.

［7］ Shibuichi S., Onda T., Satoh N., et al. Super water-repellent surfaces resulting from fractal structure. J Phys. Chem., 1996, 100：19512-19517.

［8］ Zheng L., Wu X., Lou Z., Wu D.. Superhydrophobicity from microstructured surface. Chinese Science Bulletin, 2004, 49（17）：1779-1787.

［9］ Patankar N. A.. On the modeling of hydrophobic contact angles on rough surfaces. Langmuir, 2003, 19：1249-1253.

［10］ Miwa M., Nakajima A., Fujishima A., et al. Transparent superhydrophobic thin films with self-cleaning properties. Langmuir, 2000, 16（13）：5754-5760.

［11］ Aussilous P., Quéré D.. Nature, 2001, 411（6840）：924-927.

［12］ McCarthy T. J., Chen W., Fadeev A. Y., et al. Langmuir, 1999, 15：3395-3399.

［13］ 翟锦，李欢军，李英顺等. 碳纳米管阵列超双疏性质的发现. 物理，2002，31（8）：483-486.

［14］ Furmidge C. G. L.. The sliding of liquid drops on solid surfaces and a theory for spray retention. Journal of Colloid Science, 1962, 17：309-324.

［15］ Huppert H. E.. Flow and instability of a viscous current running down a slope. Nature, 1982, 300：427-429.

［16］ Aussillous P., Quere D.. Liquid marbles. Nature, 2001, 411：924-927.

［17］ Richard D., Clanet C., Quere D.. Surface phenomena：Contact time of a bouncing drop. Nature, 2002：417-811.

［18］ Richard D., Quere D.. Viscous drops rolling on a tilted non—wettable solid. Europhys. Lett., 1999, 48：286-291.

［19］ Basu, B. J. and J. Manasa (2011). "Reversible switching of nanostructured cobalt hydroxide films from superhydrophobic to superhydrophilic state." Applied Physics a-Materials Science & Processing 103（2）：343-348.

［20］ Sun，T. L.，G. J. Wang，et al.（2004）."Reversible switching between superhydrophilicity and superhydrophobici-ty." Angewandte Chemie-International Edition 43（3）：357-360.

［21］ Lim，H. S.，D. Kwak，et al.（2007）."UV-Driven reversible switching of a roselike vanadium oxide film between superhydrophobicity and superhydrophilicity." Journal of the American Chemical Society 129（14）：4128-4129.

［22］ Wang，X. L.，X. J. Liu，et al.（2011）."Self-healing superamphiphobicity." Chemical Communications 47（8）：2324-2326.